U0831538

国家出版基金项目
NATIONAL PUBLICATION FOUNDATION

中国煤矿建井技术与管理

巷道掘进技术

主编　陈坤福　靖洪文

中国矿业大学出版社
·徐州·

内 容 提 要

《巷道掘进技术》是国家出版基金项目"中国煤矿建井技术与管理"丛书之一，详细介绍了巷道（包括斜井、硐室）工程开挖和支护技术与方法，同时介绍了配套的施工机具、支护材料方面的知识；编写过程中注重新规程、新规范的应用和新技术标准的宣贯，收录了成熟的主流新技术；在内容选择上突出适用性，着重向读者提供相关的技术标准、实际应用要点以及典型的工程实践案例。主要章节内容包括：平巷断面设计，平巷钻眼爆破，平巷掘进的装岩与运输，巷道支护，平巷掘进通风、防尘及降温，特殊地质条件巷道及快速施工技术，斜井施工，其他巷道及硐室设计与施工，巷道施工部分工法简介。

本书主要供从事煤矿及其他矿山建设的施工人员、技术人员和管理人员查阅参考，也可供有关专业的科研、设计、教学人员参考。

图书在版编目(CIP)数据

巷道掘进技术 / 陈坤福，靖洪文主编. —徐州：中国矿业大学出版社，2023.12

ISBN 978-7-5646-6121-2

Ⅰ. ①巷… Ⅱ. ①陈… ②靖… Ⅲ. ①巷道掘进 Ⅳ. ①TD263.2

中国国家版本馆 CIP 数据核字(2023)第 250712 号

书　　名　巷道掘进技术

主　　编　陈坤福　靖洪文

责任编辑　赵朋举　路　露　杨　洋

出版发行　中国矿业大学出版社有限责任公司

（江苏省徐州市解放南路　邮编 221008）

营销热线　(0516)83885370　83884103

出版服务　(0516)83995789　83884920

网　　址　http://www.cumtp.com　**E-mail**:cumtpvip@cumtp.com

印　　刷　江苏苏中印刷有限公司

开　　本　787 mm×1092 mm　1/16　**印张** 19.75　**字数** 505 千字

版次印次　2023 年 12 月第 1 版　2023 年 12 月第 1 次印刷

定　　价　200.00 元

（图书出现印装质量问题，本社负责调换）

前　言

近年来，矿山工程建设领域新技术、新设备不断涌现，施工技术标准和规范化水平不断提高，原有的一些技术、设备逐步被更新与淘汰；另外，我国深井建设一直处于世界领先水平，取得了一大批具有自主知识产权的重大成果。为了适应这种变化，并推广近年来在矿井建设实践中形成、积累和完善的经验，向施工人员提供实用、可靠、先进的技术资料，中国矿业大学出版社组织相关高校和大型矿山施工企业，对建井技术与管理经验进行了全面的总结与梳理，编纂了本书在内的“中国煤矿建井技术与管理”丛书。

《巷道掘进技术》分册根据国家现行的有关方针、政策，以及最新的技术标准、规程，本着严谨、科学、规范的原则进行编写，具有系统性、实用性和先进性的特点。在内容上包括了巷道（含斜井、硐室）工程开挖和支护技术与方法，同时也介绍了配套的施工机具、支护材料方面的知识；在结构上进行了模块化设计，逐级统属、排列有序；在形式上图文结合，并结合工程案例和工法介绍，便于读者阅读及理解。

《巷道掘进技术》主要供从事煤矿及其他矿山建设的施工人员、技术人员和管理人员查阅参考，也可供有关专业的科研、设计、教学人员参考。

《巷道掘进技术》分册的编写工作由中国矿业大学出版社组织，编写内容及要求受《中国煤矿建井技术与管理》编写委员会的统一规划、协调与管理。编写过程中得到了科研、施工、设计单位及相关高校的积极支持和帮助；《中国煤矿建井技术与管理》编写委员会也给予本书极大的关心与支持。在此，特向所有参与编写的单位及人员表示深深的谢意。

由于水平有限，书中错误和不足之处在所难免，恳请读者批评指正。

编　者

2023 年 4 月

目 录

1 平巷断面设计

巷道是井下生产的动脉，巷道布置和断面设计合理与否，直接影响煤矿生产的安全和经济效益。巷道布置应尽可能使巷道坐落于稳定岩层，并使地应力主方向与巷道长轴方向保持一致，避免二者垂直相交。

巷道断面设计的原则是在满足安全、生产和施工要求的条件下，力求提高断面利用率，取得最佳的经济效益。

巷道断面设计的内容与步骤为：

(1) 选择巷道断面形状，确定巷道净断面尺寸，并进行风速验算；

(2) 根据支架参数与道床参数，计算巷道的设计掘进断面尺寸，并按允许的超挖值求出巷道的计算掘进断面尺寸；

(3) 布置水沟与管缆；

(4) 绘制巷道断面施工图，编制巷道特征表和每米巷道工程量及材料消耗量表。

1.1 断面形状选择

煤矿井下使用的巷道断面形状，按其构成的轮廓线可分为折线形和曲线形两大类。前者如矩形、梯形等，后者如半圆拱形、圆弧拱形、三心拱形、封闭拱形、椭圆形和圆形等，如图 1-1 所示。

巷道断面形状的选择，主要应考虑巷道所处的位置及穿过的围岩性质、巷道的用途及其服务年限、选用的支架材料和支护方式、巷道的掘进方法和采用的掘进设备等因素，应符合承压性能好、断面利用率高、掘进与支护费用低、便于施工的要求。

一般情况下，作用在巷道上的矿压大小和方向在选择巷道断面形状时起主要作用。当顶压和侧压均不大时，可选用矩形或梯形断面；当顶压较大、侧压较小时，则应选用直墙拱形断面(包括半圆拱形、圆弧拱形或三心拱形断面)；当顶压、侧压都很大且底鼓严重时，就必须选用诸如椭圆形或圆形等封闭式断面。直墙三心拱形、直墙圆弧拱形断面的断面利用率较直墙半圆拱形断面高，但承压性稍差，在矿压较小时可选用。由于直墙抗侧压能力差，侧压较大的巷道宜选用曲墙拱形断面。三心拱形断面与圆弧拱形断面的承压性及断面利用率和矢高与宽度的比值有关。根据煤矿井巷工程的实践经验，该比值选用 1/3 较为适宜。

巷道的用途和服务年限是选择巷道断面形状不可缺少的重要因素。开拓及准备巷道服务年限长，采用拱形断面承压性好，巷道维护量小；当沿煤层布置时，矩形断面和梯形断面便于机械化施工，又能保证顶板的完整性，有利于顶板支护和提高断面利用率。因此，对服务年限长达几十年的开拓巷道选择拱形断面较为有利；服务年限 10 年左右的准备巷道和

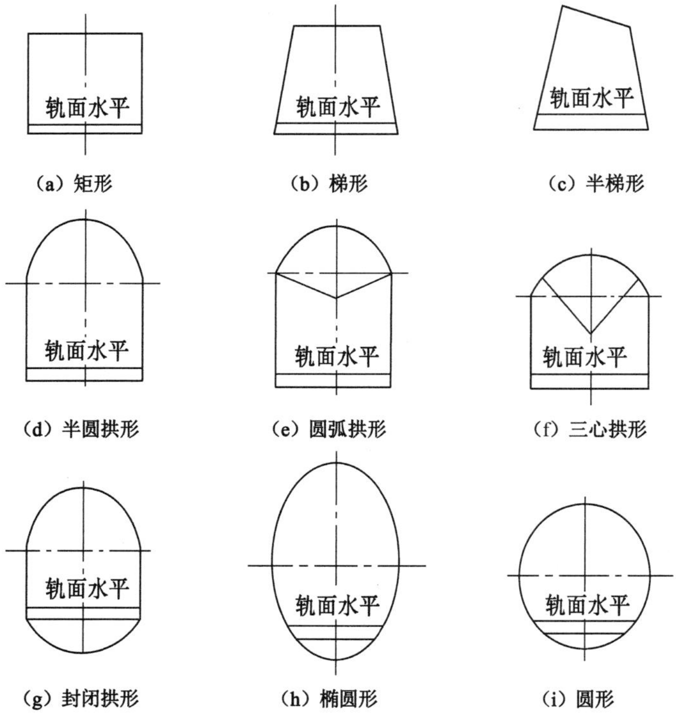

图 1-1　巷道断面形状

沿煤层开凿的上下山，当顶板稳定性较好时，宜采用以煤层顶板为巷道顶板的矩形或梯形断面，其他准备巷道宜采用拱形断面；服务年限短的回采巷道，如工作面运输巷与回风巷服务时间一般为 1～3 a，在工作面开采过程中，其靠近采煤工作面一定长度范围内因受采煤工作面支承压力的影响需要加强支护，采用拱形断面在加强支护时需要换棚并挑顶，使加强支护作业复杂化，而且挑顶时拱部两侧的三角煤垮落在巷道中也不便清理，因此，其断面以矩形或梯形断面为宜；开切眼是为安装工作面设备而开凿的临时性工程，为便于初采时工作面的推进，其顶板需要与工作面保持一致，断面形状也应采用矩形或梯形。

掘进方法与掘进设备对于巷道断面形状的选择也有一定的影响。在钻爆法施工的条件下，掘进工艺对巷道断面形状没有影响；但在采用掘进机或连续采煤机施工时，截割装置的结构有可能影响巷道断面形状。如采用连续采煤机掘进煤巷，就只能选用矩形断面；在使用全断面掘进机组掘进的岩石平巷，选用圆形断面无疑是更为合适的。

梯形断面巷道一般采用梯形杆件式支架支护。侧帮有一定的倾角时，可使支腿具有一定的抗侧压能力，并缩小巷道顶板的跨度，降低支架承受的顶压；但侧帮倾角太小，会使支腿承受的侧压过大，容易使支腿折损。根据煤矿井巷工程的实践经验，梯形断面巷道侧帮的倾角以 80°左右为宜。

在需要很大通风量的矿井中，选择通风阻力小的断面形状和支护方式，既有利于安全生产又具有明显的经济效益。

上述选择巷道断面形状应考虑的诸多因素，彼此是密切联系而又相互制约的，条件要求不同，影响因素的主次位置就会发生变化。所以，应该综合分析，抓住主要因素并兼顾次要因素，以便能选用较为合理的巷道断面形状。

1.2　断面尺寸确定

《煤矿安全规程》规定，巷道净断面必须满足行人、运输、通风和安全设施及设备安装、检修、施工的需要。因此，巷道断面尺寸主要取决于巷道的用途，存放或通过它的机械、器材或运输设备的数量与规格，人行道宽度与各种安全间隙以及通过巷道的风量等。巷道净断面的设计，必须按支护最大允许变形后的断面计算。

1.2.1　巷道净宽度的确定

巷道的净宽度指巷道两侧内壁或锚杆露出长度终端之间的水平距离。对梯形巷道，当其内通行矿车、电机车时，净宽度指车辆顶面水平的巷道宽度；当不通行运输设备时，净宽度指自底板起 1.6 m 水平的巷道宽度。

运输巷道净宽度由运输设备本身外轮廓最大宽度和《煤矿安全规程》所规定的人行道宽度及有关安全间隙相加而得。巷道安全间隙不应小于表 1-1 的规定。

表 1-1　巷道安全间隙　　单位：mm

名　　称		规定数值
人行侧从道砟面起 1.6 m 高度范围内设备与拱、壁间	综采矿井	1 000
	其他矿井	800
非人行侧设备与拱、壁间	综采矿井	500
	其他矿井	300
移动变电站或平板车上综采设备最突出部分	与拱、壁间	300
	与输送机间	700
人车停车地点人行侧从道砟面起 1.6 m 高度范围内设备与拱、壁间		1 000
安设输送机巷道输送机与拱、壁间		500
两列对开列车最突出部分间		200
采区装载点两列车最突出部分间		700
电机车架空线与巷道顶或棚梁间		200
导电弓距拱、壁间		300
矿车摘挂钩地点两列车最突出部分间		1 000
导电弓子距管道最突出部分间		300
运输设备距管道最突出部分间		300
设备上面最突出部分距巷道顶或棚梁间、壁间		300
用架空乘人装置运送人员时，蹬座中心至巷道一侧的距离		700

（1）双轨巷道净宽度

如图 1-2 所示，双轨巷道净宽度按下式计算：

$$B = a + 2A_1 + c + t \tag{1-1}$$

式中 B——巷道净宽度，即直墙内侧的水平距离，m；

a——非人行侧的宽度，m；

A_1——运输设备的最大宽度，m，常用运输设备的最大宽度见表 1-2；

c——人行侧宽度，m；

t——双轨运输巷道中两辆对开列车最突出部分之间的距离，m。

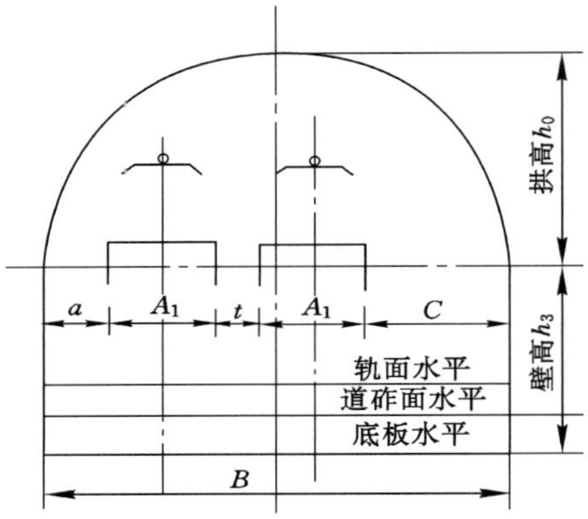

图 1-2 巷道净断面尺寸计算图

表 1-2 煤矿井下巷道常用运输设备类型及规格尺寸表 单位：mm

运输设备类型	宽度 A_1	高度 h
ZK7-6/250 型架线式电机车	1 060	1 550
ZK7-7/250 型架线式电机车		
ZK7-9/250 型架线式电机车		
ZK10-6/250 型架线式电机车	1 360	
ZK10-7/250 型架线式电机车		
ZK10-9/250 型架线式电机车		
ZK14-7/550 型架线式电机车	1 335	1 600
ZK14-9/550 型架线式电机车		
ZK10-6/550-7C 型架线式电机车	1 050	1 600
ZK10-7/550-7C 型架线式电机车	1 212	
ZK10-9/550-7C 型架线式电机车	1 350	

运输设备类型	宽度 A_1	高度 h
XK2.5-6/48 A 型蓄电池电机车	920	1 550
XK8-6/110 A 型蓄电池电机车	1 054	1 550
1 t 固定式矿车	880	1 150
1.5 t 固定式矿车	1 050	1 150
3 t 底卸式矿车	1 200	1 400
TD75 型固定式输送机	1 515	1 200
SPJ-800 型吊挂带式输送机	1 200	900

按照《煤矿安全规程》的规定，$a \geqslant 0.3$ m（综合机械化采煤矿井，$a \geqslant 0.5$ m）。巷道内安设输送机时，输送机与巷帮支护的距离不得小于 0.5 m；输送机机头和机尾处与巷帮支护的距离应满足设备检查和维修的需要，并不得小于 0.7 m。对设置移动变电站或者平板车的巷道，移动变电站或平板车上设备最突出部分与巷道侧的距离不得小于 0.3 m。

c 的取值按照《煤矿安全规程》的规定执行，即新建矿井、生产矿井新掘运输巷的一侧，从巷道道砟面起 1.6 m 的高度内，必须留有宽 0.8 m（综合机械化采煤及无轨胶轮车运输的矿井为 1 m）以上的人行道，管道吊挂高度不得低于 1.8 m；在人车停车地点的巷道上下人侧，从巷道道碴面起 1.6 m 的高度内，必须留有宽 1 m 以上的人行道，管道吊挂高度不得低于 1.8 m。

式 1-1 中 t 的取值在《煤矿安全规程》中也有规定，即在双向运输巷中，两车最突出部分之间的距离，采用轨道运输的巷道：对开时不得小于 0.2 m，采区装载点不得小于 0.7 m，矿车摘挂钩地点不得小于 1 m。

在巷道弯道处，车辆四角要外伸或内移，应将上述巷道安全间隙适当加大，加大值与车厢长度、轴距和弯道半径有关。巷道加宽值：一般外侧加宽 200 mm（20 t 电机车可加宽 300 mm）；内侧加宽 100 mm；双轨中心距加大 300 mm。有的设计为了简化计算，采取巷道内外侧均加宽 200 mm 的方法。巷道加宽范围：除曲线段要全部加宽外，与曲线段相连的两端直线段也需加宽。其加宽长度，对采用矿车运输的巷道来说，取 1.5～3.5 m；电机车通行的巷道，取 3～5 m。双轨曲线巷道两轨道中心距加大起点也应从直线段开始，其增加值对机车来说取 5 m；3 t 或 5 t 底卸式矿车取 5～7 m；1 t 矿车可取 2 m。

为了使双轨巷道对开列车车辆之间有足够的安全间隙，两条平行轨道的中心距可按表 1-3 选取。

表 1-3　双轨巷道轨道中心距　　单位：mm

运输设备类型	600 mm 轨距		900 mm 轨距	
	直线	曲线	直线	曲线
1.0 t 矿车	1 100	1 300		
1.5 t 矿车	1 300	1 500	1 400	1 600
7 t、10 t、14 t 架线式电机车	1 300	1 600	1 600	1 900
3.0 t 矿车			1 600	1 800
3.0 t 底卸式矿车	1 500	1 700		
5.0 t 底卸式矿车	1 600	1 800	1 800	2 000
8 t、12 t 蓄电池电机车	1 300	1 600	1 600	1 900

巷道净宽度按式(1-1)确定后，还需要检查是否能满足掘进机械化装载和铺设临时双轨调车以及运输综采支架时所需最小净宽度的要求。拱形断面巷道的主要运输巷道净宽度，对综采矿井来说不宜小于 3.2 m，其他矿井不宜小于 3.0 m，拱形断面巷道的其他巷道净宽度不宜小于 3.0 m；矩形断面巷道净宽度不宜小于 3.0 m；梯形断面巷道顶部净宽度不宜小于 1.8 m。

另外，巷道的净宽度必须满足从道砟面起 1.6 m 的高度内，留有宽度不小于 0.8 m 的人行道，否则应重新设计。在设计梯形断面巷道的净宽度时，常采用根据标准顶梁的尺寸、棚腿斜角来推算巷道净宽度的方法。

按以上公式所计算的巷道净宽度 B 值，应根据只进不舍的原则以 0.1 m 进级（模数为 100 mm）。

（2）无轨运输巷道净宽度

对于无轨运输巷道，主要根据行人及通风的需要来选取。主要运输巷道应留有宽度在 1.2 m 以上的人行道；另一侧宽度也应不小于 0.5 m；两辆车对开最突出部分之间的距离不小于 0.5 m，如图 1-3 所示。对于其他巷道，人行道宽度可按 0.8～1.0 m 留设；另一侧宽度可按 0.3～0.5 m 留设。

在巷道转弯或交叉处，无轨运输车的间距必须满足安全运输的要求，此时巷道的净宽

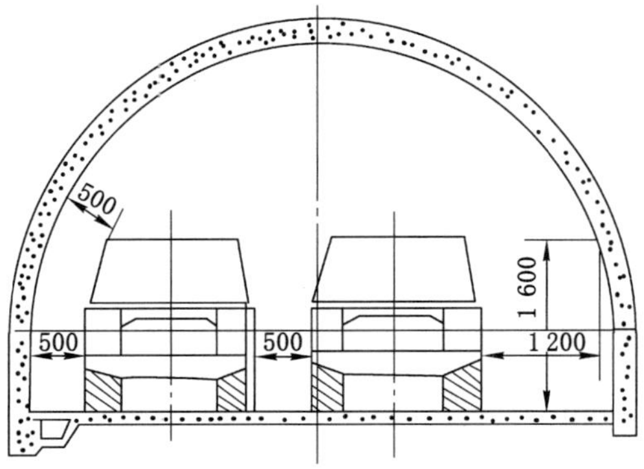

图 1-3　无轨胶轮车直线段运输巷道宽度

度应根据无轨运输车的转弯半径和运输间距来确定，即

$$B \geqslant R_1 - R_2 + 1.2 + 0.5 \tag{1-2}$$

式中　R_1——运输车辆转弯外半径，m；

　　　R_2——运输车辆转弯内半径，m。

（3）单轨吊巷道净宽度

单轨吊运行中摆动幅度较大，上下约 200 mm，左右各 150 mm，可有 15°的摆动角，因此巷道所需宽度应增大 150 mm，双向运行时增大 300 mm。巷道要求的最小净宽度 B（巷道高 1.8 m 处的宽度）（图 1-4）为：

$$B = b_1 + b_2 + b_3 \quad （单行） \tag{1-3}$$

$$B = b_1 + 2b_2 + b_3 + b_4 \quad （双行） \tag{1-4}$$

式中　b_1——巷道不行人一侧机车距支架的距离，m；

　　　b_2——列车装货运行时的最大宽度，m；

　　　b_3——巷道行人一侧机车距支架的距离，m；

　　　b_4——两列对开单轨列车间的安全间隙，m。

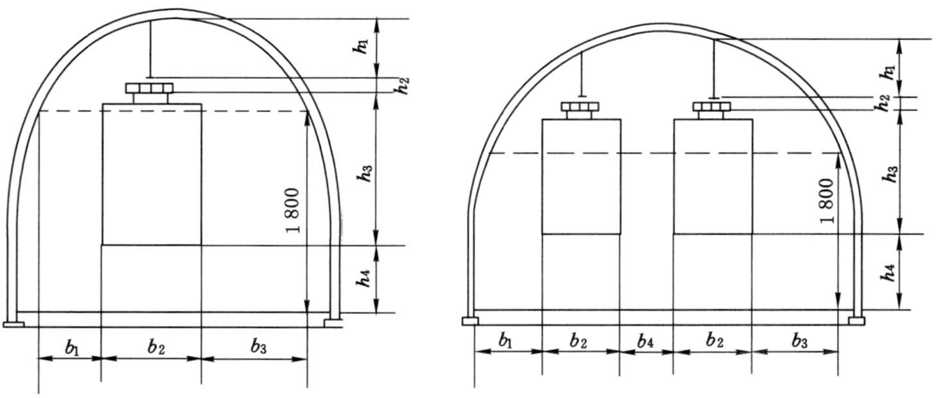

图 1-4　单轨吊巷道净宽度计算图

1.2.2 巷道净高度的确定

矩形、梯形巷道的净高度指自道砟面或底板起至顶梁或顶部喷层面、锚杆露出长度终端的高度;拱形巷道的净高度指自道砟面起至拱顶内沿或锚杆露出长度终端的高度。

按照《煤矿安全规程》的规定,采用轨道机车运输的巷道净高,自轨面起不得小于 2 m。架线式电机车运输巷道的净高,在井底车场内、从井底到乘车场,不小于 2.4 m;其他地点,行人的不小于 2.2 m,不行人的不小于 2.1 m。采(盘)区内的上山、下山和平巷的净高不得小于 2.0 m,薄煤层内的不得小于 1.8 m。

1.2.2.1 拱形断面巷道的净高度

拱形断面巷道净高度的计算公式为:

$$H = h_0 + h_3 - h_b \tag{1-5}$$

式中 H——拱形断面巷道的净高度,mm;

h_0——拱形断面巷道的拱高,mm;

h_3——拱形断面巷道的壁高,mm;

h_b——巷道内道砟高度,按表 1-4 选取,mm。

表 1-4 常用道床参数

<table>
<tr><th colspan="2">巷道类型</th><th>钢轨型号/(kg/m)</th><th>道床总高度 h_c/mm</th><th>道砟高度 h_b/mm</th><th>道砟面至轨道面高度 h_a/mm</th></tr>
<tr><td colspan="2" rowspan="2">井底车场及主要运输巷道</td><td>30</td><td>410</td><td>220</td><td>190</td></tr>
<tr><td>22</td><td>380</td><td>220</td><td>160</td></tr>
<tr><td rowspan="3">采区运输巷道</td><td rowspan="2">上、下山</td><td>22</td><td>380</td><td colspan="2" rowspan="3">可不铺道砟,轨枕沿底板浮放,也可在浮放轨枕两侧充填掘进矸石</td></tr>
<tr><td>15</td><td>350</td></tr>
<tr><td>运输巷、回风巷</td><td>15</td><td>250</td></tr>
</table>

(1) 拱高 h_0 的确定

拱形断面巷道的拱高通常以其与巷道净宽度的比来表示(称为高跨比)。

半圆拱的拱高 h_0、拱的半径 R 均为巷道净宽度的 1/2,即 $h_0=R=B/2$;圆弧拱的拱高,煤矿多取巷道净宽度的 1/3,即 $h_0=B/3$,个别矿井为了提高圆弧拱的受力性能,取拱高 $h_0=2B/5$;金属矿山由于围岩坚固稳定,可将圆弧拱的拱高 h_0 取巷道净宽度的 1/4 或 1/5。

(2) 壁高 h_3 的确定

拱形断面巷道的壁高 h_3 指自巷道底板至拱基线的垂直距离(图 1-2)。为了满足行人安全、运输通畅以及安装和检修设备、管缆的需要,确定拱形断面巷道壁高 h_3 的方法为分别按架线式电机车导电弓顶端与巷道拱壁间最小安全间隙要求、按管道的装设高度要求、按人行高度要求、按 1.6 m 高度的人行宽度要求以及按设备上缘至拱壁最小安全间隙要求等 5 种情况,并结合图 1-5、图 1-6 和表 1-5 中 h_3 的计算公式进行计算,然后取计算结果的最大者。

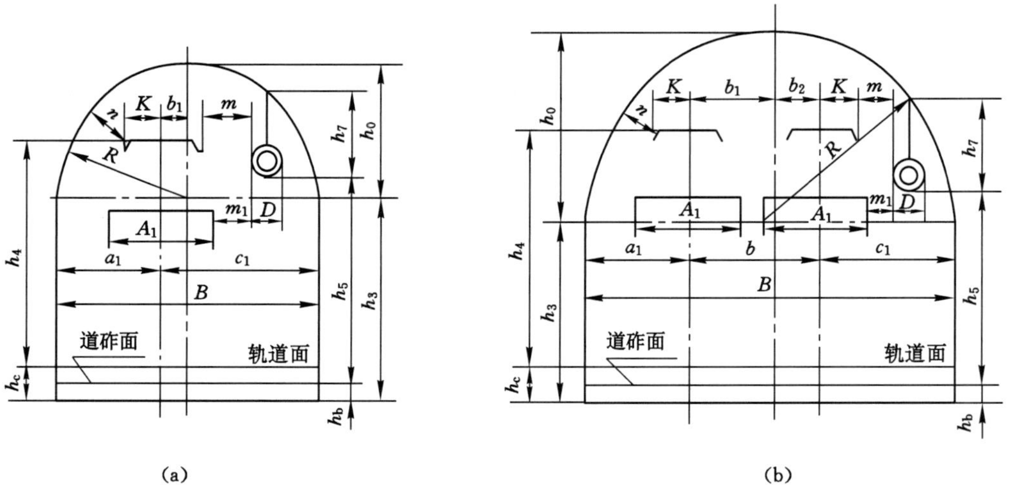

图 1-5　半圆拱形断面巷道壁高计算图

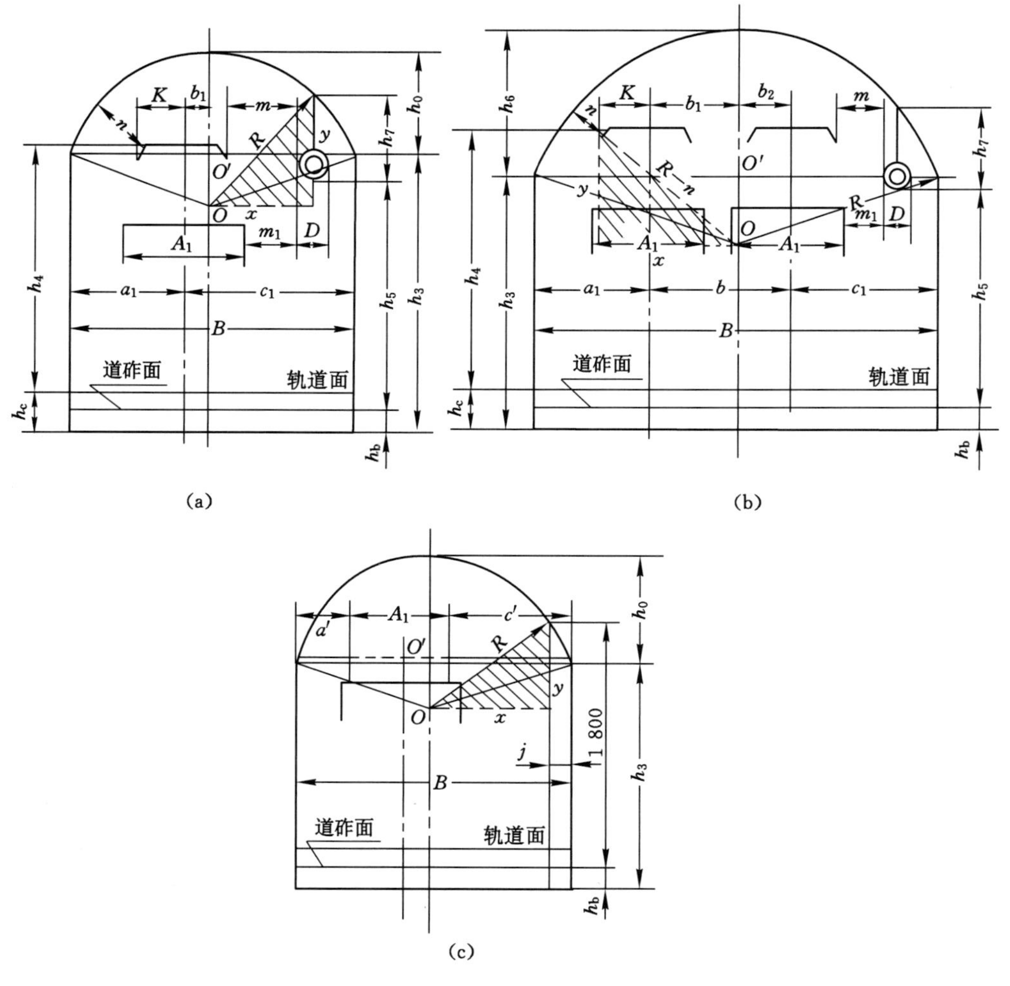

图 1-6　圆弧拱形巷道断面壁高计算图

表 1-5　拱形断面巷道壁高计算公式

类别			h_3 计算公式：半圆拱形巷道	h_3 计算公式：圆弧拱形巷道	公式说明
按架线式电机车导电弓顶端与巷道拱壁间最小安全间隙要求计算			$h_3 \geqslant h_4 + h_c - \sqrt{(R-n)^2-(K+b_1)^2}$	$h_3 \geqslant h_4 + h_c + \sqrt{R^2-(B/2)^2} - \sqrt{(R-n)^2-(K+b_1)^2}$	电机车导电弓子外缘与巷道拱壁的间距 $n \geqslant$ 200 mm，一般取 $n=200$ mm，K 为导电弓子一半的宽度
按管道的装设高度要求计算	按导电弓	双轨	$h_3 \geqslant h_5 + h_7 + h_b - \sqrt{R^2-(K+m+D/2+b_2)^2}$	$h_3 \geqslant h_5 + h_7 + h_b + \sqrt{R^2-(B/2)^2} - \sqrt{R^2-(K+m+D/2+b_2)^2}$	电机车导电弓子与管子距离不小于一定值 m，$m \geqslant$ 300 mm
		单轨	$h_3 \geqslant h_5 + h_7 + h_b - \sqrt{R^2-(K+m+D/2-b_1)^2}$	$h_3 \geqslant h_5 + h_7 + h_b + \sqrt{R^2-(B/2)^2} - \sqrt{R^2-(K+m+D/2-b_1)^2}$	管子最下边应留设高度不小于 1 800 mm 的人行道，即 $h_5 \geqslant 1\ 800$ mm
	按电机车	双轨	$h_3 \geqslant h_5 + h_7 + h_b - \sqrt{R^2-(A_1/2+m_1+D/2+b_2)^2}$	$h_3 \geqslant h_5 + h_7 + h_b + \sqrt{R^2-(B/2)^2} - \sqrt{R^2-(A_1/2+m_1+D/2+b_2)^2}$	电机车距管子的距离不小于一定值 m_1，$m_1 \geqslant$ 200 mm
		单轨	$h_3 \geqslant h_5 + h_7 + h_b - \sqrt{R^2-(A_1/2+m_1+D/2-b_1)^2}$	$h_3 \geqslant h_5 + h_7 + h_b + \sqrt{R^2-(B/2)^2} - \sqrt{R^2-(A_1/2+m_1+D/2-b_1)^2}$	管子最下边应留设高度不小于 1 800 mm 的人行道，即 $h_5 \geqslant 1\ 800$ mm
按人行高度要求计算			$h_3 \geqslant 1\ 800 + h_b - \sqrt{R^2-(R-j)^2}$	$h_3 \geqslant 1\ 800 + h_b + \sqrt{R^2-(B/2)^2} - \sqrt{R^2-(B/2-j)^2}$	距壁 j 处的有效高度不应小于 1 800 mm，$j \geqslant 100$ mm，一般取 $j=200$ mm
按 1.6 m 高度的人行宽度要求计算	双轨		$h_3 \geqslant 1\ 600 + h_b - \sqrt{R^2-(c'+A_1/2+b_2)^2}$	$h_3 \geqslant 1\ 600 + h_b + \sqrt{R^2-(B/2)^2} - \sqrt{R^2-(c'+A_1/2+b_2)^2}$	从道砟面起 1.6 m 水平处，运输设备上缘与拱壁间距 $c' \geqslant 700$ mm，即保证有 700 mm 宽的人行道
	单轨		$h_3 \geqslant 1\ 600 + h_b - \sqrt{R^2-(c'+A_1/2-b_1)^2}$	$h_3 \geqslant 1\ 600 + h_b + \sqrt{R^2-(B/2)^2} - \sqrt{R^2-(c'+A_1/2-b_1)^2}$	
按设备上缘至拱壁最小安全间隙要求计算	人行侧	双轨	$h_3 \geqslant h + h_c - \sqrt{R^2-(c'+A_1/2+b_2)^2}$	$h_3 \geqslant h + h_c + \sqrt{R^2-(B/2)^2} - \sqrt{R^2-(c'+A_1/2+b_2)^2}$	从道砟面起 1.6 m 水平处，运输设备上缘与拱壁间距 $c' \geqslant 700$ mm，即保证有 700 mm 宽的人行道
		单轨	$h_3 \geqslant h + h_c - \sqrt{R^2-(c'+A_1/2-b_1)^2}$	$h_3 \geqslant h + h_c + \sqrt{R^2-(B/2)^2} - \sqrt{R^2-(c'+A_1/2-b_1)^2}$	
	非人行侧		$h_3 \geqslant h + h_c - \sqrt{R^2-(a'+A_1/2+b_1)^2}$	$h_3 \geqslant h + h_c + \sqrt{R^2-(B/2)^2} - \sqrt{R^2-(a'+A_1/2+b_1)^2}$	运输设备上缘与拱壁间距 $a' \geqslant 200$ mm，一般取 $a'=200$ mm

对于架线式电机车运输的巷道，一般情况下，按架线高度和管子架设要求计算；其他如矿车运输、只铺设输送机和无轨运输设备的巷道，只按人行要求计算，但在人行道范围内不得敷设管、线、电缆和其他固定设施。

1.2.2.2 梯形和矩形断面巷道的净高度

(1) 主要运输巷道

主要运输巷道中梯形和矩形断面巷道的净高度为：

$$H = h_1 + h_c - h_b \tag{1-6}$$

式中 H——梯形(矩形)断面巷道的净高度，mm；

h_1——从轨面到顶梁的巷道高度，mm；

h_c——从巷道底板到轨面的高度，mm；

h_b——巷道内道砟高度，按表 1-4 选取，m，无道砟面时，取 $h_b=0$。

(2) 采(盘)区巷道

采(盘)区内梯形和矩形断面巷道净高 H 不得小于 2 000 mm，薄煤层内的不得小于 1 800 mm。

1.2.2.3 无轨运输巷道净高度

无轨运输(包括汽车运输)巷道最小净高度除满足行人、通风等要求外，运输设备的顶部距巷道顶部(支护)或管线下缘的距离不得小于 0.6 m。最后确定的净高度要满足安全间隙对巷道高度的要求。

对于仅有辅助运输设备的轨道运输巷(图 1-4)，其巷道净高度 H 为：

$$H \geqslant h_1 + h_2 + h_3 + h_4 \tag{1-7}$$

式中 h_1——从吊轨顶面到棚梁的距离，mm，该值大于或等于 300 mm；

h_2——吊轨轨高，mm，I140E 轨高 155 mm；

h_3——单轨吊本身或载物的高度，mm；

h_4——运输物件底面或单轨吊车至巷道底面的安全高度，mm，一般取 300～500 mm。

单轨吊运输巷道最小净高度为 1 900～2 300 mm

1.2.3 巷道的净断面面积

巷道的净宽和净高确定后，巷道的净断面面积便可求出。

半圆拱巷道净断面面积：

$$S = B(0.39B + h_2) \tag{1-8}$$

圆弧拱巷道净断面面积：

$$S = B(0.24B + h_2) \tag{1-9}$$

上述各式中符号意义见图 1-5、图 1-6。

梯形巷道的支架棚腿常有 80°左右的倾角，所以，有了巷道的净宽和净高，还需求出巷道顶部净宽 B_1 与底部净宽 B_2，然后才能算出巷道的净断面面积。梯形巷道净断面面积 S 为：

$$S = (B_1 + B_2)\frac{H}{2} \tag{1-10}$$

1.2.4 巷道风速验算

巷道通过的风量是根据对整个矿井生产通风网络进行求解得到的。当通过该巷道的风量确定后，断面面积越小，风速越大；风速越大，不仅会扬起煤尘，而且影响工人身体健康和工作效率。为此，《煤矿安全规程》规定了各种不同用途巷道所允许的风速（表 1-6）。同时，为使矿井增产留有余地和满足经济风速的要求，一般不选用表 1-6 所列的最高风速。设计时，应在不违反《煤矿安全规程》的情况下，按照《煤炭工业设计规范》规定，矿井主要进风巷的风速一般不大于 6 m/s，为矿井增产留有余地。

表 1-6 井巷中的允许风速

井 巷 名 称	允许风速/(m/s)	
	最低	最高
无提升设备的风井和风硐		15
专为升降物料的井筒		12
风桥		10
升降人员和物料的井筒		8
主要进、回风巷		8
架线式电机车巷道	1.0	8
输送机巷，采区进、回风巷	0.25	6
采煤工作面、掘进中的煤巷和半煤岩巷	0.25	4
掘进中的岩巷	0.15	4
其他通风人行巷道	0.15	

风速验算按下式进行：

$$v = \frac{Q}{S} \leqslant v_{\max} \tag{1-11}$$

式中 v——通过该巷道的风速，m/s；

Q——根据设计要求通过该巷道的风量，m^3/s；

S——巷道的净断面面积，m^2；

$v_{\max}$——巷道允许通过的最大风速，按表 1-6 确定，m/s。

对低瓦斯矿井，按前述方法所设计的巷道净断面尺寸均能满足通风要求。但是，对高瓦斯矿井往往不能满足。这时，巷道的净断面尺寸就需要根据允许的巷道最高风速和《煤炭工业矿井设计规范》(GB 50215—2015)规定的最高风速要求来进行计算。

1.2.5 巷道设计掘进面积

要确定巷道设计掘进面积首先必须确定支护参数和道床参数。

1.2.5.1 支护参数的确定

巷道支护的主要功能是控制围岩的变形与松动。而围岩条件和矿压特点是影响围岩变形与松动的最主要因素，因而也是选择巷道支护方式最重要的依据。有的支护方式适用于任何断面形状的巷道，如锚喷支护、金属支架支护。有的支护方式则只能用于某些特定断面形状的巷道，如拱碹支护就只能用于拱形、马蹄形、圆形断面形状的巷道，而不能用于顶部平直的矩形、梯形断面形状的巷道。因此，选择巷道的支护方式时应考虑巷道断面形状，选择与断面形状相适应的支护方式。

巷道的用途决定巷道的断面布置和功能要求，并对巷道支护提出不同的要求，因而影响巷道支护方式的选择。如井底车场、主要运输巷道断面尺寸大，运输任务繁忙，要求巷道支护的可靠性高；采区准备巷道一般受采动压力的影响，其支护应能承受采动压力；工作面运输巷与回风巷需随工作面推进进行加强支护，其支护应有利于加强支护的实施；工作面开切眼是安装工作面设备的场所和工作面开采的起始位置，其支护要方便工作面设备的安装、工作面的初始推进和初次放顶。

不同的支护方式，其使用寿命、造价均不相同，因而巷道的服务年限对其经济性有较大影响，而且围岩的变形与松动是一个随时间的推移而发展的渐进过程，对巷道支护强度的要求与巷道的服务年限呈正相关关系。因此，选择巷道支护方式时应考虑巷道的服务年限。如拱碹支护造价高，服务年限短的巷道一般不宜选用；金属支架虽然造价高，但可以重复使用，服务年限短的巷道也可选用；巷道的服务年限长，对支护强度的要求就较高，反之亦然。

支护方式确定后，即可进行支护参数的选择。支护参数指各种支架的规格尺寸，如矿用工字钢和 U 型钢的型号，锚喷支护的锚杆类型、长度、直径、间距和排距，喷射混凝土的厚度与标号等。

对岩石巷道的支护而言，锚喷支护是主要支护形式。目前，锚喷支护已形成一个支护系列。它包括：喷射混凝土支护，锚杆支护，锚杆与喷射混凝土联合支护，锚杆、喷射混凝土与钢筋网联合支护和锚杆、喷射混凝土与石材或金属支架的联合支护，以及锚喷网与混凝土等的联合支护。

1.2.5.2 道床参数的选择

道床参数的选择指钢轨型号、轨枕规格和道砟高度的确定。

(1) 钢轨型号

钢轨型号是以每米钢轨的质量来表示的。煤矿常用的钢轨型号是 15 kg/m、22 kg/m、24 kg/m、30 kg/m 和 38 kg/m。钢轨型号根据巷道类型、运输方式及设备、矿车容积和轨距来选用，见表 1-7。

表 1-7 巷道轨型选择

<table>
<tr><th colspan="2">巷道类型</th><th>运输方式及设备</th><th>矿车容积</th><th>轨距/mm</th><th>钢轨型号/(kg · m^{-1})</th></tr>
<tr><td colspan="2" rowspan="4">井底车场及主要运输大巷</td><td rowspan="2">8 t、10 t电机车或
12 t、14 t机车牵引列车</td><td>5 t底卸式</td><td>900</td><td rowspan="2">≥30</td></tr>
<tr><td>3 t底卸式</td><td>600</td></tr>
<tr><td><8 t机车</td><td>1 t固定式</td><td>600</td><td>18</td></tr>
<tr><td>无极绳，≤5 t机车</td><td>1 t固定式</td><td>600</td><td>15</td></tr>
<tr><td rowspan="4">采区运输巷道</td><td rowspan="2">上、下山</td><td rowspan="2">钢丝绳运输</td><td rowspan="2">1.5 t固定式</td><td>600/900</td><td>15</td></tr>
<tr><td>600</td><td>15</td></tr>
<tr><td rowspan="2">运输中巷、
回风顺槽</td><td rowspan="2">≤5 t机车或
钢丝绳运输</td><td>1.5 t固定式</td><td>600/900</td><td>15</td></tr>
<tr><td>1 t固定式</td><td>600</td><td>11或15</td></tr>
</table>

对轨道铺设的要求是：钢轨的型号应与行驶车辆的类型相适应，轨道铺设应平直，且具有一定的强度和弹性，在弯道处轨道连接应光滑，且运输巷道内同一线路必须采用同一型号的钢轨。道岔的型号不得低于线路的钢轨型号。在倾角大于 15°的巷道中，轨道的铺设应采取防滑措施。

（2）轨枕规格

轨枕的类型和规格应与选用的钢轨型号相适应。矿井多使用钢筋混凝土轨枕和木轨枕，个别地点也有用钢轨枕的。混凝土轨枕主要用于井底车场、运输大巷、上山、下山和中巷；木轨枕主要用于道岔等处；钢轨枕主要用于固定道床。预应力钢筋混凝土轨枕具有较好的抗裂性和耐久性，且其构件刚度大，节约木料，造价低，所以应大力推广使用。常用的轨枕规格见表 1-8。

表 1-8 常用轨枕规格

轨枕规格	轨距/mm	钢轨型号/(kg·m^{-1})	全长/mm	全高/mm	上宽/mm	下宽/mm
木轨枕	600	11	1 200	100	—	120
		15 或 18		120	120	150
		24		140	130	160
	900	15 或 18	1 600	120	120	150
		24、30		140	130	160
钢筋混凝土轨枕	600	11 或 15	1 200	130	120	140
		18		130	160	180
	900	24、30	1 700	145	170	200
预应力钢筋混凝土轨枕	600	15、18、22	1 200	115	100	140

（3）道床

现场使用的道床有道砟道床和固定道床两种。

道砟道床由钢轨及其连接件、轨枕、道砟等组成，其施工简单，容易更换，工程造价较低，有一定的弹性和良好的排水性，并有利于轨道调平。但在生产过程中，煤、岩粉洒落在道床上之后，其弹性降低，排水受到阻碍，可能影响机车正常运行。但只要加强维修，道砟道床完全能够满足机车运行要求。在井底车场、主要运输大巷和有电机车通行的巷道一般都使用道砟道床。

运行 7 t 及以上机车、3 t 及以上矿车，或者运送 15 t 及以上载荷的矿井、采区主要巷道轨道线路，应当使用型号不小于 30 kg/m 的钢轨；其他线路应当使用型号不小于 18 kg/m 的钢轨。卡轨车、齿轨车和胶套轮车运行的轨道线路，应当采用型号不小于 22 kg/m 的钢轨。

道砟应选用坚硬和不易风化的碎石或卵石，粒度以 20～30 mm 为宜，并不准掺有碎末等杂物，使其具有适当的孔隙度，以利于排水和具有良好的弹性。道砟的高度也应与选用的钢轨型号相适应。在主要运输巷道，道砟高度不得小于 100 mm，并至少把轨枕 1/2～2/3 的高度埋入道砟内，二者关系如图 1-7 所示。图中 m 为轨枕高度，h_a、h_b、h_c 的意义见表 1-4。

道床宽度可按轨枕长度再加 200 mm 考虑。相邻两轨枕中心线距一般为 0.7～0.8 m，

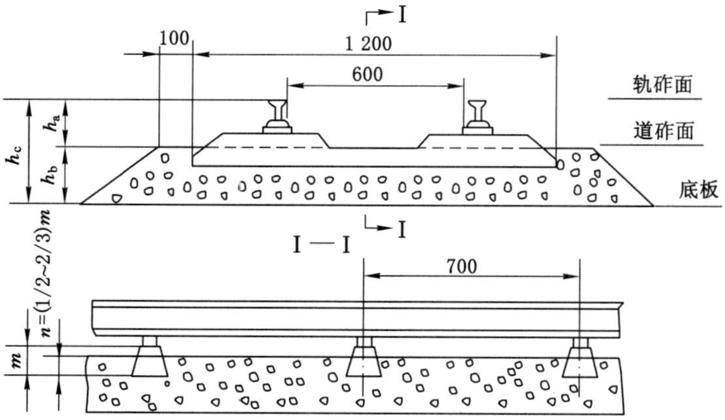

图 1-7　道床尺寸关系

在钢轨接头、道岔和弯道处应适当减小。

为了减小维护工作量、降低经营费用和提高列车运行速度，大型矿井井底车场和主要运输大巷应积极推广整体（固定）道床。固定道床一般用混凝土整体浇筑，将轨道与道床固定在一起，因此具有维护工作量小，运营费用低，车辆运行平稳、运行速度高，服务年限长等优点。但固定道床初期投资多，施工复杂，道床的弹性也较差，所以有底鼓且未处理的巷道不宜采用固定道床。

1.2.5.3　巷道设计掘进断面面积的计算

巷道的净尺寸加上支护和道床参数值后，便可获得巷道的设计掘进尺寸，进而可计算巷道的设计掘进断面面积。

半圆拱形巷道设计掘进断面面积：

$$S_1 = B_1(0.39B_1 + h_3) \tag{1-12}$$

圆弧拱形巷道设计掘进断面面积：

$$S_1 = 0.24B^2 + 1.27BT + 1.57T^2 + B_1h_3 \tag{1-13}$$

梯形巷道的设计掘进断面面积：

$$S_1 = B_1(B_3 + B_4)H_1/2 \tag{1-14}$$

式中符号意义如图 1-6、图 1-8 所示。

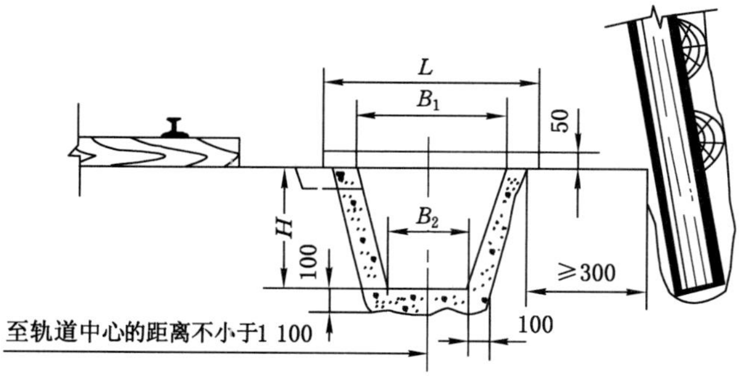

图 1-8　采区梯形巷道水沟断面

1.2.6 计算掘进断面面积

巷道设计掘进断面面积加上允许的掘进超挖误差值 δ(75 mm)所占面积，即巷道的计算掘进断面面积。因此在计算布置锚杆的巷道周长、喷射混凝土周长和粉刷面周长时，就应用比原设计净宽大 2δ 的计算净宽作为计算的基础，以保证巷道施工材料的供应满足要求。

1.3 断面内水沟设计和管缆布置

1.3.1 水沟设计

为了排出井下涌水及其他污水，创造良好的生产环境，设计巷道断面时，应根据矿井生产时通过该巷道的排水量设计水沟。

1.3.1.1 水沟布置

(1) 水平巷道及倾角小于16°的倾斜巷道的水沟，一般布置在人行侧。当非人行侧有适当空间时，亦可布置水沟，但应尽量避免水沟穿越轨道或输送机。

(2) 在倾角大于16°的巷道中，当涌水量较小或巷道较窄时，水沟与人行台阶可在巷道同侧平行或重叠布置；当涌水量较大或巷道较宽时，水沟和人行台阶可分设在巷道两侧。

(3) 金属或木棚巷道的水沟，为使柱腿牢固和流水畅通，水沟中线与柱腿之间的距离应大于0.5 m，或者水沟与柱腿的最小距离应大于0.3 m。

(4) 专用排水巷道、中间设人行道的巷道、有底鼓的巷道和铺设整体道床的巷道，水沟可布置在巷道中间。

(5) 全封闭支护巷道，水沟宜布置在巷道中间。

(6) 巷道横向水沟，一般应布置在含水层的下方、上(下)山下部车场的上方、带式输送机接头硐室的下方或出水点处。

(7) 在水平和倾斜砌碹巷道中，可将沿水沟一侧的巷道基础加宽50 mm以上，以便搭设水沟盖板，同时应使水沟底板掘进面比巷道基础低50～100 mm。

(8) 在倾角小于或等于10°的行人及车辆来往频繁的主要巷道，水沟上面要加设盖板，盖板顶面应与道砟面齐平。

1.3.1.2 水沟砌筑

根据水沟服务年限，一般将水沟分为永久性水沟和临时性水沟两类。永久性水沟应砌筑，临时性水沟可不砌筑。对水沟的一般性要求有：

(1) 井底车场、主要运输大巷、上(下)山等永久性水沟均应砌筑。

(2) 水沟一般可用混凝土现浇或片石砌筑，也可采用钢筋混凝土预制。

(3) 采区巷道的水沟，根据底板岩性、服务年限、流量大小和运输条件等因素确定其砌筑与否。

(4) 如果围岩坚硬，不会被矿井水腐蚀剥落，或者服务年限较短，可按临时水沟设置。

1.3.1.3 水沟坡度和流速

矿井水沟坡度应与巷道坡度一致，考虑到流水通畅，平巷坡度不宜小于3‰；巷道横向水沟的坡度不宜小于 2‰。

采区巷道水沟的坡度应根据巷道的用途、疏水、煤损和充填料含泥率等因素确定。采区带式输送机巷道、分层运输巷道和运输煤门、采区回风巷道及分层回风巷道水沟的坡度可选用5‰;水沟中水的最大流速,采用混凝土砌筑的水沟为 5～10 m/s,不衬砌的水沟为 3～4.5 m/s。水沟中水的最小流速应以不使煤泥等杂物沉淀为原则,一般应不小于 0.5 m/s。

1.3.1.4 水沟断面形状及尺寸

常用的水沟断面形状有对称倒梯形、半倒梯形和矩形。各种水沟断面尺寸应根据水沟的流量、坡度、支护材料和断面形状等因素确定。常用的水沟断面形状及尺寸如图 1-9 所示。

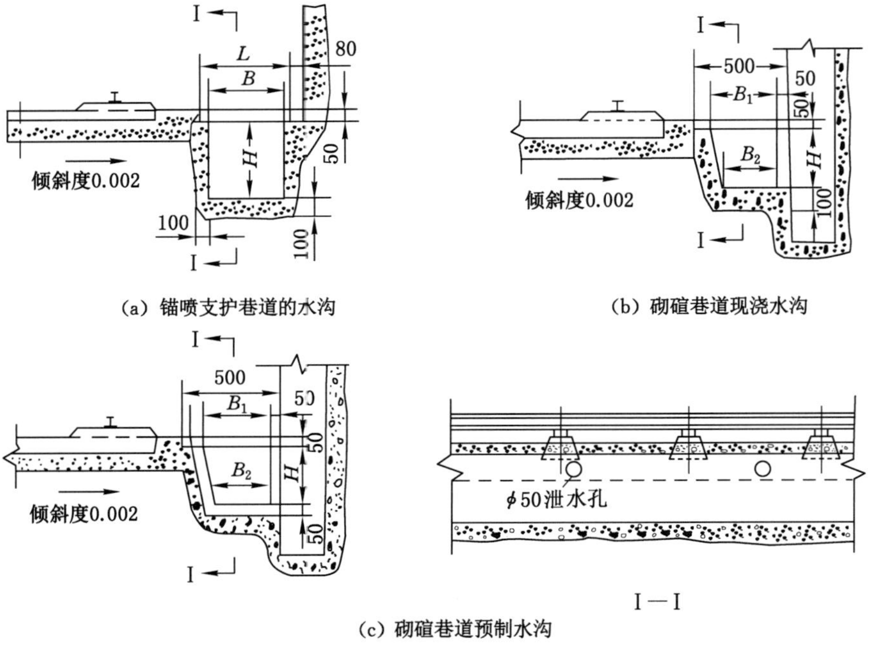

图 1-9 拱形巷道水沟断面

1.3.1.5 水沟盖板

为方便行人,大巷及倾角小于 15°上(下)山的水沟一般均设置盖板。盖板的宽度一般比水沟净宽大 150 mm,主要巷道的水沟盖板宽度应不大于 500 mm。盖板一般为钢筋混凝土预制板。每块钢筋混凝土预制板的质量不宜超过 35 kg,厚度不应小于 50 mm。

无运输设备的巷道、倾角大于 15°的上(下)山和采区巷道的水沟一般不设盖板。

1.3.2 管缆布置

根据生产需要,巷道内需要敷设压风管、排水管、供水管以及其他管路。此外,还需布置动力电缆、照明电缆和通信电缆等。管缆布置的主要原则是保证工人安全生产和便于安装、检修。

1.3.2.1 管道布置

管道的布置应符合下列要求：

(1) 管道应布置在人行道一侧，管道的架设一般采用托架、管墩及锚杆吊挂等方式，并要考虑检修的方便。若架设在人行道上方，管道下部距道砟面或水沟盖板的垂直高度不应小于 1.8 m；若架设在水沟上，应以不妨碍清理水沟为原则。

砌碹支护的主要运输巷道，一般用槽钢或角钢将管道支托在行人侧的顶部；锚喷支护的主要运输巷道，可将管路锚吊在行人侧的顶部，也可采用毛料石或混凝土墩柱支托管道。

(2) 在架线式电机车运输巷道内，为防止电流腐蚀设备，管道应尽量避免沿巷道底板架设。

(3) 当管道与管道呈交叉或平行布置时，应保证管道之间有足够的更换距离。管道架设在平巷顶部时，应不妨碍其他设备的维修与更换。

(4) 管道与运输设备之间必须留有不小于 0.2 m 的安全距离。

1.3.2.2 电缆布置

电缆布置应符合以下要求：

(1) 人行道一侧最好不要敷设动力电缆。

(2) 动力电缆和通信电缆一般不要敷设在巷道的同一侧。如受条件限制必须设在同一侧时，通信电缆应设在动力电缆上方 0.1 m 以上的距离处，以防电磁场作用干扰通信信号。

(3) 电缆与压风管、供水管在巷道同一侧敷设时，必须敷设在管子上方，并保持 0.3 m 以上的距离。

(4) 电缆悬挂高度应保证当矿车掉道时不会撞击电缆，或者电缆发生坠落时，不会落在轨道上或运输设备上，所以电缆悬挂高度一般为 1.5～1.9 m，电缆到巷道顶板的距离一般不小于 300 mm；电缆两个悬挂点的间距不应大于 3.0 m；电缆与运输设备之间距离不应小于 0.25 m；电缆与风筒之间应保持 0.3 m 以上的距离。

(5) 高压电缆和低压电缆在巷道同侧敷设时，二者之间的距离应大于 0.1 m。高压电缆之间、低压电缆之间的距离均不得小于 50 mm，以方便摘挂。

(6) 在有煤与瓦斯突出煤层中的回风巷，禁止设置动力电缆。

1.3.3 巷道断面施工图表编制

巷道断面施工图表是巷道断面设计的最后一步工作，是对巷道断面设计工作的技术总结。

通常，完成巷道断面尺寸设计计算后，需按一定比例(一般为 1∶50)绘制巷道断面施工图，并附上巷道特征表、每米巷道工程量及材料消耗量表。巷道断面施工图表发至施工单位后，即可作为指导施工的依据。

目前常用的不同轨距巷道断面施工图表的标准设计由设计单位编制。图 1-10 是 600 mm 轨距双轨直线运输大巷(架线式电机车)的巷道断面施工图，表 1-9 和表 1-10 分别是其巷道特征表和每米巷道工程量及材料消耗量表。

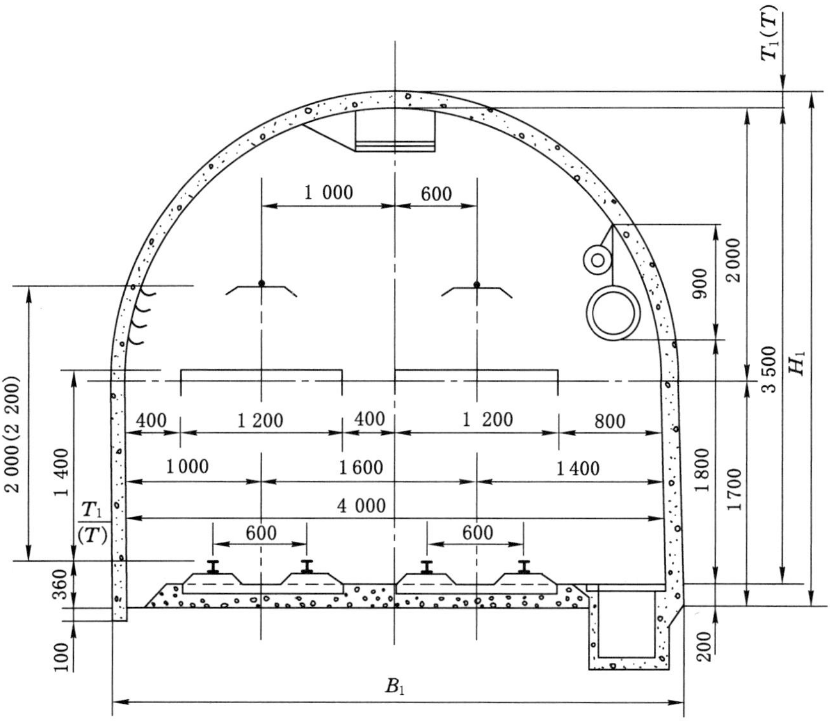

图 1-10　600 mm 轨距双轨运输大巷(电机车运输)巷道断面施工图

表 1-9　运输大巷特征

围岩类别	断面面积/m^2		设计掘进尺寸/mm		喷射混凝土厚度 T_1(锚喷厚度 T)/mm	锚杆						净周长/m
	净断面	设计掘进断面	宽度 B_1	高度 H_1		类型	外露长度 T_2/mm	排列方式	间排距/mm	锚深/mm	直径/mm	
Ⅰ	12.2	13.2	4 040	3 720	(20)							13.3
Ⅱ	12.2	14.0	4 200	3 800	100							13.3
Ⅲ	12.2	14.0	4 200	3 800	100	钢筋砂浆	50	矩形	800	1 600	14	13.3
Ⅳ	12.2	14.2	4 240	3 820	120	钢筋砂浆	100	三花	800	1 800	14	13.3
Ⅴ	12.2	14.5	4 300	3 850	150	钢筋砂浆	100	三花	800	1 800	14	13.3

注:围岩类别按《岩土锚杆与喷射混凝土支护工程技术规范》(GB 50086—2015)的规定分类,有Ⅰ～Ⅴ5类。

表 1-10　每米巷道工程量及材料消耗量

围岩类别	计算掘进工程量/m^3		锚杆数量/根	材料消耗量							粉刷面积/m^2
				喷射材料/m^3	锚杆			托板		钢丝网/(kg/m^2)	
	巷道	墙脚			钢筋/kg	木头/根	注浆量/m^3	铸铁/kg	木头/根		
Ⅰ	14.0			(0.20)							9.5
Ⅱ	14.8	0.04		1.03							9.5
Ⅲ	14.8	0.04	13.8	1.03	27.55		3.030				9.5

表 1-10(续)

围岩类别	计算掘进工程量/m^3		锚杆数量/根	材料消耗量							粉刷面积/m^2
				喷射材料/m^3	锚杆			托板		钢丝网/(kg/m^2)	
	巷道	墙脚			钢筋/kg	木头/根	注浆量/m^3	铸铁/kg	木头/根		
Ⅳ	15.0	0.04	15.5	1.24	36.03		0.039	30.07			9.5
Ⅴ	15.3	0.05	28.0	1.55	65.05		0.070	54.33		6.65/7.0	9.5

注:围岩类别按《岩土锚杆与喷射混凝土支护工程技术规范》(GB 50086—2015)的规定分类。

为了简化设计工作,我国煤矿设计部门已编制出常用的巷道断面施工图表标准设计,可供查阅选用。

1.4　交岔点设计

在井底车场内,各类巷道、硐室纵横交错。井底车场的特点之一就是硐室多、巷道交岔点多。井下巷道相交或分岔部分的那段巷道叫巷道交岔点。可以说,交岔点是井底车场内的特殊巷道或硐室。按其结构形式不同,矿井水平巷道交岔点可分为柱墙式交岔点和穿尖式交岔点两种(图 1-11)。

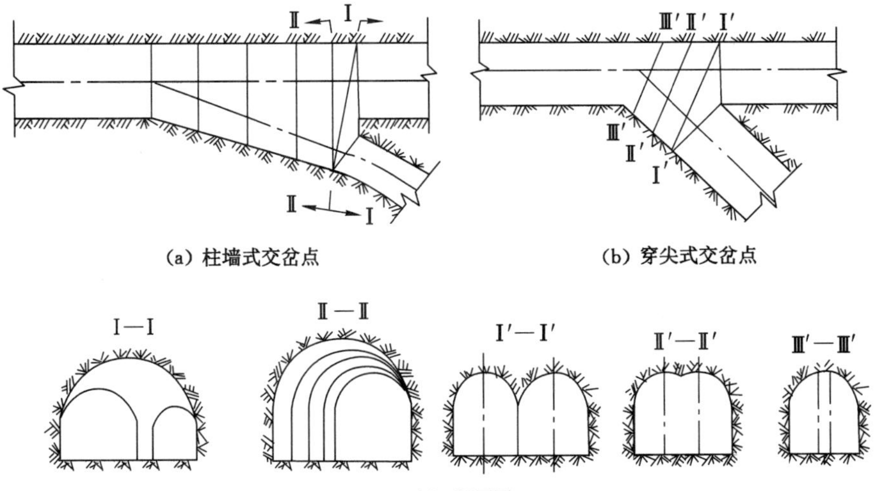

图 1-11　平巷交岔点按结构形式分类

柱墙式交岔点又称“牛鼻子”碹岔,在各类围岩的巷道中均可使用。在该交岔点长度内两巷道的相交部分,共同形成一个跨度逐渐变化的大断面,其最大断面的跨度和拱高是由相交巷道的宽度和柱墙的宽度决定的。这种交岔点较穿尖式交岔点工程量大、施工时间长,但具有受力条件好、维护容易等特点,所以得到普遍应用。

穿尖式交岔点一般在围岩稳定、坚硬,跨度较小的巷道中使用。穿尖式交岔点具有拱高小、长度小、断面尺寸不逐渐变化的特点,从而使工程量减小,施工时间缩短,通风阻力减小,也使设计工作简化。在交岔点的长度内,两巷道为自然相交,其相交部分保持各自的巷道断面。

拱高不由两条巷道的最大跨度决定，而由巷道自身的跨度决定。因此，碹岔中间断面的高度不应超过两相交巷道中宽巷的高度。但与柱墙式交岔点相比，在相同条件下，穿尖式交岔点拱部承载能力较小，因此这种交岔点仅适用于围岩坚硬、稳定，跨度较小的巷道。

按支护方式不同，交岔点可分为简易交岔点和碹岔式交岔点。简易交岔点指采用棚式支架或料石墙加钢梁支护的交岔点，多用于围岩条件好、服务年限短的采区巷道或小型矿井中。碹岔式交岔点以往采用料石、混凝土砌筑，现在多采用锚喷支护，用于服务年限较长的各种巷道交岔点。

1.4.1 交岔点道岔

目前，轨道运输依然是煤矿井下辅助运输的主要方式。因此，井下巷道交岔点的布置和断面设计，除了应满足井下管线布置、通风、行人和安全的要求外，还要根据所采用的运输车辆的型号、运量等因素，选择合适的交岔点道岔型号、曲线半径及钢轨。所用钢轨轨型，应与其相连接的直线巷道（正线）的轨型一致，并应符合《煤矿井下车场及硐室设计规范》（GB 50416—2017）的有关规定（表 1-11）。

表 1-11 车辆类型、轨型及道岔型号和曲线半径

牵引设备	矿车类型	轨距/mm	轨型/(kg/m)	道岔号码		曲线半径/m
				单开	对称	
非机车牵引	1.0 t固定式	600	15～22	2,3	3	9～12
	1.5 t固定式	600	15～22	3,4	3	9～12
		900				
	3.0 t固定式	900	22	3,4	3	12～15
无极绳绞车	1.0 t固定式	600	15～22	4,5	3	30～50
7 t及以下机车	1.0 t固定式	600	22	4	3	12～15
	1.5 t固定式	600	22～30	4,5	3	15～20
		900				
	3.0 t固定式	900	30	4,5	3	20～25
8～12 t机车	1.0 t固定式	600	30	4,5	3	15～20
	1.5 t固定式	600	30	4,5	3	15～20
		900				20～25
	3.0 t固定式	900	30	5	4	20～25
	3.0 t底卸式	600	30	5	4	25～30
	5.0 t底卸式	600	30	5,6	4	30～40
		900				
14～20 t机车	3.0 t底卸式	900	30～38	5,6	4	30～35
	5.0 t底卸式	900	30～38	6	4	35～40
20 t以上机车	5.0 t及以上底卸式	900	38～43	6	4	40～50

注：1. 采用渡线道岔时可按表中单开道岔号码选取；

2. 中、小型矿井道岔号码可取较小值。

道岔是使车辆由一条线路转驶到另一条线路上的装置，是交岔点轨道运输线路系统中重要的连接元件，而道岔的类型与尺寸是设计交岔点的重要依据之一。因此，需要对道岔的结构、类型和选型原则进行介绍。

(1) 道岔的结构

道岔主要由岔尖、基本轨、辙岔(岔心和翼轨)、护轮轨以及转辙器等部件组成，如图 1-12 所示。

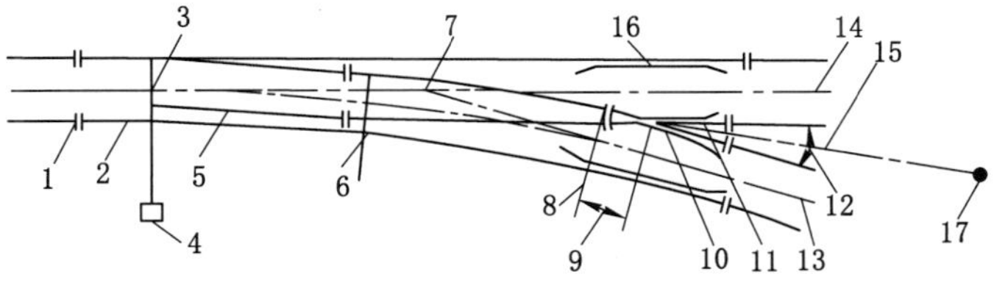

1—基本轨接头；2—基本轨；3—牵引拉杆；4—转辙器；5—岔尖；6—曲线起点；7—转辙中心；8—曲线终点；9—插入直线；10—翼轨；11—岔心；12—辙岔岔心角；13—侧轨轴线；14—直轨轴线；15—辙岔轴线；16—护轮轨；17—警冲标。

图 1-12 道岔结构

岔尖是引导车辆向主线或岔线运行的轨道元件。岔尖要求紧贴基本轨，高度应等于或小于基本轨高度，并具有足够大的强度。岔尖的摆动是依靠转辙器来完成的。

辙岔由岔心和翼轨铆接或焊接而成，也有用高锰钢整体铸造的，其作用是保证车轮轮缘能顺利通过，防止车辆掉道。

辙岔岔心角 α(以下简称辙岔角)是道岔最重要的参数。道岔号码 M 就是用它的半角余切值的 1/2 来表示的，即 $M=\frac{1}{2}\cot\frac{\alpha}{2}$。道岔号码 M 越大，α 越小，道岔曲线半径 R 和曲线长度就愈大，车辆通过时就愈平稳。窄轨道岔的号码 M 分为 2 号、3 号、4 号、5 号和 6 号 5 种，相应的辙岔角为 $28°04'20''$、$18°55'30''$、$14°15'$、$11°25'6''$和 $9°31'38''$。设计时应根据轨距、轨型、电机车类型、允许的曲率半径以及行车密度等因素选用。

护轮轨是防止车辆在辙岔上脱轨而设置的一段内轨。

(2) 道岔的类型

根据分岔的形式，道岔可分为单开道岔(DK)、对称道岔(DC)、渡线道岔(DX)3 大类型(图 1-13)；单开道岔和渡线道岔有右向和左向之分，道岔型号还要与轨距和轨型相匹配，常见的轨距有 600 mm 和 900 mm 两种，轨型有 15 kg/m、18 kg/m、22 kg/m、30 kg/m 等。

道岔规格用类型、轨距、轨型、道岔号码和曲线半径来表示，如 DK615-4-12 表示：600 mm 轨距、15 kg/m 钢轨、4 号单开道岔、曲线半径为 12 m。

(3) 道岔的选择原则

道岔本身制造质量的优劣或道岔型号选择是否合适，对车辆运行速度、运行安全和集中控制程度等均有很大关系。道岔的选用一般应遵循以下原则：

① 与基本轨的轨距相适应。如基本轨线路的轨距是 600 mm，就应选用 600 mm 轨距的道岔。

② 与基本轨型相适应。选用与基本轨同级或高一级的道岔型号，但绝不允许采用低一

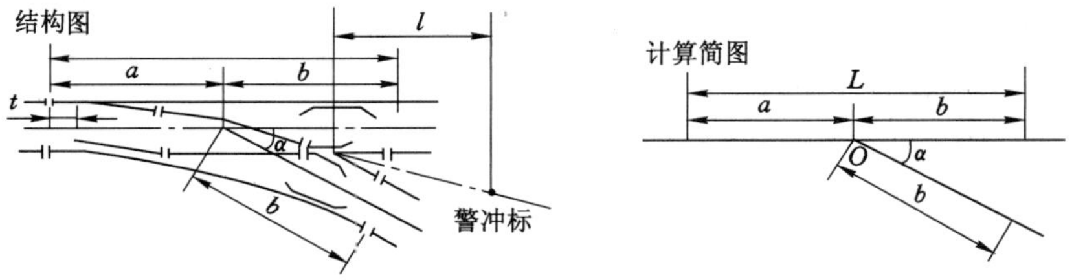

(a) 单开道岔

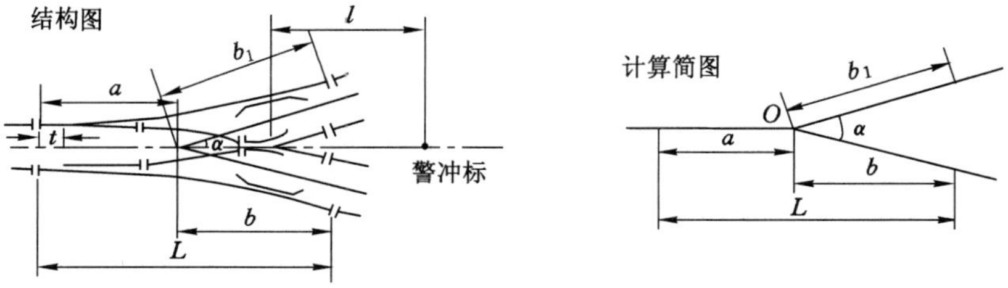

(b) 对称道岔

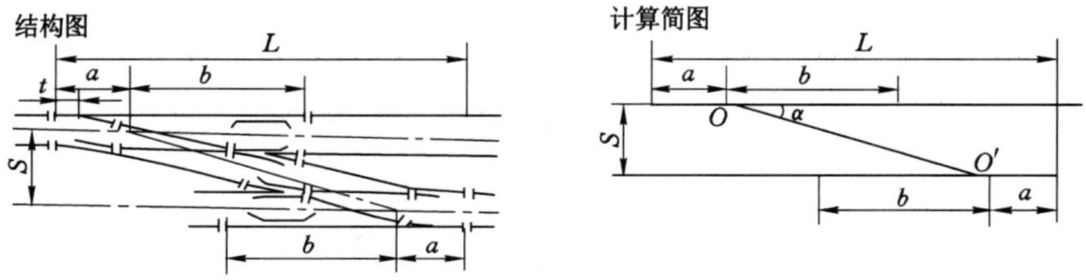

(c) 渡线道岔

a —转辙中心至道岔起点的距离；b —转辙中心至道岔终点的水平距离；l—警冲标距翼轨的水平距离；L —道岔长度；b_1—转辙中心至道岔终点的距离；S—警冲标距转辙中心的垂直距离；t—变断面起点至基本轨起点的距离。

图 1-13　道岔结构与计算简图

级的道岔。

③ 与行驶车辆的类别相适应。多数标准道岔都允许机车通过，少数标准道岔由于道岔的曲线半径过小（≤9 m）、辙岔角过大（≥18°55′30″）时，只允许矿车行驶。

④ 与行车速度相适应。多数标准道岔允许车辆通过的速度在 1.5～3.5 m/s，而少数标准道岔允许车辆通过的速度在 1.5 m/s 以下。

1.4.2　交岔点设计

交岔点设计包括交岔点的平面尺寸设计、中间断面尺寸设计、断面形状选择、支护设计、工程量与材料消耗量计算等。

根据交岔点内单双轨及道岔特点，常见的交岔点包括单轨单侧分岔交岔点、双轨巷道单侧分岔交岔点、双轨巷道单侧弯道交岔点、单轨巷道对称分岔交岔点、双轨巷道单侧分岔弯道交岔点、双轨巷道单侧对称道岔弯道交岔点、双轨巷道对称分岔交岔点、直角三角交岔点等。下面以单轨巷道单侧分岔交岔点为例介绍交岔点平面尺寸的确定方法。

(1) 平面尺寸的确定

确定交岔点平面尺寸，就是要确定交岔点扩大断面的起点和柱墙的位置，即交岔点斜墙的起点至柱墙的长度，确定交岔点最大断面处的宽度，并计算交岔点单项工程的长度。这些尺寸取决于通过交岔点的运输设备类型、运输线路布置的形式、道岔型号以及行人和安全间隙的要求。在设计前，应先确定各条巷道的断面及主巷与支巷的关系，并以下述条件作为设计交岔点平面尺寸的已知条件：所选道岔的 a、b、α 值；支巷对主巷的转角 δ；各条巷道的净宽度 B_1、B_2、B_3 及其轨道中心线至柱墙一侧边墙的距离 b_1、b_2、b_3。此外，尚需确定柱墙的宽度（一般取 500 mm）和轨道的曲率半径 R。

首先，应根据前述已知条件求曲线半径的曲率中心 O 点的位置，以便以 O 点为圆心、R 为半径确定弯道的位置（图 1-14）。O 点的位置距离基本轨起点 O_0 的横轴长度 J、距离基本轨中心线的纵轴长度 H，可按如下公式求得：

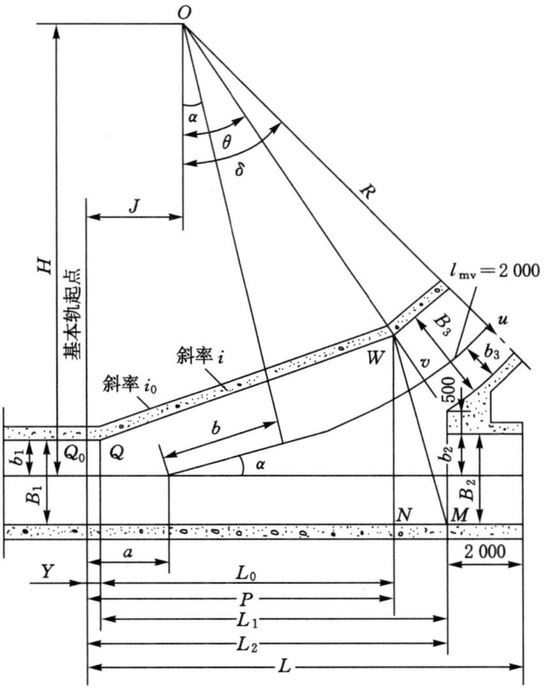

图 1-14 单轨巷道单侧分岔点平面尺寸计算图

$$J = a + b\cos\alpha - R\sin\alpha \tag{1-15}$$

$$H = R\cos\alpha + b\sin\alpha \tag{1-16}$$

从曲率中心 O 到支巷起点 W 连一直线，直线 OW 与 O 点到主巷中心线的垂线夹角为 θ，其值为：

$$\theta = \arccos\frac{H - b_2 - 500}{R + b_3} \tag{1-17}$$

$$P = J + [R - (B_3 - b_3)]\sin\theta = J + (R - B_3 + b_3)\sin\theta \tag{1-18}$$

为了计算交岔点最大断面宽度 $\overline{WM}$，需解直角三角形 MWN：

$$\overline{WM} = \sqrt{(\overline{NM})^2 + (\overline{WN})^2} \tag{1-19}$$

$$\overline{NM} = B_3\sin\theta \tag{1-20}$$

$$\overline{WN} = B_3\cos\theta + 500 + B_2 \tag{1-21}$$

于是，自基本轨起点至柱墙面的距离 L_2 为：

$$L_2 = P + \overline{NM} \tag{1-22}$$

为了计算交岔点的断面变化，需确定斜墙 WQ 的斜率 i，其方法是先按预定的斜墙起点（变断面起点）计算斜率 i_0，然后选用与它最相近的固定斜率 i，即

$$i_0 = (\overline{WN} - B_1)/P \tag{1-23}$$

斜率表示巷道宽度的变化规律，根据 i_0 的大小选取固定斜率，常用的斜率 i 为 0.2、0.3、0.4、0.5、0.6，个别情况可取 0.15。

确定了斜墙的斜率后，便可确定斜墙（变断面）的起点 Q 及交岔点扩大断面部分的长度 L_0：

$$L_0 = \frac{\overline{WN} - B_1}{i} \tag{1-24}$$

于是，变断面的起点至基本轨起点的距离 Y 为：

$$Y = P - L_0 \tag{1-25}$$

若 Q 点在 Q_0 点之右，则 Y 为正值；Q 点在 Q_0 点之左，Y 为负值。

交岔点工程上的计算长度 L 是从基本轨起点算起，至柱墙 M 点再延长 2 000 mm 的长度，即

$$L = L_2 + 2\,000 \tag{1-26}$$

在支巷处，交岔点的终点应取从柱墙面算起，沿轨道中心线 2 000 mm 处，也可近似按直墙 2 000 mm 处计算。

其他交岔点计算公式及计算图见表 1-12。

表 1-12　其他交岔点计算公式及计算图

	计算公式	计算图
单轨单侧分岔交岔点	$H=R\cos\alpha+b\sin\alpha$ $D=b\cos\alpha-R\sin\alpha$ $\theta=\arccos\dfrac{H-b_2-500}{R+b_3}$ $l_1=(R+b_3)\sin\theta+D$ $L_1=l_1+a$ $\overline{WN}=H_3\cos\theta+500+B_2$ $\overline{MN}=B_3\sin\theta$ $\overline{WM}=\sqrt{(\overline{WN})^2+(\overline{MN})^2}$ $L_0=\dfrac{\overline{WN}-B_1}{i}$ $y=L_1-L_0-\overline{MN}$	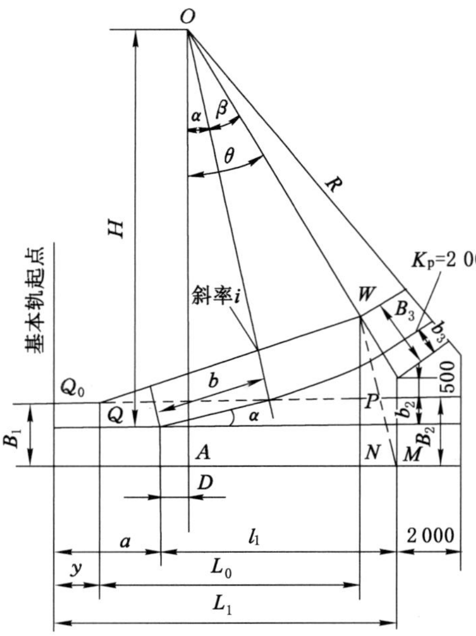

表 1-12(续)

<table>
<tr><th></th><th>计算公式</th><th>计算图</th></tr>
<tr><td>双轨巷道单侧分岔交岔点</td><td>
$H=R\cos\alpha+b\sin\alpha$
$D=b\cos\alpha-R\sin\alpha$
$\cos\theta=\dfrac{H-500-b_2}{R+b_3}$
$l_1=(R+b_3)\sin\theta+D$
$\overline{WN}=B_3\cos\theta+500+B_2$
$\overline{MN}=B_3\sin\theta$
$\overline{WM}=\sqrt{(\overline{WN})^2+(\overline{MN})^2}$
$L_1=l_1+5\ 000+5\ 000$
$L_0=\dfrac{\overline{WN}-B_1}{i}$
$y=L_1-\overline{MN}-L_0$
</td><td>
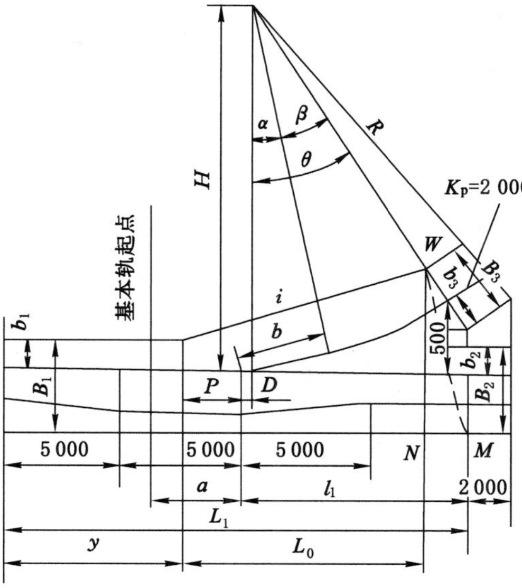

</td></tr>
<tr><td>双轨巷道单侧弯道交岔点</td><td>
$\cos\theta=\dfrac{R+S-500-b_2}{R+b_3}$
$l_1=(R+b_3)\sin\theta+D$
$\overline{MN}=B_3\sin\theta$
$\overline{WN}=B_3\cos\theta+500+B_2$
$l_1=(R+b_3)\sin\theta$
$L_1=l_1+5\ 000$
$L_0=\dfrac{\overline{WN}-B_1}{i}$
$y=L_1-\overline{MN}-L_0$
</td><td>
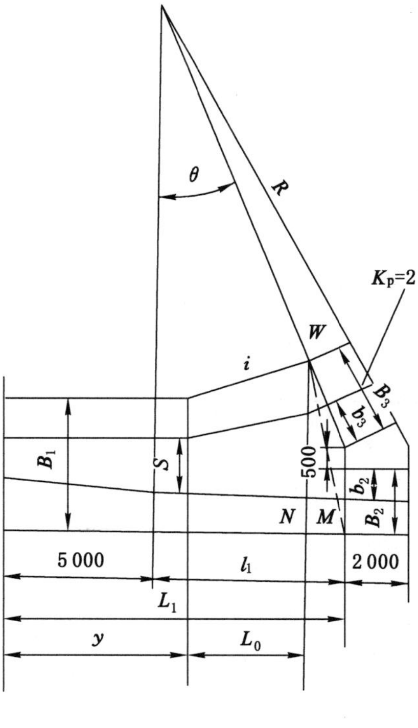

</td></tr>
</table>

表 1-12(续)

	计算公式	计算图
单轨巷道对称分岔交岔点	$H=R\cos\frac{\alpha}{2}+b\sin\frac{\alpha}{2}$ $D=b\cos\frac{\alpha}{2}-R\sin\frac{\alpha}{2}$ $\cos\theta=\frac{H-250}{R+b_3}$ $\overline{M'N'}=B_3\sin\theta$ $\overline{WM}=2B_3\cos\theta+500$ $l_1=(R+b_3)\sin\theta\pm D$ $L_1=a+l_1$ $L_0=\frac{\overline{WN}-B_1}{2i}$	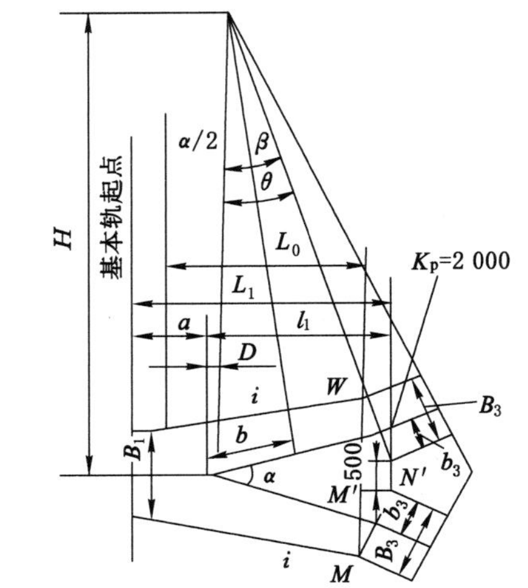
双轨巷道单侧分岔弯道交岔点	$H=R\cos\alpha+b\sin\alpha$ $D=b\cos\alpha-R\sin\alpha$ $\cos\theta=\frac{H-500-b_2}{R+b_3}$　　$L_1=l_1+a$ $l_1=(R+b_3)\sin\theta\pm D$　　$L_0=\frac{\overline{WN}-B_1}{i}$ $\overline{WN}=B_3\cos\theta+500+B_2$　　$y=L_1-\overline{MN}-L_0$ $\overline{MN}=B_3\sin\theta$ $\overline{WM}=\sqrt{(\overline{WN})^2+(\overline{MN})^2}$	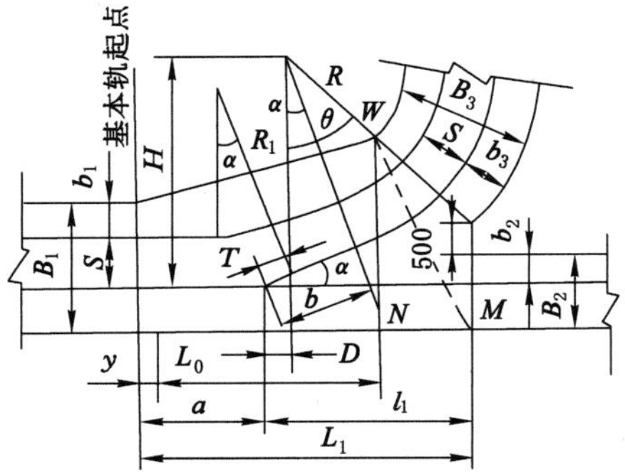
双轨巷道单侧对称道岔弯道交岔点	$H=R\cos\frac{\alpha}{2}+b\sin\frac{\alpha}{2}$ $D=b\cos\frac{\alpha}{2}-R\sin\frac{\alpha}{2}$ $\cos\theta=\frac{H-250}{R+b_3}$ $J=a\pm D$ $J_1=a-R_1\tan\frac{\alpha}{4}$ $l_1=(R+b_3)\sin\theta\pm D$ $\overline{WM}=$ $\sqrt{\left[(B_2+B_3)\cos\left(\frac{\alpha}{2}+\beta\right)+500\right]^2+\left[(B_3+B_2)\sin\left(\frac{\alpha}{2}+\beta\right)\right]^3}$ $b_2=b_3$	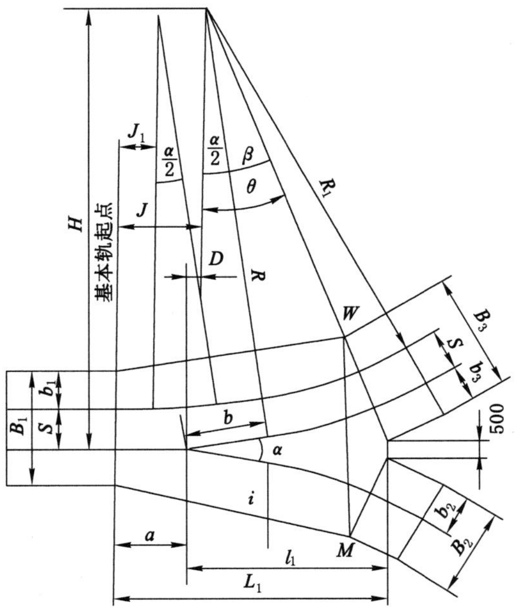

表 1-12(续)

	计算公式	计算图
双轨巷道对称分岔交岔点	$\cos\theta=\dfrac{R+\dfrac{S}{2}-250}{R+b_3}$ $L_1=(R+b_3)\sin\theta$ $L_0=L_1-B_2\sin\theta$ $\overline{WM}=2B_2\cos\theta+500$	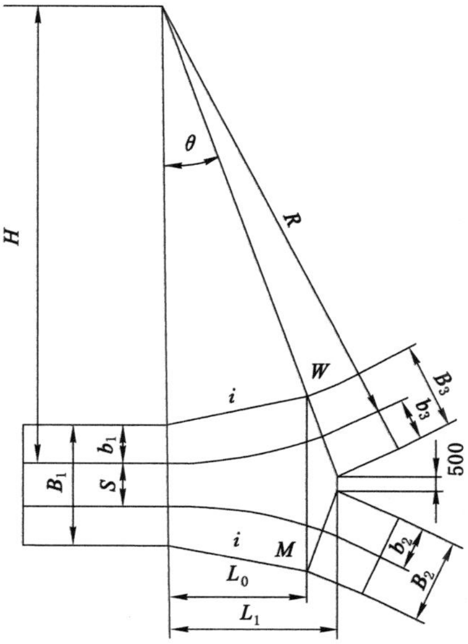

(2) 交岔点中间断面尺寸计算

交岔点中间断面尺寸包括中间断面的宽度、中间断面墙高和中间断面拱高。

中间断面的宽度取决于通过它运输设备的尺寸、道岔型号、线路联接系统的类型、行人及错车安全要求。考虑到运输设备通过弯道和道岔时边角将会外伸，与直线段巷道相比，交岔点内的道岔处车辆与巷道两侧的安全间隙，应在直线巷道安全间隙的基础上加宽，其加宽值应符合下列规定：

① 道岔处车辆与巷道两侧安全间隙加宽值，单开道岔的非分岔一侧加宽不宜小于 200 mm，分岔一侧不宜小于 100 mm；对称道岔的两侧加宽均不宜小于 200 mm。

② 道岔处双轨中心线间距加宽值，直线为双轨、岔线为单轨的，加宽值不宜小于 200 mm；直线一端为单轨、岔线为双轨的，加宽值不宜小于 300 mm；道岔为对称道岔的，加宽值不宜小于 400 mm。

③ 无道岔交岔点的双轨中心线间距应加宽，即分岔巷道一条为直线、另一条为弯道时，加宽值不宜小于 200 mm；分岔巷道均为弯道时，加宽值不宜小于 400 mm。

④ 单轨巷道交岔点巷道断面的加宽范围如图 1-15 所示。图中 c 值为直线巷道加宽最小长度，详见表 1-13。

表 1-13 直线巷道加宽最小长度

车辆类型	c/mm	车辆类型	c/mm
1.0 t 固定式矿车	1 500	7.0 t、10.0 t 架线式中机车	3 000
1.5 t 固定式矿车	2 000	8.0 t 蓄电池中机车	3 000
3.0 t 固定式矿车	2 500	5.0 t 底卸式矿车	3 500
3.0 t 底卸式矿车	2 500	14.0 t 架线式中机车	3 500

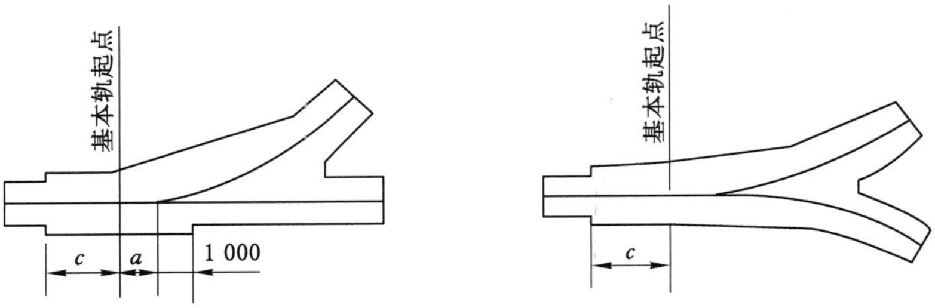

(a) 单开道岔交岔点　　(b) 对称道岔交岔点

图 1-15　单轨巷道交岔点巷道断面的加宽范围

⑤ 双轨巷道交岔点的双轨中心线间距和巷道断面的加宽范围如图 1-16 所示。图中 c 值见表 1-13。对图 1-16(c)所示的交岔点，当运输设备为 10.0 t 及其以下电机车或 3.0 t 以下矿车时，L 取 5 m；当运输设备为 10.0 t 以上电机车或 5.0 t 底卸式矿车时，L 取 6 m。

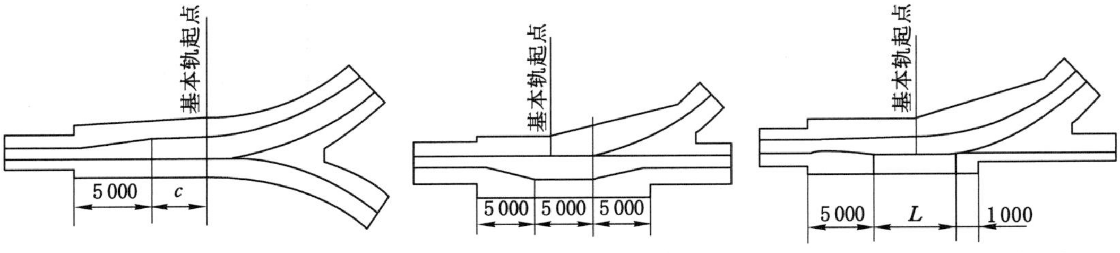

(a) 双轨对称道岔交岔点　　(b) 双轨直线单开道岔交岔点　　(c) 双轨岔线单开道岔交岔点

图 1-16　双轨巷道交岔点双轨中心线间距和巷道断面加宽范围

⑥ 无道岔交岔点双轨中心线间距和巷道断面的加宽范围如图 1-17 所示。图中 c 值见表 1-13。

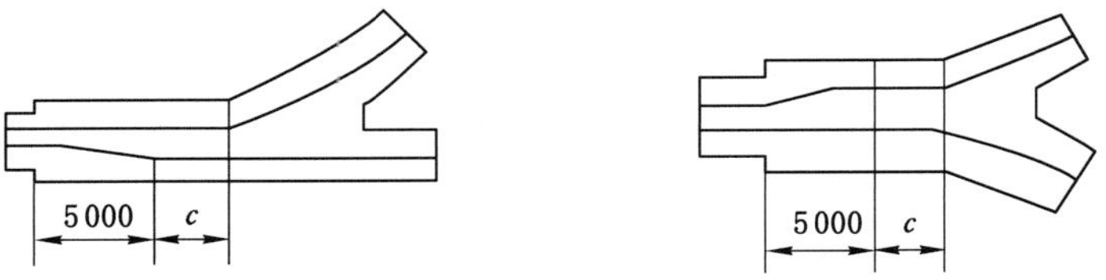

(a) 单开式分岔　　(b) 对称式分岔

图 1-17　无道岔交岔点双轨中心线间距和巷道断面的加宽范围

为了施工方便和减小通风阻力，在井底车场的交岔点内，一般应不改变双轨中心线间距及巷道断面。这样在设计交岔点时，中间断面应选用标准设计图册中相应曲线段的断面，即参考运输设备通过弯道或道岔时边角外伸、双轨中心线间距及巷道宽度已加大的断面。

(3) 交岔点柱墙、墙高及斜率

交岔点柱墙最小的宽度宜取 500 mm。交岔点柱墙长度在直线分岔巷道一侧不得小于 2 000 mm，沿轨道中心线不得小于 2 000 mm。

由于宽度逐渐增大，因而交岔点内的巷道拱高也逐渐增大。半圆拱拱高仍取其宽度的

1/2,圆弧拱取 1/3。锚喷支护的交岔点也可减小拱高,以减小掘、支工程量。

由于中间断面的拱高随净宽的增大而逐渐增大,为了提高断面利用率,减小掘、支工程量,在满足安全、生产与技术需求的条件下,可将中间断面的墙高相应减小,使巷道全高的增加幅度不致过大(图 1-18)。

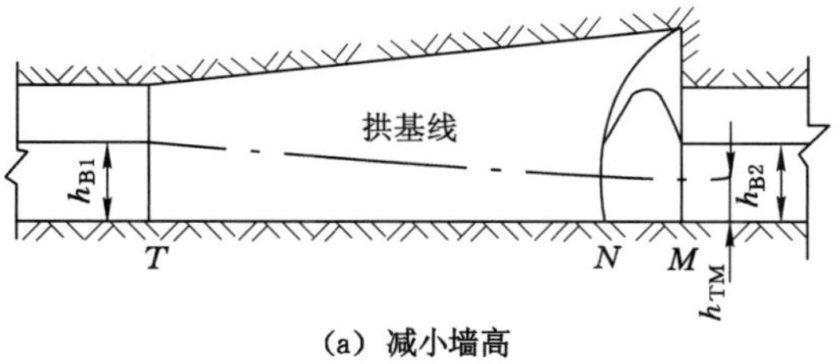

图 1-18 减小交岔点墙高、拱高示意图

减小后的墙高或调整后的拱高,在 T、N、M 3 点处应相同。这几处的巷道断面应保证运输设备、行人及管线装设的安全间隙和距离,故必须按"巷道断面设计"中所介绍的方法和公式对墙高进行验算。设变断面部分起点处墙高为 h_{B1},墙高减小后最低处的墙高为 h_{TM},则墙高减小的斜率 i'为:

$$i' = (h_{B1} - h_{TM})/L_0 \tag{1-27}$$

有了 i'值,便可求得每米墙高递减值。T、N、M 3 点处的墙高均是 h_{TM}。h_{TM}分别与以 B_2、B_3 为净宽的巷道墙高 h_{B2}、h_{B3}的差值 Δh 均应控制在 200～500 mm。如果 Δh 值过大,对施工和安全都不利;Δh 过小则减小墙高的意义不大。

(4) 交岔点支护设计

交岔点属于煤矿井下大断面特殊巷道工程,由于交岔点巷道的结构特点,使其支护不同于一般的巷道支护。因此,在交岔点支护中,应坚持以下原则:

① 交岔点分岔巷道的加强支护长度,应根据围岩性质确定,宜取 2～5 m。

② 锚喷支护交岔点的支护参数,应按交岔点大断面最大宽度选取,并取上限值。

③ 分岔巷道的砌碹厚度,当煤层的坚固性系数 $f \geqslant 3$ 时,应按各自的宽度选取;当煤层的坚固性系数 $f < 3$ 时,应按交岔点的最大宽度选取。

④ 交岔点柱墙是两条分岔巷道顶板的支撑点,应采用料石或混凝土砌筑。当锚喷支护交岔点不用混凝土或料石砌筑柱墙时,其柱墙处应采取加强支护的措施。

根据交岔点断面面积大小及所处围岩条件的不同,交岔点常用的支护结构形式有:

① 现浇整体混凝土支护结构。现浇混凝土支护结构一般包括拱和墙两部分。拱的形式分半圆拱、三心拱和圆弧拱。根据使用条件,拱顶厚度为 200～500 mm,拱基处的厚度为 300～750 mm,柱墙宽度一般为 500 mm,长度取 2 m,混凝土强度等级不低于 C20;当交岔点荷载较大并受不均匀地层压力作用,或交岔点跨度较大时,可用锚杆加强混凝土支护。

交岔点现浇整体混凝土的计算是在交岔点最大跨度处截取 1 m 长的巷道单元体,其顶板和两帮以均布荷载作用考虑,然后计算交岔点混凝土支护的拱顶厚度 δ_0。混凝土墙的厚度可取 $1.5\delta_0$。

不考虑支架自重时,交岔点混凝土支护拱顶厚度可按下式计算:

$$\delta_0 = \frac{L_g}{2} \frac{\sqrt{\frac{3K_a q_d}{\sigma_c}}}{\sqrt[4]{1+3\left(\frac{2f_g}{L_g}\right)^2}} \tag{1-28}$$

考虑支架自重时，交岔点混凝土支护拱顶厚度可按下式计算：

$$\delta_0 = \frac{30K_a\rho_b L_g^2}{8\sigma_c\sqrt{1+3\left(\frac{2f_g}{L_g}\right)^2}} + \sqrt{1+\frac{16\sigma_c q_d\sqrt{1+3\left(\frac{2f_g}{L_g}\right)^2}}{300K_a\rho_b^2 L_g^2}} \tag{1-29}$$

式中 L_g——拱的净跨度，m；

f_g——拱高，m；

q_d——作用在交岔点支架上的荷载，kPa；

K_a——混凝土安全系数；

σ_c——混凝土的极限弯曲抗压强度，kPa；

ρ_b——混凝土凝固后的密度，t/m^3。

交岔点混凝土支护适用于普通工作条件下，煤层坚固性系数 $f=4\sim6$ 的巷道交岔点。

② 型钢混凝土（钢筋混凝土）支护结构。在深井和复杂的地质条件情况下，在锚杆支护基础上，交岔点可增设型钢混凝土支护（图 1-19）。型钢骨架采用工字钢或 U 型钢，待巷道周边的剧烈位移停止后，再浇筑混凝土。型钢拱形金属支架开始起临时支护作用，浇筑后的混凝土起刚性骨架作用。当交岔点所处的压力较大时，还可以采用钢筋混凝土支护。通常把钢筋布置在混凝土支护的内外边缘，即采用双面钢筋。

考虑型钢拱形支护的承载能力和型钢骨架的安设间距，在不考虑支架自重时，拱顶厚度 δ_0 为：

$$\delta_0 = \frac{L_g}{2}\sqrt{\frac{\frac{3k''_a\left[k'_a L_k q_d - \frac{10\sigma_g W_x}{L_g}\sqrt{1+6\left(\frac{2f_g}{L_g}\right)^2}\right]}{\sigma_c}}{k'_a\sigma_c L_k q_d\sqrt{1+3\left(\frac{2f_g}{L_g}\right)^2}}} \tag{1-30}$$

式中 k'_a、k''_a——刚性骨架和混凝土支护的强度安全系数；

L_k——型钢骨架的间排距，m；

σ_g——型钢拱形支架的材料屈服极限，MPa；

W_x——型钢的截面抗弯矩，cm^3。

③ 装配式钢筋混凝土弧板支架。如图 1-20 所示，交岔点中间的变断面巷道可划分为几个区段，根据每个区段的掘进高度、净半径和掘进宽度，确定交岔点弧板块的长度和数量。弧板块支护的一侧支撑在底板上，另一侧支撑在槽钢上，槽钢与 50 号工字钢组成抬棚的支承梁刚性连接。抬棚支承柱用混凝土浇灌。在巷道交岔点的分岔巷道段的混凝土平顶用 20 号工字钢按扇形布置加强，并用锚杆支护增强顶板岩石的稳定性。这种支护方式适用于巷道交岔点位移稳定性较差的情况。

④ 交岔点锚杆及其组合支架支护结构。在坚硬岩层中的巷道交岔点，可单独使用锚杆支护；受采动影响的巷道交岔点，可以使用锚杆、柔性托架、金属网背板支架支护；在复杂的

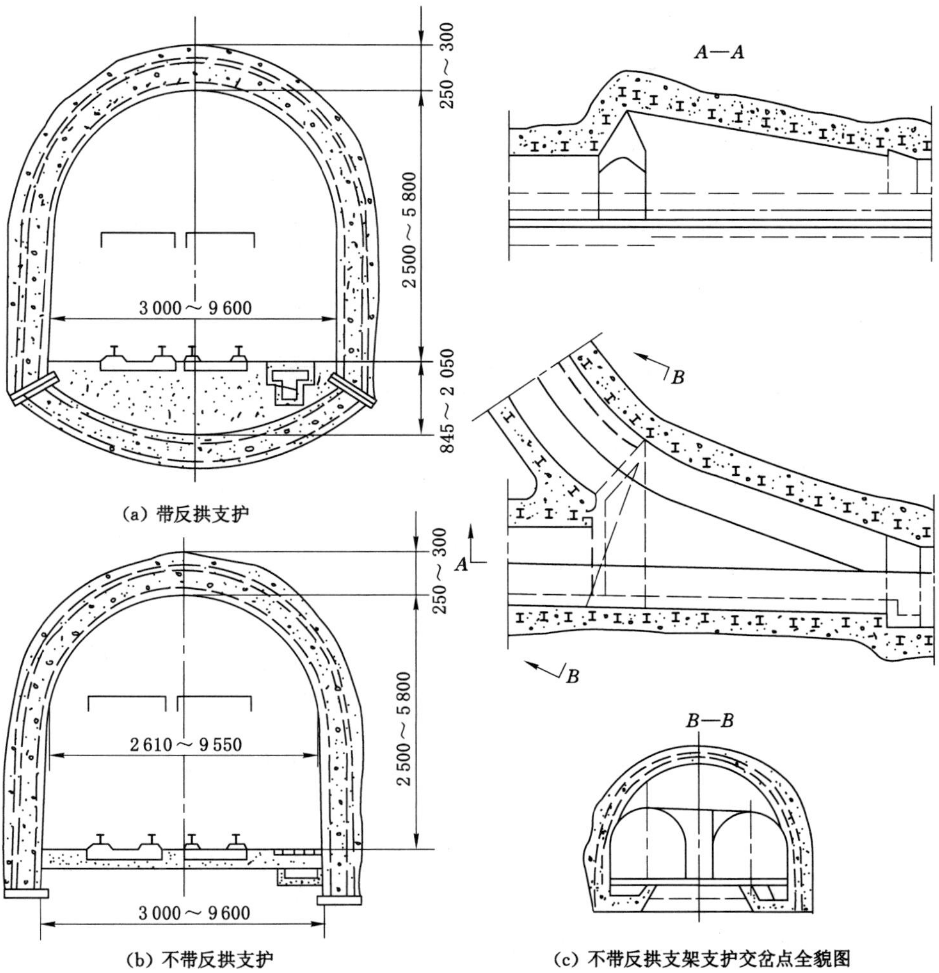

(a) 带反拱支护

(b) 不带反拱支护

(c) 不带反拱支架支护交岔点全貌图

图 1-19　巷道交岔点型钢混凝土支护

地质条件下，巷道交岔点应采用锚杆组合支架（锚杆与喷水混凝土支架、金属拱形支架等组合形式）支护。锚杆及其组合支护以施工方便、支护效果好而被广泛采用。

交岔点锚杆混凝土组合支护的参数计算，应考虑混凝土支护和加强锚杆支护的共同作用。

在不考虑支架自重时，交岔点锚杆混凝土支护拱顶厚度 δ_0 的计算公式可从式（1-28）演变为：

$$\delta_0 = \frac{L_g}{2} \frac{\sqrt{\dfrac{3k''_a(k'_a L_k q_d - np)}{\sigma_c}}}{k'_a \sigma_c L_k q_d \sqrt{1 + 3\left(\dfrac{2f_g}{L_g}\right)^2}} \tag{1-31}$$

式中　k'_a、k''_a——锚杆支护和混凝土支护的强度安全系数；

L_k——锚杆支护的间排距，m；

n——每排锚杆数目，根；

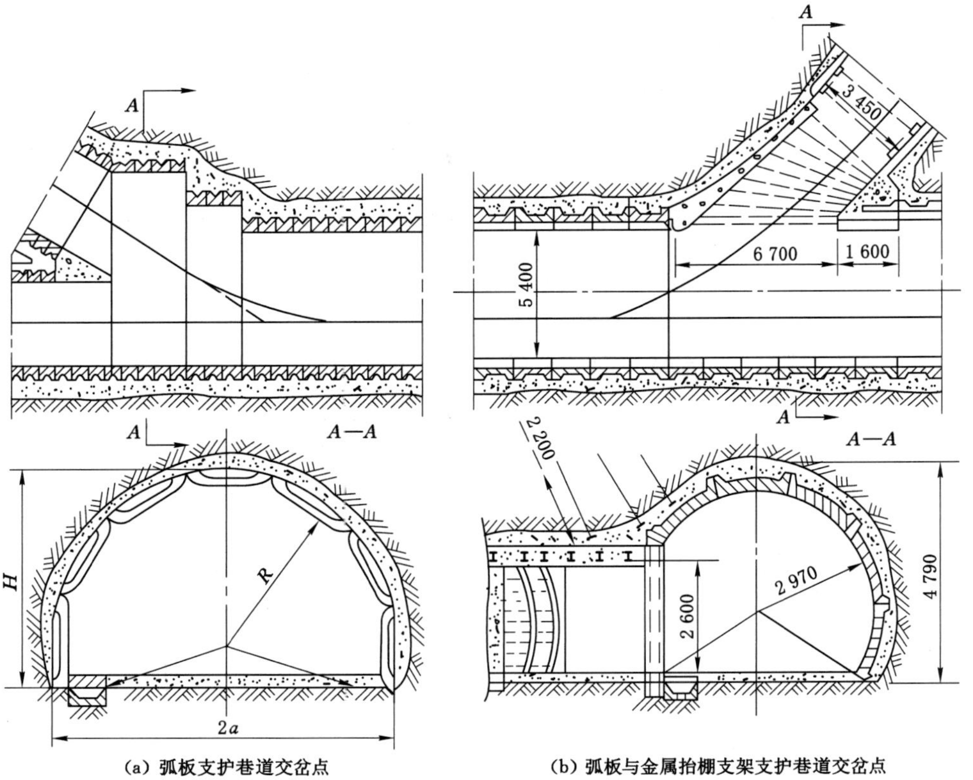

(a) 弧板支护巷道交岔点　　(b) 弧板与金属抬棚支架支护巷道交岔点

图 1-20　巷道交岔点钢筋混凝土弧板支护

p——每根锚杆的承载能力，kN。

传统的料石支护虽然可以就地取材，但因其工艺落后、施工作业困难、工人劳动强度大以及支护效果不理想等，目前已很少采用。

(5) 交岔点工程量及材料消耗量计算

交岔点工程量和材料消耗量的计算方法有两种：一种是将交岔点按不同断面分为Ⅰ、Ⅱ、Ⅲ、Ⅳ几个部分，分别计算各部分的工程量和材料消耗量之和，即交岔点的工程量及材料消耗量；另一种是采用近似计算，其精度能满足工程需要，在施工中普遍采用。交岔点工程量计算的范围，一般指从基本轨起点至柱墙并向支巷各延长 2 m。

巷道交岔点工程量计算图如图 1-21 所示。

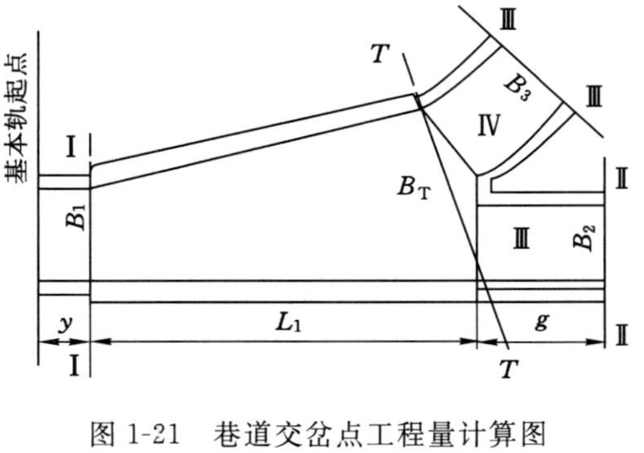

图 1-21　巷道交岔点工程量计算图

① 掘进体积由式(1-32)计算：

$$V = YS_1 + \frac{1}{2}L_1(S_1 + S_T) + g(S_2 + S_3) \tag{1-32}$$

式中，S_1、S_2、S_3、S_T分别为Ⅰ—Ⅰ、Ⅱ—Ⅱ、Ⅲ—Ⅲ、T—T 断面的净断面面积，或掘进断面面积，单位为 m^2；L_1、g、Y 分别为断面变化段长度、支巷延长段长度和基本轨起点至变化断面起点的长度，单位为 m；g 一般取 2 m。

② 各种材料消耗量的计算方法与体积计算法相同，只是将各断面面积 S 换算为相应的该断面每米拱、壁、基础、充填材料的消耗量 V_1、V_2、V_3、V_T。

③ 柱墩端壁材料消耗量由式(1-33)计算：

$$V'' = [S'_T - (S'_2 + S'_3)]T \tag{1-33}$$

式中，S'_T、S'_2、S'_3 分别为 T—T、Ⅱ—Ⅱ、Ⅲ—Ⅲ断面的拱部掘进断面面积，单位为 m^2；T 为柱墩端壁厚度，单位为 m。

④ 粉刷面积由式(1-34)计算：

$$V_n = YS_{n1} + \frac{1}{2}L(S_{n1} + S_{nT}) + g(S_{n2} + S_{n3}) + S'_n \tag{1-34}$$

式中，S_{n1}、S_{n2}、S_{n3}、S_{nT}分别为Ⅰ—Ⅰ、Ⅱ—Ⅱ、Ⅲ—Ⅲ、T—T 断面处每米巷道的粉刷面积，单位为 m^2；S'_n 为柱墩端壁的粉刷面积，单位为 m^2，$S'_n = S_T - (S_2 + S_3)$。

⑤ 锚杆数量、金属网面积的计算方法与粉刷面积计算方法相同，只是将各断面和端壁的粉刷面积 S_n 换算为各断面和端壁的锚杆数量和金属网面积。

按上述近似计算方法，柱墩可不再计算掘进工程量，只需将材料消耗量增大 3～4 m^3 即可。

(6) 交岔点的作图及附表

交岔点施工图表包括平面图，主巷、支巷及 T—T 断面处断面图，交岔点纵、剖面图，工程量和材料消耗量表，以及变化断面各段特征表等。

① 按 1∶100 的比例绘制交岔点平面图。

② 按 1∶50 的比例绘制主巷、支巷及最大断面 T—T 处的断面图。在 T—T 断面图上，大断面的尺寸是实际尺寸，两个小断面和柱墩的宽度则是投影尺寸，如图 1-22 所示。作图时所需尺寸可以直接在平面图上量取，无须计算。

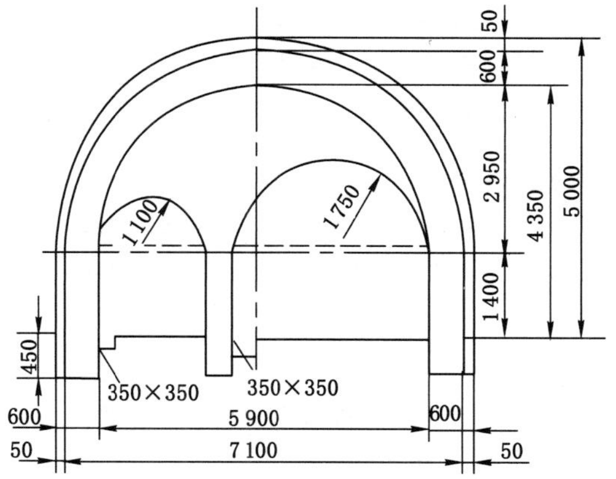

图 1-22　交岔点最大断面 T—T 处断面图

交岔点纵、剖面图能显示拱高、墙高及大小断面的连接方式,并能看出交岔点内墙高的变化情况,一般在设计中忽略不计。

1.5　采区巷道布置及设计

采区巷道布置应满足的原则为:① 巷道布置简单,生产环节少。一般应力求用最低的巷道开掘和维护费用来形成完整的采区生产系统并保证足够的生产能力。② 煤炭损失小,采区回采率高。③ 生产安全,符合《煤矿安全规程》有关规定。④ 适应机械化发展的要求,为提高劳动生产率打下基础。

(1) 采区上下山布置

采区上山和采区下山的布置原则大体相同。下面主要就采区上山布置加以分析介绍。采区上山的位置,有布置在煤层中或底板岩石中的方案;对于煤层群联合布置的采区,还有布置在煤层群的上部、中部或下部的不同方案。

① 煤层上山

采区上山沿煤层布置,掘进容易、费用低、速度快,联络巷道工程量少。其主要问题是煤层上山受工作面采动影响较大,生产期间上山的维护比较困难,特别是在缺乏先进支护手段的情况下。虽然加大煤柱尺寸可以改善上山维护条件,但会增大煤炭损失。因此,一般在下列条件下,可考虑布置煤层上山:

a. 开采薄煤层或中厚煤层的单一煤层采区,采区服务年限短。

b. 开采只有两个分层的单一厚煤层采区,煤层顶、底板岩石比较稳固,煤质类型在中硬以上,上山不难维护。

c. 煤层群联合准备的采区,下部有维护条件较好的薄煤层及中厚煤层。

d. 为部分煤层服务的、维护期限不长的专用于通风或运煤的上山。

② 岩石上山

对单一厚煤层采区和联合准备采区,为改善维护条件,目前大多将上山布置在煤层底板岩石中,其技术经济效果比较显著。

岩石上山与煤层上山相比,维护状况良好,维护费用低,其原因就是巷道围岩坚硬,同时上山离开了煤层一段距离,受采动影响较小。为此要求岩石上山不仅要布置在比较硬的岩石中,还要与煤层底板保持一定距离。距煤层愈远,受采动影响愈小,但也不宜太远,否则会增大联络巷道工程量。一般条件下,视围岩性质,采区岩石上山与煤层底板间的法线距离取 10～15 m 比较合适。随着支护技术的发展,条件适合的情况下可逐步应用煤层上山。

当下部煤层的底板岩层距涌水量特别大的岩层很近,不能布置巷道时,例如在华北、华东地区的某些矿井,煤系底板距奥陶纪石灰岩很近,开掘巷道有透水淹井的危险,此时可将采区上山布置在煤层群的中部。

采区上山的倾角一般与煤层倾角一致;当煤层沿倾斜方向倾角有变化时,为便于使用,应使上山尽可能保持适当的固定坡度。另外在岩石中开掘的上山,有时为了适应带式输送机运煤或自溜运输的需要,可采取穿层布置。

③ 上山数目及布置类型

采区上山至少需要两条，即一条运输上山和一条轨道上山才能形成完整的生产系统。但根据生产的发展和开采条件的变化，可以增设第3条通风、行人上山。例如：

a. 生产能力大的厚煤层采区或联合布置采区；

b. 产量大且瓦斯涌出量也很大的采区；

c. 经常出现上下区段同采，便于安排通风系统的采区；

d. 运输上山、轨道上山均布置在煤层底板岩石中，需要探明煤层变化或是为了通风、便于准备其他巷道而开掘第3条上山。

采区上山位置的选择要根据煤和岩石性质、巷道维护状况、服务年限、设备条件等因素，通过比较最终确定，一般有以下几种情况：

a. 一岩一煤上山。当煤层群最下一层为维护条件较好的薄煤层及中厚煤层时，可将轨道上山布置在该煤层中，运输上山布置在底板岩石中，如图1-23(a)所示。这种布置可以减小一些岩石上山工程量，适用于产量不高、服务年限不长的采区。

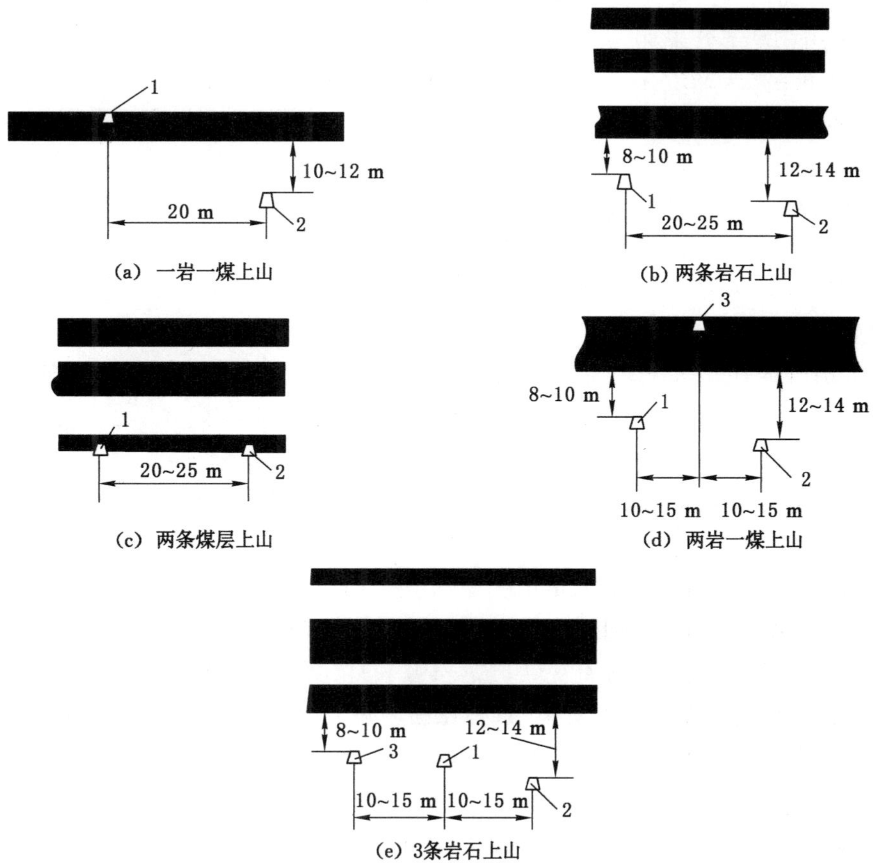

1—轨道上山；2—运输上山；3—通风、行人上山。

图1-23 上山布置的类型

b. 两条岩石上山。在底板岩石中布置两条岩石上山，如图1-23(b)所示。两上山层位有一定差距，使其分别连接两翼的区段平巷不交叉。这种布置方式适用于煤层群最下层是厚煤层或单一厚煤层采区。

c. 两条煤层上山。两条上山布置在煤层群底部同一薄煤层中，如图 1-23(c)所示。其走向间距一般取 20～25 m。这种布置方式的两条上山处于同一层位，需要增设绕道，妥善处理上山和区段平巷之间的相互交叉关系，给上山分别与两翼区段平巷间的联系带来不便。该种方式适用于单一薄煤层及中厚煤层或煤层群最下层为薄煤层及中厚煤层的采区。

d. 两岩一煤上山。为了进一步探明地质构造和煤层情况，在煤层中增设一条通风行人上山，先掘煤层上山，为两条岩石上山导向。在生产中，煤层上山用作通风、行人，为减少维护费用，煤层上山可以随着区段的开采逐渐报废。3 条上山相互位置如图 1-23(d)所示。

e. 3 条岩石上山。在煤层底板岩石中布置 3 条上山，适用于开采煤层层数多或厚度大、储量丰富的采区，以及瓦斯涌出量大、通风系统复杂的采区。3 条岩石上山位置关系如图 1-23(e)所示。

采区中除了在中部设置一组上山外，有的煤矿在采区一侧或两侧边界各设置 1 条或 2 条边界上山。设置采区边界上山主要用于：

a. 当采区瓦斯涌出量大，采用 Z 形、Y 形等通风方式时，采区边界需设一条回风上山。

b. 当采用往复式开采又无条件应用沿空留巷时，则可采用区段有煤柱护巷的往复式开采，这种情况下一般要求在采区一翼开掘两条上山，工程量较大。

④ 上山坡度

除个别小型矿井采用串车提升运煤之外，一般情况下，采区内煤炭的运输都采用输送机上山运煤或自溜上山溜放。缓斜煤层一般采用输送机上山，倾斜煤层多采用自溜上山。

坡度小于 15°的上山，可铺设带式输送机或刮板输送机运煤；坡度在 15°～25°的上山，可铺设刮板输送机运煤；坡度超过 25°的上山，则可采用搪瓷或铸石溜槽溜煤，自溜上山的自溜坡度为 30°～35°。

轨道上山的提升方式，一般采用绞车牵引的串车方式或循环绞车(无极绳)运输方式。采用串车方式提升的，要求上山坡度小于 25°；采用循环绞车运输方式运输的，要求上山坡度不超过 10°。当煤层倾角小于 25°时，无论是煤层轨道上山，还是岩层轨道上山，其坡度应与煤层倾角一致；当煤层倾角大于 25°时，应将上山坡度控制在 25°以下。

(2) 区段平巷的布置

① 根据区段平巷的坡度与方向布置

实际上，区段运输平巷和回风平巷并不是绝对的水平巷道。在生产实际中，为了便于排水和运送材料设备，区段平巷通常以 5‰～10‰的坡度掘进。由于坡度很小，一般在巷道布置和分析时都将它们视作水平巷道，只有在巷道施工设计中才需加以注明。

区段运输平巷一般采用带式输送机或多台刮板输送机串联运煤。为保证输送机的正常运行和发挥设备效能，运输平巷在布置上可以有一定的坡度变化，但要求在一台输送机长度范围内必须保持直线方向。区段回风平巷中一般铺设轨道，采用矿车或平板车运送材料、设备。轨道平巷在布置上允许有一定的弯曲，但要求巷道要按一定的流水坡度施工。同时，为了便于平巷与采煤工作面的连接，要求两条区段平巷都必须布置在所开采煤层的层位上，而且尽量保持相互平行，以便形成等长工作面，为采煤工作面创造优越的开采技术条件。

在生产实际中，煤层由于受到地质条件的影响，往往有较大的起伏变化，运输平巷和回风平巷在布置上往往不容易满足上述要求。要根据煤层走向变化情况和平巷运输设备的特点，采取双直线式、折线-弧线式或双弧线式等布置形式。

a. 双直线式布置

两条区段平巷均按中线掘进，在平面上两条巷道呈平行直线状，在剖面上则有起伏变化，如图 1-24 所示。由于区段运输平巷和区段回风平巷均为直线巷道布置，故其基本上能保持采煤工作面的长度不变，便于组织生产和发挥机械效能，有利于综合机械化采煤。区段运输平巷可以铺设长距离带式输送机，减少运输设备占用台数和煤炭转载次数。但由于巷道有一定的起伏，在巷道低洼处需安设小水泵排水，在轨道平巷要设小绞车解决材料设备的运输问题。双直线式布置只适用于煤层起伏变化不大的稳定煤层。

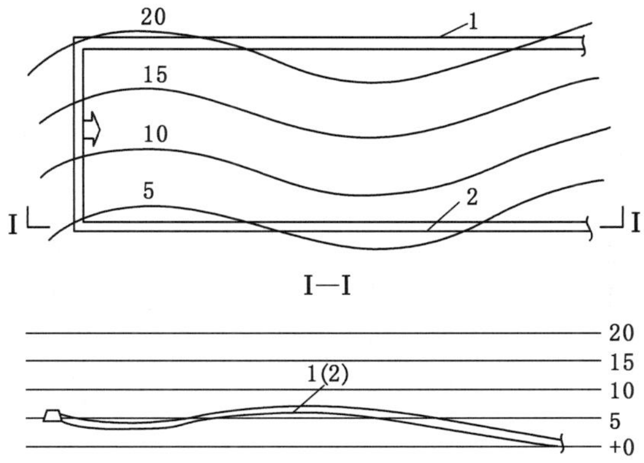

1—区段回风平巷；2—区段运输平巷。

图 1-24 双直线式平巷布置示意图（单位：m）

b. 折线-弧线式布置

当煤层沿走向起伏变化较大时，运输平巷可采用折线式布置，回风平巷则采用弧线式布置。这样既能满足输送机平巷要求取直、允许有一定坡度变化的要求，又能满足轨道平巷要求保持一定坡度、允许有一定弯曲的要求。

区段平巷坡度变化如图 1-25 所示。由图可知，在煤层底板等高线图上从 *A* 点向 *E* 点开掘区段平巷，如果沿煤层底板按腰线掘进平巷，掘成的平巷轴线方向就随煤层走向变化而发生变化，该平巷只可铺设轨道，使用矿车运输，而不适宜铺设输送机。为了适应输送机铺设对巷道取直的要求，如果从 *A* 点按中线在煤层中掘进巷道，即如图 1-25 中虚线 *A-B-C-D-E* 所示，掘出的巷道起伏变化将会很大，在垂直面上呈弯曲状，也不完全适合于输送机的运转。在实际的煤矿生产中，常选取几个主要的转折点，同时考虑每台输送机的适宜长度，取折线式布置，如图 1-25 中的点画线 *A-F-G-H* 所示。这就是在矿井巷道实测平面图上经常见到的现象，即区段回风平巷呈弧线弯曲状，区段运输平巷呈折线形状，如图 1-26(a)所示。对于走向变化较大的区段运输平巷，铺设带式输送机有困难而采用多台刮板输送机串联运输时，平巷可采用图 1-26(b)所示的折线式布置。

由此可见，轨道平巷沿煤层走向掘进时，只要及时给出腰线，就比较容易掌握巷道掘进方向和位置。而运输平巷在掘进之前就应及时掌握煤层变化情况，确定巷道的变向转折点，以便按中线掘进。因此，上区段的运输平巷常与下区段回风平巷同时掘进，且回风平巷需超前一段距离，以便为运输平巷定向探明煤层变化情况。

c. 双弧线式布置

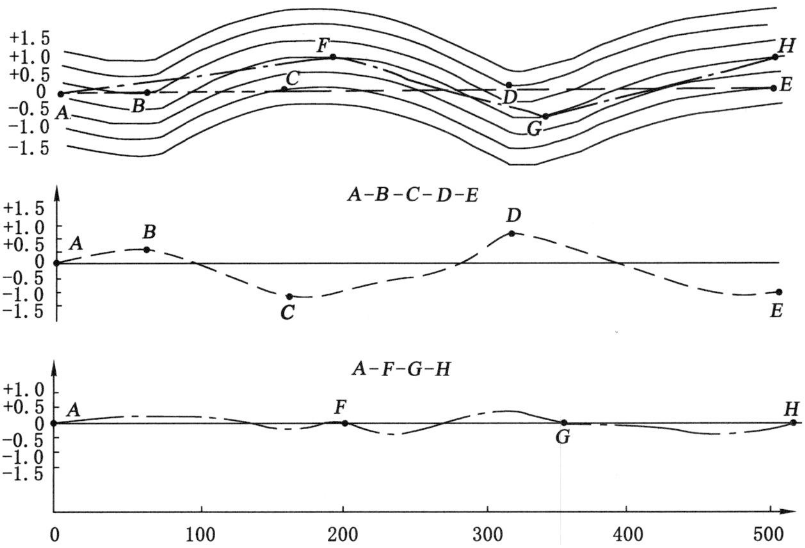

图 1-25 区段平巷坡度变化(单位:m)

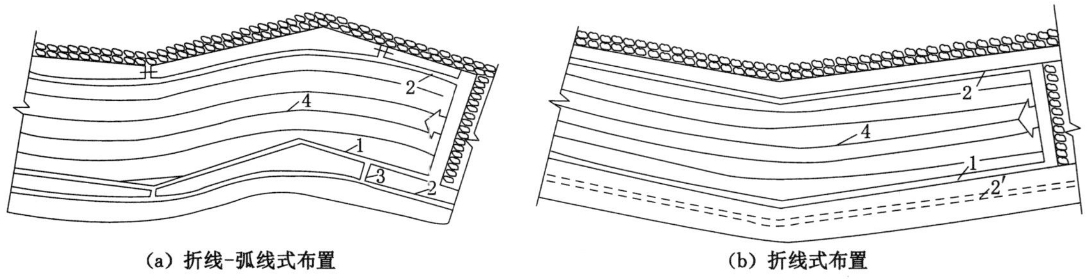

(a) 折线-弧线式布置　　(b) 折线式布置

1—区段运输平巷;2、2′—区段回风(轨道)平巷;3—联络巷;4—煤层底板等高线。

图 1-26 区段平巷布置方式

在煤层走向变化较大,区段运输平巷采用矿车运煤时,可将区段运输平巷和回风平巷均沿煤层走向按弧线式布置。

② 按区段平巷的掘进方式布置

按掘进方式的不同,区段平巷通常有双巷布置和单巷布置两种方式。

a. 平巷的双巷布置

双巷布置指上一区段运输平巷和下一区段回风平巷同时掘进成巷的布置方式。

对于普通机械化采煤和爆破采煤,在煤层走向变化较大的情况下,采用双巷布置时通常区段轨道平巷超前于区段运输平巷掘进,这样既可探明煤层变化情况又便于辅助运输和排水。对于煤层瓦斯含量较高、一翼走向长度较大的采区,双巷掘进有利于通风和安全。煤层瓦斯含量很高的矿井,需要在工作面采煤前预先抽采瓦斯时,或者工作面后方采空区瓦斯涌出量很大,需加强通风和采空区瓦斯排放时,将区段回风平巷布置成双巷。图 1-27 为排放采空区瓦斯的区段平巷布置示意图。

对于综合机械化采煤,区段平巷采用双巷布置时,可以减小巷道断面面积,将输送机与

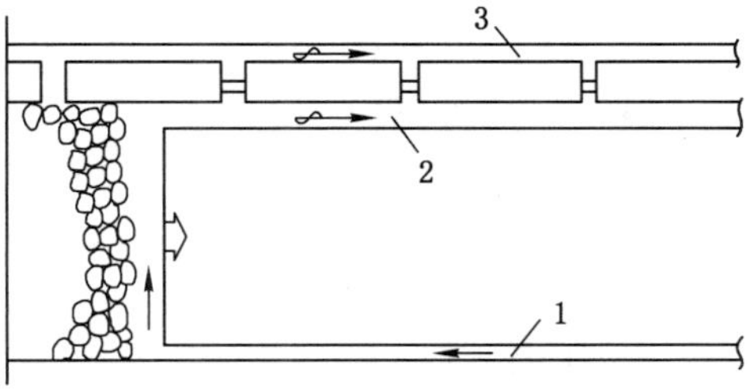

1—区段运输平巷；2—区段回风平巷；3—瓦斯尾巷。

图 1-27 排放采空区瓦斯的区段平巷布置示意图

移动变电站、泵站分别布置在两条巷道内，运输平巷随采随弃，而对移动变电站、泵站所在的平巷则需要加以维护，以作为下区段的回风平巷，如图 1-28 所示。这种布置方式的缺点是，配电点到用电设备的输电电缆以及乳化液输送管、水管等需穿过两条平巷之间的联络巷，工作面每推进一个联络巷的距离时，需移置电站、泵站并将电缆、油管等管线拆下来在另一条联络巷中重新布置，给生产、维修带来不便。综合机械化采煤工作面的等长布置，要求下区段轨道平巷应按中线取直（随煤层底板起伏变化），这样双巷布置在普通机械化采煤所表现的回风平巷探煤作用和便于排水的优点就基本消失，仅可对区段运输平巷中的积水起疏导作用。此外，下区段回风平巷的断面面积应保证下区段综采工作面的通风要求，有时还需要重新扩巷。

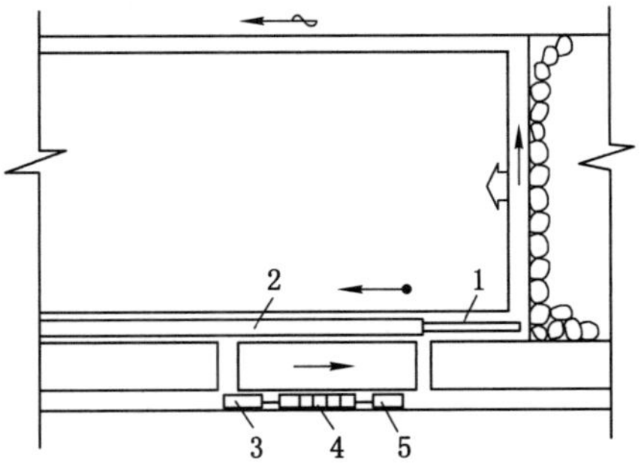

1—转载机；2—带式输送机；3—变电站；4—泵站；5—配电点。

图 1-28 综采区段平巷的双巷布置示意图

采用双巷布置时，上区段采煤工作面任务一结束，就应立即转到下区段工作面进行回采，以减少回风平巷的维护时间。

b. 平巷的单巷布置

单巷布置指一条区段平巷单独掘进成巷的布置方式。

当煤层瓦斯含量较低，煤层埋藏条件稳定，涌水量不大时，一般常采用单巷布置。单巷布置的区段平巷在掘进时，只要加强掘进通风，减少风筒漏风，掘进长度一般可达 1 000 m 以上。综合机械化采煤单巷布置时，区段运输平巷内的一侧需设置转载机和带式输送机，另一侧需设置泵站及移动变电站等电气设备，因而巷道断面面积较大，一般达 12 m^2 以上；区段回风平巷也因工作面产量大、通风量大，其断面面积也较大，与运输平巷断面面积基本相同或略小，如图 1-29(a)所示。由于巷道断面面积大，不利于掘进和维护，故需要采用强度较大的支护材料。

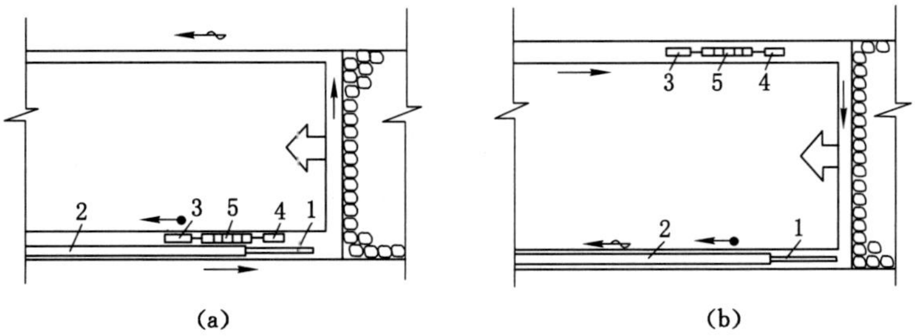

1—转载机;2—带式输送机;3—变电站;4—泵站;5—配电点。

图 1-29 综采区段平巷的单巷布置示意图

在低瓦斯矿井,煤层倾角小于 10°、允许采用下行风的采煤工作面,可将配电点、变电站等布置在区段上部平巷中,实现区段上部平巷进风,下部平巷回风,如图 1-29(b)所示。这种布置方法可减小平巷断面面积,但应加强对瓦斯和煤尘的管理,以保证生产安全。

2　平巷钻眼爆破

2.1　钻 眼 机 具

钻眼机具指在不同岩石中能钻取不同直径、深度和角度炮孔的各种设备和设施的总称。在煤矿岩巷中，一般采用以压风作动力的凿岩设备和设施，包括凿岩机、钎头、钎杆和钻架设备。

2.1.1　凿岩机与钻架设备

凿岩机按其动力分风动凿岩机、液压凿岩机、内燃凿岩机和电动凿岩机 4 类。其中，风动凿岩机在岩巷掘进中应用最广范。部分国产风动凿岩机的型号和主要性能指标见表 2-1。

表 2-1　部分国产风动凿岩机型号及主要性能指标

类型	型号	主要产地	阀型	机身质量/kg	气缸直径/mm	活塞行程/mm	冲击功/J	扭矩/(N·m)	冲击频率/(次/min)	耗风量/(m^3/min)
气腿式	YT-23	沈阳	环状活阀	24.0	76	60	＞60	＞15	2 100	＜3.6
	YT-24	天水	控制阀	24.0	70	70	＞60	＞13	1 800	＜2.9
	YT-26	天津	控制阀	26.0	75	70	＞70	＞15	2 050	＜3.5
	YTP-26	湘潭	无阀	26.5	95	50	＞60	＞18	2 600	＜3.0
向上式	YSP-45	沈阳	环状活阀	44.0	95	47	270	＞18	2 700	＜5.0
导轨式	YGP-28	沈阳	控制阀	28.0	95	50	90	＞40	2 700	＜4.5
	YGP-45	沈阳	控制阀	35.0	100	48	100	＞50	2 600	＜6.5
	YG-40	天水	控制阀	36.0	85	80	105	38	1 600	＜5.0
	YGZ-90	南京	无阀	90.0	125	62	200	＞120	2 000	＜8.5(冲击部件) ＜2.5(转钎部件)

气腿是气腿式风动凿岩机的一个附件，用以支撑凿岩机，以减小劳动量、方便操作。现在，气腿的控制部件(调压阀、换向阀)都集中设置于凿岩机的柄体上，使它成为气腿式风动凿岩机的一个组成部分。

目前，液压凿岩机定型产品的质量较大，需与液压凿岩台车配套使用。部分国产液压凿岩机的型号和主要性能指标见表 2-2。液压凿岩台车投资大，操作和维修技术要求高，但是自动化程度高，与装载、转载运输设备配套使用，可组成巷道掘进机械化作业线。

表 2-2　部分国产液压凿岩机型号及主要技术性能指标

性能指标	液压凿岩机型号			
	YYG-80 型	YYG-90 型	YYG-30 型	YYG-60 型
机身质量/kg	80	90	30	60
外形尺寸/(mm×mm×mm)	790×253×205	880×225×262		
冲击功/J	120～150	250～330	49～54	110～150
冲击频率/(次/min)	3 000	1 900～2 200	3 000～4 000	3 000
扭矩/(N·m)	150	140	60	98
转速/(r/min)	0～300	0～230	0～300	
凿孔直径/mm	40	43～55	34～42	
回转耗能量/(L/min)	36	38		
冲击耗能量/(L/min)	96	125		
油液压力/MPa	12	12	12	15
功率/kW	36.5	38.5		

煤电钻是由电动机通过减速机构带动钻杆、钻头旋转并以人工推压，在煤或软岩层中钻孔的手持式机具。其适用于回采及掘进工作面钻炮孔，钻孔直径一般为 38～45 mm，孔深 1.2～2 m，主要技术特征见表 2-3。

表 2-3　煤电钻的类型及主要技术性能指标

性能指标	煤电钻型号								
	MZ_2-12 型	MZ_2-12A 型	MZ_2-12B 型	SD-12 型	SD-16 型	MSZ-12 型	MZ-12 型	MZ-12A 型	MZ-12S 型
质量/kg	12.5	15.5	15.5	18.0		13.0	15.5	15.5	≤15.0
功率/kW	1.2	1.2	1.2	1.2	1.6	1.2	1.2	1.2	1.2
电机效率/%	79.5			45.0	75.0	74.0	76.0	76.0	80.4
额定电压/V	127	127	127	127	127	127	127	127	127
额定电流/A	9.0	9.0	9.0	9.1		9.5	9.0	9.0	9.0
相数	3	3	3	3	3	3	3	3	
电机转速/(r/min)	2 850	2 820	2 820	2 750	2 750	2 800	2 820	2 820	2 820
电钻转速/(r/min)	640	470	550	620/420	620/420	630	640	520	600
电钻扭矩/(N·m)	17.2	24.4	20.8	17.5/26.0		18.0	16.7	20.7	19.0

表 2-3(续)

性能指标	煤电钻型号								
	MZ_2-12 型	MZ_2-12A 型	MZ_2-12B 型	SD-12 型	SD-16 型	MSZ-12 型	MZ-12 型	MZ-12A 型	MZ-12S 型
外形尺寸（长×宽×高）/(mm×mm×mm)	366×318×218	356×318×218	306×318×218	427×314×254	452×314×254	310×300×200	340×318×220	340×318×220	355×328×225
钻孔直径/mm	38～45	38～45	38～45	36～45	36～45	36～45	38～45	38～45	38～45
钻头直径/mm	19			19		19	19		
隔爆性能	隔爆			隔爆		隔爆	隔爆	隔爆	隔爆

注：M—煤；Z—钻；S—手；D—电钻；12—额定功率 1.2 kW；S—湿式。

2.1.2　钎杆、钎头

凿岩机使用的钎杆、钎头分别为六角（或圆形）中空钎杆和冲击式钎头。钎杆用于传递冲击功和扭矩，钎头为破碎岩（煤）的刀具。钎头的形状较多，但最常用的是一字形钎头和十字形钎头。成批生产的一字形钎头和十字形钎头一般都镶有硬质合金片[图 2-1(a)、(b)]或镶有硬质合金齿的球齿钎头[图 2-1(c)]。钎头的形状和几何参数直接影响破岩效果和钻眼速度。

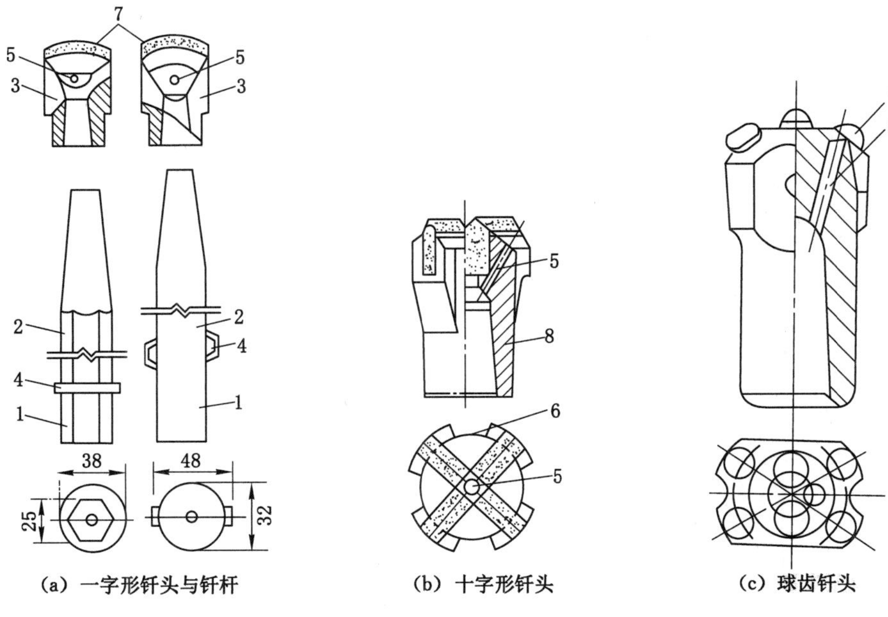

1—钎尾；2—钎体；3—钎杆；4—钎肩；5—吹洗孔；6—排粉沟；7—硬质合金片；8—钎头体；9—硬质合金齿。

图 2-1　钎杆、钎头构成图

不同形状钎头的特点见表 2-4，成品钎头的类型及规格见表 2-5。

表 2-4　不同形状钎头的特点

钎头形状	图示		特点
	片状连续刃	柱齿断续刃	
一字形	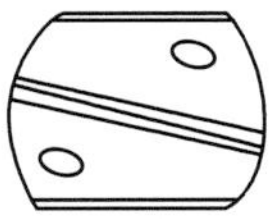	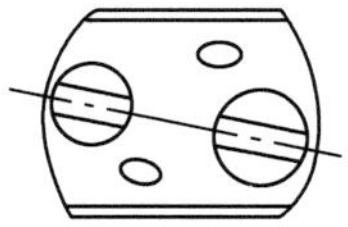	结构简单，凿速较高，应用最广，但开眼困难，钻出的炮眼有时不圆，钻凿裂隙性岩石时易夹钎，磨损较快
十字形	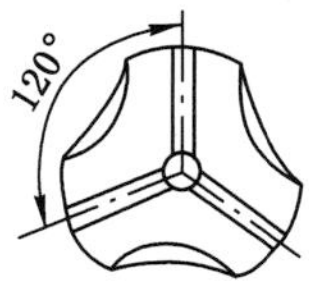	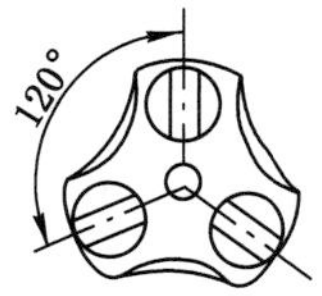	适应性较强，开眼定位较易，基本上能克服一字形钎头的缺点，但其凿速一般较低，而且硬合金片用量大，制造困难
Y 字形	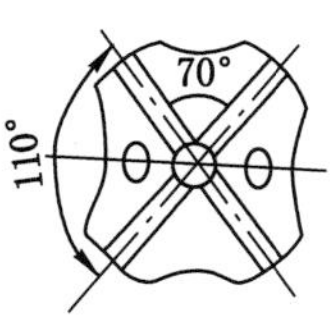	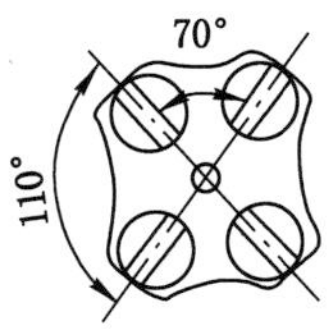	其特点介于一字形钎头与十字形钎头之间
X 字形	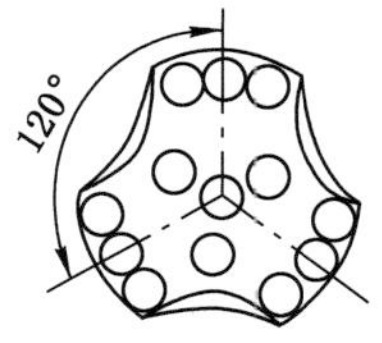		其特点介于一字形钎头与十字形钎头之间
球形	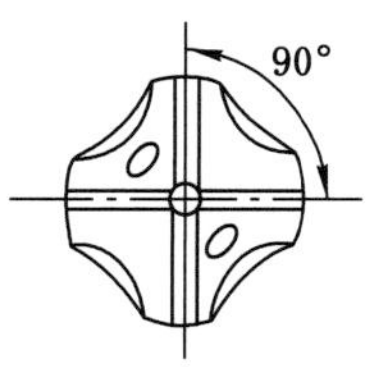	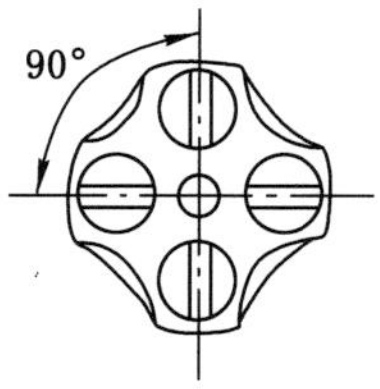	球形硬质合金自磨钎头用于磨蚀性岩石，不需修磨，但硬质合金易脱落

表 2-5　成品钎头的类型及规格

钎头形状	型号	直径/mm	标记示例
一字形	QTY36/Z22、QTY36/Z25	36	与 ϕ22 mm 六角中空钎杆锥形连接的 ϕ36 mm 一字形钎头的标记示例为 QTY36/Z22
	QTY38/Z22、QTY38/Z25	38	
	QTY40/Z22、QTY40/Z25	40	
	QTY42/Z22、QTY42/Z25	42	
	QTY44/Z22、QTY44/225	44	

表 2-5(续)

钎头形状	型号	直径/mm	标记示例
十字形	QTS40/Z22、QTS40/Z25	40	与 ϕ32 mm 圆形钎杆波形连接的 ϕ50 mm 十字形钎头的标记示例为 QTS50/B32
	QTS42/Z22、QTS42/Z25	42	
	QTS44/Z22、QTS45/Z25	44	
	QTS50/B32	50	
	QTS55/B32	55	
	QTS60/B32	60	
	QTS65/B32	65	
	QTS70/B32	70	
	QTS75/B32	75	
	QTS80/B32	80	
X 字形	QTC50/B32	50	与 ϕ32 mm 圆形钎杆波形连接的 ϕ50 mm X 字形钎头的标记示例为 QTC65/B32
	QTC55/B32	55	
	QTC60/B32	60	
	QTC65/B32	65	
	QTC70/B32	70	
	QTC75/B32	75	
	QTC80/B32	80	与 ϕ38 mm 圆形钎杆波形连接的 ϕ65 mm X 字形钎头的标记示例为 QTC65/B32
	QTC65/T38	65	
	QTC70/T38	70	
	QTC75/T38	75	
	QTC80/T38、QTC80/T45	80	
	QTC100/T45	100	

2.1.3 凿岩台车

随着矿山工程规模的不断扩大和矿山机械制造业的发展，新研制的凿岩台车逐渐成为机械化凿岩的主要设备。其优点是：可使掘进速度和采矿效率大大提高，减小了工人的劳动强度，改善了作业条件。20 世纪后期，液压凿岩机和全液压钻车的推广使用使凿岩技术的发展进入了一个新阶段。

凿岩台车是将凿岩机构、推进机构、定位装置等安装在机械底盘或钻架上进行凿岩的设备，一般由行走机构、钻臂和凿岩机推进机构 3 部分组成，其中行走机构有轨轮式和履带式两种。凿岩台车的工作机构主要由推进器、钻臂、回转机构、平移机构组成。

推进器的种类主要有钢绳活塞式、风马达活塞式和气动螺旋副式。在准备开孔时，推进器使凿岩机能迅速地驶向(或退离)工作面，并在凿岩时给凿岩机一定的轴推力。推进器的运转应是可逆的。推进器产生的轴推力和推进速度应能任意调节，以便使凿岩机在最佳轴推力状态下工作。

钻臂是支撑凿岩机的工作臂。钻臂的结构和尺寸、钻臂动作的灵活性和可靠性等，都将影响钻车的适用范围及生产能力。钻臂按照其动作原理分为直角坐标钻臂、极坐标钻臂和复合坐标钻臂3种。

回转机构主要可分为摆动式转柱、螺旋副式转柱、极坐标钻臂回转机构几种。

凿岩台车常用的平移机构有机械式平移机构和液压平移机构两大类。属于机械式平移机构的有剪式、平面四连杆式和空间四连杆式等几种；属于液压平移机构的有无平移引导缸式平移机构和有平移引导缸式平移机构等。

采用凿岩台车既能比较精确地钻凿出一定角度、孔位和孔深的钻孔，又可以钻凿较大直径的中深孔、深孔，而且还能提供最佳的轴推力。操作人员可以在距离工作面较远的地方进行操作，且一人可操作一台凿岩机，这不仅可明显改善作业条件，有利于安全作业，而且钻孔质量高，能显著提高凿岩效率。

常见国产CMJ系列凿岩台车的主要技术性能参数见表2-6。

表2-6 CMJ系列凿岩台车主要技术性能参数

凿岩台车型号		CMJ2型凿岩台车	CMJ17型凿岩台车	CMJ27型凿岩台车
钻比数/个		2	2	2
使用巷道断面尺寸(宽×高)/(m×m)		3×4	5.02×3.50	5.97×4.60
最小转弯半径/mm		6 000	6 000	6 000
工作状态稳车工作宽度/mm		1 900	1 900	1 900
质量/kg		7 200	7 800	8 500
钻孔直径/mm		27～42	27～42	27～42
冲洗水压力/MPa		≥0.6	≥0.6	≥0.6
钻孔深度/mm		1 500	2 100	3 000
使用钎杆长度/mm		1 975	2 475	3 350
凿岩机型号		HYD-300型液压凿岩机	HYD-300型液压凿岩机	HYD-300型液压凿岩机
电动机功率/kW		45	45	45
推进器	类型	液压缸-钢丝绳	液压缸-钢丝绳	液压缸-钢丝绳
	推进方式	液压缸-钢丝绳推进	液压缸-钢丝绳推进	液压缸-钢丝绳推进
	总长度/mm	3 900	3 900	3 900
	推进行程/mm	1 500	2 100	2 500
	推进力/kN	8	8	8
	推进速度/(m·min^{-1})	14.5	14.5	14.5
钻臂	类型	液压回转钻臂	液压回转钻臂	液压回转钻臂
	伸缩长度/mm	1 600	2 400	2 600
	推荐补偿行程/mm	1 500	1 500	1 500
	推进器俯仰角度/(°)	俯105，仰15	俯105，仰15	俯105，仰15
	摆动角度/(°)	内15，外45	内15，外45	内15，外45
	臂身回转驱动方式	马达-蜗轮蜗杆	马达-蜗轮蜗杆	马达-蜗轮蜗杆
	臂身回转角度/(°)	正180，反180	正180，反180	正180，反180

表 2-6(续)

凿岩台车型号		CMJ2 型凿岩台车	CMJ17 型凿岩台车	CMJ27 型凿岩台车
行走机构	行走方式	电动机-马达	电动机-马达	电动机-马达
	驱动机构形式	液压马达-履带	液压马达-履带	液压马达-履带
	行走速度/($km \cdot h^{-1}$)	1.25	1.25	1.25
	爬坡能力/(°)	±16	±16	±16
液压泵站	泵型号	MDB(A)-4×28.5FL-F 型	MDB(A)-4×28.5FL-F 型	MDB(A)-4×28.5FL-F 型
	工作压力/MPa	21	21	21
	工作流量/($L \cdot min^{-1}$)	160	160	160

随着液压控制技术和电子技术的发展和应用，凿岩循环已实现自动化，即自动开孔、防卡钎、自动停机、自动退钎，以及台车和钻臂自动移位、定位等。全自动化的凿岩台车被称为凿岩机器人。由于这类凿岩机器人主要用于隧道的开挖，因此又被称为隧道凿岩机器人。挪威、日本、法国、美国、英国、德国、芬兰、瑞典及俄罗斯等国家的多家企业相继参与了全自动化凿岩机的研制工作。特别是近年来，液压控制技术和计算机技术的结合更加促进了凿岩技术的进步，自动凿岩台车也相继出现，并已达到实用化的程度。

为了降低噪声，保护操作人员的健康和改善工作环境，一般选用液压凿岩机。这是因为液压凿岩机噪声小，不会排出油雾和有害气体。与气动凿岩机相比，液压凿岩机还具有动力消耗少、能量利用率高、凿岩效率高、没有排气噪声等优点。液压凿岩机的噪声源主要有冲击机构产生的噪声、回转机构产生的噪声和钎头破碎岩石产生的噪声。液压凿岩机的噪声主要由结构噪声引起，液压凿岩机结构间隙、蓄能器参数、撞击材料的性质以及连接件的松紧度等都是影响液压凿岩机噪声的因素。

国外大型台车有定型和非定型两类。定型台车的工作断面规格、钻臂及其布置，凿岩机、推进器配套规格，以及钻臂安装基座构件型式、钻车底盘等均是定型的。当定型钻车不能适应工程要求时，则采用专门设计的非定型钻车。它的主要工作部件如钻臂、凿岩机、推进器等与定型钻车是通用的，不同之处在于可以根据用户对掘进尺寸、形状、掘进速度等不同的要求选配钻臂数量、钻臂在断面的布置、安装基座构件型式、底盘型式、举升工作平面数量、液压系统等。

2.2　钻眼工作

钻眼工作必须严格按照爆破图表所要求的眼位、方向、深度和角度进行，并组织好凿岩机的分区、分工作业，以保证钻眼质量和提高钻眼速度。

2.2.1　测量定眼位工作

掘进巷道时，用中线指示巷道的掘进方向，用腰线控制巷道的坡度。工作面上的炮眼布置，应以巷道中线为基准，准确地定出周边眼、辅助眼和掏槽眼的位置，并做好标记，如图 2-2 所示。图 2-2(a)中序号 1～67 为炮眼编号。

腰线通常设在巷道无水沟侧的墙上，距轨面标高为 1.0 m，腰线可用倾斜仪挂在腰线上来延长。巷道腰线的测定方法如图 2-3 所示。

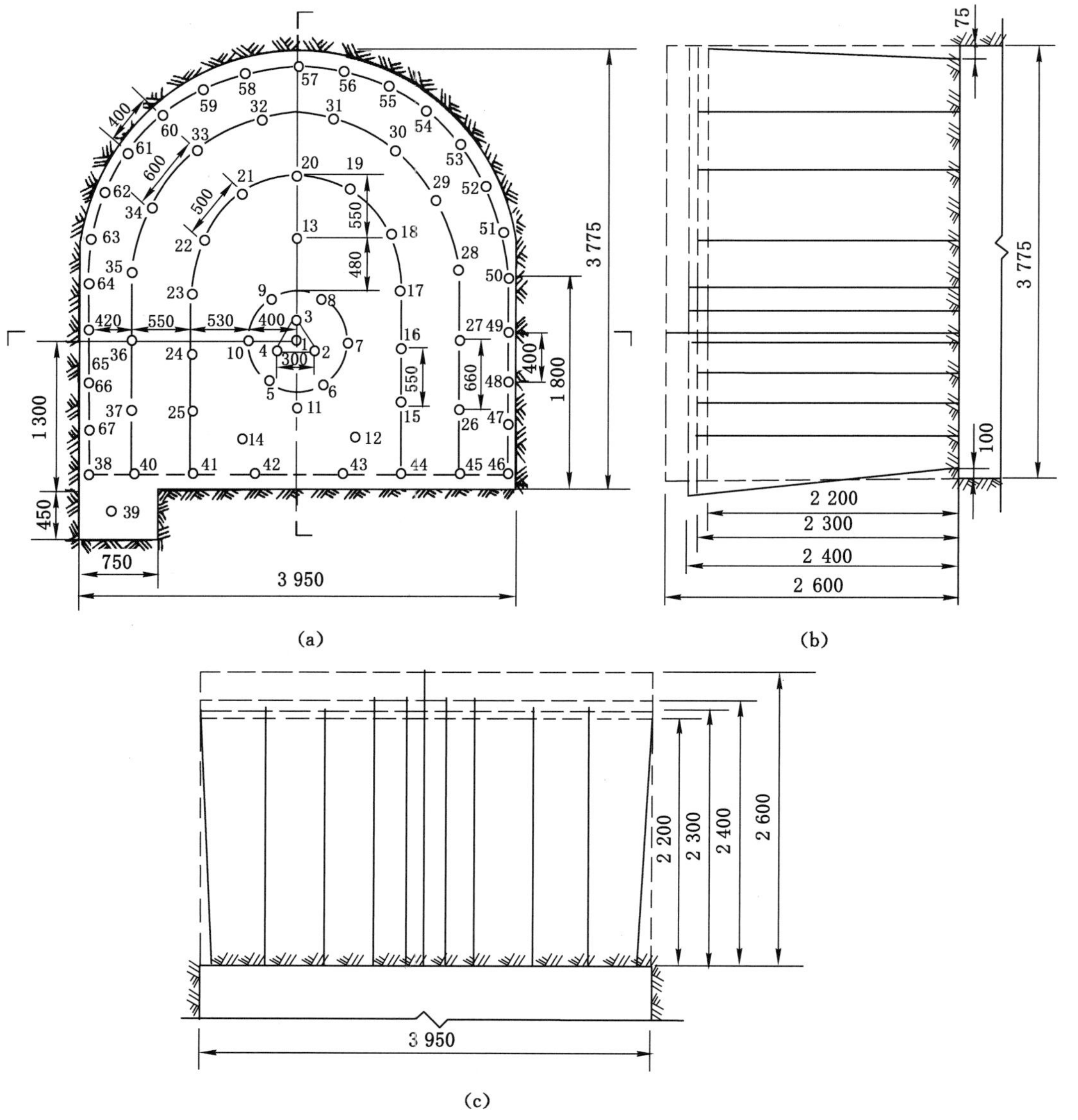

图 2-2　工作面炮眼布置图

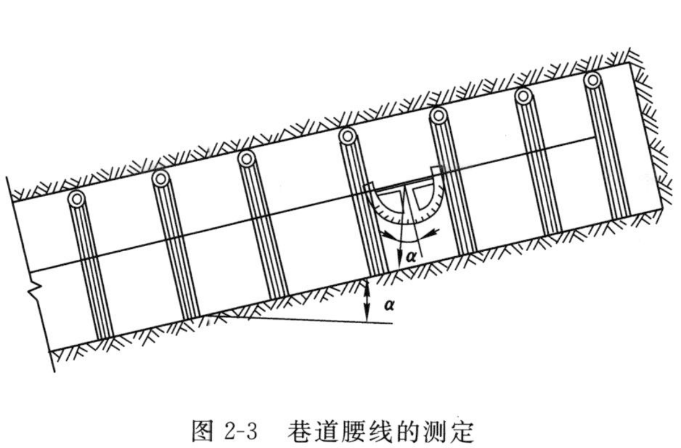

图 2-3　巷道腰线的测定

中线的测量多采用激光指向仪(图 2-4)。它操作简单,定向准确,节省时间,深受现场欢迎。激光指向仪的氦氖激光管光束发射角小,经望远镜调光后,其光束直径在 300 m 距离处不超过 20 mm,输入电源的电压为 127 V 矿用安全电压。

图 2-4　矿用激光指向仪

在巷道掘进中,激光指向仪固定在距工作面 100 m 外巷道顶板的中心线位置,如图 2-5 所示,经调整对正后,激光束投射到工作面上,即中线位置,以此来确定炮眼位置和巷道掘进方向。随着巷道掘进,要定期向前移动指向仪并重新安装和校正。目前激光指向仪距工作面的最大距离为 500 m。

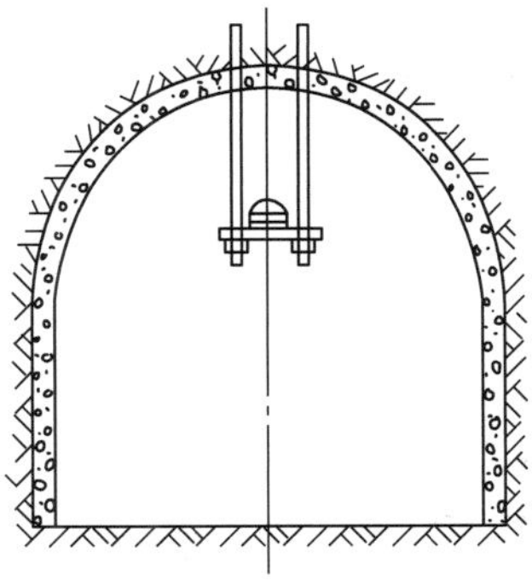

图 2-5　平巷激光指向仪的安装位置图

2.2.2　压风供应与供水

(1) 压风供应

空气压缩机亦称压风机,是矿山主要的固定设备之一。通过空气压缩机,可将自由空气压缩到所需要的压力而成为压缩空气,用以驱动风动机具,如风动凿岩机、风镐、抓岩机、风水泵、空气锤、铆钉机、锻钎机等。在矿山岩巷开拓中广泛应用的喷射混凝土技术,也用压缩空气作喷射动力。此外,矿山还经常用压缩空气进行水仓清理,驱动副井上、下口的风动操车设备和主井上、下口风动装、卸载设备。因此,施工中通常设置由多台空气压缩机组成的压缩机站,为矿井施工提供压风。

空气压缩机站的设备包括下述 4 个部分:

① 空气压缩机、中间冷却器、油润滑系统等装置。

② 拖动装置。它一般为电动机,并附有启动和保护设备。

③ 附属装置。它包括储气罐、空气滤清器、冷却水系统。

④ 压缩空气管网。它包括管路、管路附件及油水分离器。

空气压缩机站要设在用风负荷中心，尤其要靠近主要用风地点，一般布置在距井口不超过 50 m 处，以缩短供风管路和减小压力损失；站址应选择在空气清洁、通风良好的地方，与易产生粉尘和废气的矸石山、出风井、烟囱的距离不小于 150 m，并位于全年主导风流的上风方向；压风管路常选用无缝钢管和水煤气钢管，管路应尽量分段焊接，工作面经常移动的管路采用橡胶管。

(2) 工作面压风管、供水管布置

掘进巷道必须采取湿式钻眼、爆破喷雾、装岩洒水等综合防尘措施。因此，掘进工作面除需要压风外，还必须有供水系统。矿井的供水系统由地面与井下管网系统组成。

掘进工作面同时使用风、水的设备较多，并且装卸、移动频繁。为了提高钻眼工作的效率和保证各种工序互不影响，必须配备专用的供风、供水设备，并且予以恰当的布置。

工作面压风管、供水管的布置如图 2-6 所示。它的主要特点是在工作面集中供风、供水，将分风器、分水器设置在巷道两侧，这样既方便了钻眼工作，又不影响其他工作。

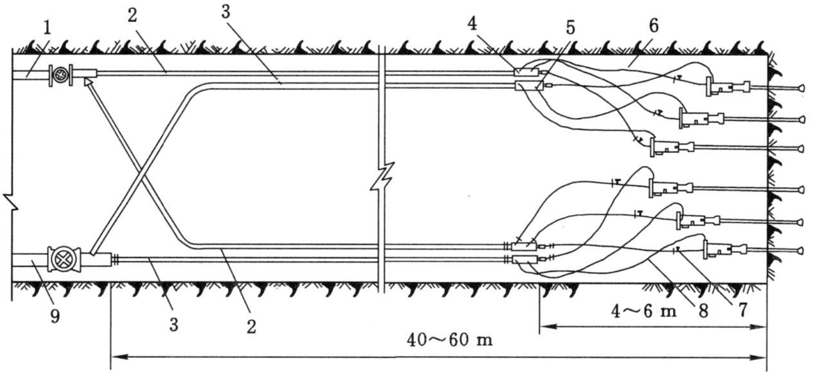

1—供水干管(ϕ25～50 mm)；2—胶皮集中水管(ϕ25 mm)；3—胶皮集中风管(ϕ38～50 mm)；4—分水器(ϕ100 mm)；5—分风器(ϕ150 mm)；6—胶皮小水管(ϕ12 mm)；7—水管接头；8—胶皮小风管(ϕ18～25 mm)；9—压风干管(ϕ100～150 mm)。

图 2-6　工作面压风管、供水管布置示意图

2.2.3　建立工作面钻眼岗位责任制，合理分区作业

应采用定人、定凿岩机、定位、定眼数、定时间的岗位责任制。通常以中心线为基准，将巷道掘进工作面分为左右两部分和中心区，每区域内的炮眼由上到下划分成若干组，并尽量使各组的炮眼数目相等。再将同时工作的凿岩机编号并使它们在各自的固定区域进行钻眼。这样做既有利于工人熟悉炮眼的设计位置、深度、角度，又有利于凿岩机的保养。

2.2.4　钻眼安全工作

爆破安全事关作业人员的生命安全，必须高度重视。因此，钻眼爆破工作必须严格按《煤矿安全规程》和安全生产的有关规定，制定周密、细致的安全措施，严格管理，杜绝违章作业。钻眼安全注意事项包括以下几个方面：

(1) 开眼时必须使钎头落在实岩上，如有浮矸，应处理好后再开眼。

（2）不允许在残眼内继续钻眼。

（3）开眼时给风阀门不能突然开大，待钻进一段后，再逐渐开大给风阀门。

（4）为防止断钎伤人，推进凿岩机时不要用力过猛，更不要横向用力；凿岩时钻工应站稳，应随时提防突然断钎。

（5）一定要注意把胶皮风管与风钻接牢，以防其脱落伤人。

（6）缺水或停水时，应立即停止钻眼。

（7）待工作面全部炮眼钻完后，要把凿岩机具清理好，并撤至规定的存放地点。

2.3　爆破器材

2.3.1　工业炸药

（1）铵梯炸药

① 组成

铵梯炸药的主要原料是硝酸铵、TNT、木粉、沥青、石蜡、松香、食盐和氯化钾。

② 特点

铵梯炸药的主要成分硝酸铵来源广泛、成本较低、含氧丰富、安全性好，因而铵梯炸药具有威力较大、感度适中、性能较好等特点。普通铵梯炸药极易吸潮变硬，固结成块。

③ 品种与适用条件

铵梯炸药按使用范围可分为露天铵梯炸药、岩石铵梯炸药及煤矿许用炸药3大类；按其抗水性能分为普通铵梯炸药和抗水铵梯炸药2大类。因此，铵梯炸药既可用于露天爆破，也可用于地下爆破及煤矿井下爆破。如2号抗水煤矿许用铵梯炸药可用于有水、有瓦斯环境的煤矿井下爆破；1号露天铵梯炸药可用于无水环境的露天爆破作业；2号抗水岩石铵梯炸药可用于非地下一切有水环境的爆破作业。

粉状铵梯炸药价格低廉，过去在煤矿中普遍使用。但是，这类炸药不仅安全等级不能满足需要，且其炸药组分中含有TNT原料，生产和使用过程均会对人体造成伤害。因此，铵梯炸药将逐渐被安全性高、更环保、性能优良的炸药产品所替代。

（2）铵油炸药

① 组成

铵油炸药的主要原料有硝酸铵、柴油、木粉、炭粉等。

② 主要特点

a. 成分简单，原料来源充足，成本较低，制造和使用安全，爆炸威力低于铵梯炸药。

b. 感度低，起爆比较困难。

c. 易吸湿结块，允许储存期一般为15 d，潮湿天气时为7 d。吸湿结块后爆炸性能严重降低，因此最好不要贮存，现做现用。

③ 使用条件

铵油炸药主要用于无水环境的露天爆破作业。

（3）浆状炸药

① 组成

浆状炸药是以氧化剂、敏化剂(如 TNT、黑索金、铝粉、柴油等)和胶凝剂为基本成分的抗水硝铵类炸药,外观呈糊状。

② 主要特点

浆状炸药的特点是抗水性强、密度大、制造和使用安全,爆炸威力较大,原料来源广、成本低。

③ 使用条件

浆状炸药主要用于露天有水环境的爆破作业。

(4) 水胶炸药

① 组成

水胶炸药是在浆状炸药的基础上发展起来的炸药,其与浆状炸药没有严格的界限,也是由氧化剂、水、胶凝剂和敏化剂等组成,区别在于敏化剂不同。水胶炸药用水溶性的甲铵硝酸盐作敏化剂,而浆状炸药的敏化剂主要为非水溶性的火炸药成分、金属粉和固体可燃物。

② 主要特点

抗水性强,装药密度大,威力大,机械感度低,安全性好,爆炸产生的炮烟少,有毒气体含量低,具有塑性和可流动性,便于机械化装填,但价格较高。

③ 使用条件

按照水胶炸药的用途不同可将其分为岩石型、煤矿许用型及露天型 3 种类型的水胶炸药。岩石型水胶炸药适用于无瓦斯或矿尘爆炸危险的爆破工程;煤矿许用型水胶炸药适用于有瓦斯、煤尘爆炸危险的爆破工作面;露天型水胶炸药适用于露天爆破工程。

国产水胶炸药主要技术指标见表 2-7。

表 2-7 国产水胶炸药主要技术指标

技术指标	水胶炸药类型					
	岩石型		煤矿许用型			露天型
	一号	二号	一级	二级	三级	
炸药密度/(g/cm^3)	1.05～1.30		0.95～1.25			1.05～1.30
殉爆距离/cm	≥4	≥3	≥3	≥2	≥2	≥3
爆速/(m/s)	≥4 200	≥3 500	≥3 200	≥3 200	≥3 000	≥3 200
猛度/mm	≥16	≥12	≥10	≥10	≥10	≥12
有效期/d	360		270			270
规格	外径:27、32、35、45、50、60、80 mm 等;长度:200、300、400、500、800 mm 等					

(5) 乳化炸药

① 组成

乳化炸药的主要成分是氧化剂、燃料油、乳化剂、稳定剂、敏化发泡剂、高热剂等。

② 主要特点

a. 爆炸性能好。32 mm 小直径药卷的爆速可达 4 000～5 200 m/s,猛度可达 15～19 mm,殉爆距离 7.0～12.0 cm,临界直径 12～16 mm,用一只 8 号雷管就可起爆。

b. 抗水性能好。小直径药卷敞口浸水 96 h 以上,其爆炸性能变化甚微。同时由于密度大，可沉于水下，解决了露天矿的水孔和水下爆破问题。

c. 安全性能好。机械感度低，爆轰感度较高。

d. 环境污染小。爆炸后有毒气体生成量小。

e. 加工工艺简单、生产成本较低，爆破效果好，可实现机械化装药。

③ 使用条件

乳化炸药适合各种条件的爆破作业。

井下爆破作业，必须使用煤矿许用炸药和煤矿许用电雷管。国内煤矿安全炸药的品种主要有煤矿许用铵梯类炸药、煤矿许用含水炸药(乳化炸药和水胶炸药)及煤矿许用硝化甘油类炸药等。

煤矿许用炸药的选用必须遵守下列规定：

(1) 低瓦斯矿井的岩石掘进工作面，使用安全等级不低于一级的煤矿许用炸药。

(2) 低瓦斯矿井的煤层采掘工作面、半煤岩掘进工作面，使用安全等级不低于二级的煤矿许用炸药。

(3) 高瓦斯矿井，使用安全等级不低于三级的煤矿许用炸药。

(4) 突出矿井，使用安全等级不低于三级的煤矿许用含水炸药。

表 2-8 为我国煤矿炸药的分级、种类和使用范围。

表 2-8　我国煤矿炸药的分级、种类和使用范围

炸药名称	炸药安全等级	使用范围
2 号煤矿用铵梯炸药	一级	低瓦斯矿井的岩掘工作面
2 号抗水煤矿用铵梯炸药		
一级煤矿许用水胶炸药		
3 号煤矿用铵梯炸药	二级	低瓦斯矿井的煤掘、半煤岩掘进工作面
3 号抗水煤矿用铵梯炸药		
二级煤矿许用乳化炸药		
三级煤矿许用水胶炸药	三级	高瓦斯矿井、低瓦斯矿井的高瓦斯区域
三级煤矿许用乳化炸药		
四级煤矿许用乳化炸药	四级	有煤与瓦斯突出危险的工作面
五级煤矿许用食盐被筒炸药	五级	处理溜煤眼堵塞
离子交换炸药		

2.3.2　起爆器材

(1) 起爆器材的种类

起爆器材包括进行爆破作业引爆工业炸药的一切点火和起爆材料，按其作用分为起爆材料和传爆材料。常用的起爆器材有雷管、导火索、导爆索与继爆管、导爆管与导爆管连通器具等。各种雷管属于起爆材料；导火索、导爆管属于传爆材料；继爆管、导爆索既属于起爆材料，又属于传爆材料。

起爆器材的基本要求是安全可靠；有足够的起爆能力和传爆能力；延时精确；使用方便简单。

(2) 起爆器材的性能

① 雷管

根据引爆方式和起爆能源的不同，工程爆破中常用的工业雷管有火雷管、电雷管和非电雷管等。在这几类雷管中，以电雷管的使用范围最广，品种较多，其中瞬发电雷管、部分毫秒延期电雷管和安全电雷管可用于井下爆破，油井电雷管可用于油井射孔爆破。所有电雷管均可用于露天爆破。在有瓦斯或煤尘爆炸危险的工作面，应使用安全电雷管。

a. 火雷管

火雷管用导火索来引爆，方法简单灵活，应用范围较广，目前主要用于炮眼较少的浅眼和裸露药包的爆破，但在有瓦斯或矿尘爆炸危险的地下或矿井中禁止使用。

b. 电雷管

电雷管是依靠电能引爆的一种起爆器材，品种较多，性能复杂。爆破工程中常用的电雷管有瞬发电雷管、延期(微秒延期、毫秒延期、半秒延期和秒延期)电雷管、电子雷管以及特殊电雷管等品种。其中，特殊电雷管是具有特殊功能或用途的电雷管，如抗杂散电流雷管、安全电雷管和油井电雷管等。

电子雷管具有可以根据指令实现任意延时的作用，能达到较高的延时精度和降低爆破振动。它不仅适用于露天环境的控制爆破，而且也非常适用于地下爆破。

电雷管的主要性能指标包括全电雷管电阻、最大安全电流、最小发火电流、6 ms 发火电流、百毫秒发火电流、串联起爆电流、起爆能力、延期时间、发火冲能、发火感度等。

c. 非电雷管

非电雷管指不以电能来引爆的雷管，如非电毫秒雷管，它就是用导爆管来引爆，且延期时间以毫秒数量级计量的雷管。

② 导火索

导火索是引爆火雷管的配套材料。它是以具有一定密度的粉状或粒状黑火药为药芯，外面用棉纱线、塑料或纸条、沥青等材料包缠而成的圆形索状起爆材料。

按使用场合不同，导火索有普通型、防水型和安全型 3 种。其性能指标主要有燃烧速度(100～125 m/s)、喷火强度(不低于 50 mm)和耐水性(在 1 m 深的 20 ℃±5 ℃静水中浸泡 4 h 后，其燃烧速度和喷火强度不变为合格)。

导火索适用于露天浅孔、裸露爆破。

③ 导爆索与继爆管

导爆索是以黑索金或泰安等单质猛炸药为药芯，外层用棉线、麻线或人造纤维等材料包覆，能够传播爆轰波的索状起爆器材。

根据使用条件不同，导爆索可分为普通导爆索和安全导爆索。普通导爆索目前生产和使用最多，冶金矿山使用的导爆索均属此类。它有一定的抗水性，能直接引爆常用的工业炸药。安全导爆索爆轰时火焰很小，温度较低，不会引起瓦斯和矿尘爆炸。

导爆索的主要性能指标有爆速(>6 500 m/s)、起爆能力(能直接起爆工业炸药)、感度(能被雷管直接引爆)、耐水性(在 0.5 m 深的水中浸泡 24 h 后，其感度和传爆性能仍合格)、使用环境温度(－45～450 ℃)、耐热性(在 50 ℃±3 ℃的条件下保温 6 h，外观及传爆性能不变)和耐冻性(在－40 ℃±3 ℃的条件下冷冻 2 h,其感度及传爆性能仍合格)等。

普通导爆索适用于露天工程爆破,安全导爆索可用于有瓦斯、矿尘爆炸危险作业点的工程爆破。

继爆管是配合导爆索来达到毫秒延期起爆效果的爆破器材,它有单向和双向两种。单向继爆管首尾两端的导爆索不可接错,否则会发生拒爆,而双向继爆管两端都装有延期药和起爆药,构成对称结构,故两个方向都可以传爆,在使用时不会因接错而发生拒爆事故。

④ 导爆管与导爆管连通器具

导爆管是一种在内壁涂有一层很薄且均匀高能炸药、能够传播爆炸冲击波的聚乙烯透明塑料空心管。导爆管连通器具是与导爆管配套使用的、用于实现导爆管之间的爆炸冲击波连续传播或分流传播的专用连接组件。爆破工程常用的连通器具有连通管、连接块和多路分路器。

导爆管的性能指标主要有起爆感度(能被一切可以产生冲击波的起爆器材激发,如雷管等)、传爆速度[(1 950±50)m/s]、传爆性能(导爆管内的断药长度不超过 15 cm 时可以正常传爆)、耐火性能(用火焰点燃时,只像塑料一样缓慢燃烧)、抗冲击性能(一般的机械冲击不能激发导爆管)、抗水性能(与金属雷管结合后,在 80 m 深的水下放置 24 h 仍能正常起爆)、抗电性能(能抗 30 kV 以下的直流电)、强度性能(在 50～70 kN 拉力作用下变细时,传爆性能不变)。

导爆管具有安全可靠、轻便、经济、不易受杂散电流干扰和便于操作等优点,它适合于除有瓦斯或矿尘爆炸危险以外的各种工程爆破的起爆。

(3) 起爆器材的选用

起爆器材一般采用 8 号电雷管,其中秒延期雷管、半秒延期雷管以及毫秒延期雷管都能满足岩石巷道爆破的起爆要求。但在穿过有瓦斯地层时,为避免雷管爆炸引爆瓦斯,应采用煤矿许用电雷管。《煤矿安全规程》规定,在采掘工作面,必须使用煤矿许用瞬发电雷管、煤矿许用毫秒延期电雷管或者煤矿许用数码电雷管,使用煤矿许用毫秒延期电雷管时,最后一段的延期时间不得超过 130 ms。使用煤矿许用数码电雷管时,一次起爆总时间差不得超过 130 ms,并应当与专用起爆器配套使用。

国产延期电雷管的延期时间见表 2-9。

表 2-9 国产延期电雷管的延期时间

段别	秒延期电雷管延期时间/s	毫秒延期电雷管延期时间/ms				
		第一系列	第二系列	第三系列	第四系列	第五系列
1	＜0.1	＜5	＜13	＜13	＜13	＜14
2	1.0	25±5	25±10	100±10	300±30	10±2
3	2.0	50±5	50±10	200±20	600±40	20±3
4	3.1	45±5	75±15	300±20	900±50	30±4
5	4.3	100±5	100±15	400±30	1 200±60	45±6
6	5.6	125±5	150±20	500±30	1 500±70	60±7

表 2-9(续)

段别	秒延期电雷管延期时间/s	毫秒延期电雷管延期时间/ms				
		第一系列	第二系列	第三系列	第四系列	第五系列
7	7.0	150±5	200±15	600±40	1 800±80	80±10
8		175±5	250±25	700±40	2 100±90	110±15
9		200±5	310±30	800±40	2 400±100	150±20
10		225±5	380±35	900±40	2 700±100	200±25
11			460±40	1 000±40	3 000±100	
12			550±45	1 100±40	3 300±100	
13			655±50			
14			760±55			
15			880±60			
16			1 020±70			
17			1 200±90			
18			1 400±100			
19			1 700±130			
20			2 000±150			

煤矿巷道掘进电爆网路的起爆电源主要采用防爆型电容式发爆器。其原理是以干电池作为直流电源，经变流器的振荡线路将直流电源变为交流高压电源，再经整流线路将交流高压电流变为直流高压电流向主电容器充电，当达到电容器额定电压后，旋转发爆器上的毫秒限时开关，使主电容器接通电爆网路放电，引爆雷管。电容式发爆器的起爆能力取决于主电容的充电电压和电容。电容式发爆器所能提供的电流不会太大，一般只能够用于起爆串连网路的电雷管。

2.4 光面爆破技术

沿井巷掘进设计断面的轮廓线布置密集炮孔时，应选用威力小(密度小、爆速小)的炸药，采用不耦合装药，在主爆区(掏槽眼和辅助眼)之后起爆，以形成平整井巷轮廓面的爆破作业，这称为光面爆破。光面爆破和预裂爆破一样，都是控制轮廓成形的爆破方法，它们都能有效地控制开挖断面的超欠挖。

应当指出，不论在何种岩石条件下，采用光面爆破与不采用光面爆破或其他控制围岩轮廓的爆破方法相比，效果相差甚远。即使围岩岩质很差而不能留下半个孔壁，光面爆破在对减小围岩破坏、保持围岩稳定、减少超挖以及防止冒顶等方面，仍有着不可忽视的积极作用。因此，在井巷工程钻爆法掘进施工中，应尽可能采用光面爆破技术。

2.4.1 炮眼种类及其布置

巷道掘进的爆破工作是在只有一个自由面的狭小工作面上进行的，因此要达到理想的爆破效果，必须将各种不同作用的炮眼合理地布置在相应位置，使每个炮眼都能起到应有的爆破作用。

按用途和位置不同，掘进工作面的炮眼可分为掏槽眼、辅助眼和周边眼 3 类(图 2-7)，其爆破顺序为先爆破掏槽眼，其次爆破辅助眼，最后爆破周边眼，并且是延期起爆，以保证爆破效果。

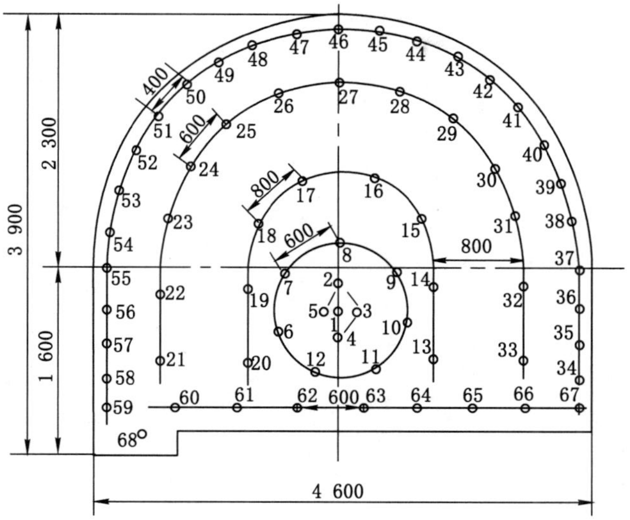

1～5—掏槽眼；6～12—第一圈辅助眼；13～20—第二圈辅助眼；21～33—第三圈辅助眼；34～37、55～59—帮眼；38～54—顶眼；60～67—底眼；68—水沟眼。

图 2-7　各种用途的炮眼

(1) 掏槽眼

掏槽眼的作用是首先在工作面上将某一部分岩石破碎并抛出，为其他炮眼的爆破创造附加自由面。因此，掏槽效果的好坏对循环进尺起着决定性作用。

掏槽眼一般布置在巷道断面中央靠近底板处(图 2-8)，这样便于打眼时掌握方向，并有利于其他多数炮眼借助岩石的自重崩落。在掘进断面中如果存在显著易爆的软弱岩层，一般应将掏槽眼布置在这些软弱岩层中。

按照掏槽眼的方向，掏槽方式可分为斜眼掏槽(图 2-8)、直眼掏槽(图 2-9)和混合式掏槽(图 2-10)3 大类。采用直眼掏槽时，掏槽眼均为超量装药，装药系数一般为 0.7～0.8。

为了增大直眼掏槽的抛砟力和提高炮眼的利用率，形成了以直眼掏槽为主并吸取斜眼掏槽优点的混合式掏槽。斜眼呈垂直楔形布置，与工作面的夹角为 75°～85°，装药系数以 0.4～0.6 为宜，安排在所有垂直槽眼起爆之后起爆，以发挥其抛砟扩槽的作用。

(2) 辅助眼

辅助眼又称崩落眼，是大量崩落岩石和继续扩大掏槽的炮眼。辅助眼要成圈且均匀布置在掏槽眼与周边眼之间(图 2-7)，间距一般为 500～700 mm，炮眼方向一般垂直于工作面，装药系数一般为 0.45～0.60。如采用光面爆破，则紧邻周边眼的辅助眼要为周边眼创造一个理想的光面层，即光面层厚度要比较均匀，且大于周边眼的最小抵抗线。

(3) 周边眼

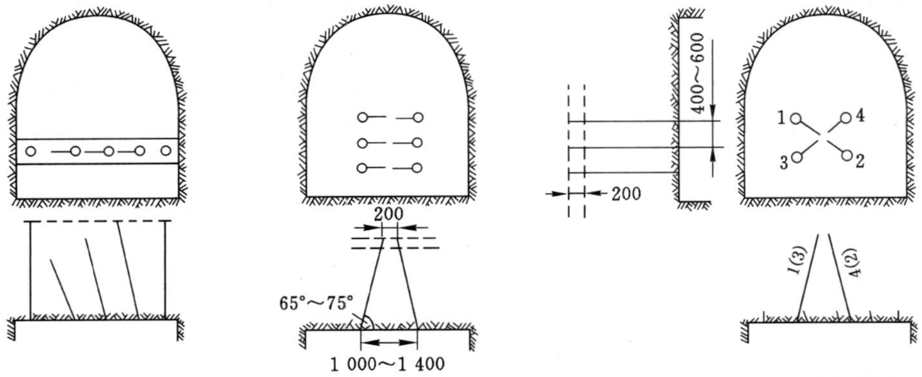

(a) 单向　　(b) 多向(楔形)　　(c) 多向(锥形)

图 2-8　常用的斜眼掏槽方式

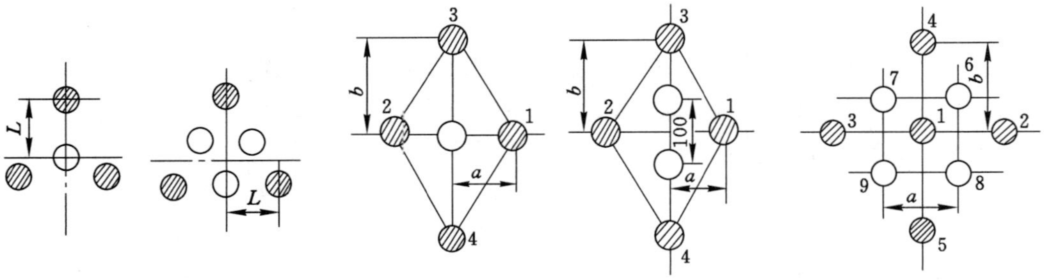

(a) 三角柱掏槽　　(b) 菱形掏槽　　(c) 五星掏槽

a、b、L—炮眼间距；1～9—炮眼编号；◍—装药炮眼；○—空眼。

图 2-9　常用的直眼掏槽方式

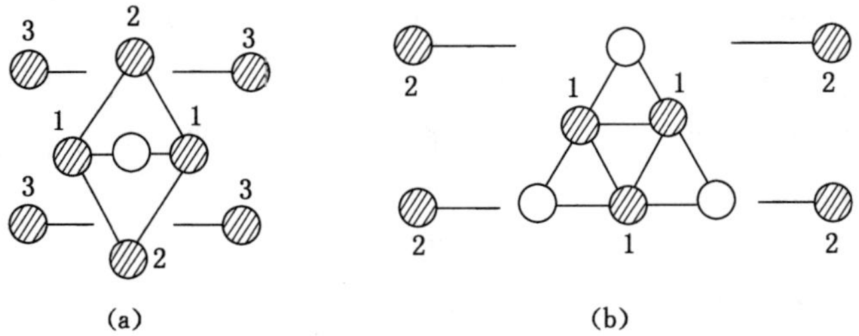

(a)　　(b)

1～3—炮眼编号；◍—装药炮眼；○—空眼。

图 2-10　混合掏槽方式

周边眼包括顶眼、帮眼和底眼(图 2-7)，是爆破巷道周边岩石最后形成的巷道设计断面轮廓的炮眼。周边眼布置合理与否，直接影响巷道成型是否规整。光爆周边眼的间距与其最小抵抗线存在一定的比例关系，即

$$K = \frac{E}{W} \tag{2-1}$$

式中　K——炮眼密集系数，一般为 0.6～1.0，岩石坚硬时取较大值，较软时取较小值；

E——周边眼间距，一般取 400～600 mm；

W——最小抵抗线，mm。

按照光面爆破要求，光爆周边眼的装药量必须严格控制。煤矿岩层巷道周边眼光爆参数见表 2-10。

表 2-10 光面爆破的周边眼爆破参数

岩层情况	岩石坚固性系数 f	炮眼直径 /mm	炮眼间距 /mm	最小抵抗线 /mm	炮眼密集系数	装药量 /(kg/m)
完整、稳定、中硬以上	8～10	42～45	600～700	500～700	1.0～1.1	0.20～0.30
中硬、层节理不发育	6～8	35～42	500～600	600～800	0.8～0.9	0.15～0.20
松软、层节理发育	＜6	35～42	350～500	500～700	0.7～0.8	0.10～0.15

底眼（包括 1 个水沟眼）负责控制底板标高，眼距一般为 500～700 mm，装药系数一般为 0.5～0.7。为了给钻眼与装岩平行作业创造条件，需采用抛碴爆破，所以，通常底眼眼距为 400 mm 左右，眼深加大 200 mm 左右，每个底眼增加 1～2 个药卷。

除合理选择掏槽方式和爆破参数外，还需合理布置炮眼，以取得理想的爆破效果。炮眼的布置方法和原则如下：

① 工作面上各类炮眼的布置原则是“抓两头、带中间”，即首先选择掏槽方式和掏槽眼位置，其次布置好周边眼，最后根据断面面积大小布置辅助眼。

② 掏槽眼通常布置在巷道断面的中央偏下位置，并使辅助眼的布置较为均匀和减小崩坏支护及其他设施的概率。

③ 周边眼一般布置在巷道断面轮廓线上，顶眼和帮眼按光面爆破要求布置，各炮眼相互平行，眼底落在同一平面上。

④ 辅助眼要均匀地布置在掏槽眼和周边眼之间，以掏槽眼形成的槽腔为自由面分层布置。

2.4.2 爆破参数的确定

巷道掘进的爆破参数主要包括炮眼直径、炮眼深度、炮眼数目、单位炸药消耗量等。

(1) 炮眼直径

炮眼直径对钻眼效率、全断面炮眼数目、单位炸药消耗量、爆破岩石块度和岩壁平整度均有影响。因此，应根据巷道断面面积大小、块度要求、炸药性能和凿岩机性能进行选择。

炮眼直径大，可减小炮眼数目使炸药能量相对集中，这样虽可提高爆破效率，但钻速下降，影响爆破质量和降低围岩稳定性。在采用气腿式凿岩机的情况下，现场多根据药卷直径确定炮眼直径。目前国内岩巷掘进均采用直径 32 mm 或 35 mm 两种药卷，炮眼直径比药卷直径大 6～8 mm，所以目前岩巷掘进的炮眼直径多采用 38～43 mm。

(2) 炮眼深度

炮眼深度决定每一掘进循环钻眼和装岩的工作量、循环进尺以及每班的循环次数。炮眼深度主要根据岩石性质、巷道断面面积大小、循环作业方式、凿岩机类型、炸药威力、工人技术水平等因素来确定。从近年来的发展趋势看，炮眼逐渐由浅眼向中深眼（深度 2.0～

2.5 m)发展。

合理的炮眼深度应以高钻眼速度、高效、低成本、便于组织正规循环作业为原则。采用气腿式凿岩机时,炮眼深度以 1.8～2.5 m 为宜,当炮眼深度超过 2.5 m 时,钻眼速度则明显降低。采用配有高效凿岩机的凿岩台车时,应向深眼发展,一般炮眼深度可达 3.0 m。我国煤矿巷道掘进中通常以月进尺任务和凿岩、装岩设备的能力来确定每一循环的炮眼深度,即

$$l \geqslant \frac{L}{Nkn\eta} \tag{2-2}$$

式中 l——炮眼深度,m;

L——计划月进度,m;

N——每月实际用于掘进的天数,30 d;

k——正规循环率,一般取 $k=0.8\sim0.9$;

n——每日完成掘进循环数,次;

η——炮眼利用系数,一般要求 $\eta \geqslant 0.8$。

炮眼深度的取值范围可由表 2-11 来确定。

表 2-11　炮眼深度及炮眼数目的取值范围

掘进断面面积/m²	炮眼深度/m			掘进断面面积/m²	炮眼数目/个		
	f=2～4	f=5～7	f=8～10		f=2～4	f=5～7	f=8～10
4.0～6.0	1.8～2.1	1.6～1.9	1.4～1.6	4.0～6.0	8～11	12～16	16～20
6.1～8.0	2.1～2.3	1.9～2.0	1.6～1.8	6.1～8.0	12～16	17～21	21～26
8.1～10.0	2.3～2.4	2.0～2.2	1.8～1.9	8.1～10.0	17～21	22～27	27～32
10.1～12.0	2.4～2.5	2.2～2.3	1.9～2.0	10.1～12.0	22～27	28～33	33～37
12.1～14.0	2.4～2.5	2.2～2.3	2.0～2.1	12.1～14.0	28～33	34～38	38～42
14.1～16.0	2.5～2.6	2.3～2.4	2.0～2.1	14.1～16.0	34～38	39～42	43～46
16.1～18.0	2.5～2.6	2.3～2.4	2.1～2.2	16.1～18.0	39～42	43～46	47～50

(3) 炮眼数目

炮眼数目的多少直接影响钻眼工作量、爆破岩石的块度、巷道形状等。炮眼数目取决于岩石性质、巷道断面形状、巷道断面尺寸、炮眼直径和炸药性能等因素。炮眼数目的取值范围可参见表 2-11。

合理的炮眼数目应以保证爆破效果的实现为原则。一般先以岩层性质和断面面积大小进行初步估算,然后在设计断面图上作炮眼布置图,得出炮眼总数,并通过实践调整。

炮眼数目也可以根据单位炸药消耗量按下式估算后,再按上述经验方法进行调整。

$$N = \frac{qSm\eta}{aP} \tag{2-3}$$

式中 N——炮眼数目,个;

q——单位炸药消耗量,kg/m^3;

S——巷道掘进断面面积,m^2;

m——每个药卷长度,m;

a——装药系数，即装药长度与炮眼长度之比，一般取 0.5～0.7；

P——每个药卷的质量，kg。

(4) 单位炸药消耗量(q)

单位炸药消耗量指爆破 1 m^3 实体岩石所需要的炸药量，也就是工作面一次爆破所需的总炸药量 Q 和工作面一次爆下的实体岩石总体积 V 之比，即

$$q = \frac{Q}{V} \tag{2-4}$$

单位炸药消耗量是一个很重要的参数，它直接影响岩石块度、钻眼和装岩的工作量、炮眼利用率、巷道轮廓的整齐程度、围岩的稳定性以及爆破成本等。

影响单位炸药消耗量的主要因素有炸药性能、岩石的物理力学性质、自由面的大小和数目，以及炮眼直径和炮眼深度等。到目前为止，还没有精确计算单位炸药消耗量的方法，计算数据一般仅作参考，所以多按定额(表 2-12)选用。表中所列定额是按 2 号岩石硝铵炸药、毫秒延期电雷管制定的，若采用其他炸药，则该炸药的单位炸药消耗量 q'需根据爆力大小加以适当修正，即

$$q' = \frac{320}{p} \times q \tag{2-5}$$

式中　p——所用炸药的爆力，mL。

表 2-12　平硐、平巷炸药消耗定额和雷管消耗定额

f	<1.5		2～3		4～6		8～10		12～14		15～20	
巷道断面面积/m^2	普通爆破	光面爆破	普通爆破	光面爆破	普通爆破	光面爆破	普通爆破	光面爆破	普通爆破	光面爆破	普通爆破	光面爆破
<4	114	114	199	199	274	274	294	294	404	404	485	485
	218	327	292	390	370	473	542	592	712	769	999	1 033
<6	96	96	160	160	224	224	251	251	323	323	389	389
	169	303	273	351	357	385	492	526	627	667	825	848
<8	91	91	144	144	202	202	224	224	298	298	354	354
	157	265	232	305	310	344	419	448	578	609	713	731
<10	80	80	129	129	190	190	202	202	267	267	314	314
	139	244	209	279	294	312	371	416	520	546	654	669
<12	72	72	121	121	168	168	186	186	241	241	295	295
	128	235	208	272	265	295	354	391	472	494	589	613
<15	66	66	104	104	148	148	163	163	212	212	256	256
	116	202	182	239	242	264	315	358	429	455	551	570
<20	59	59	96	96	135	135	145	145	192	192	232	232
	111	193	165	220	213	247	288	322	400	441	499	530

注：表中上面的数字为单位炸药消耗量，单位为 kg/100 m^3；下面数字为雷管消耗量，单位为个/100 m^3。

确定 q 后，根据巷道断面面积和炮眼深度便可计算出每循环所用的炸药消耗量，然后按炮眼数目、各炮眼所起的作用和所分担的爆破岩体加以分配，最后确定掏槽眼、辅助眼和周

边眼的各眼装药量。

2.4.3 装药结构与起爆

装药结构有连续装药和间隔装药、耦合装药和不耦合装药、正向起爆装药和反向起爆装药的区别。在巷道掘进中,主要采用连续装药结构、耦合装药结构和反向起爆装药结构。装药结构与起爆方法是影响爆破效果的重要因素。因此,在爆破作业中应慎重选择,并在施工中根据爆破效果不断改进。

(1) 装药结构

根据起爆药包所在位置的不同,装药结构有正向装药与反向装药两种结构,如图 2-11 所示。

(a) 正向装药　　(b) 反向装药

图 2-11　装药结构

反向装药起爆后爆轰波由里向外传播,与岩石朝自由面运动的方向一致,有利于反射拉伸波破碎岩石,同时起爆药包距自由面较远,爆炸气体冲出眼孔的时间相对较晚,爆炸能量利用充分,因此能取得较好的爆破效果。

在目前普遍采用直径 32~35 mm 药卷的情况下,为实现光面爆破,周边眼多采用单段空气柱式装药结构,如图 2-12(a)所示。但当眼深超过 2.0 m 后,应采用小直径药卷(直径为 23~28 mm)空气间隔分节装药结构,如图 2-12(b)所示。两药包的间隔距离一般不能大于该种炸药在炮眼内的殉爆距离。

(a) 单段空气柱式装药结构　　(b) 空气间隔分节装药结构

图 2-12　周边眼装药结构

(2) 炮眼的填塞

为保质保量地做好装药工作,装药之前必须清除炮眼内的岩粉或煤粉,再用木质或竹质炮棍将药卷轻轻推入,不得冲撞或捣实。有水的炮眼,应使用抗水型炸药。完成炸药装填后,应用炮泥封堵炮眼,这称为炮眼填塞。

炮眼填塞的作用是将炸药爆炸产物(高温高压气体、火焰、雷管碎屑、未分解的药粉等)在短时间内密闭和阻挡在炮眼内,使爆生气体足以完成爆炸破碎、抛掷岩石(煤)的任务。当炸药在无填塞(封泥)、封泥不足或封泥不实的炮眼内爆炸时,爆生气体过早从眼口逸出,炸药的静压膨胀作用得不到充分利用,爆破效果不好;而且爆炸火焰及雷管碎屑从眼口喷出,对有瓦斯的工作面,喷出物直接与瓦斯接触,最容易引起瓦斯爆炸。所以,无填塞(封泥)、封泥不足或封泥不实的炮眼,严禁爆破。

装药完毕后,应按《煤矿安全规程》的有关规定对炮眼进行填塞。水炮泥的作用是降温、降尘和吸收炮烟中的有毒气体。炮眼封泥必须使用水泡泥，水泡泥剩余的部分应当用黏土炮泥或者用不燃性、可塑性材料制成的炮泥封实，严禁使用煤粉、块状材料或者其他可燃性材料作炮眼封泥。不允许只装水炮泥而不装黏土炮泥。

炮眼深度和炮眼的封泥长度应当符合下列要求：

① 炮眼深度小于 0.6 m 时，不得装药、爆破，在特殊条件下，如挖底、刷帮、挑顶确需进行炮眼深度小于 0.6 m 的浅孔爆破时，必须制定安全措施并封满炮泥。

② 炮眼深度为 0.6～1 m 时，封泥长度不得小于炮眼深度的 1/2。

③ 炮眼深度超过 1 m 时 封泥长度不得小于 0.5 m。

④ 炮眼深度超过 2.5 m 时 封泥长度不得小于 1 m。

⑤ 深孔爆破时，封泥长度不得小于孔深的 1/3。

⑥ 光面爆破时，周边光爆炮眼应当用炮泥封实，且封泥长度不得小于 0.3 m。

⑦ 工作面有 2 个及以上自由面时，在煤层中最小抵抗线不得小于 0.5 m，在岩层中最小抵抗线不得小于 0.3 m。浅孔装药爆破大块岩石时，最小抵抗线和封泥长度都不得小于 0.3 m。

炮眼深度小于 0.6 m 的卧底、刷帮、挑顶浅眼爆破所制定的安全措施必须符合下列要求：

① 每孔装药量不得超过 150 g。

② 炮眼必须封满填实炮泥。

③ 爆破前必须在爆破地点附近洒水降尘并检查瓦斯，瓦斯浓度超过 1%时不准爆破。

④ 检查并加固爆破地点附近的支架。

⑤ 爆破时，必须设好警戒线，班长在现场指挥。

为了达到较好的爆破效果和保证爆破安全，炮眼深度还必须与封泥长度和封孔质量相适应。炮眼深度越大，装药长度也越大，封泥长度也要相应增大，使封泥真正起封堵密闭作用，炸药的膨胀功得到充分利用。

光面爆破时，周边光爆炮眼的封泥在没使用专用光爆炸药的情况下，采用空气柱式装药结构，即只在炮眼口用一块炮泥封实，在炮泥与药卷之间留有一段空气柱。由于光爆周边眼是在其他炮眼爆破后最后一次起爆，若在有瓦斯、煤尘爆炸危险的采掘工作面，爆破后的瓦斯已形成积聚，就可能引爆瓦斯。

当工作面有 2 个或 2 个以上自由面时，就有 2 个或 2 个以上的抵抗线，要以其中最小的抵抗线作为最小抵抗线。图 2-13 为在两个自由面情况下炮眼布置与最小抵抗线关系示意图。由图可知，在炮眼长度相同的情况下，炮眼角度（炮眼轴线与自由面的夹角）越小，其最小抵抗线也越小，即炮眼与自由面之间所夹的介质越薄。在这种情况下，爆炸冲击波首先冲破最小抵抗线最小的自由面，爆生气体、雷管碎屑甚至火焰就会喷至自由面以外，从而引起瓦斯、煤尘爆炸。

(3) 起爆方法

岩巷掘进一般采用发爆器起爆，所以雷管多采用串联方式，连接简单，不易遗漏，可用于有瓦斯或煤尘爆炸危险的工作面。

在有瓦斯或煤尘爆炸危险的巷道掘进中，应采用毫秒延期电雷管，掘进工作面应全断面一次起爆，不能全断面一次起爆的，应采取安全措施。全断面一次起爆的掘进工作面，工作面炮眼应按掏槽眼、辅助眼、帮眼、顶眼、底眼的顺序起爆，以使先爆炮眼所形成的槽腔作

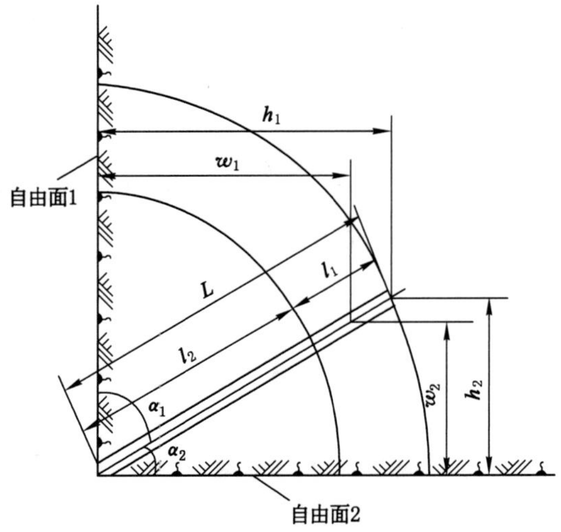

h、h_2—对自由面 1、2 的炮眼深度；w_1、w_2—对自由面 1、2 的抵抗线；
L—炮眼长度；l_1—装药长度；l_2—炮泥长度；α_1、α_2—炮眼轴线与自由面 1、2 的夹角。

图 2-13 在两个自由面情况下炮眼布置与最小抵抗线关系示意图

为后爆炮眼的自由面。全断面一次起爆有利于缩短爆破时间，减少重复爆破的体力劳动。

需要强调的是，在有瓦斯或煤尘爆炸危险的工作面使用毫秒延期电雷管爆破时，最后一段的延期时间不得超过 130 ms。现场实测表明，爆破后从新自由面涌出的瓦斯浓度在 130 ms 内远没有达到爆炸限度，而此时各段雷管已经爆炸完毕，所以不会引起瓦斯爆炸。

2.4.4 爆破效果与质量

在岩巷掘进中，钻眼爆破工作的好坏，对巷道掘进速度、掘进质量、支护效果以及掘进工效和成本等都有较大的影响。巷道掘进中良好的钻眼爆破工作应当做到以下几点：

(1) 爆破后所形成的巷道断面、方向与坡度应符合设计要求和《煤矿井巷工程质量验收规范(2022 版)》(GB 50213—2010)的标准。光面爆破要求巷道超挖尺寸不得大于 150 mm，欠挖尺寸不得超过质量标准规定。

(2) 爆破的岩石块度应有利于提高装岩生产率；有时还要求岩石的堆积形状便于组织岩石装运和钻眼的平行作业。

(3) 对巷道围岩的震动和破坏要小，以利于巷道的维护。

(4) 爆破单位体积岩石所需的炸药和雷管消耗量要小，钻眼工作量要小、炮眼利用率要达到 85%以上。

(5) 符合安全施工的要求。

光面爆破参数要慎重选取，只有这样才能既降低对围岩的破坏，又在周边眼间形成贯穿裂缝，把岩体整齐地切割下来。为保证贯穿裂缝的形成，光面爆破炮眼之间的距离要小，要严格控制周边眼的装药量，并选择威力小的炸药和不耦合装药结构。

光面爆破的质量标准如下：

(1) 围岩轮廓面上留下的眼痕(半个孔壁)数应不小于周边眼总数的 50%。

(2) 超挖尺寸不得大于 150 mm,欠挖尺寸不得超过质量标准规定。

(3) 围岩面上不应有明显的炮震裂缝。

2.5 爆破作业说明书及爆破作业图表

爆破作业说明书是井巷施工组织设计中的一个重要组成部分,是指导、检查和总结爆破工作的技术文件。爆破作业前必须编制爆破作业说明书,并符合下列要求:

(1) 炮眼布置图必须标明采煤工作面的高度和打眼范围或者掘进工作面的巷道断面尺寸,炮眼的位置、个数、深度、角度,以及炮眼编号,并用正面图、平面图和剖面图表示。

(2) 炮眼说明表必须说明炮眼的名称、深度、角度,以及使用的炸药和雷管的品种、装药量、封泥长度、连线方法和起爆顺序。

(3) 爆破作业说明书必须编入采掘作业规程并及时修改补充。

钻眼和爆破人员必须依照爆破作业说明书进行作业。

爆破作业说明书的主要内容包括:

(1) 爆破工程的原始资料。它包括掘进井巷的名称、用途、位置、断面形状和尺寸,穿过岩层的性质,地质条件以及瓦斯情况。

(2) 选用的钻眼爆破器材。它包括炸药、雷管的品种和凿岩机具的型号、性能。

(3) 爆破参数的选择与计算。它包括掏槽方法和炮眼的直径、深度、数目,单位炸药消耗量等。

(4) 爆破网路的计算和设计。

(5) 爆破安全措施。

爆破作业图表是在爆破作业说明书的基础上编制的指导和检查钻眼爆破工作的技术文件。在施工过程中应不断修正和完善爆破作业图表。爆破作业图表一般包括炮眼布置图,装药结构图,含爆破原始条件、炮眼布置参数、装药参数的表格,以及预期的爆破效果和经济指标等。

在爆破作业过程中,要严格落实岗位责任制度,按劳动效率、材料消耗、爆破效果等要求进行全面检查,使爆破作业图表更符合实际。

爆破作业图表的内容可参见表 2-13～表 2-15 及图 2-2。

表 2-13 爆破原始条件

名称	数量或类型
掘进断面面积/m^2	14.26
岩石坚固性系数 f	6～8
工作面瓦斯浓度/%	0
工作面涌水量/(m^3/h)	10～15
炸药和雷管类型	2 号岩石硝铵炸药,Ⅵ段毫秒延期雷管

表 2-14　装药量及起爆顺序

眼号	炮眼名称	眼数/个	眼深/m	每个炮眼装药量			合　计		装药结构	起爆顺序	连线方式
				卷数/个	长度/m	装填率/%	卷数/个	质量/kg			
1	中心眼	1	2.6	3	0.5		3	0.45	反　向	Ⅱ	串
2～4	正槽眼	3	2.4	12	2.0	80	36	5.40	反向垫4卷药	Ⅰ	串
5～10	副槽眼	6	2.4	11	1.8	75	66	9.90	反向垫3卷药	Ⅱ	串
11～14	辅助眼	4	2.3	10	1.6	70	40	6.00	反向垫2卷药	Ⅲ	串
15～25	三圈眼	11	2.3	9	1.4	60	99	14.85	反向垫2卷药	Ⅳ	串
26～37	二圈眼	12	2.3	8	1.2	52	96	14.40	反向垫2卷药	Ⅴ	串
38～46	底　眼	9	2.4	8	1.2	50	72	10.80	反向垫2卷药	Ⅵ	串
47～67	周边眼	21	2.2	2/3	0.3/0.45		30/18	4.5/2.7	反向空气柱	Ⅵ	串
合计		67	154.1				460	69.00			

注：周边眼装药参数中第一个数值为拱基线以上炮眼的参数，第二个数值为拱基线以下炮眼的参数。

表 2-15　预期爆破效果

名称	数量	名称	数量
炮眼利用率/%	85	每循环炮眼总长度/m	154.0
每循环工作面进尺/m	1.95	每米巷道炸药消耗量/kg	35.20
每循环爆破实体岩石体积/m^3	26.50	每立方米岩石雷管消耗量/个	2.50
单位炸药消耗量/(kg/m^3)	2.60	每米巷道雷管消耗量/个	34.10

2.6　爆破安全注意事项

爆破工作的专业性很强，井下爆破作业条件又比较复杂，因此必须由掌握爆破安全技术专业知识、责任心强的专职爆破工负责，不得由兼职的、未经培训的人员负责。爆破工是特殊工种，经过安全培训，经考试合格，并取得安全工作资格证书方能上岗并必须依照爆破作业说明书进行爆破作业。

2.6.1　爆破作业制度

爆破作业必须执行“一炮三检”和“三人连锁爆破”制度，并在起爆前检查起爆地点的甲烷浓度。掘进工作面装药前、爆破前和爆破后，爆破工、班组长、瓦斯检查工都必须在现场。

装药前和爆破前有下列情况之一的，严禁装药、爆破。

(1) 采掘工作面控顶距离不符合作业规程的规定，或者有支架损坏，或者伞檐超过规定。

(2) 爆破地点附近 20 m 以内风流中甲烷浓度达到或者超过 1.0%。

(3) 在爆破地点 20 m 以内，矿车、未清除的煤(矸)或者其他物体堵塞巷道断面 1/3 以上。

(4) 炮眼内发现异状、温度骤高骤低，有显著瓦斯涌出、煤岩松散、透老空区等情况。

(5) 采掘工作面风量不足。

爆破前，班组长必须亲自安排专人将工作面所有人员撤离警戒区域，并在警戒线和可能进入爆破地点的所有通路上安排专人负责警戒工作。警戒人员必须在安全地点警戒，警戒线处应当设置警戒牌、栏杆或者拉绳。爆破前，爆破工将警戒牌交给生产班组长，由生产班组长派人警戒，并检查顶板与支架情况；然后将自己携带的爆破命令牌交给瓦斯检查工，待瓦斯检查工检查瓦斯、煤尘合格后，将自己携带的爆破命令牌交给爆破工；爆破工必须最后离开爆破地点，并在安全地点起爆；爆破工发出爆破命令后进行爆破。

2.6.2　井下爆破安全作业相关规定

(1) 必须在顶板完好、支护完整、避开电气设备和导电体的爆破工作地点附近进行起爆药卷装配，严禁坐在爆炸物品箱上装配，装配起爆药卷的数量以当时爆破作业需要的数量为准。

(2) 爆破母线应随用随挂，不得使用固定爆破母线；爆破母线应与电缆、电线、信号线分别挂在巷道的两侧。如果必须挂在同一侧，则爆破母线必须挂在电缆的下方，并应保持0.3 m以上的距离；爆破前，爆破母线必须扭结成短路；只准采用绝缘母线单回路爆破，严禁用轨道、金属管、金属网、水或者大地等当作回路。

(3) 装药前应检查顶板情况，撤出设备与机具，并切断除照明以外一切设备的电源，照明灯及导线也应撤离工作面一定距离。

(4) 井下爆破作业，必须使用煤矿许用炸药和煤矿许用电雷管。一次爆破必须使用同一厂家、同一品种的煤矿许用炸药和煤矿许用电雷管。

(5) 在有瓦斯或者煤尘爆炸危险的掘进工作面，应当采用毫秒爆破。在掘进工作面应当全断面一次起爆，不能全断面一次起爆的，必须采取安全措施。在高瓦斯矿井掘进工作面采用毫秒爆破时，若采用反向起爆，则必须制定安全技术措施。

(6) 装药时要用木质或竹质炮棍将药卷轻轻推到眼底，不得冲撞或捣实，防止擦破药卷、装错雷管段号、拉断脚线。有水的炮眼，尤其是底眼，必须使用防水炸药或药卷加防水套，以免受潮拒爆。

(7) 装药、连线后，必须把电雷管脚线悬空，严禁电雷管脚线、爆破母线与机械、电气设备等导电体接触。爆破工必须进行电爆网路的全电阻检查，严禁用发爆器打火放电来检查电爆网路是否导通。班组长按预先制定的方案做好爆破前的安全布置和检查，包括人数清点、警戒设置等，确认无误后，方可下达起爆命令。

(8) 爆破后待工作面炮烟被吹散后，爆破工、瓦斯检查工和班组长必须首先巡视工作面，检查通风、瓦斯、煤尘、顶板、支架、拒爆、残爆等情况，如有危险情况，必须立即处理。待确认工作面安全后，其他工作人员方可进入工作面。

(9) 拒爆、残爆必须在班组长指导下处理。由于连线不良造成的拒爆，可重新连线起爆；如不能重新连线起爆，则应在距拒爆炮眼0.3 m以外另钻一个与拒爆炮眼平行的炮眼，重新装药起爆；通电以后拒爆时，爆破工必须先取下把手或者钥匙，并将爆破母线从电源上摘下，扭结成短路，再等待一定时间(使用瞬发电雷管时至少等待5 min；使用延期电雷管时至少等待15 min)，才可沿线路检查，找出拒爆的原因。

(10) 严禁用镐刨或从炮眼中取出原放置的起爆药卷或从起爆药卷中拉出雷管。不论有无残余炸药，严禁将炮眼残底继续加深；严禁用打眼的方法往外掏药；严禁用压风吹拒爆(残爆)炮眼。

(11) 不得使用过期或者变质的爆炸物品。不能使用的爆炸物品必须交回爆炸物品库。

(12) 爆破工必须把炸药、电雷管分开存放在专用的爆炸物品箱内，并加锁，严禁乱扔、乱放。爆炸物品箱必须放在顶板完好、支护完整且避开有机械、电气设备的地点。爆破时必须把爆炸物品箱放置在警戒线以外的安全地点。

(13) 在有煤尘爆炸危险的煤层中，掘进工作面爆破前后，附近 20 m 的巷道内必须洒水降尘。

(14) 爆炸物品库和爆炸物品发放硐室附近 30 m 范围内，严禁爆破。

3 平巷掘进的装岩与运输

3.1 装 岩

3.1.1 装载机

装载机按工作机构分为铲斗式装载机、耙斗式装载机、蟹爪式装载机、立爪式装载机和挖掘式装载机等。

(1) 铲斗式装载机

铲斗式装载机有后卸式和侧卸式两大类。二者的工作原理和主要组成部分基本相同。主要组成部分一般包括铲斗、行走机构、操作机构、动力机构。工作时依靠自身运动所产生的动能,将铲斗插入矸石,铲满后抬起铲斗将矸石卸入转载设备或矿车中,其工作模式为间歇式。

铲斗后卸式装载机是我国最早使用的装载机械,曾创造了不少巷道快速施工的好成绩。但由于适应性不强、生产能力小、机械化程度低等,现在只在小型煤矿中使用。

铲斗侧卸式装载机是在正面铲取岩石,在设备前方侧转卸载,行走方式为履带式的装载机械。与铲斗后卸式装载机相比,铲斗侧卸式装载机具有铲斗插入力大、斗容大、提升距离短,履带行走机动性好,以及装岩宽度不受限制等特点,可在平巷及倾角 10°以内的斜巷使用;其铲斗可兼作活动平台,用于安装锚杆和挑顶等;其电气设备均具有防爆性能,可用于有瓦斯和煤尘爆炸危险的矿井。国产 ZLC-60 型铲斗侧卸式装载机如图 3-1 所示。该机适用于宽度 4 m 以上、高度大于 3.5 m 的巷道。

如果直接将矸石装入矿车,装载机在巷道中频繁行走,不仅将巷道底板碾碎,形成大量淤泥给后续清理工作带来麻烦,而且缩短了履带行走部件的使用寿命,降低了整机的效率。因此,根据铲斗侧卸式装载机的工作特点,应将转载机布置在装载机铲斗卸载一侧的轨道上,如图 3-2 所示。装载机铲取的岩石直接卸到停靠在掘进工作面前部的料仓中,通过转载机再转卸到矿车中,这样可以连续装满 1 列矿车,提高了装岩效率。

(2) 耙斗式装载机

耙斗式装载机是一种结构简单的装岩设备,动力为电能,行走方式为轨轮。它不仅适于水平巷道装岩,也可用于倾斜巷道和弯道装岩。从 1963 年开始,我国煤矿逐步推广使用了耙斗式装载机,现已形成系列。耙斗式装载机是目前应用广泛的装载设备。

耙斗式装载机主要由绞车、耙斗、台车、槽体、滑轮组、卡轨器、固定楔等部分组成,如图 3-3 所示。

耙斗式装载机在工作前,用卡轨器将台车固定在轨道,并用固定楔将尾轮悬吊在工作

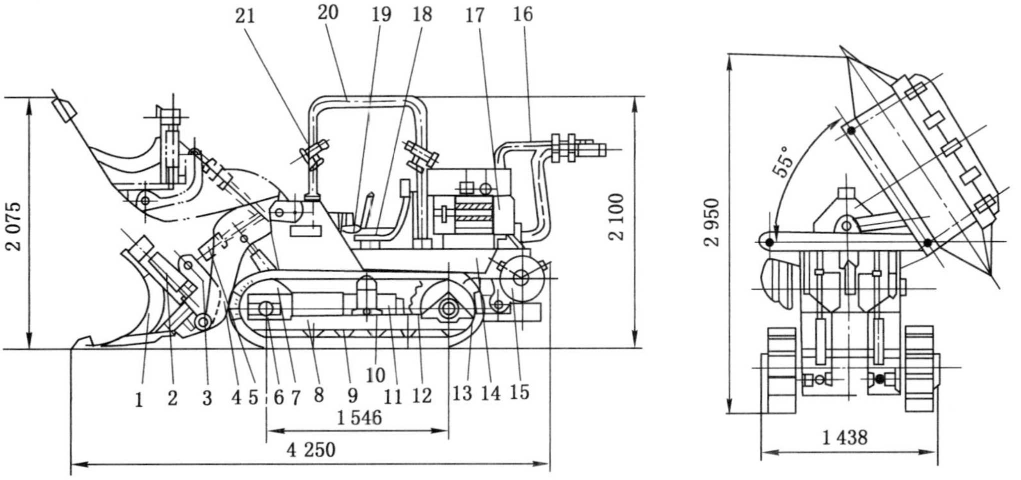

1—铲斗；2—侧卸液压缸；3—铲斗座；4—摇臂；5—连杆；6—举升液压缸；7—导轮；8—履带架；9—支重轮；10—托轮；11—张紧装置；12—驱动轮；13—履带；14—机器机架；15—行走部分电动机；16—电缆；17—泵端电动机；18—司机座；19—操纵台；20—司机棚；21—照明灯。

图 3-1　ZLC-60 型铲斗侧卸式装载机

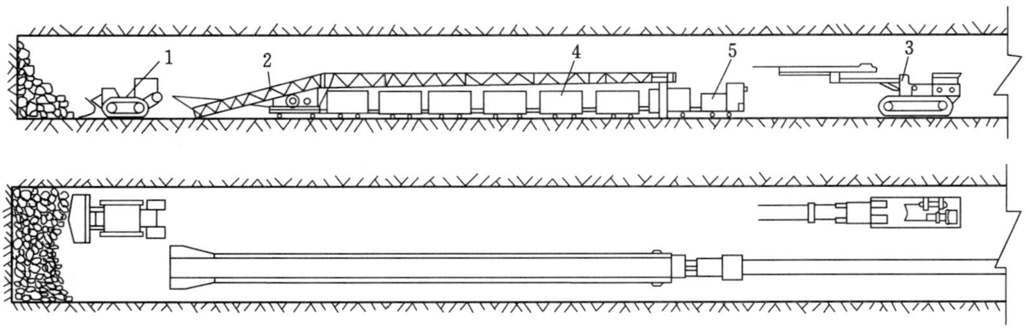

1—铲斗侧卸式装载机；2—转载机；3—凿岩台车；4—矿车组；5—电机车。

图 3-2　转载机与铲斗侧卸式装载机配套示意图

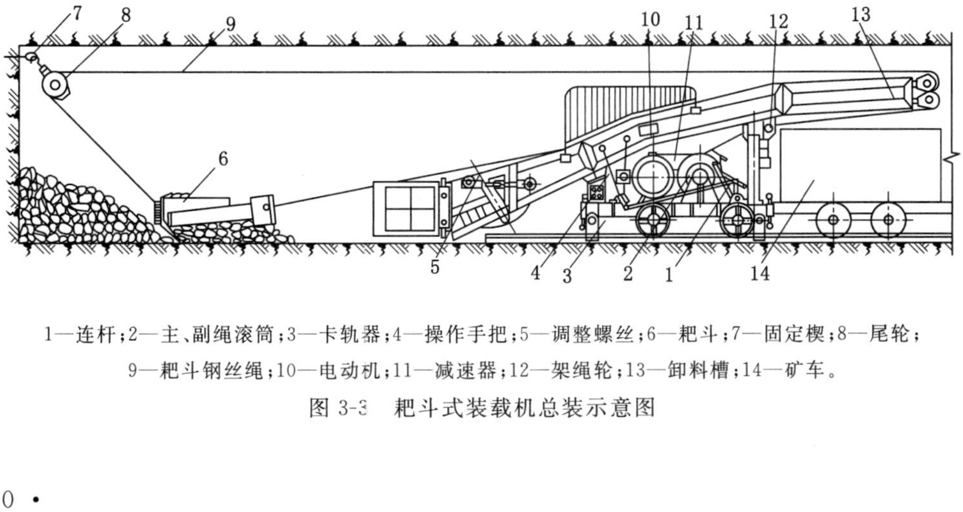

1—连杆；2—主、副绳滚筒；3—卡轨器；4—操作手把；5—调整螺丝；6—耙斗；7—固定楔；8—尾轮；9—耙斗钢丝绳；10—电动机；11—减速器；12—架绳轮；13—卸料槽；14—矿车。

图 3-3　耙斗式装载机总装示意图

面适当位置。工作时，通过操纵手把启动行星轮或摩擦轮传动装置，驱使主绳滚筒转动，并缠绕钢丝绳牵引耙斗将矸石耙到卸料槽。此时，副绳滚筒从动，并放出钢丝绳，矸石靠自重从槽口溜入矿车，然后使副绳滚筒转动，主绳滚筒变为从动，耙斗空载返回工作面。耙斗就是这样往复运行实现装岩的。

耙斗式装载机适用于净高大于 2 m，净断面面积 5 m^2 以上的巷道。它不但可以用于平巷装岩，而且还可以在倾角 35°以下的上、下山掘进装岩，亦可用于拐弯巷道的作业。耙斗式装载机在转弯较大的巷道中使用时，首先要在工作面设尾绳轮，通过在转弯处的开口双滑轮把工作面的矸石耙到转弯处，然后将尾绳轮 1 移动到尾绳轮 4 的位置，耙斗式装载机便可将矸石装入转运设备中，如图 3-4 所示。

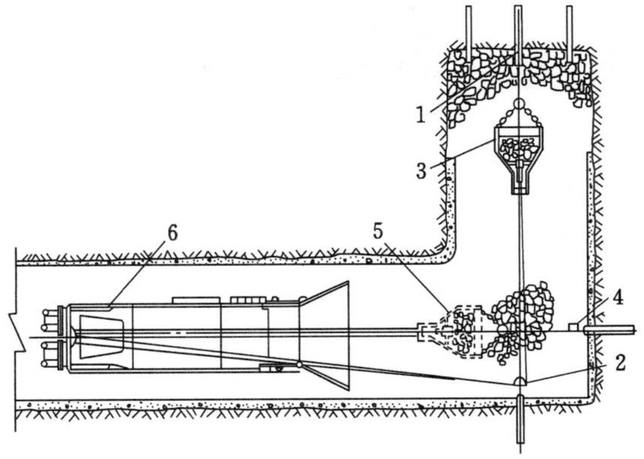

1、4—尾绳轮；2—双滑轮；3、5—耙斗；6—耙斗式装载机。

图 3-4 拐弯巷道耙斗式装载机装岩示意图

下山施工时，当巷道坡度小于 25°时，除了用耙装机本身的卡轨器进行固定外，还应增设两个大卡轨器。当巷道坡度大于 25°时，除增设大卡轨器外，还应增设一套防滑装置。移动耙装机一般用提升机，也可用一台 5 t 的绞车进行移动。

在上山掘进时，耙装机除了采用下山施工时的固定方法以外，还应在台车的后位立柱上增设两根斜撑。移动耙装机可用提升机进行，若单用提升机提升能力不足时，可与耙装机绞车联合使用。

耙斗式装载机的工作效率随着耙岩距离的增大而下降，所以耙斗式装载机距工作面不能太远，一般以 6～20 m 为宜。当耙斗式装载机需要向前移动时，可用人推，或用电机车顶动，也可借助两个滚筒同时缠绕拉紧钢丝绳，使机器向前移动。

耙斗式装载机的优点是结构简单、维修量小、制造容易、铺轨简单、适应面广和装岩工作效率高，缺点是钢丝绳和耙斗磨损较快，工作面堆矸较多，影响其他工序工作。

(3) 蟹爪式装载机

蟹爪式装载机的特点是装岩工作连续，工作效率高。其主要组成部分有蟹爪、履带行走部分、转载输送机、液压系统和电气系统等。ZS-60 型蟹爪式装载机如图 3-5 所示。

这类装载机前端的铲板上设有一对蟹爪，在电动机或液压马达驱动下，连续交替地扒取岩石，岩石经刮板输送机运到机尾的带式输送机上，而后装入运输设备。输送机的摇动和铲板的上下摆动都由液压驱动。装岩时，铲板必须插入岩堆，当发生岩堆塌落压住蟹爪

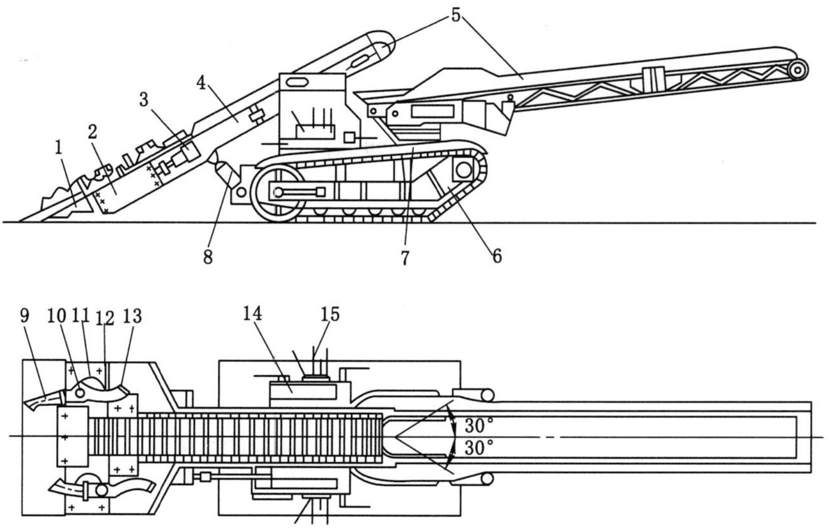

1—蟹爪装载机构;2—减速器;3—液压马达;4—机头架;5—转载输送机(刮板输送机及带式输送机);
6—行走机构;7—回转台;8—升降液压油缸;9—耙杆;10—销轴;11—主动圆盘;12—弧线导杆;13—固定销;
14—电气装置;15—液压操纵装置。

图 3-5　ZS-60 型蟹爪式装载机

时,必须将装载机退出,再次前进插入岩堆后装载。

20 世纪 50 年代初,我国研制了适合煤和煤岩巷道掘进用的 ZMZ-17 型蟹爪式装载机。随后又研制了岩巷使用的 ZS-60 型蟹爪式装载机。近年来,蟹爪式装载机已有很大改进,如 ZB-1 型大功率蟹爪式装载机和 ZXZ-60 型蟹爪式装载机在装载中硬以上岩石时显示出很大的优势。

这类装载机装载宽度大,工作效率高,机器高度小,产生粉尘少,但其结构复杂,履带行走对软岩巷道底板不利,适合于硬岩巷道。

(4) 立爪式装载机

立爪式装载机主要由机体、刮板输送机和立爪耙装机构 3 部分组成,如图 3-6 所示。其装岩过程是,立爪耙装岩石,刮板输送机转送岩石至运输设备。这比铲斗式装载机先插入岩堆而后铲取岩石更为合理。

立爪式装载机的主要优点是:装矸机构简单可靠,动作机动灵活,对巷道断面和岩石块度适应性强,能挖水沟和清理底板,工作效率较高;缺点是爪齿容易磨损,操作亦较复杂,维修水平要求高。

还有一种蟹立爪式装载机,它吸取了蟹爪式装载机和立爪式装载机的优点,采用蟹爪和立爪组合的耙装机构,以蟹爪为主,立爪为辅,有较高的工作效率。

(5) 挖掘式装载机

挖掘式装载机(以下简称挖装机)是一种高效的连续装载出矸设备,主要用于矿山巷道掘进,与液压钻车配套使用可实现矿山巷道掘进机械化作业,大大提高掘进速度。挖装机总体结构如图 3-7 所示,主要由 6 部分组成,分别为反铲机构、刮板输送机、机架、履带行走机构、电气系统和液压系统,是一种集扒、装、运一体,可以连续生产的出矸设备。

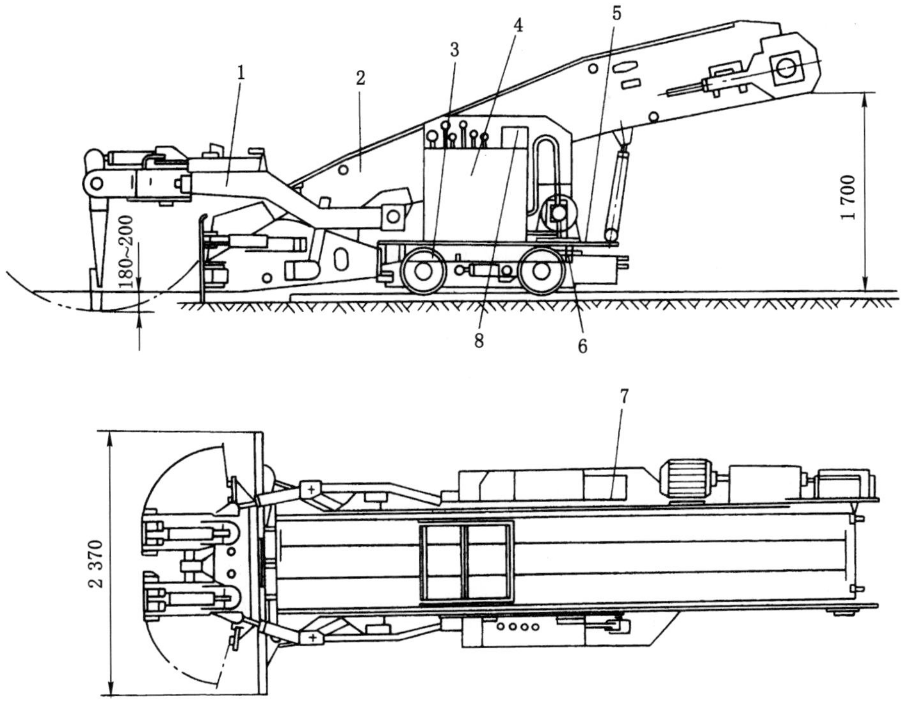

1—装载机构；2—转载机构；3—行走机构；4—操纵装置；5—回转装置；6—动力装置；7—电气系统；8—电气按钮。

图 3-6　LZ-60 型立爪式装载机

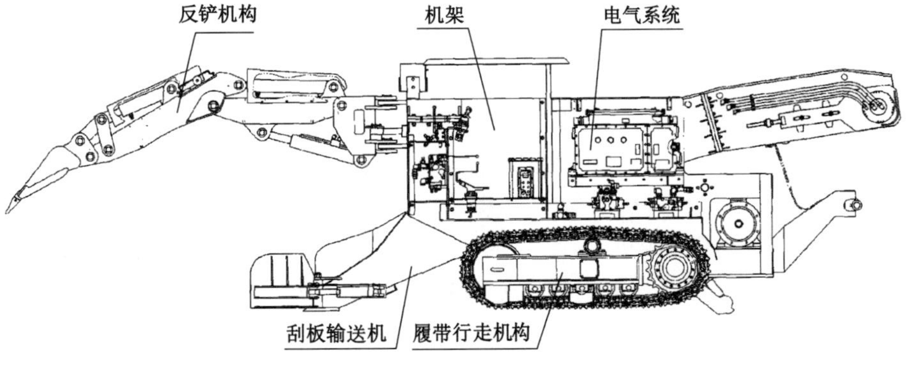

图 3-7　挖装机结构组成

反铲机构为挖装机的主要工作装置。进行挖装工作时，反铲机构与刮板输送机相互配合，刮板输送机铲板呈扇面展开，可以将扇面角度范围内的煤矸收拢进铲板内，方便反铲机构将其扒到刮板输送机上，然后由其运输到机尾落到矿车或二运转载机上，完成对爆破出煤矸的装载；同时，依靠回转液压缸可以在机身不动的前提下，清理边帮煤岩砟，降低井下工人劳动强度。当清理完一次爆破出的煤矸后，通过溜槽升降液压缸使前端铲板抬起，行驶到适当位置，准备下一次作业。

对于矿山井下巷道掘进，挖装机主要适用于中小型巷道施工，最佳工作条件为块度不大于 500 mm 的松散堆积岩石。其主要特点如下：

① 采用反铲挖掘臂扒取远处的岩石，送入自身的刮板输送机，刮板输送机从尾部将岩石卸入矿车或带式运输机，也可以用铲斗来清理工作面。

② 采用电驱动全液压比例控制传动系统，结构紧凑，推进力大，扒取范围广，可以全断面装岩，不留死角，不需人工辅助清理工作面，全部动作采用先导阀控制，操作轻松简便，工作平稳无冲击，液压系统采用风冷式，性能可靠，维修方便。

③ 具有优良的人性化设计，设有座椅、瓦斯报警系统、电机过载断电系统等。司机操作本机时安全、轻松，极大地降低了工人的劳动强度，确保了工人的安全。

3.1.2 装载机的选择

选择装载机应主要考虑巷道断面面积的大小，装载机的装载宽度和工作效率，适应性和可靠性，操作、制造和维修难易程度，装载机与其他设备的配套，以及装载机的造价和效率等因素。

铲斗后卸式装载机构造较简单，适应性好，以往使用较多。但它的生产能力小，装岩工作方式不合理，效率低，易扬起粉尘，装载宽度较小，故一般用于单轨巷道。

铲斗侧卸式装载机铲取能力大，工作效率高，对大块岩石、坚硬岩石适应性强；履带行走，移动灵活，装载宽度大，清底干净；操作简单、省力。但是其构造较复杂、造价高、维修要求高，适用于断面面积为 12 m^2 以上的双轨巷道。

耙斗式装载机构造最简单，维修、操作都容易；适应性强，可用于平巷、斜巷以及煤巷、岩巷等。但是它的体积较大，移动不便，妨碍其他机械使用；底板清理不干净，人工辅助工作量大，耙齿和钢丝绳损耗量大，效率低，因此在单轨巷道施工中使用较为合理。

铲斗后卸式和侧卸式装载机均属于间歇式装岩，而蟹爪式装载机、立爪式装载机以及蟹立爪式装载机的装岩动作连续，属于连续式装岩。因此，蟹爪式装载机、立爪式装载机以及蟹立爪式装载机可与大容积、大转载能力的运输设备和转载机配合使用，工作效率较高；履带行走，移动灵活，装载宽度大，清底干净；工作需要空间小，适用于单、双轨巷道；装岩方式合理，效率高，产生的粉尘少。但是它们构造均较复杂，造价也高；蟹爪与铲板易磨损，装坚硬岩石时，对制造工艺和材料耐磨性要求较高。

目前国内使用较多的装载机仍然是耙斗式装载机，铲斗侧卸式装载机次之。在实际工作中应根据工程条件、设备条件以及前述应考虑的因素，参照各种装载机的技术参数(表 3-1)进行选择。

表 3-1 装载机的技术参数

装载机类型	铲斗式装载机				耙斗式装载机						蟹爪式装载机			立爪式装载机
装载机型号	Z-20B	Z-30B	ZCZ-26	ZLC-80(侧卸式)	P-60B	P-30B	P-15B	YP-20	YP-60	YP-90	LB-160	ZS-60	ZXZ-60	LZ-120
生产能力/(m^3/h)	30～40	45～60	50	90	70～105	35～50	15	25～35	80～100	120～150	150	60	60	120
铲斗容积/m^3	0.20	0.30	0.26	0.60	0.60	0.30	0.15	0.20	0.60	0.90				

表 3-1(续)

装载机类型	铲斗式装载机				耙斗式装载机						蟹爪式装载机			立爪式装载机
装载机型号	Z-20B	Z-30B	ZCZ-26	ZLC-80(侧卸式)	P-60B	P-30B	P-15B	YP-20	YP-60	YP-90	LB-160	ZS-60	ZXZ-60	LZ-120
装载宽度/mm	2 200	2 550	2 700											4 150
最大装料块度/mm	400	500	500								600	500	500	
长度/mm	2 395	2 660	2 376	4 250	9 800	6 600	4 700	6 300	7 725	8 391	8 850	7 570	8 100	
宽度(不包括踏板)/mm	1 426	1 410		1 800	2 750	2 045	1 040	1 400	1 850	2 000	2 170	1 850	1 600	
高度(运输状态)/mm	1 518	1 455	1 378	2 100		1 650	1 500				2 040	1 720	1 770	
工作时最大高度/mm	2 180	2 380	2 240	2 950	2 220	1 950	1 750	1 680	2 340	2 423			1 980	
卸载高度/mm	1 280	1 300	1 250	1 300							1 150～2 400			1 700
行走机构	轨轮	轨轮	轨轮	履带	轨轮	轨轮	轨轮	轨轮	轨轮	轨轮	履带	履带	履带	轨轮
轨距/mm	600/900	600	600/762		600/762/900	600/762/900	600	600/750/762	600/750/762/900	600/750/762				600/762
动力	电动	电动	风动	电动	电动	电动	电动	电动	电动	电动	电动	液压	电动	液压
设备总功率/kW	21	30		52	30	17	11	13	30	40	97.5	43	64.5	52
质量/kg	4 100	5 000	2 700	7 430	6 450	4 500	2 200	2 600	6 140	8 000	23 430	6 000	15 000	10 500
适用巷道最小断面面积/m^2											8.5		7	
巷道尺寸(宽×高)/(m×m)	3.0×2.5	2.5×3.0	2.2×2.5	4.0×8.5	3.0×2.5	2.5×2.0	2.0×1.8							

注:P-60B 型、P-30B 型、P-15B 型耙斗式装载机为行星齿轮式,其他耙斗式装载机为液压内胀摩擦式。

3.1.3 提高装岩工作效率的途径

考核装岩工作效率的指标是每台班的装岩工作量或每工班的装岩工作量。单从经济效果分析,这两项指标数值越大,成本就越低。从组织观点出发,工作面同时工作的内容越单一,相互干扰越少,效率就越高。因此,国外(如瑞典等)主要着眼于人工效率,以此为目标组织装岩工作,使工作面工序单一,机械配套,人员减少,效率高、成本低。但是,巷道的施工速度一般不太高。

为了组织快速施工,往往要组织多工序平行作业,人员设备必然增加,相互干扰增加,从而影响了效率的提高。但有时为了生产或建设的总体需要,通过对某项工程组织快速施工,往往能获得更大的经济效益。因此,在分析装岩工作时,一定要区别这两种情况,根据具体要求采取不同措施来提高装岩工作效率。

可以考虑通过以下途径来提高装岩工作效率:

(1) 研制和选用高效率的装载机。在现有设备中,要根据巷道断面面积的大小选用装载机,对于双轨巷道尽量选用大型耙斗式装载机、ZLC-60 型侧卸式装载机、挖掘式装载机等。一般情况下应避免同时使用两台装载机或大断面选用生产力低下的装载机。

(2) 研究和推广装岩、运输机械化作业线,不断提高装载机工时利用率,缩短装岩时间。

(3) 做好爆破工作。当岩石的块度均匀、适宜及堆放集中,底板平整时,装载机的工作效率较高。

(4) 发展一机多用设备。

(5) 加强装岩、调车的组织管理工作。

① 提高装载机司机操作技术,加强作业线的维修保养,以保证装岩熟练,减少故障。

② 严格执行工种岗位责任制,保证各工种密切配合,工序衔接迅速。

③ 保证稳定的电压或合理提高风动装载机的风压。

④ 保证轨道质量,加强维护,提高行车速度,减少矿车掉道事故。

⑤ 加强调度工作,及时供应空车。

3.2 运　　输

采用矿车运输矸石时,一个矿车装满后必须退出,然后调换另一个空车继续装岩,这就是调车工作。装岩效率的提高,除了选用高效率装载机和改善爆破效果以外,还应结合实际条件,合理选择工作面调车和转载设施,以减少装载间歇时间,提高实际装岩效率。

采用不同的调车和转载方式,装载机的工时利用率差别很大。据统计,我国煤矿采用固定错车场时工时利用率为 20%~30%,采用浮放道岔时为 30%~40%,采用转载输送机时为 60%~70%,采用梭式矿车或仓式列车时为 80%以上。因此,应尽可能选用转载输送机或梭式矿车,以减少装载的间歇时间,提高装载机的工时利用率。

(1) 固定错车场调车法

固定错车场调车如图 3-8 所示。在单轨巷道中,调车较为困难,一般每隔一段距离需要加宽一部分巷道,以安设错车的道岔,构成环形错车道或单向错车道。在双轨巷道中,可在巷道中轴线铺设临时单轨合股道岔,或利用临时斜交道岔调车。

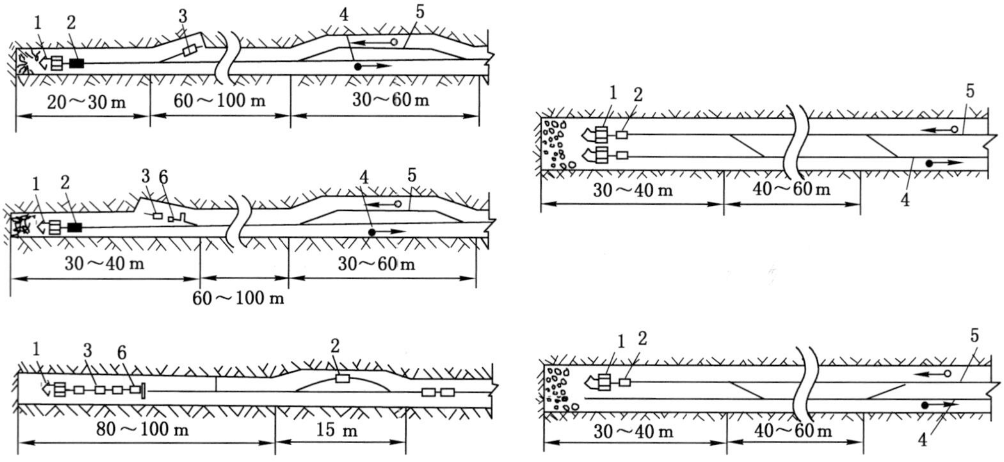

1—装载机;2—重车;3—空车;4—重车方向;5—空车方向;6—电机车。

图 3-8　固定错车场调车示意图

这种调车方法简单易行，一般可用电机车调车，或辅以人力。单独使用固定道岔调车法时需要增加道岔的铺设，加宽部分巷道，且不能经常保持较小的调车距离，故调车效率不高，装载机的工时利用率只有 20%～30%。因此，固定道岔调车法多用于工程量不大、工期要求较长的工程。

(2) 活动错车场调车法

为了缩短调车的时间，采用翻框式调车器、浮放道岔等专用调车设备，这些设备可紧随工作面前移，能经常保持较短的调车距离，装载机的工时利用率可达 30%～40%。

① 浮放道岔

浮放道岔是临时安设在原有轨道上的一组完整道岔，结构简单，可以移动，并可根据现场需要自行设计加工。双向菱形浮放道岔(图 3-9)是用于双轨巷道的浮放道岔。在有两台装载机同时装岩的情况下使用双向菱形浮放道岔比较方便。图 3-10 为两台装载机装岩时利用菱形浮放道岔调车示意图。菱形浮放道岔的缺点是结构笨重，搬运困难。此外，还有用于单轨巷道的单轨浮放双轨道岔，如图 3-11 所示。

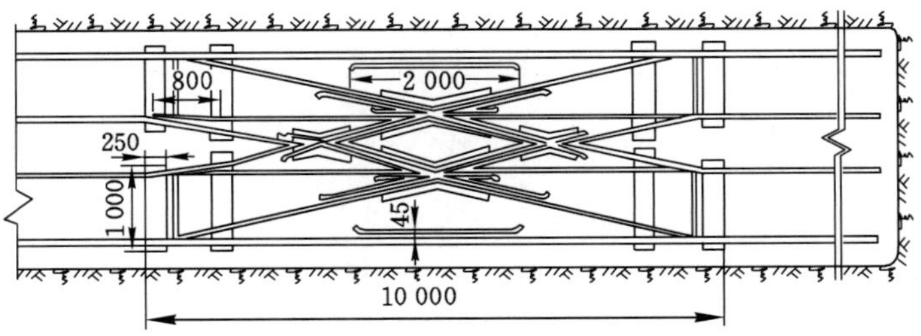

图 3-9　双向菱形浮放道岔

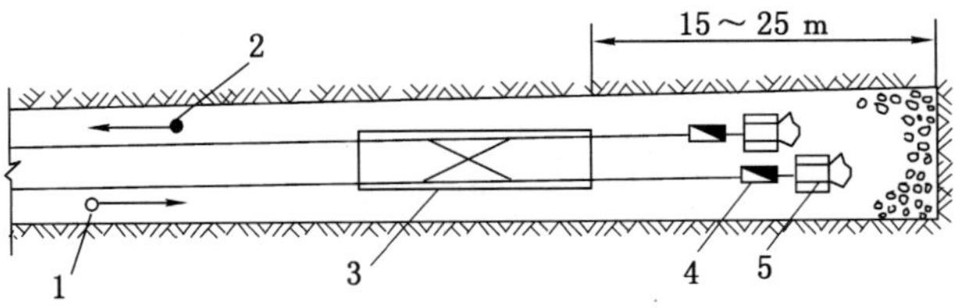

1—空车方向；2—重车方向；3—菱形浮放道岔；4—矿车；5—装载机。

图 3-10　菱形浮放道岔调车示意图

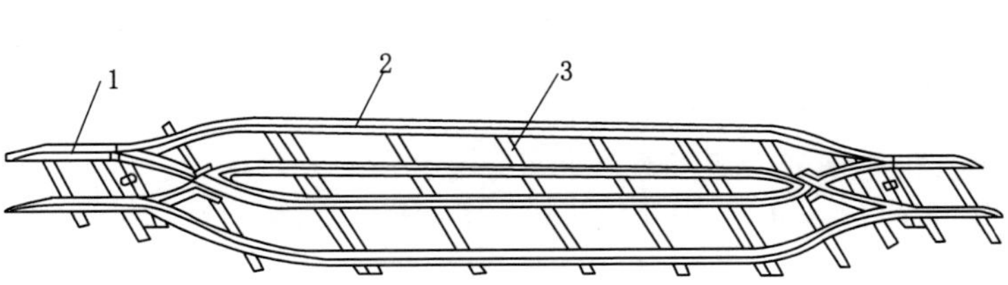

1—道岔；2—浮放轨道；3—支撑装置。

图 3-11　单轨浮放双轨道岔

② 翻框式调车器和风动调车器

翻框式调车器一般用于单轨巷道，而风动调车器可用于单轨巷道或双轨巷道，如图 3-12

所示。翻框式调车器主要由金属活动盘和滑车板组成,其中金属活动盘浮放在巷道的轨面上,可紧随装岩工作面向前移动。

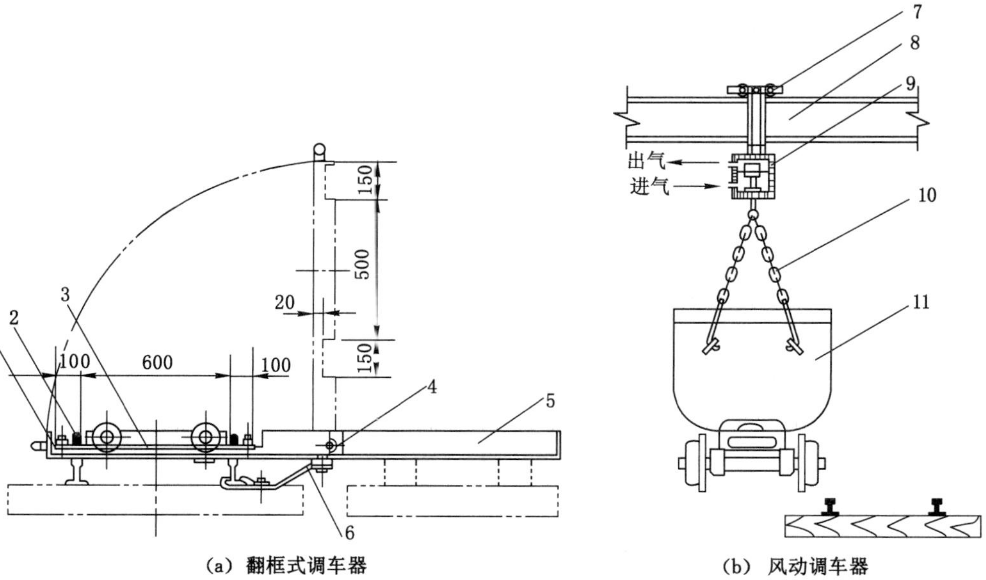

1—活动盘;2—轨条;3—滑车板;4—活动轴;5—固定板;6—定位卡;7—小车;
8—钢梁;9—气缸;10—悬吊链;11—矿车。

图 3-12 调车器示意图

金属活动盘上设有可沿角钢横向移动的滑车板,当空车推上滑车板后,滑车板可以横向移动离开,然后翻起金属活动盘,为重车让出行车线路。待重车通过后,再放下金属活动盘,空车随同滑车板返回轨面,然后用人力将空车送至工作面装车,如图 3-13 所示。

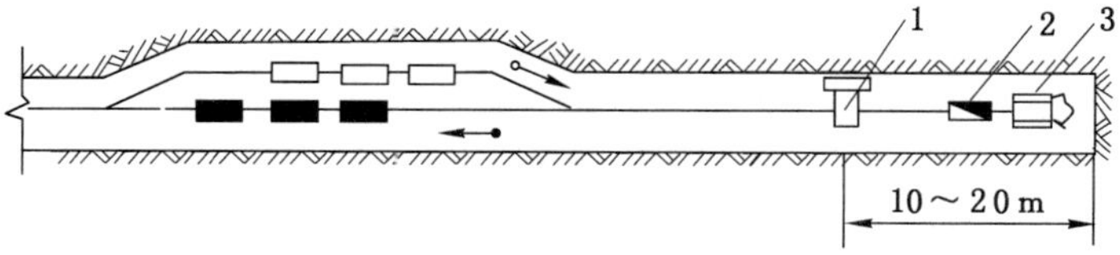

1—翻框式调车器;2—矿车;3—装载机。

图 3-13 翻框式调车器调车示意图

翻框式调车器具有结构简单、质量小、移动方便的优点,特别是可以保证调车位置接近工作面,为独头巷道快速掘进创造了有利条件。

以同样原理制作的风动调车器采用压气气缸将空车吊离轨面,达到调车目的。其缺点是移动灵活性不强。

(3) 专用转载设备

采用专用转载设备可提高装岩机的实际工作效率,使装载运输连续作业,有效地提高装运速度。我国使用的转载设备有带式转载机、梭式矿车、仓式列车和移动式矸石仓等。

① 带式转载机

平巷掘进中使用的带式转载机的种类很多，但带式转载机的框架和托辊等部分大致相同，主要区别在带式转载机的支撑方式上。从胶带机架支撑方式上分，带式转载机有悬臂式带式转载机、支撑式带式转载机和悬挂式带式转载机等多个种类。

悬臂式带式转载机（图 3-14）结构简单，长度较小，行走方便，可适应弯道装岩。其不足是悬臂下边最多存放 3 辆矿车。采用反复调车的方法，可以增加连续装车的次数，但其调车组织工作比较复杂。

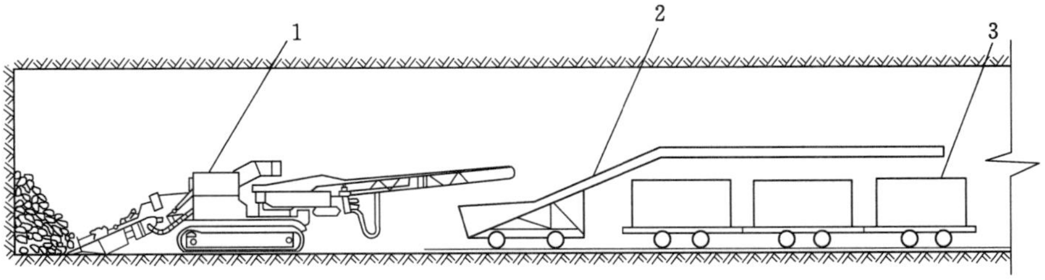

1—蟹爪式装载机；2—悬臂式带式转载机；3—矿车。

图 3-14 蟹爪式装载机与悬臂式带式转载机配套示意图

支撑式带式转载机设有辅助轨道，专供支撑行走。其由于长度较大，往往能存放足以将一茬炮爆落矸石全部装走的矿车，如图 3-15 所示，因而可完全消除由于调车而导致的装岩中断，并大大减小单轨长巷道铺设道岔或设置错车场的工作量，但它只适用于直线段巷道的掘进。

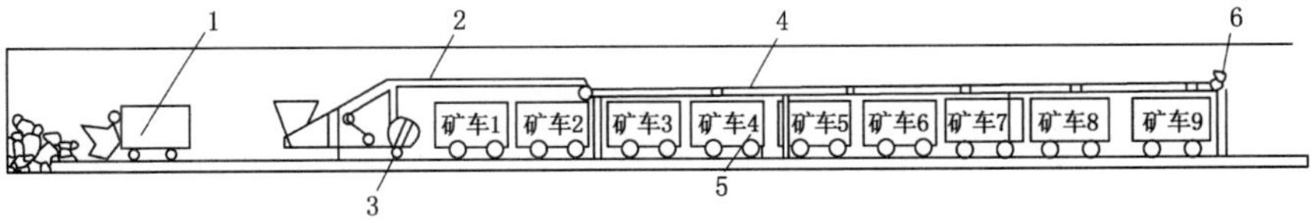

1—装岩机；2—悬臂式带式转载机；3—电机；4—支撑式带式转载机；5—容积为 1 m^3 矿车；6—输送机电机。

图 3-15 带式转载机工作布置示意图

悬挂式带式转载机的特点是转载机悬挂在巷道顶部的轨道上（图 3-16），轨道可采用钢轨或槽钢制成，用锚杆吊挂或直接固定于巷道支架的顶梁上，随工作面的推进而向前接长延伸。悬挂式带式转载机的移动可用装岩机或电机车牵引或推顶。

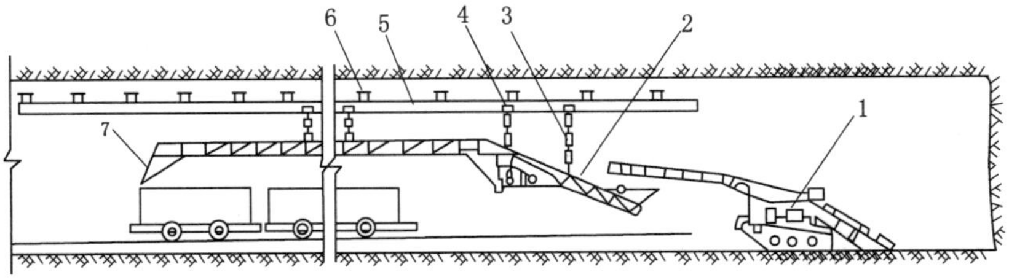

1—装岩机；2—悬挂式带式转载机；3—悬吊链；4—行走小车；5—单轨架空轨道；6—吊挂装置；7—卸矸溜槽。

图 3-16 悬挂式带式转载机

② 梭式矿车

梭式矿车是一种大容积的矿车，也是一种转载设备。根据工作面的条件，可采用1台梭式矿车，亦可把梭式矿车搭接组列使用，一次将工作面爆落的矸石装走。我国生产的梭式矿车的车厢容积有4 m^3、6 m^3、8 m^3 3种。图3-17为车厢容积8 m^3 的 S_8 型梭式矿车。梭式矿车型号及技术指标见表3-2。

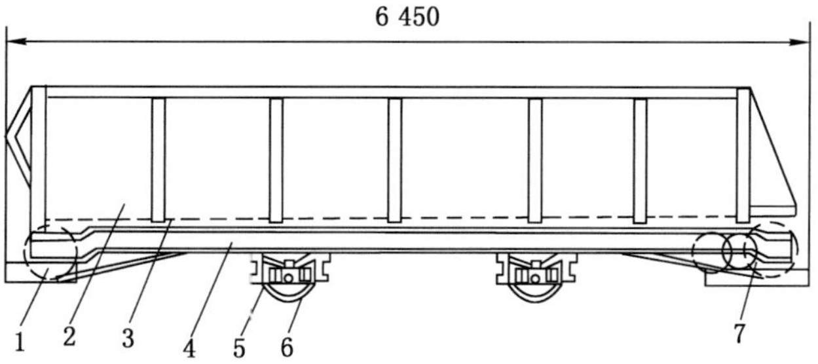

1—板式输送机主动轮；2—车帮；3—传动链；4—底盘；5—车轮底架；6—车轮；7—减速装置。

图3-17 车厢容积为8 m^3 的 S_8 型梭式矿车

表3-2 梭式矿车型号及技术指标

名称	梭式矿车型号			
	S_4 型	S_6 型	S_8 型	S_8D 型
车厢容积/m^3	4	6	8(单车使用)	22(三车搭接)
质量/t	6	8	9.28	29.83
载重/t	10	15	20	60
外形尺寸(长×宽×高)/(mm×mm×mm)	6 250×1 280×1 620	7 014×1 450×1 640	9 600×1 560×1 780	20 800×1 560×1 780
转向架中心距/mm	3 000	3 600	5 950	5 950
轴距/mm	800	800	800	800
轨距/mm	600	600	600/762/900	600/762/900
最小转弯半径/m	8	12	12	30
卸载时间/min	1.0	1.2	2.0	6.9
装载高度/mm	1 200	1 200	1 200	1 200
适用巷道规格/m	≥2.2×2.2	≥2.4×2.4	≥3.0×3.0	≥3.0×3.0

梭式矿车具有装载连续，转载设备、运输设备和卸载设备合一，性能可靠等优点。但井下使用需要有专门的卸载点，如溜井、矸石仓等。若有"丁"字形巷道，那么可采取将梭式矿车尾部抬高直接卸入矿车的方法，也可采取由梭式矿车卸入固定地点的转载机，再由转载机装入矿车的办法来装运矸石。

③ 仓式列车

仓式列车主要由头部车、若干中部车及一台尾部车组成。链板机贯穿整个仓式列车车厢的底部。使用时，根据一次爆破出的岩量确定中部车的车厢数量。各车厢之间用销轴连接，车体分别装在各自的台车上，每辆台车由一对轮和水平盘组成，故可在曲率半径大于15 m 的弯道上运行。

我国煤矿常用仓式列车的技术指标见表 3-3。

表 3-3 仓式列车的型号及主要技术指标

名称	仓式列车型号		
	CCL 型	ECC-5 型	DS-71 型
容积/m^3	14	5	15
轨距/mm	600	457	—
装载最小曲率半径/m	15.0	12.5	—
通行最小曲率半径/m	15.0	7.5	—
刮板输送机形式	单链刮板	双链刮板	双链刮板
链速/(m/s)	0.05	0.17	0.11
电动机功率/kW	13	10	15
转速/(r/min)	1 450	1 500	740
长度/m	29.0	12.4	15.0
宽度/m	1.22(头部)/0.80(中间)	1.15(头部)/0.74(中间)	1.2
高度/m	1.25	1.4	1.6
总质量/t	18	—	10

仓式列车可与装岩机或带有转载机的掘进机配套使用，并能充分发挥装岩机的效率；由于不必调车，既节省了不必要的错车道开凿工程量，又利于运料，故需辅助人员较少，辅助工作量较小。仓式列车卸载高度小，前后移动方便，可用绞车或电机车牵引。

仓式列车适用于断面面积为 4.5～8.5 m^2 的较小巷道，但需两次转载，一般把煤、矸直接卸到刮板输送机或煤(矸)仓里，所以仓式列车非常适用于煤、半煤岩巷的掘进运输。

④ 移动式矸石仓

移动式矸石仓结构如图 3-18 所示。在矸石仓的料仓底部设置一台速度很小、动力强劲的刮板输送装置。矸石从移动式矸石仓的尾部装入，堆满尾部后，开动刮板卸料机，调节主泵控制阀，以调节刮板速度，使堆料缓慢移动，从而使移动式矸石仓内堆料均匀，直到堆满整个矸石仓。卸料时，以步进式开动刮板卸料机，每卸一车步进一次，与带式输送机连接时，可连续卸料。移动式矸石仓可在满载条件下沿轨道自行移动，将矸石卸到指定地点。在出矸量较大的条件下，可以多仓(一般不超过 3 个)搭接使用。搭接使用时，液压控制系统可以联控。

移动式矸石仓可临时存储大量矸石，使出矸与支护平行作业，大大提高了掘进效率，是当前煤矿岩巷掘进的主要装备之一。

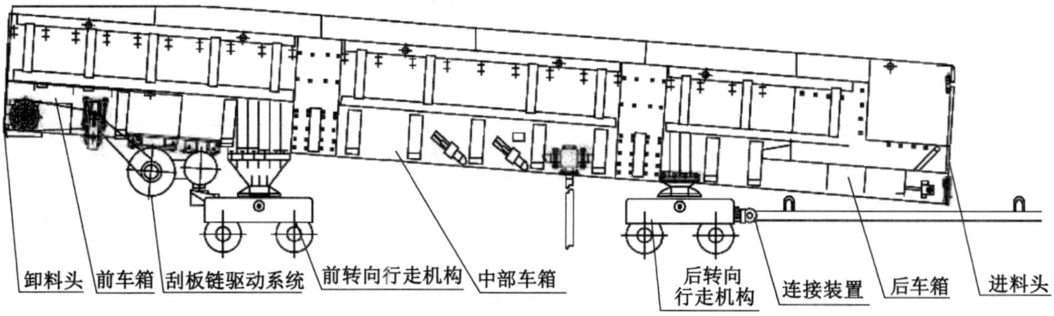

图 3-18　移动式矸石仓结构

3.3　辅助运输工作

煤矿井下辅助运输广义上指除运输煤炭之外的各种运输，主要包括：把工作面采掘下来的矸石运到地面；把支架、设备、材料及充填材料从地面运到工作面，把待修理或回收的支架、设备从工作面运到地面；此外，还包括把人员从地面(或井底)运送到工作地点或从工作面运送到地面(或井底)。

在运输过程中，所运输的设备、材料、矸石等货物，由一种容器或车辆转装至另一种容器或车辆上的运输，称为换装。例如，单轨吊与轨道运输设备的转运和普通矿车与卡轨车的转运等均可称为换装。在运输过程中，若不需改变承载车辆或容器，只改变牵引设备，称为转载或倒运。例如，矿车由机车牵引改为由绞车牵引或由多台绞车接力牵引等，即称为转载或倒运。

3.3.1　矿井辅助运输发展现状

随着采掘综合机械化的发展，我国大型矿井近年来的产量和生产效率都有了很大的提高，但全员效率提高幅度却相对较小，其中一个重要原因就是井下辅助运输效率太低，大量人员从事与运料、运设备相关的工作。这也是造成我国与世界先进采煤国家之间存在差距的主要因素之一。

对一个日产万吨的矿井，有关设备、材料的运输量约为 300 t/km。由于运输量很大，而辅助运输设备又比较落后，用人很多。如国内一些大型煤矿，5 年来采掘一线工人人数逐年减小，而辅助工的比例却逐年增大；从绝对数值看，5 年内矿区全部井下人员增加了 704 人，其中井下辅助工为 656 人，占增加总人数的 93.2%。据统计，在我国采用传统运输方式的大中型矿井中，井下辅助运输人员约占井下职工总数的 1/3，有些矿甚至高达 50%。其中，掘进队一般有 30%～50%的人员从事辅助运输，比国外高出 1～2 倍，而且经常停工待料，不能保证掘进正常进行。综采矿井每采百万吨煤辅助运输用工 800～1 200 人·班，是先进国家的 7～10 倍；辅助运输的安全状况也不好，其事故数量约占井下工伤事故总数的 30%。由此可见，井下辅助运输已成为制约矿井生产效率提高的瓶颈。

近年来，我国研制开发和完善了单轨吊车、卡轨车、无轨胶轮车等新型高效辅助运输设备(表 3-4)。这些新型辅助运输设备具有运输能力大、速度快、爬坡能力强、能集装化运输等优点，且可在起伏不平的巷道中长距离连续运输，效率高。新型高效设备的使用，不仅改变了煤矿井下辅助运输设备的落后面貌，也为减少事故、提高全员效率提供了保障。但是单轨吊车受顶板稳定性和支护强度的限制，在顶板不稳定或支护强度较低的巷道不宜采用。卡轨车受巷道底鼓或积水的影响，不宜采用。

表 3-4 我国研制的煤矿辅助运输设备技术性能一览表

类型	型号	动力	功率/kW	传动方式	最大牵引力/kN	牵引速度/(m·s⁻¹)	最大爬坡角度/(°)	轨道类型	轨距/mm	最大载重/t
单轨吊车	FND-90	柴油机	66	液压	60	0～2	18	Ⅰ型轨	—	14
	FND-40	柴油机	30	机械	30	0～2	12	Ⅰ型轨	—	12
	FND-30	柴油机	15	液压	12	0～2	12	Ⅰ型轨	—	12
	XTD-25	蓄电池	25	机械	37	0～1.1	10	Ⅰ型轨	—	10
	XTD-7	蓄电池	4.5	机械	10.3	0～1.3	10	Ⅰ型轨	—	2
胶套轮齿	CK-66	柴油机	86	液压	45(黏着)/ 100(齿轨)	0～3.5(黏着)/ 0～1.5(齿轨)	6(黏着)/ 19(齿轨)	普轨 24	600/900	— —
卡轨车	JCP-8 /600(900)	柴油机	69	机械	28(黏着)/ 80(齿轨)	0～3.0(正)/ 0～.37(反)	5(黏着)/ 12(齿轨)	普轨 24	600/900	— —
绳牵引卡轨车	KCY-6/900	液压绞车	100	液压	60/30	0～2	25	槽钢内卡	900	15
	KCY-8/600	液压绞车	100	液压	80/40	0～1.5	20	普轨内卡	600	15
	F-1	液压绞车	170	液压	90/45	0～1.5	25	槽钢外卡	600/900	20
	F-1A	液压绞车	170	液压	90/45	0～1.5 0～3.0	25	工字钢内卡	600/900	20
	SPK-9/600	液压绞车	170	液压	90/45	0～1.5 0～3.0	25	普轨 24 外卡	600	20
	KJS-6/600	调速液电牵引绞车	55	电	60	0～0.35(单)/ 0～1.5(双)	18	普轨 24	600	20
胶套轮机车	CK30	柴油机	40	机械	25	0～3.5	5.7	普轨 24	600/900	12
	XKJ-10	蓄电池	42	机械	20	0～2.0	5.7	普轨 24	600/900	10(黏重)
	JX20FBJ	柴油机	15	机械	18	0～2.0	5.7	普轨 24	600	4
	XKJ4/5	蓄电池	15	机械	11	0～1.8	5.7	普轨 24	600	4
	J6	蓄电池	25	机械	18	0～2.0	5.7	普轨 24	600	6
无轨胶轮车	WY-20	柴油机	15	液压	22	0～2.0	8	无轨	—	2
	DZY-16	柴油机	66	机械/液压	53.9	0～3.3	12	无轨	—	16
	WY-12	柴油机	66	液压/机械	—	0～2.5	14	无轨	—	12
	WY-40	柴油机	30	液压/机械	—	0～4.2	12	无轨	—	4

自 20 世纪 90 年代以来，以神东矿区为代表的一些国有特大型现代化矿井在井下辅助运输方面，开拓创新，大力探索无轨胶轮运输技术，并取得成功。无轨运输方式虽然也受一些如巷道坡度、巷道宽度等条件的限制，但实践证明，无轨胶轮辅助运输具有机动、灵活，适应性强，不需车场布置，以及巷道布置简单等传统轨道运输无法比拟的优点，是矿井材料、

设备和人员运输最理想的方式。

目前,无轨胶轮辅助运输方式已在我国多个大中型现代化矿井中推广使用,并已成为我国煤矿井下辅助运输方式的发展方向。

3.3.2 新型高效辅助运输系统

(1) 无轨胶轮车

无轨胶轮车是近年来发展较快的一种运输设备,它采用柴油机或蓄电池作动力,不需要专门轨道而使用胶轮在巷道内自行行驶。英国、美国称之为自由驾驶车,俄罗斯则称之为自行矿车。无轨胶轮车适用于煤(岩)与瓦斯突出矿井的瓦斯喷出巷道区域,用于短途运输和坡度在6°以内的巷道运输。

① 无轨胶轮车运输适用条件

a. 底板坚硬,岩石坚固性系数 $f \geqslant 4$;纵向坡度小于14°;横向坡度3°～5°。

b. 巷道最小宽度应满足多功能车和支架搬运车的宽度要求,一般每侧需留设不小于300 mm的安全间隙;巷道转弯最小外半径7～8 m。

c. 巷道最小高度应以运送液压支架搬运车的高度为准,距离顶板不小于250 mm。

d. 巷道需风量不低于250 m^3/min。

采用无轨胶轮车辅助运输,为提高矿井生产能力创造了有利条件,从根本上解决了煤矿长期以来辅助运输制约生产能力的瓶颈问题。20世纪90年代中期,神华集团神东煤炭公司引进了全套无轨辅助运输设备,在大柳塔煤矿实现了无轨胶轮车辅助运输。1998年,兖州煤业集团济宁三号井在我国煤矿立井开拓中第一次采用了无轨胶轮运输系统,实现了由井底至各工作面的直达运输,各工作面需运至地面的材料、矸石等,也直接开进井底宽罐笼,提至地面。2001年,晋城煤业集团寺河煤矿通过引进国外无轨辅助运输设备,实现了斜井无轨胶轮车辅助运输。

② 无轨胶轮车辅助运输对建设高产高效矿井的意义

煤矿辅助运输无轨胶轮化,是矿井实现高产高效的重要措施之一。目前已投产的矿井,无论是斜井还是立井,都有可能实现局部或全部无轨胶轮化。新建矿井应该首先考虑实行辅助运输无轨胶轮化。

a. 推进了矿井的高产高效建设。无轨胶轮化辅助运输灵活、机动、快速、环节少、安全高效,克服了传统辅助运输环节多、用人多的缺点,解决了辅助运输能力对矿井大幅度增产增效的制约问题,实现了减人提效,改变了矿井整体形象;同时,无轨胶轮化辅助运输费用低,经济效益好。

b. 推进了矿井设计的全面改革。辅助运输无轨胶轮化为矿井进一步大型化、简单化提供了技术保障。矿井设计取消了井田盘区划分,采用条带式布置,工作面设计克服了工作面推进长度受辅助运输能力限制的缺陷。

c. 推进了连续采煤机短壁机械化采煤工艺和掘进大断面煤巷的技术发展。

d. 提高了综采工作面搬迁速度。采用无轨胶轮化技术后,神东矿区大柳塔煤矿综采工作面的第一次搬家由原来轨道运输的35 d缩短为10 d,大幅度节省搬迁费用,增加生产时间25 d,获得了显著经济效益。

e. 降低了工人的劳动强度。

③ 应用举例

大柳塔矿井是神华集团建设的第一个特大型现代化矿井，位于陕西省神木市大柳塔镇南端，乌兰木伦河东侧，井田面积 131.54 km^2，地质储量 1 369 Mt，可采储量 907 Mt。主要可采煤层 3 层，煤层自东向西倾斜，倾角一般为 1°左右，地质构造简单，无大的断裂构造。

矿井采用平铜、斜井混合开拓方式，一期开凿 3 个平硐，开采上煤组，二期开凿斜井，开采下煤组。主平硐坡度为 4‰，长度 557 m，位于煤层底板下 30 m 处的岩石中；一号副平硐坡度 4‰，长度 745 m，断面净宽 3.6 m；二号副平硐坡度为 4‰，长度 1 008 m，断面净宽 4.7 m。辅助运输巷道基本为单行线，22 煤层一、二号辅助运输大巷布置在主带式输送机大巷两侧，分别用于进、出车，并通过一、二号辅助运输上山与一、二号副平硐连通，实现单向环行运输。

大柳塔矿井成功地应用了无轨胶轮车，井下辅助运输实现了无轨化，这是中国煤矿井下辅助运输系统的重大改革。矿井煤层埋藏浅、倾角平缓、地质构造简单、矿井涌水量小、煤层底板条件好，初期采用平硐开拓，且辅助运输巷道的最大倾角仅为 6°，长度仅为 378 m，这些是成功使用无轨运输的有利条件。

采用立井开拓的矿井，也有成功使用无轨胶轮车的实例。如兖州矿区济宁三号井，该矿走向长 10 km，倾斜宽度 10～13 km，地层倾角 5°～9°，副立井净直径 8.0 m。辅助运输采用无轨胶轮车运输方式。与采用平硐或小倾角斜井相比，辅助运输另需解决的是胶轮车下井、胶轮车井下组装、部分材料井下换装等问题。

尽管无轨胶轮辅助运输方式对巷道坡度、宽度等有明确的客观要求，在一些老矿井无法实现，尤其是巷道坡度大的矿井，但是其高效、灵活的运输特点，以及不需布置车场的巨大优点，无疑是这一运输方式能够存在和发展的充分理由。因此，对于各个新建的大型、特大型现代化矿井，应当积极创造条件，推广使用无轨胶轮辅助运输，以实现矿井的高产高效。

(2) 卡轨车

卡轨车是在普通窄轨运输的基础上，采用专用轨道和卡轨轮防止车辆脱轨掉道的一种矿车。根据动力不同，卡轨车可分为防爆柴油机卡轨车、绳牵引卡轨车两种。

① 卡轨车适用条件

a. 绳牵引卡轨车适合巷道斜长大于 600 m 的斜井、采区上下山及工作面顺槽，以及巷道倾角大于 12°，需运送大型设备的斜巷。绳牵引卡轨车的运输距离一般不大于 1 500 m。

b. 绳牵引卡轨车一般用于倾角小于 25°的巷道内。

c. 绳牵引卡轨车应尽量布置在拐弯较少的线路内，且不可进入分支岔道。

d. 防爆柴油机卡轨车一般用在倾角小于 8°的巷道内。

绳牵引卡轨车在国内多采用钢丝绳牵引，最大爬坡角度为 25°，最大运速为 3 m/s，运输距离一般在 1.5 km 之内。如果巷道平直、转弯少、坡度小，运输距离可增至 3 km 以上。

钢丝绳牵引卡轨车主要由泵站、液压绞车、牵引钢丝绳、导向轮装置、尾轮装置、牵引车、制动车等组成，如图 3-19 所示。

② 应用举例

石坎节煤矿位于山西省长治市漳村煤矿南部，紧邻漳村煤矿。井田走向长 6.0 km，倾斜宽度 4.5 km，面积 27.8 km^2。矿井主要开采山西组的 3 号煤层，煤层埋藏深度为 140 m

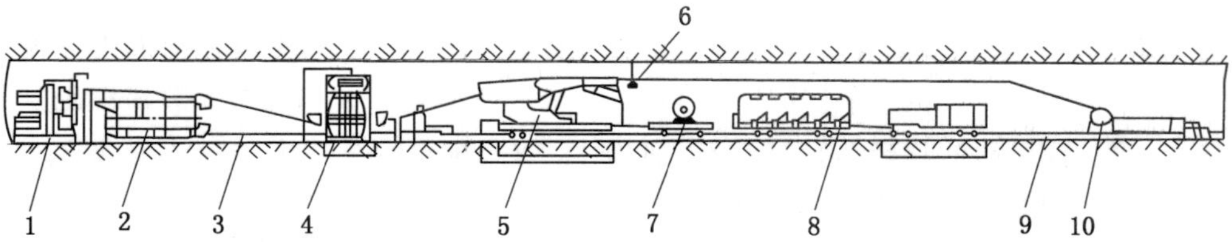

1—泵站及附属设备;2—液压绞车;3—牵引钢丝绳;4—张紧装置;5—牵引车;
6—导向轮装置;7—制动车;8—列车组;9—轨道;10—尾轮装置。

图 3-19 钢丝绳牵引卡轨车运输系统

左右。矿井于 1959 年底投产,采用斜立井混合开拓,主斜井斜长 500 m,倾角 20°,1992 年改为采用 SQD-500 型大倾角带式输送机提煤。另有一对立井担负矿井辅助提升任务。

石屹节矿井基本以传统辅助运输方式为主,辅助材料由副立井入井,由北冀轨道大巷、盘区上下山、工作面顺槽运至回采面,仅在北翼轨道大巷采用了新型辅助运输设备,其余地点仍然采用绞车运输方式。绳牵引卡轨车用于北翼轨道大巷,采用国产 KSP-8/600 型普通轨卡轨车,于 1991 年初开始试运行,运输距离为 2.1 km,为当时国内运输距离最长的绳牵引卡轨车辅助运输系统。

卡轨车可一次牵引 4～6 辆 15 座人车,加上一辆牵引人车一次可运人 72～102 名;可一次运送 14 t 液压支架一台。车辆制动安全系数运人时为 3.0,运送液压支架时为 1.5。

卡轨车的突出特点是载重量大,爬坡能力强,可在小半径的弯道上行驶,能有效防止车辆掉道和翻车。轨道的特殊结构允许在列车中使用闸轨式安全制动车,能防止列车超速和发生跑车事故。卡轨车是目前矿井运输中较理想的辅助运输设备,它能安全、可靠、高效地完成材料、设备和人员的运输任务。

(3) 单轨吊车

① 构造与特点

单轨吊车是借助悬吊在巷道顶部的吊轨作为轨道进行材料、设备和人员运输的系统,有钢丝绳牵引、柴油机车牵引和蓄电池机车牵引 3 种牵引方式。国内生产的单轨吊车最大爬坡能力为 18°,运输距离一般为 1 000～2 000 m,最大可达 3 000 m;运行速度为:运人时 1.5～2.0 m/s,运材料和设备时 2.0～2.5 m/s,有时高达 4.5 m/s。

单轨吊车的轨道是一种特殊的工字钢轨道,工字钢轨道悬吊在巷道支架上或砌碹梁、锚杆及预埋链上。钢丝绳牵引单轨吊车运输系统如图 3-20 所示。

② 应用举例

漳村煤矿井南北长 3.8 km,东西宽 5.7 km,面积 20.4 km²。矿井采用片盘斜井开拓方式,沿煤层倾向由东向西共开凿 3 个井筒,分别为主斜井、副斜井和行人斜井。主斜井装备一套 GDS-100 型钢丝绳牵引带式输送机运煤,副斜井装备一台 JW-2100/100 型无极绳绞车,担负矿井小型材料的运输。行人斜井斜长 308 m,倾角 10°,净宽 3.50 m,原作为行人使用,1988 年装备单轨吊车系统,担负矿井大型设备、材料及人员的运输。

矿井采用一套从地面至井下不转载、不换装的单轨吊车辅助运输系统,即由地面材料换装站与吊轨设备换装,由行人斜井入井,经行人斜井、行人大巷、材料大巷至采区及采煤工作面。井下辅助运输线路除行人斜井巷道倾角为 10°外,其余煤层大巷的巷道倾角一般

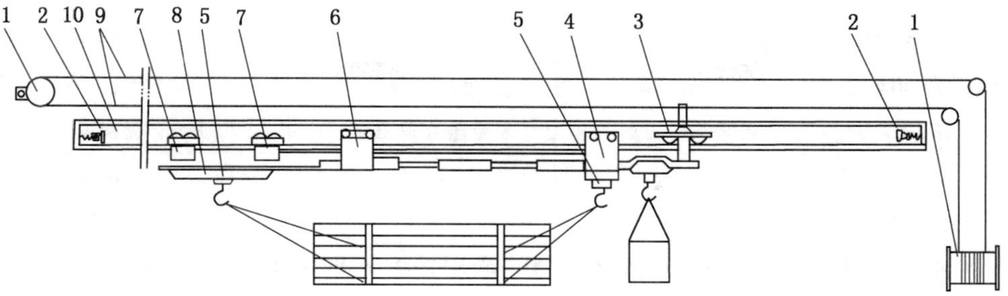

1—牵引绞车；2—缓冲器；3—牵引车；4—制动车；5—倒链起重器；6—控制车；
7—支承车；8—横梁；9—牵引钢丝绳；10—吊挂单导轨；11—尾轮。

图 3-20　钢丝绳牵引单轨吊车运输系统示意图

仅为 0°～6°。在有坡度变化和水平转弯的地点安装垂直弯轨和水平弯轨，垂直弯轨曲率半径不小于 10 m，水平弯轨曲率半径不小于 4 m。

根据矿井材料设备的运量和运输距离，全矿井共选用 8 台柴油机单轨吊车，其中德国贝考瑞特公司生产的 HL90H/3-Ⅱ型柴油机单轨吊车 1 台，捷克生产的 LZH 50.2 型柴油机单轨吊车 2 台，国产柴油机单轨吊车 5 台，另配备有集装箱、液压吊运梁、人车等单轨吊车配套设备。

钢丝绳牵引单轨吊车适用于采区上、下山中间巷道连续运输及向采煤工作面、掘进工作面运送设备、材料和人员。单轨吊车可在断面面积大于 7 m^2 的水平弯曲巷道和垂直弯曲巷道中使用。

(4) 齿轨车

① 构造与特点

齿轨车是在普通窄轨轨道的基础上，再在两根钢轨中间加一根平行的齿条作为齿轨，同时在机车上增加 1 套或 2 套驱动齿轮，通过啮合增大牵引力和制动力的一种系统。

齿轨卡轨车是在齿轨车的基础上改造轮系，增加卡轨轮或护轨轮，使之在运行过程中始终卡住轨道而防止车辆脱轨的一种系统。

如果在齿轨卡轨车的黏着驱动轮上挂胶，以增大黏着驱动力，那么可称之为胶套轮齿轨卡轨车。该种车辆兼有齿轨车、卡轨车、胶套轮机车的特点，适应性强，因此常被采用。这种机车能直接进入上、下山斜巷和起伏不平的工作面运输巷、回风巷。

齿轨车辅助运输系统的主要优点为：在小坡度时齿轨车的牵引力比较大；在立井开拓的矿井中，能与矿车运输紧密衔接，实现从井底车场到工作面端头的连续运输。其主要缺点为：

a. 采掘设备只能运到工作面端头，往工作面内部运输仍需用绞车拖拉，影响设备安装速度。

b. 受轨面条件的影响较大，当轨面上有水、浮煤时，机车与轨道的摩擦系数会减小，即使坡度在 4°以下，负重不满载时，也会出现拉不动的现象。

c. 在 2 条规格为 24 kg/m 的普通钢轨中间铺设一条齿轨时，有轨车对巷道底板的适应能力不如无轨车，而且巷道发生底鼓时不易处理。

② 应用举例

兖州矿区济宁二号井设计生产能力为 400 Mt/a。辅助运输线路除井底车场及其附近大巷布置在煤层顶板岩石中外，其余均沿煤层布置。井底车场及南北轨道大巷净宽 5.0 m，净高 4.2 m，采用锚网喷支护，除南翼有一段坡度为 5°的斜巷外，其余均为平巷。采区上、下山均沿煤层布置，净宽 3.8～4.2 m，净高 3.2～3.6 m，全煤时采用 U 型钢金属支架支护，其余采用锚喷网支护，巷道倾角为 6°～10°。顺槽净宽 3.2 m(顶部)，净高 2.8 m，均采用工字钢梯形棚支护，巷道倾角为 6°～11°。

该矿辅助运输全部采用齿轨车运输方式，选用 2 台国产 JCP-8/600 型机械传动齿轨车及 2 台英国汉斯莱特 110.25 kW 齿轨车。在齿轨车运行前，南翼轨道大巷采用绞车运输，每班提升量最大为 96 车，采用齿轨车运行后每班提升量最大可达 150 车，并且顺利完成了 1304 工作面综采支架的运输工作，极大缓解了南翼轨道大巷运输紧张的状况。此外，用绞车运输每天 3 班需 36 人，而齿轨车只需 9 人。

4 巷道支护

煤矿井巷工程曾采用多种支护方式。随着煤矿支护技术的发展，有些支护方式（如梯形装配式钢筋混凝土支架支护等）已经被淘汰；有些支护方式（如混凝土或钢筋混凝土墙与矿用工字钢顶梁或工字钢混凝土平板梁组成的混合结构支护等）仅用于硐室、风桥等有特殊要求的地点；而一些新型支护方式（如锚喷支护、以锚喷为主或以锚喷为初期支护的联合支护等）经过数十年的发展，技术已经成熟，并在继续发展，适用范围也在不断扩大。目前，我国煤矿井巷工程采用的支护方式主要是锚喷支护、拱碹支护、金属支架支护和联合支护。

4.1 矿山井巷工程的稳定及地压

4.1.1 井巷工程的稳定

巷道支护的主要功能是控制围岩的变形与松动。

若井巷工程在工作期限内的安全和所需要的最小工作断面得以保证，则称其为稳定的井巷工程，可以用下式判别井巷工程的稳定性：

$$\sigma_{\max} < S \text{ 且 } u_{\max} < U \tag{4-1}$$

式中，$\sigma_{\max}$和$u_{\max}$分别是围岩或支护体中最大、最危险的应力和位移；S和U分别是围岩或支护体的强度极限和允许位移。

由式(4-1)可知，井巷工程的稳定要求围岩应力小于围岩强度极限，而且支护应力小于支护强度极限；同时，围岩或者支护体的变形应满足工程允许变形的要求。

井巷工程稳定的形式有两种，即自稳和人工稳定。人工稳定指通过支护手段才能实现的井巷稳定；自稳指围岩不需要采取人工稳定措施而仍可自行保持长期稳定的特性。井巷工程的自稳特性说明围岩具有承受地层应力的能力和自行稳定的能力。

4.1.2 井巷地压

所谓的地压现象，一般指井巷围岩在应力重新分布过程中所出现的自然现象，如围岩变形、坍塌垮落、支架破坏以及一些岩石冲击现象等。地压对支护的作用即围岩对支护的作用（荷载）。

作用在支护上的荷载有两种情况：一种是支护及时，即支护在围岩变形过程中就产生对围岩的作用，或者说是围岩的变形产生了对支护的荷载，这种地压称为变形地压（或称为变形荷载）；另一种是支护不及时或不合理，支护在围岩出现破坏并即将垮落时才形成对围岩的作用，支护就要承受垮落岩石的重力，这种地压称为岩石的自重荷载，即狭义地压。

井巷地压可采用普氏地压估算方法和太沙基（深部隧道）地压估算方法进行估算。两者的原理大同小异。这些估算方法只适用于岩石破碎的情况。

4.2 支护理论

4.2.1 围岩与支护共同作用原理

(1) 围岩与支护共同作用原理的主要内容

围岩与支护共同作用原理指围岩在变形过程中,一方面发挥了自身的自承能力,同时受到支护因受围岩的挤压变形而产生的进一步作用;另一方面围岩和支护在共同变形过程中相互作用,最终在共同变形过程中实现支护平衡与围岩(工程)的稳定。围岩与支护共同作用原理说明了支护的变形荷载与围岩稳定的基本关系,如图 4-1 所示。

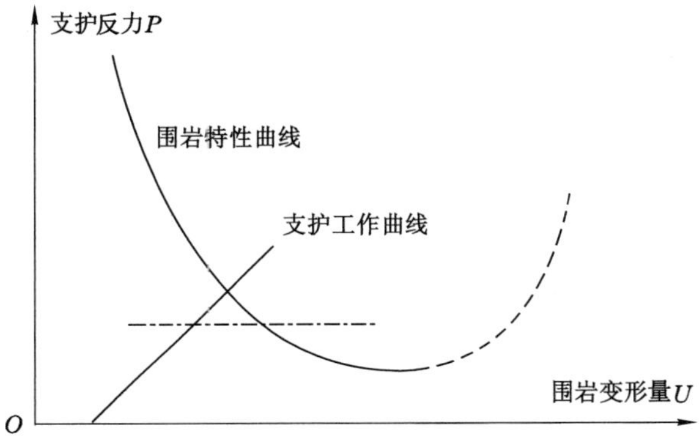

图 4-1 支护与围岩共同作用示意图

由图可知,围岩由于应力重新分布而形成的塑性区大小(围岩的变形量大小)与支护反力呈反比关系,支护反力越小,围岩变形量越大。支护对围岩的作用除受围岩对支护挤压变形(支护变形)的影响外,还受支护自身的刚度影响。支护刚度越大,即图 4-1 中支护工作曲线的斜率越大,同样的变形所产生对围岩的作用力就越大,同时支护自身受到的作用力也越大;反之,支护刚度越小,支护所受的作用力就越小。当支护和围岩相互作用均取得平衡时,就形成了井巷工程的稳定。

因此,井巷工程的稳定是围岩与支护共同作用的结果。围岩通过变形产生对支护的作用,支护的反力又约束围岩过分变形,围岩与支护在共同变形中相互作用、相互平衡,实现围岩的稳定。

(2) 围岩与支护共同作用原理的应用

围岩与支护共同作用原理在实际施工中有重要意义。根据共同作用原理,在施工中经常采用柔性支护、可缩性支护、多次支护等形式。

需要注意的是,具体工程的施工条件对支护荷载以及围岩稳定性好坏具有重要影响,是地下工程结构的一个重要特征。例如,支护时间的早晚对支护荷载有重要影响,如果支护不能与围岩紧密接触,就延长了支护对围岩的作用时间,影响支护与围岩的稳定。甚至因支护不及时或者刚度不够大而使围岩变形过大,来不及在围岩发生破碎前产生作用,支护荷载的性质也将发生变化。

因此，支护施工，尤其是在地压比较大的情况下，要求采用二次支护方法，这是因为一次支护及时且密贴岩帮，有足够的支撑能力，使围岩有适当的变形，但又不让围岩过分变形以致破碎而改变支护性质；二次支护能控制围岩的最终变形。

(3) 井巷工程稳定与支护施工的基本原则

根据前面的认识，可以将井巷工程稳定与支护原则归纳为下列几点：

① 充分利用围岩的自承能力

井巷工程的位置应位于岩层整体性和围岩强度条件均较好的岩层内。施工中采用合理的破岩和掘进方法，尽量避免围岩破坏。及时采用合理的支护方式、方法，如采用柔性支护、可缩性支护等可使围岩产生适当的变形而发挥其自承能力。

② 控制围岩应力

控制围岩应力的方法包括：合理选择井巷工程的位置，使其尽量避开构造应力区或应力集中区域；合理选择巷道的断面和形状，使围岩内应力均匀，避免出现拉应力或高应力叠加，减小围岩的破裂(塑性)区域范围；或者采取使高应力转移到围岩更深更远地方的专门技术等。

③ 合理应用支护技术

支护应以能充分维持围岩强度，并发挥围岩的自承能力为主要原则。如锚索具有可提供作用及时的预应力等特点，往往会有较好的支护效果。另外，还必须重视支护施工的质量，使支护与围岩紧密接触，以保证支护能力的及时、充分发挥。同时，应注意支护的选材、选型要与其结构特性保持一致等。

④ 充分利用监测手段

随着矿井开采水平的不断增大，巷道支护工程的监测已成为井巷工程支护施工的重要内容和必要手段。支护工程监测的内容包括围岩表面收敛状况、岩体内部位移状况、喷层和锚杆受力情况等，通过对监测信息的处理，可以准确把握支护和围岩的受力及变形状态，为支护参数的优化、施工方法的选择等提供依据。

4.2.4 锚杆支护作用原理

锚杆支护通过伸入围岩内部的杆体来改变围岩本身的力学状态，增大围岩强度，从而在巷道周围岩体内形成一个完整稳定的承载圈，其与围岩共同作用，达到维护巷道的目的。正确认识锚杆及锚杆系统的作用机理，对于正确应用锚杆支护技术，最大限度发挥锚杆系统的支护能力，维持巷道的稳定与安全，具有重要意义。

传统的锚杆支护理论有悬吊理论、组合梁理论、组合拱(挤压拱)理论。近年来，又提出了最大水平应力理论。这些理论都以一定的假说为基础，分别从不同的角度阐述了锚杆支护的作用机理，而且力学模型简单，计算方法简单、易懂，适用于不同的围岩条件，并在国内外得到应用。

(1) 悬吊理论

悬吊理论认为：锚杆支护的作用就是将巷道顶板较软弱岩层悬吊在上部稳定岩层上，以增强较软弱岩层的稳定性，如图 4-2(a)所示。在软弱围岩中，锚杆的作用是将直接顶板的破碎岩石悬吊在其上部的自然平衡拱上，如图 4-2(b)所示。

悬吊理论直观地揭示了锚杆的悬吊作用，在分析过程中不考虑围岩的自承能力，而且

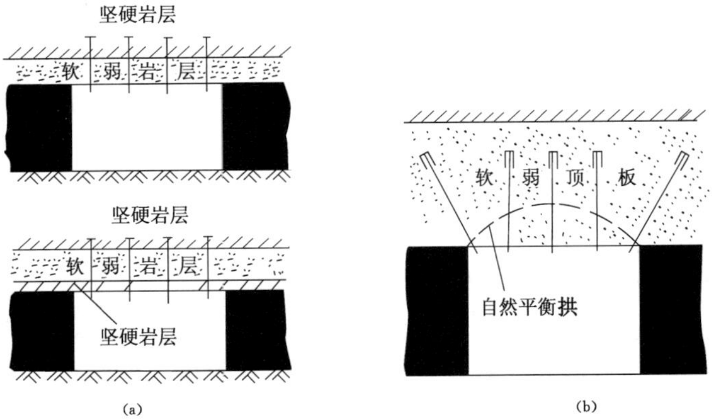

图 4-2　锚杆的悬吊作用

将被锚固体与原岩体分开，与实际情况存在一定的差距。如果顶板中没有坚硬稳定岩层或顶板软弱岩层较厚，围岩破碎区范围较大，无法将锚杆锚固到深部坚硬岩层或者未松动岩层，悬吊理论就不适用了。

(2) 组合梁理论

组合梁理论认为：如果顶板岩层中存在若干分层，顶板锚杆的作用一方面体现在锚杆的锚固力增大了各岩层间的接触压力，避免各岩层间出现离层现象；另一方面增大了岩层间的抗剪刚度，阻止了岩层间的水平错动，从而将作用范围内的几个岩层锚固成一个较厚的组合岩梁。这种组合岩梁在上覆岩层荷载的作用下，其最大弯曲应变和应力都大大减小，挠度也显著减小，且组合梁越厚，梁内的最大应力、应变和梁的挠度也就越小，如图 4-3 所示。

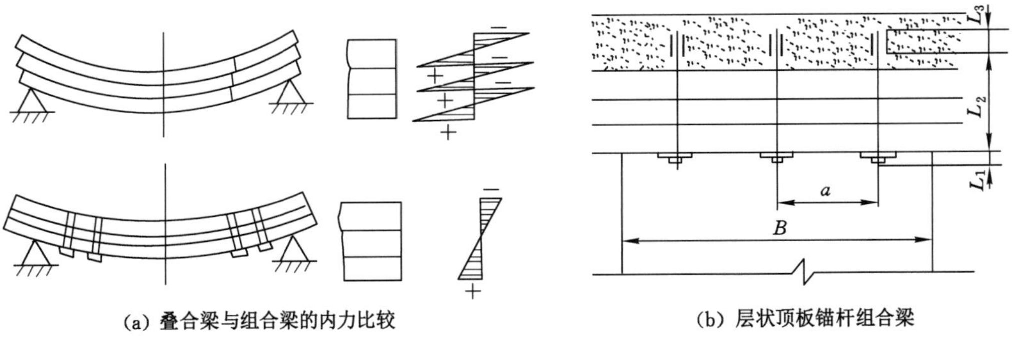

图 4-3　锚杆组合梁作用示意图

组合梁理论很好地解释了层状岩体锚杆的支护作用，但在分析过程中，将锚杆作用与围岩的自稳作用分开，这与实际情况有一定差距。并且，随着围岩条件的变化，在顶板破碎及其连续性受到破坏时，组合梁也就不存在了。

(3) 挤压加固拱理论

研究表明，在弹性体上安装具有预应力的锚杆，弹性体内便形成以锚头和紧固端为顶点的锥形体压缩区，如图 4-4(a)所示。因此，如果将锚杆沿拱形巷道周边按一定间距径向排列，在预应力作用下，每根锚杆周围形成的锥形体压缩区彼此重叠连接，便在围岩中形成一个厚度均匀的压缩带，即承压拱(也称挤压加固拱)，如图 4-4(b)所示。它不仅能保持自身的稳定，而且能承受上部破碎岩石的荷载，阻止围岩的松动和变形，这就是挤压加固拱的作用原理。

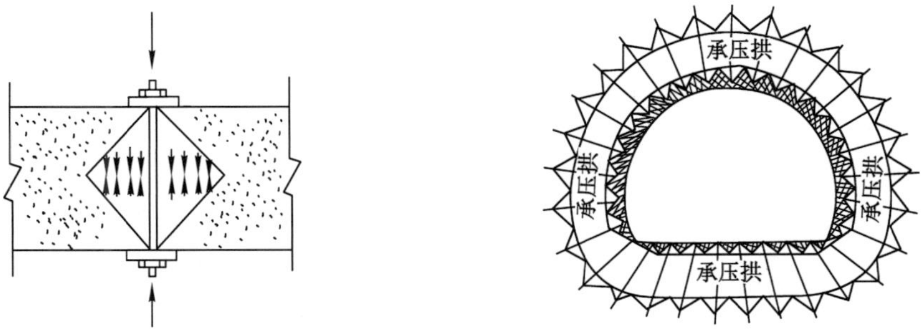

(a) 单体锚杆对破裂岩石的控制　　(b) 锚杆群的挤压加固拱

图 4-4　锚杆的挤压加固拱作用原理

显然，对锚杆施加预张拉力是形成加固拱的前提。锚杆预应力的作用，一方面在锥形体压缩区内产生压应力，提高了节理裂隙面与岩块间的摩擦阻力，防止岩块转动和滑移，提高了破碎岩体的强度；另一方面，锚杆通过锚头和垫板对围岩产生的压应力，改变了围岩的应力状态，使压缩带内的岩石处于三向受力状态，从而使岩体强度得到提高，即通过挤压加固拱改变了巷道围岩的力学特征。

组合拱理论在一定程度上揭示了锚杆支护的作用机理，但在分析过程中没有深入考虑围岩-支护的相互作用，只是将各支护结构的最大支护力简单相加，从而得到复合支护结构总的最大支护力，缺乏对被加固岩体本身力学行为的进一步分析探讨，计算也与实际情况存在一定差距，一般不能作为准确的定量设计，但可作为锚杆设计和施工的重要参考。

上述几种锚杆支护作用并非是孤立存在的，实际上是相互补充的，只不过是在不同地质条件下某种支护作用占主导而已。

近年来，随着锚杆支护理论研究的不断深入，各种新的锚杆支护理论不断提出，并在工程实践中得到完善和发展，极大地推动了锚杆支护技术在巷道支护中的应用，特别是为煤巷和软岩巷道的锚杆支护提供了新的理论指导。

4.2.3　松动圈理论

松动圈支护理论是在 20 世纪 80 年代初在工程实践中发展起来的。当时，中国矿业大学的董方庭支护研究小组，从围岩物理状态的研究开始，做了许多现场测试，发现围岩中普遍存在松动圈，并在分析研究松动圈的基础上，提出了松动圈支护理论。

巷道顶、底板和两帮位移量大导致支架（支护）破坏。这是地应力、岩体强度及支护结构参数综合作用的结果，实质上是巷道周边围岩破坏出现松动圈所造成的。松动圈是围岩收敛变形的主要原因，其厚度与巷道支护的难易程度密切相关。

围岩松动圈指开巷后围岩应力超过岩石强度而在巷道周边形成的围岩破裂带（图 4-5），它有一个发生、发展和稳定的过程。松动圈厚度通常指围岩应力稳定后的松动圈厚度值。松动圈厚度既是影响围岩稳定性（稳定性指标包括围岩应力、围岩强度等）的重要因素，又是诸多因素相互作用结果，是一个综合性定量指标。

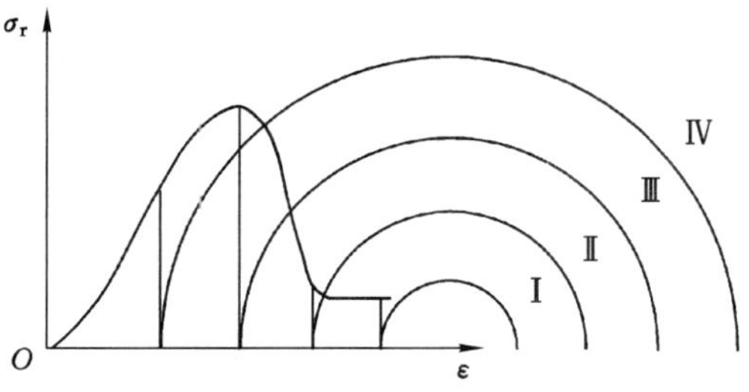

Ⅰ—松动圈(残余强度区);Ⅱ—松动圈(软化区);Ⅲ—塑性区;Ⅳ—弹性区。

图 4-5　大松动圈巷道围岩分区

弹性区、塑性区、破裂区(围岩松动圈)的力学行为与岩石全应力应变曲线中的相应阶段是对应的,其中巷道围岩弹性区、塑性区分别对应全应力应变曲线峰值前弹性变形阶段、塑性变形阶段,破裂区对应峰值后“软化区”和“残余强度区”,如图 4-5 所示。

巷道开挖后,一般总要引起巷道周边围岩的收敛变形位移。围岩位移量 U 包括围岩弹性变形位移 $U_{弹}$、塑性变形位移 $U_{塑}$、破裂膨胀变形位移 $U_{破}$ 和遇水膨胀变形位移 $U_{水}$,可用下式表示:

$$U = U_{弹} + U_{塑} + U_{破} + U_{水} \tag{4-2}$$

式中,$U_{弹}$ 与 $U_{塑}$ 在安设支护前就发生了,并且二者很小,不足以充填支护与围岩的安设空间,因此这两种变形位移不能构成实质上的支护压力。一般情况下,假设围岩遇水没有明显的膨胀变形位移,则据此可推断大松动圈巷道围岩变形位移主要是由围岩破裂后大松动圈内非连续体沿破裂面张开、转动、滑移等所造成的。该部分位移不同于连续介质以质点方式向巷道内的位移,它是以岩块作为基本单位,既有岩块内部质点的移动,又有岩块的整体移动。试验结果表明,峰值前岩石试件体积变形量很小,峰值后松动圈破裂区非连续岩石块体位移占巷道周边位移的 85%～95%,其中松动圈内岩石破裂膨胀位移占绝大部分,为此我们提出在松动圈形成过程中的碎胀变形即岩石破裂膨胀变形是巷道支护的主要对象。

大量研究结果表明,巷道支护的主要对象是松动圈形成发展过程中的碎胀变形。松动圈厚度越小,围岩碎胀变形量也越小,支护较容易;松动圈厚度越大,由此而产生的碎胀变形量也越大,支护较困难。如果松动圈厚度为零,则围岩处于弹、塑性变形平衡状态,理论上不需要进行支护。

(2) 围岩松动圈厚度与巷道支护难易程度的关系

大量的现场测试结果表明,一般煤系地层中松动圈是普遍存在的,即使处于低应力场中的巷道,围岩在低应力作用下也难以自稳,一般也要出现中、小松动圈,小松动圈的厚度为20～30 cm,大松动圈的厚度超过 300 cm。

现场测试表明,当松动圈厚度 $L_p=0$ 时,如果围岩比较完整,可以不支护;当松动圈厚度 $L_p=0\sim40$ cm 时,只喷混凝土就能有效维护;如果 $L_p=130\sim150$ cm,一般常用的料石碹支护就不适应了;当 $L_p\geqslant150$ cm 之后,刚性支护已难以维护。上述现象说明,松动圈厚度越大,收敛变形量越大,支护越困难。表 4-1 是支护维护状况与松动圈厚度关系的现场调查情况。由此可见,巷道支护难易程度与松动圈厚度的大小之间有着十分密切的对应关系。

表 4-1 松动圈厚度与巷道支护维护状况相关关系调查表

矿 井	岩 性	松动圈厚度/cm	支护形式	支护状况
朱仙庄煤矿	砂岩	0～40	锚喷支护	良好,无破坏
	泥岩	40～100	锚喷支护	局部有破坏
	泥岩	>200	锚喷、料石碹支护	多种支护失败
鸡西东海矿	砂岩	40	喷混凝土支护	良好
王庄煤矿	砂岩	0～50	喷混凝土支护	良好,无破坏
淮北张庄煤矿	页岩	140	锚喷支护	局部有破坏
南屯煤矿	粉砂岩	80～120	锚喷支护	良好
淮北石台矿	泥岩、页岩	200	锚喷、料石碹支护	多层碹大量破坏
淮南潘三矿	泥岩	233～284	复合支护	普通非可缩性支护全部破坏
潞安常村煤矿	泥岩	180～220	混凝土碹支护	全部破坏
邯郸云驾岭煤矿	泥岩	160～210	锚喷、料石碹支护	大量破坏
南屯煤矿	3 上煤	80～110	锚杆、锚网支护	良好
	3 上煤(采动巷道)	170～190	锚杆、锚网支护	变形量大,维护良好
煤河二井	煤层	150～200	锚杆、锚网支护	变形量大,维护良好
平顶山六矿	泥岩	180	锚喷、混凝土碹支护	大量破坏
伏牛山煤矿	砂岩	>200	料石碹支护	大量破坏
开滦赵各庄煤矿	砂岩	130～160	锚喷支护	局部破坏,喷层开裂掉落
淮北芦岭煤矿	泥岩	250	多种支护	大量破坏
南屯煤矿	3 下煤	160～172	锚杆、锚网支护	变形量大,维护良好
	粉砂岩	70～110	锚喷支护	采动时喷层开裂、掉皮,工作面推进后维护正常
	泥岩	140～146	锚喷支护	
潞安王庄煤矿	煤层	120	锚杆、锚网支护,矿工钢支护	维护正常

(3) 围岩松动圈分类方法

根据松动圈厚度与巷道支护难易程度的关系,结合锚喷支护机理,依据围岩松动圈厚度的大小将围岩分为小松动圈稳定围岩($L_p=0\sim40$ cm)、中松动圈一般稳定围岩($L_p=40\sim150$ cm)和大松动圈不稳定围岩($L_p>150$ cm)3 个大类,见表 4-2。

表 4-2　巷道支护围岩松动圈分类

围岩类别		分类名称	L_p/cm	支护机理及方法	备注
小松动圈	Ⅰ	稳定围岩	0～40	喷射混凝土支护	围岩整体性好，不易风化的可不支护
中松动圈	Ⅱ	较稳定围岩	40～100	锚杆悬吊理论，喷层局部支护	
	Ⅲ	一般稳定围岩	100～150	锚杆悬吊理论，喷层局部支护	刚性支护局部破坏
大松动圈	Ⅳ	一般不稳定围岩（软岩）	150～200	锚杆组合拱理论，喷层、金属网局部支护	刚性支护大面积破坏
	Ⅴ	不稳定围岩（较软围岩）	200～300	锚杆组合拱理论，喷层、金属网局部支护	围岩变形有稳定期
	Ⅵ	极不稳定围岩（极软围岩）	＞300	二次支护理论	围岩变形在一般支护条件下无稳定期

此种分类方法有以下几个突出优点：

① 绕过了原岩应力、围岩强度、结构面性质测定等困难问题，但抓住了它们的影响结果，即松动圈 L_p 是一个多因素影响的综合指标。

② 松动圈 L_p 系现场实测所得，未在重要方面做任何假设。

③ L_p 很容易用声测法等多种方法获得；确定支护参数时直观简单，现场应用十分方便。

④ 采用单一综合指标分类，分类的重复性、可靠性不以人们经验不同而变化。

⑤ 围岩松动圈分类方法的理论基础较为扎实。

（4）围岩松动圈锚杆支护机理

围岩松动圈巷道支护理论认为，围岩状态不同，支护对象的内涵也不相同，所以应根据松动圈的大小分类阐述锚杆支护机理。前文已述，依松动圈大小可将围岩分为小松动圈围岩、中松动圈围岩和大松动圈围岩 3 大类。

在小松动圈围岩中，巷道变形量和松动围岩自身重力都比较小，不需要用锚杆支护，仅有一层喷射混凝土支护防止危岩掉落和围岩风化即可。

在中松动圈围岩中，围岩碎胀变形量相应增大，单一喷层将破裂或破坏，必须用锚杆控制围岩碎胀变形，而悬吊理论是确定锚杆支护参数的有效方法。

在大松动圈围岩中，不能使用常规刚性支护，因为其属软岩支护范畴。在这种条件下，采用组合拱可有效支护。这一观点的实质是利用锚杆的锚固力对破裂围岩进行锚固，提高其残余强度，从而在破裂围岩中形成一个具有适当强度和可塑性的组合拱结构体。相似模型试验证实了组合拱的存在。

基于松动圈理论的锚喷支护有多种组合形式，如喷射混凝土支护、锚杆支护、锚喷支护、锚网支护、锚喷网支护、锚注支护等。

4.3 锚杆支护

4.3.1 锚杆支护在我国的应用与发展

煤矿巷道支护经历了从砌碹支护、棚式支架支护到锚杆支护的发展过程。与传统的支护方式相比，锚杆支护不仅能显著提高巷道支护效果和安全程度，而且可以节约大量的支护和维修费用，在减小工人劳动强度的同时，能够改善井下作业环境，为矿井高产高效创造条件。

我国锚杆支护技术经历了低强度锚杆支护，高强度锚杆支护及高预应力、强力锚杆支护的发展阶段。锚杆支护应用初期，由于支护强度与刚度低，锚杆支护理论和设计方法不健全，支护材料、施工机具技术性能和配套性差，监测仪器不完善，因而支护质量不能保证，曾出现多起冒顶事故。随着综采放顶煤开采技术的广泛应用和矿井向深部延伸，出现了一系列复杂困难条件，包括全煤巷道、沿空掘巷、极破碎围岩巷道等，而且随着开采强度的提高，要求的巷道断面面积越来越大，从而使巷道支护的难度进一步增大。为了解决面临的巷道支护难题，在引进、消化、吸收国外先进支护技术的基础上，我国煤炭企业经过集中攻关，形成了符合我国煤矿条件的高强度锚杆支护技术，并取得了良好的经济效益。近年来，针对深部高应力巷道、受强烈采动影响的巷道、特大断面巷道等复杂困难条件，提出了高预应力、强力锚杆支护理论，开发了强力锚杆、锚索支护系统，大幅度提高了巷道支护效果与安全程度，使煤巷锚杆支护技术发展到更高水平。我国锚杆支护技术的主要成果包括：

(1) 深化了对锚杆支护作用机理的认识。锚杆的本质作用在于阻止围岩出现张开裂隙和裂纹，阻止结构面出现离层与滑动现象，最大限度地保持围岩的完整性，减少有害变形出现。高强度、高刚度锚杆组合支护系统得到了广泛认可，使锚杆支护真正实现了主动、及时支护。

(2) 动态性、系统性、信息化的锚杆支护设计方法得到普遍认可与应用。锚杆支护设计不是一次完成的，而是一个动态的、系统的过程，应充分利用每个过程提供的信息，通过实时信息收集、信息分析，运用有限差分(FLAC)、有限元(如 ANSYS、ADINA 等)、离散元(UDEC)等数值计算软件，提高锚杆支护参数设计的科学性、适应性与可靠度。

(3) 开发出高强度、高刚度树脂锚固锚杆支护系统，实现了煤矿巷道支护材料的跨越式发展。

(4) 单体风动锚杆钻机、液压锚杆钻机、手持式锚杆钻机的性能指标达到了国外同类产品的水平，并形成系列产品，基本满足了锚杆支护的要求，结束了锚杆钻机主要靠进口的历史。

(5) 开发研制了锚杆支护施工质量检测与矿压监测成套仪器。顶板离层指示仪、测力锚杆、锚杆(锚索)测力计等监测仪器得到广泛应用，在判断支护设计的合理性、围岩稳定性与巷道安全性等方面发挥了重要作用。

(6) 将锚固与注浆加固技术有机结合在一起，开发出多种形式的注浆锚杆、注浆锚索及钻锚注一体化锚杆。钻锚注一体化锚杆有锚固与注浆加固双重功能，为破碎煤岩体等具有复杂困难条件的巷道支护提供了有效手段。

(7) 部分矿区制定了本矿区的锚杆支护技术规范,促进了锚杆支护技术科学化发展。

4.3.1 锚杆的结构类型

锚杆的种类很多,依锚固方式分,其主要类型如图 4-6 所示。各种类型锚杆的主要优缺点见表 4-3。下面简要介绍几种常用锚杆的结构和特点。

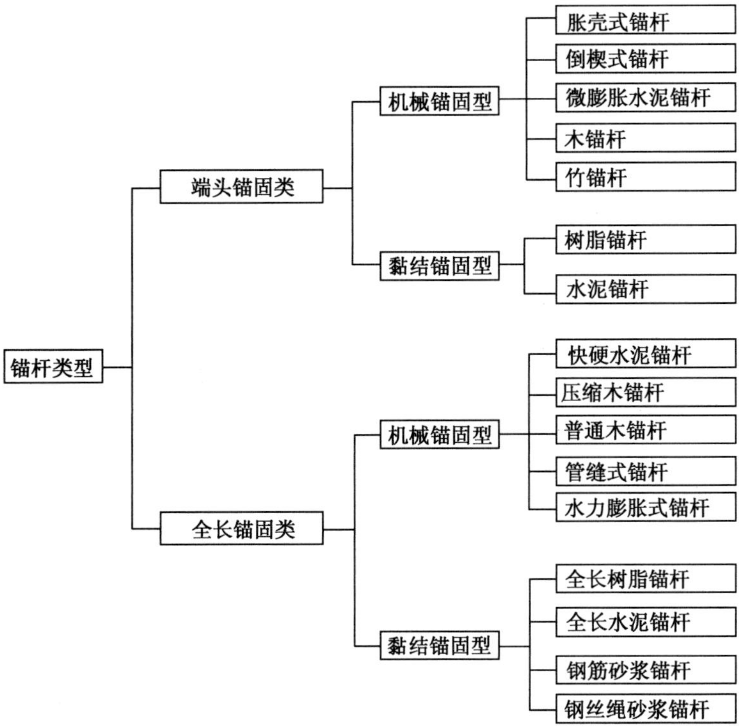

图 4-6 锚杆主要类型

表 4-3 各种类型锚杆的主要优缺点

锚杆类型		优点	缺点
端头锚固类	机械锚固型	安装迅速,及时承载	对深部围岩强度要求高
	黏结锚固型	易加工,制造简单	对深部围岩强度要求一般
全长锚固类	机械锚固型	易安装,及时承载	易腐蚀,锚固强度易衰减和丧失
	黏结锚固型	适用范围广,树脂锚固剂承载速度快,锚固力大	树脂锚杆成本高,树脂易燃且有毒

(1) 螺纹钢树脂锚杆

螺纹钢树脂锚杆由树脂药包和螺纹钢杆体组成(图 4-7)。螺纹钢树脂锚杆多为端头锚固型锚杆,即用树脂作黏结剂,在固化剂和加速剂的作用下,将锚杆的头部黏结在锚杆孔内的锚杆。它具有凝结硬化快、黏结强度高、施工操作简便、适用范围广等优点,且控制围岩位移和抗震效果好,可对围岩施加预压应力,并在很短时间内便能达到较大的锚固力。

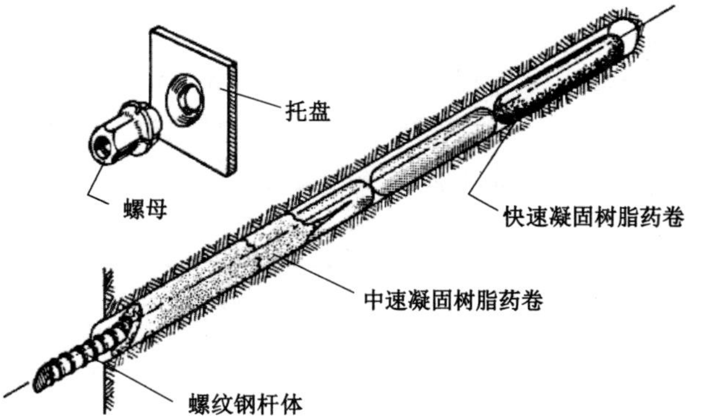

图 4-7 螺纹钢树脂锚杆

树脂锚固剂为高分子化学材料。其黏结能力强，固化速度快，耐久性好，抵御环境和人为影响因素能力强。锚固剂的凝结时间可按设计要求在十几秒至几个小时准确调控。

树脂锚固剂的规格、型号、质量、适用范围和其主要技术性能指标见表 4-4 和表 4-5。

表 4-4 树脂锚固剂的规格、型号

型号	规格/mm×mm	质量/g	适用钻孔直径/mm	适用范围
Z3537	ϕ35×370	700±10	42±2	井筒装备安装
Z3530	ϕ35×300	550±10	42±2	巷道锚喷支护端锚
Z2835	ϕ28×350	400±10	32±2	巷道锚喷支护及其他
Z2850	ϕ28×500	640±10	32±2	巷道支护及全长锚固
Z2335	ϕ23×350	300±10	28±2	巷道小直径支护及全长锚固
Z2350	ϕ23×500	430±10	28±2	巷道小直径支护及全长锚固

表 4-5 树脂锚固剂的主要技术性能指标

型号	凝胶时间/min	搅拌时间/s	固化时间/min	备注
超快速树脂锚固剂	0.5～1.0	10～15	≤5	在(20±1)℃环境温度下测定
快速树脂锚固剂	1.5～2.0	15～20	≤7	
中速树脂锚固剂	3～4	25～30	≤12	
慢速树脂锚固剂	15～20	30	≤40	
超慢速树脂锚固剂	≥120	>30	≥240	

普通螺纹钢锚杆杆体的直径大于锚杆杆尾螺纹部分的直径，从而使杆尾部分与杆体部分的极限破断强度产生较大差异，这也是造成现场使用中经常出现锚杆在杆体与杆尾螺纹交界处被拉断的原因，而此时锚杆杆体尚未达到极限破断强度。因此，使锚杆杆体和杆尾

具有相同的极限破断强度，是解决这一问题的关键。

为使锚杆达到通体等强，采用了滚压无热处理新工艺。该工艺采用特殊机械滚压加工技术，使丝扣段螺纹配合较大型号的螺母，如 ϕ18 mm、ϕ20 mm 的锚杆杆体配合型号为 M22、M24 的螺母，从而使丝扣段极限破断强度与杆体极限破断强度保持一致，此即等强螺纹钢锚杆。普通锚杆与等强锚杆破坏强度对比见表 4-6。

表 4-6　普通锚杆与等强锚杆破坏强度对比

杆体直径/mm	锚杆类型	丝扣段直径/mm	配合螺母型号	破坏部位	破坏强度/kN	加工工艺特点
18	普通锚杆	16.2	M18	丝扣段	117	车削，损伤加工
	等强锚杆	18.2	M20	杆体段	145	滚压，无损伤加工
20	普通锚杆	18.2	M20	丝扣段	145	车削，损伤加工
	等强锚杆	20.2	M22	杆体段	178	滚压，无损伤加工
22	普通锚杆	20.2	M22	丝扣段	178	车削，损伤加工
	等强锚杆	22.2	M24	杆体段	221	滚压，无损伤加工

(2) 玻璃钢树脂锚杆

综采机械化程度的不断提高，对支护材料的要求也在不断提高，尤其在高瓦斯矿井中，金属锚杆容易与综采机械的切割头擦碰出火花，易引发安全事故。这使金属锚杆的推广使用受到了制约。另外，金属锚杆耐腐蚀性较差，影响了支护的耐久性。因此，研制了玻璃钢锚杆。

玻璃钢锚杆杆体是以玻璃纤维为增强材料，以聚酯树脂为基材，经专用拉挤机的牵引，通过预成型模具在高温高压下固化成的全螺纹玻璃纤维增强塑料杆体。该杆体加上树脂锚固剂、玻璃钢垫板或钢质垫板、玻璃钢螺母或钢质螺母就组成了玻璃钢树脂锚杆。玻璃钢锚杆杆体具有可切割性，非常适用于综采工作面临时支护，而且具有良好的防腐性能，可以部分取代金属锚杆，节约钢材。当杆体直径为 18 mm 时，玻璃钢锚杆杆体的主要技术指标见表 4-7。

表 4-7　玻璃钢锚杆杆体的主要技术指标

名称	单位	技术指标
杆体抗拉强度	MPa	≥300
杆体抗剪强度	MPa	≥75
扭矩	N·m	≥40
锚固力	kN	≥60
尾部连接部位螺纹承载力	kN	≥60
托盘承载力	kN	≥60
抗静电性能(表面电阻平均值)	Ω	$\leqslant 3\times10^{8}$
阻燃时间	s	≤10(有焰燃烧)；≤30(无焰燃烧)

玻璃钢锚杆杆体具有可切割、质量小(仅为同等规格金属锚杆杆体质量的 1/4)、强度高

(同等规格普通金属锚杆强度的 2 倍)、便于安装、成本低(与金属锚杆相比,成本降低 40%左右)等优点,可替代现有煤帮金属锚杆、木锚杆、竹锚杆等进行煤帮支护。

(3) 快硬水泥锚杆和快硬膨胀水泥锚杆

快硬水泥锚杆和快硬膨胀水泥锚杆杆体结构与螺纹钢树脂锚杆相同,只是用快硬水泥圈或快硬膨胀水泥卷代替了树脂药卷,降低了锚杆成本。

快硬水泥卷内装有胶结材料。目前常用的胶结材料是由国产定型早强水泥和双快水泥按一定比例混合而成的。水泥卷使用前需浸水 2～3 min,在钻孔中经锚杆头搅拌,12 min 以后锚固力开始增大,1 h 后锚固力可达 40～60 kN 左右。快硬水泥锚杆成本低,材料来源广。

快硬膨胀水泥卷是以普通矿用水泥为主要成分,加一定比例的砂子及外加剂混合而成的,遇水后具有速凝、早强、减水、膨胀、略微提高水泥强度的作用。

(4) 管缝式锚杆

管缝式锚杆又称缝管式锚杆,它由前端冠部制成锥体的开缝钢管、挡环以及垫板组成(图 4-8)。管缝式锚杆采用低合金钢板加工而成,多用卷压成型的加工工艺,锚杆长度 1.6～2.0 m 或更大,杆体直径 38.1～41.5 mm,比钻孔直径大 1～3 mm。管壁厚 2.0～2.5 mm,开缝宽度 12.7～14.0 mm。

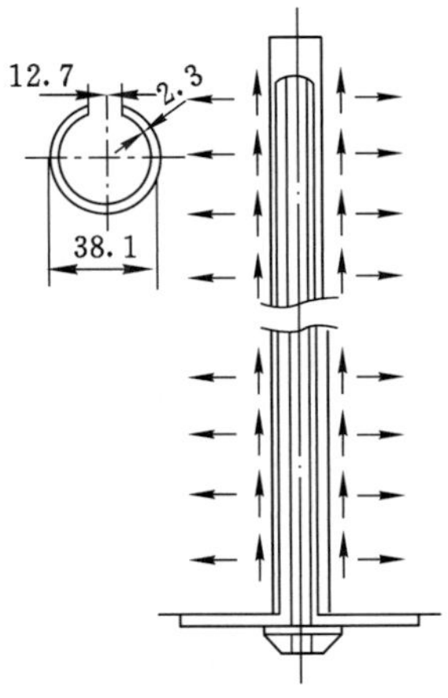

图 4-8　管缝式锚杆

因管缝式锚杆管径大于孔径,故需用风钻(需装特制顶具)或其他专用机具强行将杆体挤入钻孔,依靠管体的弹性变形恢复力而与孔壁紧紧挤压,在整个杆体产生锚固力。锚固力可达 50～70 kN。

管缝式锚杆属于全长锚固类锚杆,尤其适用于软岩地层。当钻孔产生横向位移时,锚固力更大。但由于杆体为空心结构,其打入围岩后,造成透水通路,而且管体易遇水锈蚀,因此不适用于含水量大的岩层和含膨胀性矿物的软弱岩层。

4.3.3　锚杆支护参数设计

锚杆支护参数的确定方法主要有经验法、理论计算法、数值模拟法和监测法等。目前,应用较多的是经验法和理论计算法,而在软弱岩层巷道支护技术研究中多采用数值模拟法和监测法。

(1) 经验法

经验法指在支护工程经验累积的基础上,通过分类表进行对照、比较和归类,给出经验参数,或将经验参数略做修正应用于当前工程。因此,经验法也称为工程类比法。

应用工程类比法时,首先要有科学的锚杆应用分类表;其次就是要对现有工程进行科学归类,并由分类表提供合理的支护参数或对经验参数进行修正。目前有关锚杆支护的分类方法很多,但合理的锚杆支护分类方法应包括 3 部分,即岩石分类方法、工程分类方法和相关支护分类方法。

(2) 理论计算法

理论计算法主要利用悬吊理论、垮落拱理论、组合拱理论以及各种力学方法,分析巷道围岩的应力与变形,进行锚杆支护设计,给出锚杆支护参数的解析值。理论计算方法不仅与工程类比法相辅相成,而且为锚杆支护机理研究提供了理论工具。下面分别介绍有代表性的按悬吊理论和按挤压加固拱理论设计锚杆支护参数的方法。

① 按悬吊理论设计锚杆支护参数

按悬吊理论设计锚杆支护参数时分两种情况,如图 4-9 所示。图 4-9(a)为直接顶悬吊于坚固基本顶上的锚杆支护参数计算图;图 4-9(b)为垮落拱内岩石用锚杆悬吊在垮落拱外稳定岩体上的锚杆支护参数计算图。

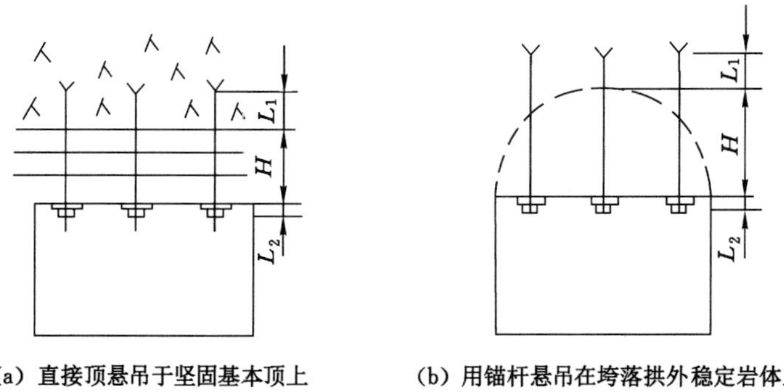

图 4-9 按悬吊理论锚杆支护参数计算图

a. 锚杆长度

锚杆长度 L 由锚杆深部锚固段长度 L_1、软弱岩层厚度或垮落拱高度 H 及锚杆外露长度 L_2 组成,即

$$L = L_1 + H + L_2 \tag{4-3}$$

式中,锚杆锚固段长度 L_1 一般通过拉拔试验确定,对端锚锚杆可取 $L_1 = 0.3 \sim 0.8$ m,加长锚固可取 $L_1 = 1.0 \sim 1.6$ m;锚杆外露长度 L_2 主要取决于锚杆类型及锚固方式,一般取 $L_2 = 0.10$ m。

软弱岩层的厚度可根据地质资料、实测或经验估计得到。对于垮落拱的高度,当围岩的坚固性系数 $f \geqslant 3$ 时,其可按下式计算

$$H = \frac{B}{2f} \tag{4-4}$$

式中 B——巷道跨度，m。

b. 锚杆杆体直径

锚杆杆体直径可根据杆体承载力与锚固力等强度原则确定，即

$$d = 35.52\sqrt{\frac{Q}{\sigma_t}} \tag{4-5}$$

式中 d——锚杆杆体直径，mm；

Q——设计的锚固力，kN；

σ_t——锚杆杆体材料抗拉强度，MPa。

c. 锚杆间、排距

锚杆间、排距可根据每根锚杆悬吊的岩石重力确定，即锚杆悬吊的岩石重力要小于或等于锚杆的锚固力。可按间、排距相等原则排列锚杆，则锚杆间、排距为：

$$a = \sqrt{\frac{Q}{K\gamma H}} \tag{4-6}$$

式中 a——锚杆间、排距，m；

K——锚杆安全系数，一般取 $K=1.5\sim2$；

γ——岩体容重，kN/m^3。

② 按挤压加固拱理论设计锚杆支护参数

挤压加固拱理论不要求锚杆伸入坚固岩层，这样，锚杆长度和锚杆间距之间满足某种关系，才能形成一定厚度的挤压加固拱。

按照挤压加固拱理论，加固拱厚度与锚杆长度和锚杆间距之间的关系可按下式确定：

$$b = \frac{L\tan\alpha - a}{\tan\alpha} \tag{4-7}$$

式中 b——加固拱厚度，m；

L——锚杆的有效长度，m；

α——锚杆在松散体中的控制角；

a——锚杆的间距，m。

如果锚杆的控制角按 45°计算，则由式(4-7)可得：

$$b = L - a \tag{4-8}$$

根据式(4-8)可知，如果锚杆的有效长度 L 为 1 800～2 200 mm 和间距 a 为 600～800 mm，则加固拱厚度为 1 200～1 400 mm，相当于 3～4 层混凝土碹的厚度。一般情况下，锚杆的有效长度应大于两倍的锚杆间距。

锚喷支护以主动加固围岩、充分发挥围岩的自承能力为主。经过数十年的发展，锚喷支护技术已相当成熟，成为一种技术先进、性能可靠、适用范围广、施工方便、安全经济的支护方式，在煤矿井巷工程中得到了广泛的应用，取得了良好的经济效益和社会效益。因此，巷道和交岔点应优先选用锚喷支护。

4.3.4 锚杆支护配套机具

煤矿巷道支护是一项复杂的系统工程。锚杆支护质量的好坏、支护速度的快慢，主要

取决于锚杆支护施工配套机具的性能与可靠性，以及支护装备技术的先进性。国内外锚杆支护技术的发展表明，锚杆支护技术的发展，促进了锚杆支护配套装备的发展。同时，锚杆支护配套装备的不断更新与进步，又进一步推动了锚杆支护技术的不断完善、发展。

(1) 锚杆钻机

锚杆钻机是锚杆施工的主要机具。锚杆钻机的性能、可靠性是影响施工效率、施工质量的关键因素。自 1995 年推广煤巷锚网支护技术以来，我国锚杆钻机经历了引进、消化、吸收和自主研发几个阶段，国产 MQT 系列气动顶板锚杆、锚索钻机和 MQB 系列帮锚杆钻机年产量已基本满足国内市场的需求，且价格仅为国外钻机的 1/3。国产系列气动锚杆钻机的批量生产促进了我国煤巷锚网支护技术的跨越式发展。

锚杆钻机分类方法较多，按锚杆钻机的整体结构可分为单体式、钻车式和综合式锚杆钻机；按锚杆钻机工作原理可分为旋转式、冲击式、冲击旋转式锚杆钻机；按锚杆钻机所用动力可分为液压锚杆钻机、电动锚杆钻机和气动锚杆钻机；按适用条件可分为岩巷锚杆钻机、煤巷锚杆钻机和半煤(岩)巷锚杆钻机。下面重点介绍常用的气动锚杆钻机和液压锚杆钻机。

① 气动锚杆钻机

由压缩空气驱动，钻凿锚杆孔的钻机称为气动锚杆钻机。国内常用气动锚杆钻机的主要技术性能指标见表 4-8。

② 液压锚杆钻机

液压锚杆钻机是最早用于钻装锚杆的机具，广泛用于在岩石抗压强度小于 80 MPa 的岩石中钻孔。国产单体液压锚杆钻机主要有 MZ 系列导轨式和 MYT 系列支腿式两种。其中，MZ 系列液压锚杆钻机主要由主机、操纵架、液压泵站 3 大部分组成(图 4-10)，各部分之间通过高压油管连接。泵站输出的压力油，经过两根主进油管送至操纵架，再通过 6 根油管被分配到主机的液压马达、推进缸和支撑缸，实现钻机支撑定位和钻孔作业。

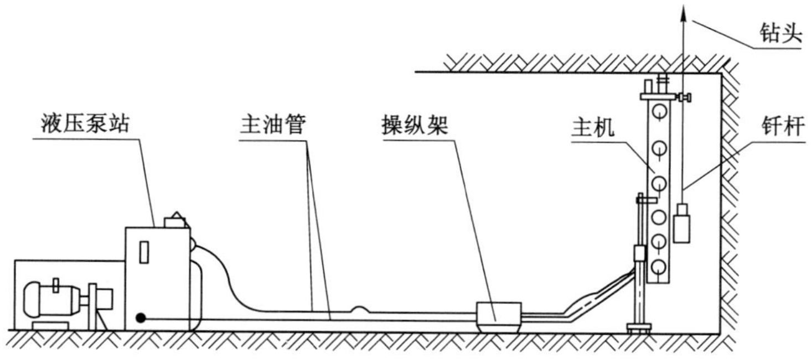

图 4-10　MZ 系列液压锚杆钻机主要结构示意图

MZ 系列液压锚杆钻机主机由推进机构、支撑缸、旋转供水机构及油马达 4 个主要部件组成(图 4-11)。其施工程序为：竖起主机定位→支撑缸撑起→钻机正转→通水→推进钻孔→快速退回→钻机停转、停水→支撑缸缩回。

国产常用液压顶板锚杆钻机的主要技术性能指标见表 4-9。

表 4-8 国内常用气动回转顶板锚杆、锚索钻机主要技术性能指标

主要技术参数	MQT-110 型			MQT-90A 型			MQT-70C 型			MQT-120J 型			MQT-85J 型			MQT-55J 型			MQT-90 型	MQT-70C 型	MQT-85C 型	MQT-110C 型
额定压力/MPa	0.5			0.5			0.5			0.5			0.5	0.15	0.5	0.5			0.5	0.5		
额定转速/(r/min)	240			>300			200～300			175			200	240	240	270			≥240	240	240	240
额定转矩/(N·m)	>110			≥90			>70			≥120			≥85			≥55			≥90	≥70	85	110
最大推力/kN	9.0			≥9.8			>7.4			>8.2			>9.5	>9.5	>6.2	>6.2			7.7	6.2	≥9.0	≥9.0
空载转速/(r/min)	≥500			≥700			850			≥450			≥460	≥600	≥600	900			630	72	600	500
失速转矩/(N·m)	290			>230			160			≥260			>230	≥210	≥210	125			≥230	130	180	190
最大负载转矩/(N·m)	270			>220			150			250			220	200	200	120			>220	120	170	180
最大输出功率/kW	3.1			3.0			1.9			3.1			2.9			1.8			3.0	1.7	2.0	2.6
耗气量/(m^3/min)	3.6			3.6			2.7～3.6			2.9～3.6			2.9～3.6			2.9			3.2～3.5	2.6	3.0	3.2
冲洗水压力/MPa	0.6～4.5			0.6～4.5			0.6～4.5			0.6～1.2			0.6～1.2			0.6～1.2			0.6～1.2	0.6～1.2	0.6～1.2	0.6～1.2
噪声(A)/dB	<94			<90			<94			≤95			≤95			≤90			≤95	≤95	≤95	≤95
伸展高度/mm	2 585	3 067	3 667	2 520	3 000	3 610	2 530	3 010	3 630	2 630	3 215	3 665	3 550	3 550	3 670	2 420	2 720	3 170	3 630	3 660	3 600	3 600
收缩高度/mm	1 318	1 479	1 679	1 143	1 263	1 415	1 120	1 240	1 400	1 090	1 285	1 435	1 110	1 110	1 090	1 255	1 350	1 500	1 120	1 130	1 155	1 155
质量/kg	53	55	57	48	50	52	46	48	50	46	51	53	47～53	47～53	44～49	43	45	47	47.5～51.0	45～50	45～50	46～51
生产厂家	石家庄中煤支护装备厂									江阴市矿山器材厂									南京圣奥支护设备有限公司	石家庄煤矿机械有限责任公司		

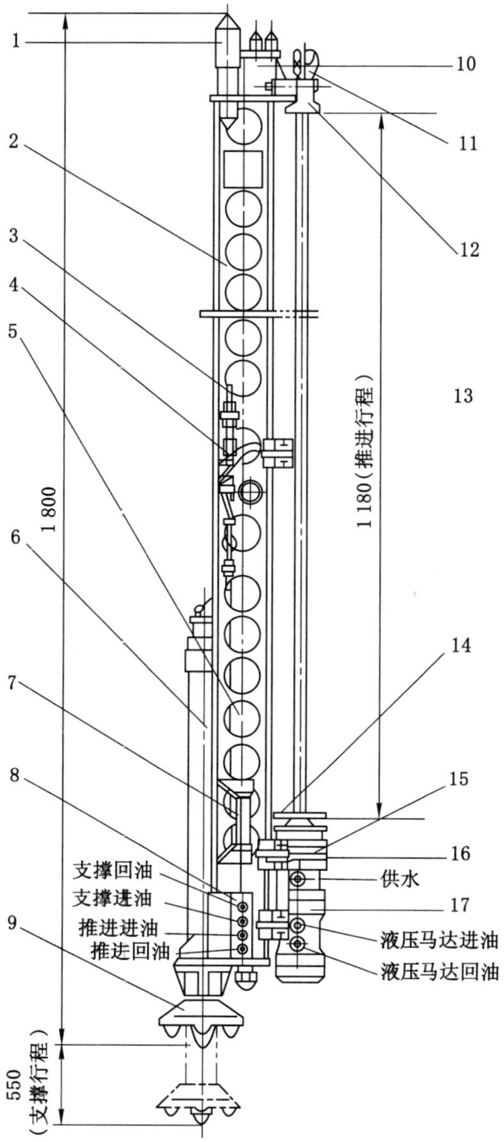

1—弹簧顶尖;2—导轨;3—拉杆;4—钢丝绳;5—推进机构;6—支撑缸;7—手柄;8—接头座;9—支撑座;10—固定顶尖;11—钻头;12—夹杆套;13—钻杆;14—托钎器;15—旋转供水机构;16—导向块;17—液压马达。

图 4-11　MZ 系列液压锚杆钻机主机简图

表 4-9　国产常用液压顶板锚杆钻机的主要技术性能指标

锚杆钻机型号	MYT-100S 型	MYT100 型	MYJ100 型	MYT-140 型	MYT-120C 型	MYT-115 型	MZ-Ⅱ型
额定压力/MPa	12	14	10	13	15	10	10
额定转矩/(N·m)	100	100	100	140	120	115	80
额定转速/(r/min)	350	≥250	325	300±10	320	360	250
额定流量/(L/min)	36+7	36	36	36	45	32	
水压/MPa	0.6～2.0	0.6～2.0	0.6～2.0	0.6～2.0	0.6～2.0	0.6～2.0	0.6～2.0

表 4-9(续)

锚杆钻机型号	MYT-100S 型	MYT100 型	MYJ100 型	MYT140 型	MYT120C 型	MYT-115 型	MZ-Ⅱ型
推进力/kN	>20.0	≥8.0	17.0	17.0	1.5～13.0	6.0～6.7 (2.0～2.5 MPa 时)	9.5
推进速度/(m/min)	0～4					0～4	
噪声(A)/dB	<92		<70		≤92	90	≤90
钻孔直径/mm	27～42						
适用钻杆型号/mm	B19、B22 中空六方		B19、B22			B19、B22 中空六方	B19、B22
适用岩石 坚固性系数 f	≤10	≤10	<10	<10	<10	≤8	≤8
钻机质量/kg	42	55～63	57	57	47～53	60	70
泵站电机功率/kW	11	11	11	11	11	7.5/11	7.5
电机电压/V	380/660						
泵站质量/kg	280	280	260	260	320	260	320
外形尺寸(泵站) /(mm×mm×mm)	1 650× 500×70	1 620× 500×800	1 800×500×600		1 480× 570×890	1 800× 520×720	
工作高度/m	1 050～3 050	1 200～3 600	1 420～3 270		1 270～3 500	1 100～3 000	1 800～3 400
生产厂家	江苏建湖县 工矿机械厂	江阴市矿山 器材厂	石家庄中煤 支护装备厂		石家庄煤矿 机械有限 责任公司	石家庄 正定煤矿机械厂	苏州煤矿 机械厂

③ 气动帮锚杆钻机和液压帮锚杆钻机

煤巷锚网支护主要用锚杆加金属网支护煤巷的顶板及两帮，以代替传统的木支护、钢梁支护，这不但安全，而且经济、高效。长期以来，煤帮锚杆孔的施工器具主要以煤电钻为主。用煤电钻打帮孔存在功率小、钻孔速度慢、安装锚杆难度大、安全性差、不能湿式钻孔、粉尘量大等问题。近年来，为提高巷道两帮锚杆钻孔的施工速度及质量，解决帮锚杆施工中树脂锚固剂的搅拌及锚杆的安装问题，我国自行研制开发了气动帮锚杆钻机和液压帮锚杆钻机，填补了我国无帮锚杆钻机的空白。

目前国内煤矿巷道的帮锚杆钻机主要分为两大类：一类是气动帮锚杆钻机，有手持式和支腿式两种；另一类是液压帮锚杆钻机，有手持式和支腿式两种。

手持式气动帮锚杆钻机主要由气马达、减速箱、水控制扳把、气控制扳把、扶机把、消音器和钻杆连接套组成(图 4-12)。其中，气马达有叶片式和齿轮式两种。操作者用双手握住扶机把，左手开启马达控制阀，压缩空气经过滤器、注油器、滤网由进气口进入气马达并驱动气马达旋转，经齿轮、链轮减速后，驱动输出轴带动钻杆钻头旋转切削钻孔或搅拌锚固剂，安装锚杆。钻孔时操作者用右手打开水阀控制阀，冲洗水经钻杆、钻头冲洗岩孔、冷却钻头。钻孔时由操作者两臂用力向前推进产生切削推力。

国内常用手持式气动帮锚杆钻机的主要技术性能指标见表 4-10。

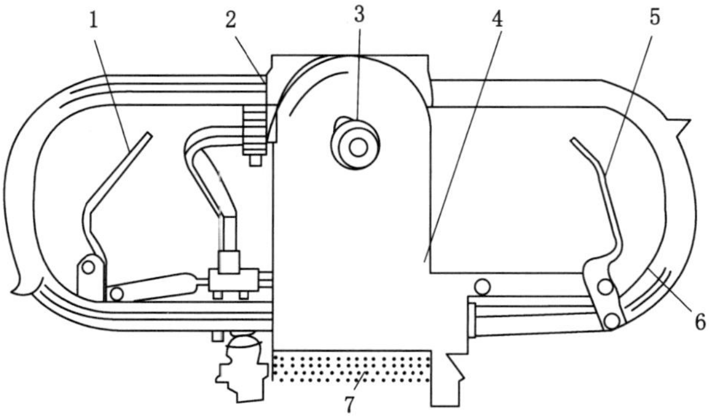

1—水控制扳把；2—减速箱；3—钻杆连接套；4—气马达；5—气控制扳把；6—扶机把；7—消音器。

图 4-12　手持式气动帮锚杆钻机结构简图

表 4-10　国内常用手持式气动帮锚杆钻机的主要技术性能指标

钻机型号	MQB-35J 型	MQ-30B 型(叶片式)	MQS-50 型	MQ-30B 型(齿轮式)	MQS-45 型
工作压力/MPa	0.40～0.63	0.40～0.63	0.40～0.63	0.40～0.63	0.40～0.63
额定压力/MPa	0.5	0.5	0.5	0.5	0.5
额定转速/(r/min)	600	240～270	300	240～270	≥300
额定转矩/(N·m)	≥35	≥33	50	≥33	≥45
空载转速/(r/min)	≥1 300	≥1 200	>1 900	1 200	≥1 000
输出功率/kN	1.7	1.5	1.8	1.5～1.8	1.5
耗气量/(L/min)	≤2000	1 500～1 800	2 400	1 500～1 800	1 600
噪声(A)/dB	≤95	≤90	≤90	≤85	≤90
质量/kg	9.8	10.2	8.0	9.8	10.0
生产厂家	江阴市矿山器材厂	石家庄中煤支护装备厂		石家庄煤矿机械有限责任公司	

液压帮锚杆钻机是以压力油为动力驱动液压马达旋转切削钻孔和锚杆安装的钻机。常用的液压帮锚杆钻机主要有手持式和支腿式 2 种，二者都是与液压顶板锚杆钻机配套才能完成煤巷与两帮锚杆孔的施工和锚固剂锚杆安装的。

(2) 锚杆安装器

锚杆钻机不仅能钻凿锚杆孔，还具有搅拌、安装树脂锚杆的功能，故锚杆钻机都附带锚杆安装器。锚杆安装器的结构如图 4-13 所示，其外六方螺丝与钻杆连接套相匹配，规格有 B19 和 B22 两种。锚杆安装器的内六方螺丝与锚杆端部的螺母相匹配。锚杆安装器的规格及尺寸见表 4-11。

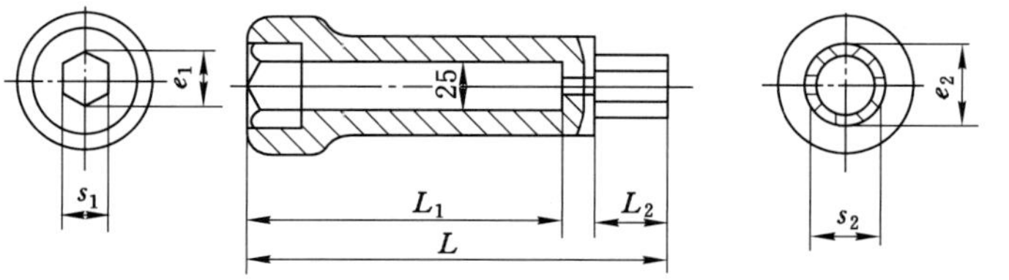

图 4-13　锚杆安装器结构图

表 4-11 锚杆安装器的规格及其尺寸

规格	B19				B22			
s_1/mm	19				22			
e_1/mm	21.9				25.4			
s_2/mm	24	27	30	34	24	27	30	34
e_2/mm	27.7	31.1	34.6	39.2	27.7	31.1	34.6	39.2
适用锚杆螺母型号	M16	M18	M20	M22	M16	M18	M20	M22

钻孔完毕后，取下钻杆，将锚杆安装器的外六方螺丝插入钻机的钻杆连接套内，再将锚杆尾部螺母插入锚杆安装器的内六方螺丝中，将树脂锚固剂装入锚杆孔中，再用锚杆顶部顶住锚固剂。此时，马达不旋转，仅使支腿做上升运动，将锚固剂顶到孔底。这时，使马达边旋转搅拌支腿边上升，待锚杆送到孔底钻机时停止上升，马达快速旋转搅拌锚固剂，一般10～15 s后停止搅拌和上升，待锚固剂固化后，再启动钻机快速旋转，同时使支腿做上升运动，钻机拧紧锚杆尾部的螺母，直到螺母上的剪切销被剪断为止。此时，马达停止旋转，并使钻机下降，锚杆安装完毕，最后关闭气源。

4.3.5 锚杆支护质量检测与监测

（1）锚杆支护质量检测

锚杆支护质量检测包括：锚杆的材质检测、锚杆安装质量检测和锚杆的抗拔力检测。其中，锚杆的材质检测在实验室进行。

锚杆安装质量检测包括锚杆托盘安装质量检测、锚杆间排距检测、锚杆孔深度与角度检测、锚杆外露长度的检测和螺帽拧紧程度及锚固力的检测。锚杆托盘应安装牢固，紧贴岩面；锚杆间排距的偏差为±100 mm，喷浆封闭后宜采用锚杆探测仪探测和确定锚杆的准确位置；锚杆方向与巷道轮廓线的偏差应不大于15°；锚杆的外露长度应不大于50 mm，且杆体露出岩面的长度不应大于喷射混凝土的厚度，但炸药库硐室、锚喷联合支护的巷道不允许外露。

锚杆抗拔力采用锚杆拉力计进行检测，然后根据检测结果评判锚杆抗拔力和安装牢固程度。各种锚杆的抗拔力必须达到规定的抗拔力。

（2）锚杆支护监测

锚杆支护监测是为了掌握巷道的支护效果，同时根据监测结果以及巷道的稳定状态对支护参数、施工工艺等进行调整，确保锚杆支护巷道的使用安全，并进一步提高巷道支护施工质量和施工速度，降低施工成本，提高施工效益。

监测内容主要包括：围岩表面和深部位移监测、顶板离层监测、支护荷载与围岩应力测量、围岩松动圈监测、锚杆工作状态及锚杆受力监测等。

4.4 喷射混凝土支护

喷射混凝土支护是以压缩空气为动力，用喷射机将细骨料混凝土以喷射的方法覆盖到需要维护的岩面上，凝结硬化后形成混凝土结构的支护方式。

喷射混凝土支护技术已在许多领域得到应用,特别是在地下工程中的应用更广泛,如巷道和硐室的衬砌和支护等。近年来,喷射混凝土支护技术取得了较大的进展,喷射混凝土机具出现了3种喷射机,其中湿喷机的开发是近期喷射混凝土设备发展的重要内容;为改善喷射混凝土的脆性,20世纪90年代关于钢纤维、玻璃纤维喷射混凝土的研究也取得了重要进展;为提高喷射混凝土抗压和抗拉性能,研制了高强度喷射混凝土,也取得了较好的效果。

(1) 喷射混凝土支护的作用

喷射混凝土支护的作用主要为加固和防止围岩风化,以保持围岩的强度基本不发生变化;改善围岩的应力状态,消除因岩面不平所引起的应力集中,避免过大的集中应力造成围岩的破坏,并使巷道周边围岩由二向受力状态变成三向受力状态,进而提高围岩的强度;喷射混凝土的黏结强度较大,能和围岩紧密地黏结在一起共同工作,同时喷层较薄,具有一定的柔性,可有效防止围岩的松动、破碎;喷射混凝土还可以与破碎围岩组合形成组合拱,达到共同维护巷道稳定的作用。

喷射混凝土可以单独使用,在岩石、土层面或结构面上形成护壁结构;也可以和普通锚杆、预应力锚杆(锚索)联合使用,形成以锚杆为主的支护结构,即锚喷支护。在联合作用时,喷射混凝土主要用于避免锚头部位锚杆间岩土体的松脱和风化,起到加强锚杆等锚固构件的作用。

(2) 喷射混凝土施工工艺

① 混凝土的喷射方式

根据混合料的拌和方式不同,混凝土喷射工艺分为干式喷射法和湿式喷射法两种。干式喷射法在我国和其他国家仍是喷射混凝土的主要方法。用干式喷射工艺时,先将砂、石过筛,按配合比和水泥一同送入搅拌机内搅拌,然后用矿车将拌合料运送到工作面,经上料机装入以压缩空气为动力的喷射机,同时加入速凝剂,再经输料管吹送到喷头处与水混合后喷敷到岩面上,如图4-14所示。

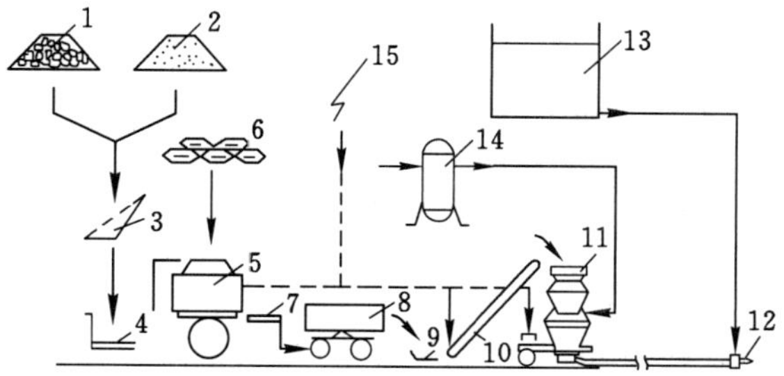

1—石子;2—砂子;3、7—筛子;4—磅秤;5—搅拌机;6—水泥;8—运料小车;
9—料盘;10—上料机;11—喷射机;12—喷嘴;13—水箱;14—气包;15—电源。

图4-14 干式喷射混凝土的工艺流程

用干式喷射机喷射混凝土时,装入喷射机的是干混合料,在喷头处加水后喷向岩石。喷射作业时粉尘量大,水灰比不易控制,混合料与水的拌和时间短,混凝土的均质性和强度不易保证,而且回弹量大,喷层质量低。潮喷法是干式喷射工艺的一种改进,但从使用效果看,并不能从根本上解决问题。为此,国内外已开始研究与使用湿式混凝土喷射机,即将混凝土混合料与水充分拌和后再由喷射机进行喷射，工艺流程如图 4-15 所示。国内研究的湿式混凝土喷射机主要类型为挤压泵式和柱塞泵式。在意大利、日本、挪威、瑞典、瑞士等一些国家，湿式喷射已经取代干式喷射成为喷射混凝土作业的主要方式。

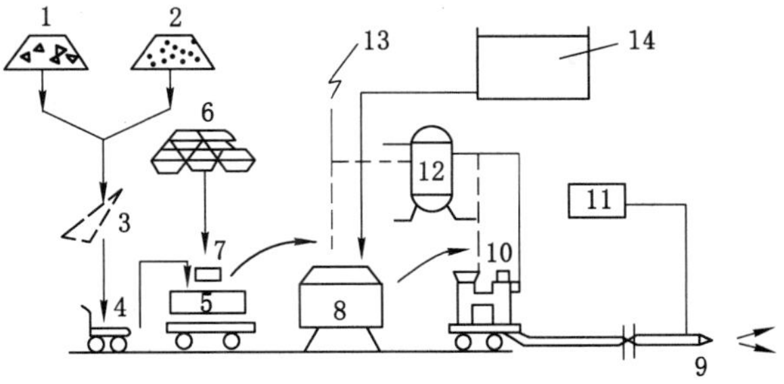

1—石子；2—砂子；3、7—筛子；4—磅秤；5—搅拌机；6—水泥；8—搅拌机；
9—喷嘴；10—湿喷机；11—液体速凝剂；12—气包；13—电源；14—水箱。

图 4-15　湿式喷射混凝土的工艺流程

② 操作工艺要求

a. 水灰比适宜。一般为 0.4～0.45，喷层表面平整、潮润光泽、黏塑性好、密实。当水量不足时，喷层表面出现干斑，回弹率增大，粉尘飞扬；若水量过大，则混凝土出现滑移和流淌等形象。

b. 喷头与受喷面的距离和倾角适宜。喷头距受喷面的距离以 0.8～1.2 m 为宜。喷头与受喷面垂直时，回弹率最小。

c. 一次喷射厚度适宜。若一次喷射厚度过大，则会因重力作用而使混凝土颗粒间的黏结力减小，混凝土易坠落；若一次喷射厚度太小，石子无法嵌入灰浆层，会使回弹率增大。经验表明，一次喷射厚度，墙以 50～100 mm 为宜，拱则以 30～60 mm 为宜。

(3) 喷射混凝土材料

喷射混凝土材料要求凝结硬化快，早期强度高，故应优先选用硅酸盐水泥和普通硅酸盐水泥，且水泥的强度等级不得低于 42.5。为了保证混凝土强度和凝结速度，不得使用受潮或过期结块的水泥。

喷射混凝土的强度一般要求不得低于 15 MPa，水灰比以 0.4～0.45 为最佳。水灰比在此范围内时，喷射的混凝土强度高且回弹率小。为了维持混凝土强度，防止混凝土硬化后的收缩和减少粉尘，喷射混凝土中的细骨料应采用坚硬干净的中砂或粗砂，细度模数宜大于 2.5。为了减小回弹率和防止管路堵塞，喷射混凝土的粗骨料粒径一般不大于 15 mm。

为使喷射混凝土能迅速黏结在壁面上，需要在喷射混凝土中添加速凝剂。速凝剂的作用是增强混凝土的塑性和黏性，减小回弹量；对水泥的水化反应起催化作用，增大水化热，缩短初凝时间，加速混凝土的凝固。这样可增大一次喷射厚度，缩短喷层间的喷射时间间隔，提高混凝土的早期强度，及早发挥喷层的支护作用。但是，我国使用的喷射混凝土速凝剂碱性较高，这一方面会对施工人员的身体产生腐蚀，另一方面会降低混凝土后期强度。试验结果表明，掺入速凝剂后混凝土的后期强度有明显下降，而且掺入量越大强度损失越大，因此速凝剂的掺入量必须严格控制。

除此之外，喷射混凝土中还配有其他水泥改性剂，如增黏剂、减水剂、早强剂等，可以较好地改善喷射混凝土的支护性能。

在普通喷射混凝土中加入钢纤维能有效改善混凝土的整体力学性能，特别是提高混凝土喷层的抗拉强度与变形能力，变脆性材料为塑性材料。国内外已经在隧道及地下工程中使用钢纤维混凝土取代传统的普通混凝土并加设钢筋网作为永久支护，这样可减小钢筋网使用量，节省大量的人力、物力。一般在普通喷射混凝土中掺加4%的约30 mm长、长径比为60～100、直径为0.25～0.4 mm的(扭曲)钢纤维。这种喷射混凝土可提高抗压强度约50%、抗拉强度50%～70%、抗弯强度30%左右，韧度还能提高9倍，从而减少喷射混凝土因脆性问题可能引起的破坏。

(4) 喷射混凝土主要性能指标

① 喷射混凝土抗压强度

一般喷射混凝土设计的强度为15～20 MPa。喷射混凝土和一般混凝土一样，强度随时间增加而增大，最终强度可以达到设计强度的120%～130%。一般要求喷射混凝土一天龄期的抗压强度不低于5.0 MPa。

② 黏结强度

喷射混凝土的拌合料以高速冲击岩层面，不仅提高了浆料密实度，而且还能形成约5～10 mm厚的浆液层。因此，无论喷层面是砖、混凝土或石料，它们都有较高的黏结强度。

③ 喷射混凝土厚度

单独使用时，喷射混凝土厚度一般为50～150 mm；多次喷射时，喷射厚度也可以到250 mm；与锚杆联合使用时，根据工程性质不同，喷射厚度可以采用50～120 mm。考虑到防止围岩风化及工程特点，一般要求喷射厚度不小于80～100 mm。喷射混凝土厚度应达到设计要求，局部不得小于设计厚度的90%。

当岩体变形较大时，混凝土喷层将不能有效进行支护。试验表明，当喷射厚度超过150 mm时，不但支护能力不能提高，而且支护成本明显提高，因此，应选用锚喷联合支护。锚喷联合支护以锚杆为主，喷射混凝土只起对锚杆间表面岩石进行局部支护和防止围岩风化的作用。

(5) 喷射混凝土机具

喷射混凝土机具包括混凝土喷射机及其配套机械。下面重点介绍转子-Ⅱ型混凝土喷射机的结构、工作原理及分类。

喷射混凝土支护的发展，在一定程度上依赖于混凝土喷射机的发展。我国先后使用过螺旋式、双罐式喷射机。20世纪70年代，我国先后研制成功转子-Ⅰ型、转子-Ⅱ型喷射机，取代了机体高大、笨重、操作烦琐，以及劳动强度大的双罐式喷射机。如图4-16所示，转子-Ⅱ型喷射机由主机、传动机构、风路系统、电气系统、机架等组成。其主机由旋转体、密封胶板、定量下料机构、搅拌器、料斗出料弯头、上下壳体等组成。

转子-Ⅱ型喷射机为干式混凝土喷射机。工作时，电动机通过减速器带动旋转体、搅拌器和拨料板旋转，料斗中的混合料被均匀拨入旋转体的料槽。当装满料的料槽对准出料弯头时，内圈的气室也恰好对准进风管，于是混合料被压气压入出料弯头和输料管，在喷头处与水混合喷向岩面。为了减少粉尘、减小回弹率，一些单位对其进行了改进。如增加劈风装置；在喷头处采用双水环；加装橡胶覆盖板、弹性清扫器；将结合板改为聚酯橡胶材料；在排气口加滤尘罩等。因此，出现了不同型号的转子-Ⅱ型喷射机。

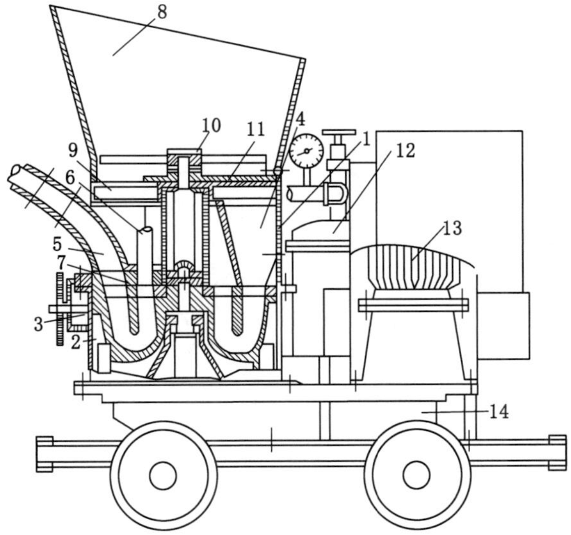

1—上壳体；2—下壳体；3—旋转体；4—入料口；5—出料弯头；6—进风管；7—密封胶板；8—料斗；
9—拨料板；10—搅拌器；11—定量板；12—油水分离器；13—电动机；14—减速器。

图 4-16　转子-Ⅱ型喷射机

转子-Ⅱ型喷射机结构紧凑，体积小，质量小，操作简单，出料均匀，输送距离远，效率高。转子式混凝土喷射机发展很快，早已形成系列机型。目前国内常用的转子式混凝土喷射机主要技术性能指标见表 4-12。

表 4-12　国内常用的转子式混凝土喷射机主要技术性能指标

喷射机类型	HPC6 型	HPC-V 型	PC6T 型	PZ-5 型	ZP-Ⅶ型	ZP-Ⅷ型
生产能力/(m^3/h)	6	4～5	6	5.0～5.5	5～6	5
适合水灰比	≤0.35	≤0.35	≤0.35	≤0.4	潮料	潮料
最大骨料粒径/mm	19	25	20	20	20	19
输料管直径/mm	50	50	50	50	50	
工作风压/MPa	0.2～0.4	0.2～0.4	0.15～0.40	0.2～0.4	0.12～0.40	0.12～0.40
耗风量/(m^3/min)	6～8	5～8	7～8	7～8	5～8	5～8
输送距离/m	120	200	200	200	120	
结构特征	整体式防黏料U形料杯、带防护罩防黏料出料弯头、整体式清扫板、翻转式快速楔销连接结构	单个或整体式防黏料U形料杯、风动振动器、速凝剂添加器	直通式防黏料转子，四点压紧	直通式防黏料转子，单点或四点压紧	直通式防黏料转子，四点压紧	直通式防黏料转子，单点压紧
电机功率/kW	5.5	5.5	5.5	5.5	5.5	4.0

表 4-12(续)

喷射机类型	HPC6 型	HPC-V 型	PC6T 型	PZ-5 型	ZP-Ⅶ型	ZP-Ⅷ型
外形尺寸(长×宽×高)/mm×mm×mm	1 300 × 740 × 1 150	1 400 × 740 × 1 300	1 170×740×1 200	1 520 × 820 × 1 280	1 225 × 740 × 1 170	1 200×640×1 080
质量/kg	700	≤750	700	700	820	420
生产单位	煤科总院南京研究所、南京圣澳支护设备有限责任公司	煤科总院南京研究所	煤科总院南京研究所、南京圣澳支护设备有限责任公司	郑州康达支护有限公司	江西煤矿机械厂	江西煤矿机械厂

4.5 锚索支护

为扩大锚杆支护的使用范围，充分发挥锚杆支护经济、快速、安全可靠的优点，在大断面、地质构造破坏地段，以及顶板软弱且较厚、高地应力的综放巷道等复杂条件下，通常采用小孔径预应力锚索进行加强支护。与锚杆支护相比，锚索支护具有锚固深度大、锚固力大、可施加较大的预紧力等诸多优点，是大松动圈巷道支护加固的重要手段。

(1) 锚索支护原理

预应力锚索加强支护在煤巷支护中占重要地位。它锚固深度大，可将下部不稳定岩层锚固在上部稳定的岩层中，可靠性较高，且可施加预应力，实现主动支护。锚索的作用主要有两个方面：

① 把下部大松动圈范围内群体锚杆形成的组合拱或组合拱之外的不稳定岩层悬吊在稳定岩层中，即悬吊作用。

② 锚索由于可施加较大的预紧力，可挤紧和密实岩层中的层理、节理裂隙等不连续面，增大不连续面之间的摩擦力，故可提高围岩的整体强度。对于大断面巷道、硐室来说，锚索还具有减跨作用。

(2) 锚索材料

锚索的主要部件有钢绞线、锁具和锚固剂。

钢绞线要选择强度高、韧性好的钢绞线。锚索既要有一定的刚度又要有一定的柔性，可盘成卷方便运输，又能自身搅拌树脂药卷，实现快速安装，适合在空间尺寸较小的巷道中使用。目前，广泛采用的是由 7 股直径 5 mm 高强度钢绞线(图 4-17)绞成的直径为 15.24 mm 的锚索，其有关性能参数见表 4-13。同时，ϕ17.8 mm、ϕ18.9 mm 的大直径锚索也在工程中得到了应用。

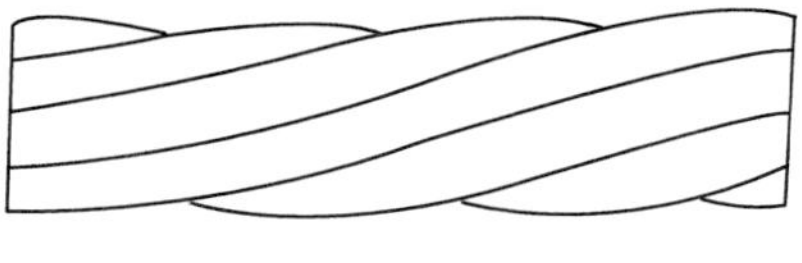

图 4-17　7 股直径 5 mm 的钢绞线

表 4-13 ϕ15.24 mm 锚索有关性能参数

直径/mm	15.24	
强度/MPa	1 725	1 860
公称截面积/mm^2	139.35	140.00
最小破断荷载/kN	240.2	260.7
质量/(kg/m)	1 094	1 102
1%延伸率的相应荷载/kN	204.2	221.5
延伸率/%	3.5	
屈服比	0.9	

锁具以瓦片式锁具为主。按钢绞线直径的不同，锁具有多种规格，使用时注意保证瓦片与钢绞线应有良好的匹配关系。

锚固剂采用普通树脂药卷加长锚固(内段采用超快或快速树脂药卷，外段采用中速树脂药卷)，使用锚杆钻机带动钢绞线搅拌树脂药卷，安装工序简单。由于树脂药卷凝结时间短，一般等待 1 h 即可安装锁具进行张拉，实现锚索的快速安装和及时承载，有利于巷道围岩稳定和快速施工。

(3) 锚索结构

小孔径预应力锚索结构较为简单，可分为 3 大部分：内锚固段、钢绞线自由段、外锚固段，如图 4-18 所示。内锚固段外径 D 的最大尺寸以不影响锚索在钻孔中搅拌树脂药卷为宜，一般比钻孔直径小 6～8 mm 较好，这样可确保树脂药卷搅拌均匀。

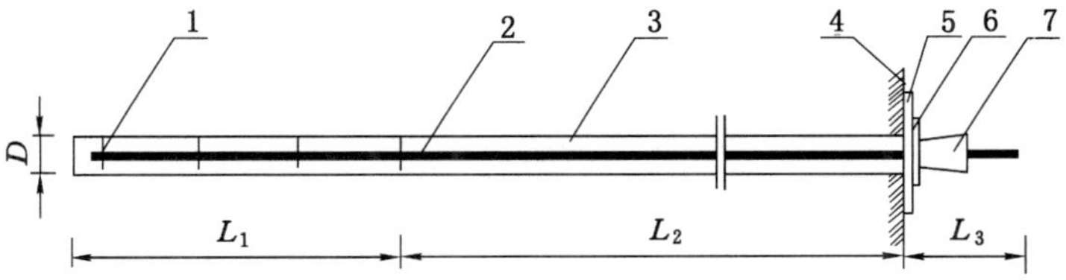

1—毛刺；2—钢绞线；3—钻孔；4—巷道围岩表面；5—槽钢；6—钢垫板；7—锁具；
L_1—锚索内锚固段长度；L_2—锚索有效长度；L_3—锚索外锚固段长度(包括锚索张拉长度)。

图 4-18 小孔径预应力锚索结构

(4) 锚索施工工艺

小孔径预应力锚索施工可分为地面准备、钻孔、锚固、张拉等 4 个主要工序，如图 4-19 所示。

锚索施工用锚杆钻机配中空六方接长钻杆和 ϕ27 mm 双翼钻头湿式打眼，扫孔后装入药卷(用锚索送入)，用专用搅拌器和锚杆钻机将锚索边推进边搅拌，搅拌时间视锚固剂型号而定，一般控制在 20～30 s。锚索安装 10 min 后，装上托梁、托盘、锚具，用专用张拉机具进行张拉，张拉预紧力控制在 50～100 kN。锚索的外露长度控制在(200±20)mm，多余的钢绞线用切割器剪掉。锚索的锚固力应不小于 200 kN，锚索安装 48 h 后，如发现预紧力减小，必须及时补拉。

锚索加强支护，已从最初的单根锚索加强支护，发展到锚索梁、锚索桁架等不同组合形式的加强支护；从最初应用于煤巷顶板支护，发展到煤巷两帮支护，尤其是在一些大断面岩

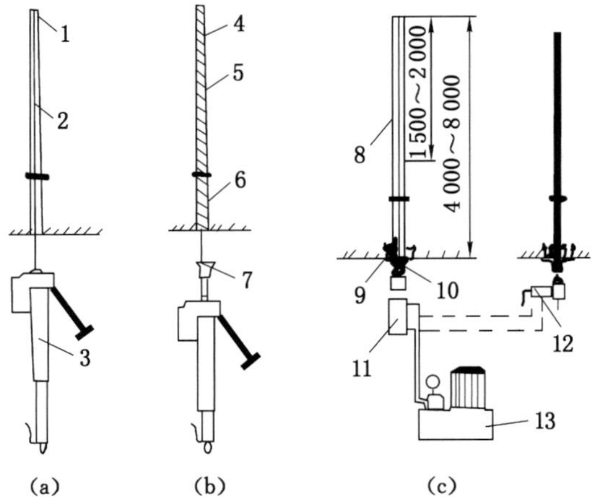

1—ϕ27 mm 钻头；2—钻杆；3—锚杆钻机；4—快速药包；5—中速药包；6—钢绞线；
7—驱动器；8—锚固段；9—托盘；10—锚具；11—张拉器；12—切割器；13—超高压隔油泵。

图 4-19 树脂锚索安装施工步骤示意图

巷、硐室、交岔点等处也开始应用锚索、锚索梁和锚索桁架进行加强支护。实践证明，在大断面巷道、顶板破碎巷道、硐室以及煤层巷道中，锚索加强支护是顶板控制和维护巷道稳定非常有效的措施。

（5）锚索钻机及张拉安装机具

① 锚索钻机

由于锚索孔较锚杆孔深，因此要求锚杆钻机具有较大的转矩。用液压地质钻机打锚索孔时，不仅设备质量大，难以搬运，而且操作、使用、维护都不方便，施工速度慢，与其他设备的配套性也较差。为适应煤矿巷道锚索施工的需要，我国研制开发了大功率气动、液压锚索钻机及锚索张拉机具，为煤矿巷道推广应用锚杆、锚索支护技术提供了可靠的机具保障。国产大功率气动、液压锚索钻机的主要技术性能指标详见表 4-14。其操作方法与气动顶板锚杆钻机相同。

表 4-14 国产大功率气动、液压锚索钻机的主要技术性能指标

钻机型号	MQT-110 型	MQT-90A 型	MQT-120 型	MQT-85 型	MQT-90 型	MYT-100S 型	MYT-120C 型	MYT100-140 型	MYT-100 型
额定压力 /MPa	0.5	0.5	0.5	0.5	0.5	12(液压)	15(液压)	10～13 (液压)	14 (液压)
额定转矩 /(N·m)	>110	90	120	85	90	100	120	100～140	100
额定转速 /(r/min)	240	≥300	175	240	≥240	350	320	300～325	≥250
耗气量 /(m/min)	3.6	3.6	2.9～3.6	3.8	3.2～3.5				
额定流量 /(L/min)						36+7	36	36	36

表 4-14(续)

钻机型号	MQT-110 型	MQT-90A 型	MQT-120 型	MQT-85 型	MQT-90 型	MYT-100S 型	MYT-120C 型	MYT100-140 型	MYT-100 型
推进力/kN	≥9.0	≥9.8	9.5	9.5	7.7	20	1.5～13	17	8
电机功率/kW						11	11	11	
适应岩石的普氏坚固性系数	≤8	≤8	≤8	≤8	≤8	≤10	≤10	≤10	≤10
钻孔直径/mm	27～42								
钻杆直径/mm	19 或 22								
冲洗水压/MPa	0.6～2.0								
工作尺寸/mm	1318～3 667	1 143～3 610	1 090～3 665	1 110～3 670	1 120～3 630	1 050～3 600	1 526～3 500	1 420～3 270	1 200～3 600
机身质量/kg	53～57	48～52	46～53	47～49	47.5～51	主机 48，泵站 280	主机 47～53，泵站 320	主机 57，泵站 260	主机 55～63，泵站 280
生产厂家	石家庄中煤支护装备厂		江阴市矿山器材厂		南京圣澳支护设备有限公司	江苏建湖县工矿机械厂	石家庄煤矿机械有限责任公司	石家庄中煤支护装备厂	江阴市矿山器材厂

② 锚索张拉安装机具

锚索安装涉及钻孔、锚固、张拉等一系列工序，而张拉是决定施工质量的关键工序。因此，锚索张拉机具是锚索支护成败的关键设备。锚索张拉安装机具主要由液压泵、张拉千斤顶、液压剪组成。目前，国内煤矿广泛使用的锚索张拉安装机具主要有 3 种：煤矿用手动式锚索张拉机具、煤矿用气动式锚索张拉机具(图 4-20)和煤矿用电动式锚索张拉机具。

图 4-20　煤矿用气动式锚索张拉机具

国内常用锚索张拉安装机具的主要技术性能指标见表 4-15。

表 4-15 国内常用锚索张拉安装机具的主要技术性能

机具型号		MSY-180手动式	MSY-230手动式	MDY-180电动式	MDY-230电动式	MQY-180气动式	MQY-230气动式	YJ-200液压剪	YCD-180千斤顶(SDB63手动泵)	QB-63气动式	YYJ-180液压剪	YDC-180/250千斤顶(SYB80手动泵)		QD-19液压剪	QD-25液压剪	QYB 0.45/70气动泵	SYZ(SL-20)手动千斤顶
千斤顶	额定张拉力/kN	180	230	180	230	180	230		180			180	250				180
	张拉力行程/mm	120	150	120	150	120	150		150			150	150				150
	适用钢绞线直径/mm	15.24或12.70	15.24或12.70	15.24或12.70	15.24或12.70	15.24或12.70	15.24或12.70	15.24或12.70	15.24或12.70			15.24或12.70	15.24或12.70				15.24或12.70
	质量/kg	17	11	17	11	17	11		10			18	21				18
液压泵	额定压力/MPa	63	63	63	63	63	63		63	63		高压80，低压1.5	高压80，低压1.5			0.35～70	40
	流量/(L/min)	高压1.9，低压12	高压1.9，低压12	0.75	0.75	0.75	0.75	0.75	高压1.8，低压27	0.66		高压1.1，低压13	高压1.1，低压13			0.45～13.9	5
	质量/kg	12	12	48	48	17.5	17.5	17.5	10	24		7.25				5	
液压剪	剪切力/kN							200			180			190	250		
	剪切行程/mm							20			20.5			16	20		
	通孔直径/mm							17			17			<16	<20		
	额定冲压/MPa							63			63			50	50		
	油缸型式							单作用自复位式			自复位式			自复位式	自复位式		
	质量/kg							8.7			10			6	10		
生产厂家		北京中煤矿山工程有限公司							江苏江阴市矿山器材厂			石家庄中煤支护装备厂					常州市常武安全仪器厂

与锚索张拉机具配套用的液压剪(也称钢筋剪断器)与手动泵或气动泵或电动泵配套使用,可以切断锚索外露多余的钢绞线。常见液压剪的定刀与外壳为一体化结构,更换刀头需将外壳整体更换,而新型液压剪则将定刀设计为拆卸式,当刀头变钝时,可直接卸下换上新刀头,外壳继续保留使用。

我国锚杆钻机从无到有,从单一品种到多品种,从单一动力到多种动力,形成了具有中国特色的锚杆钻机系列产品。回顾我国锚杆钻机的发展历程,有以下特点:

a. 国产锚杆钻机研究开发与我国锚杆支护技术同步发展。

b. 国产锚杆钻机的开发大部分是在引进国外产品,消化、吸收国外锚杆支护技术的基础上研制的。

c. 国产锚杆钻机的技术水平、新材料应用水平、加工工艺水平、可靠性等都与国外同类产品有一定差距。

d. 国产单体锚杆钻机发展速度较快,台车型、机载型、掘锚一体化锚杆钻机发展较慢。

4.6 棚式支护

支架支护所用的支架主要包括木支架和金属支架两类,其中金属支架包括采用矿用特殊钢材制作而成的梯形金属支架和拱形可缩性金属支架。矿用特殊钢材主要有矿用工字钢、矿用特殊型钢(U 型钢、Ⅱ型钢和特殊槽钢)、轻便钢轨等。矿用工字钢是专门设计的翼缘宽、高度小、腹板厚的工字钢,其几何特性既适于作梁,又适于作腿。U 型钢、Ⅱ型钢和特殊槽钢等是专门用于巷道支撑(可缩性支架)的型钢。U 型钢的两个截面系数接近相等,横向稳定性较好;矿用工字钢和 U 型钢的高度较一般型钢小,可减小巷道开挖量。而轻便钢轨除了可作为井下 1～3 t 矿车运输轨道外,也可用于巷道支护,但其受力性能较差。

(1) 梯形金属支架

梯形金属支架用 18～24 kg/m 钢轨、16～20 号工字钢或矿用工字钢制作,由两腿一梁构成。常用的梯形金属支架梁、腿连接方式如图 4-21 所示。由图可知,型钢棚腿下焊一块钢垫板,以防止它陷入巷道底板,有时还可以在棚腿之下加设木垫板或铁靴子(铁板底座)。

钢轨不是结构钢,就材料本身受力而言,用它制作支架不合适,但轻型钢轨容易获得,所以现场仍在使用。

梯形金属支架通常在回采巷道中适用,在断面面积较大、地压较大的其他巷道中也可使用。

(2) 拱形可缩性金属支架

拱形可缩性金属支架用矿用特殊型钢制作,其结构如图 4-22 所示。每架棚子由 1 根曲率半径为 R_1 的弧形顶梁和 2 根上端部曲率半径为 R_2 的柱腿组成。弧形顶梁的两端插入或搭接在柱腿的弯曲部分,组成 1 个三心拱。梁腿搭接长度约为 300～400 mm,搭接处用 2 个卡箍固定。柱腿下部焊有尺寸为 150 mm×150 mm×10 mm 的铁板作为底座。

支架的可缩性可用卡箍的松紧程度来调节和控制,通常要求卡箍上的螺帽扭紧力矩约为 150 N·m。拱梁和柱腿圆弧段的曲率半径 R_1 和 R_2 的关系是 $R_2/R_1=1.0～1.5$(常用的比值是 1.25～1.30)。在地压作用下,R_1 逐渐增大,R_2 逐渐变小。当巷道地压达到某一限定值后,弧形顶梁即沿着柱腿弯曲部分产生微小的相对滑移,支架下缩,从而缓和了顶岩

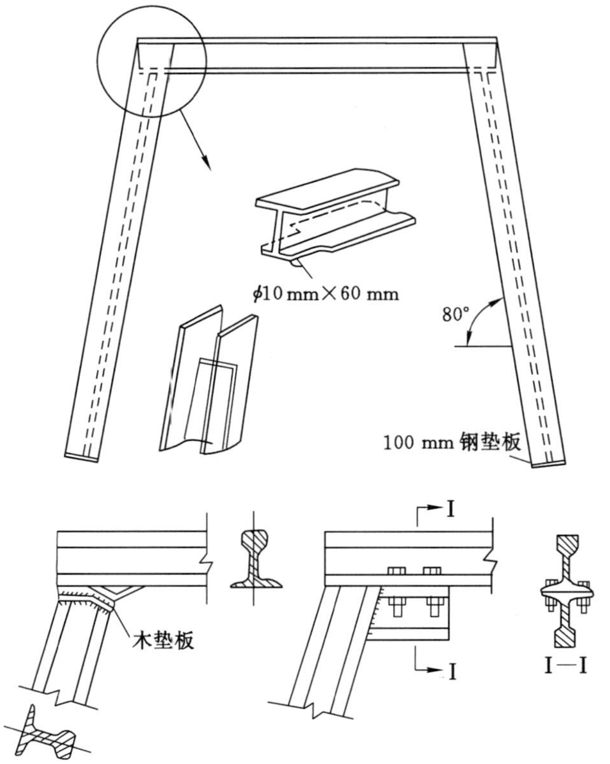

图 4-21 常用的梯形金属支架梁、腿连接方式

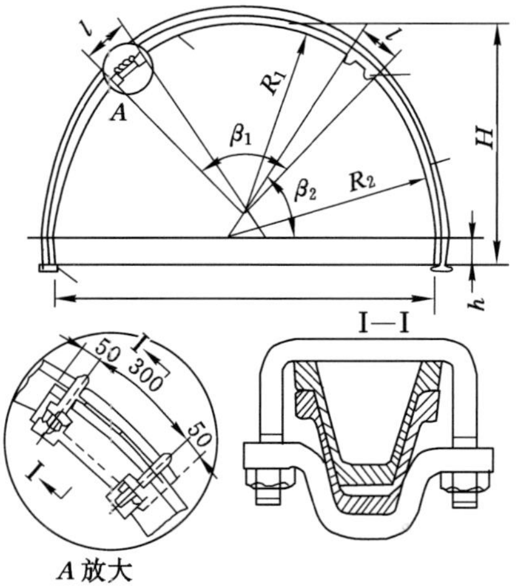

图 4-22 拱形可缩性金属支架结构

对支架的压力。可缩性金属支架在工作中可多次退缩，可缩性长度一般可达 30～35 cm。因此，在设计巷道断面时，应考虑留出适当的变形量，以满足巷道的后期使用要求。

拱形可缩性金属支架适用于地压大、地压不稳定和围岩变形量大的巷道，且支护断面面积一般不大于 12 m^2。此外，支架棚距一般为 0.7～1.1 m，棚子之间应用金属拉杆通过螺栓、夹板等互相紧紧拉住，或打入撑柱撑紧，以加强支架沿巷道轴线方向的稳定性。

4.7　联合支护及其他支护

联合支护可充分发挥不同支护方式的优点，提高支护结构的支护能力。围岩条件差或断面面积大的巷道，采用单一支护方式有时在技术上难度较大或不经济，而采用联合支护则往往能收到较好的效果。

4.7.1　混凝土大弧板支护

混凝土大弧板支护是专为软岩设计的新型支护，如图 4-23 所示。这种支护的特点是采用了超高标号钢筋混凝土弧板。弧板混凝土强度等级达 C100。其截面含钢率为 1.3%左右，板厚 0.2～0.3 m，宽 0.32～0.49 m，每块重 4.8～8.0 t，每圈根据巷道断面面积大小由 4～6 块弧板组成圆形支架，每 2～3 圈相接、成巷 1.0 m。支架的每米均布承载能力达 500～700 kN。

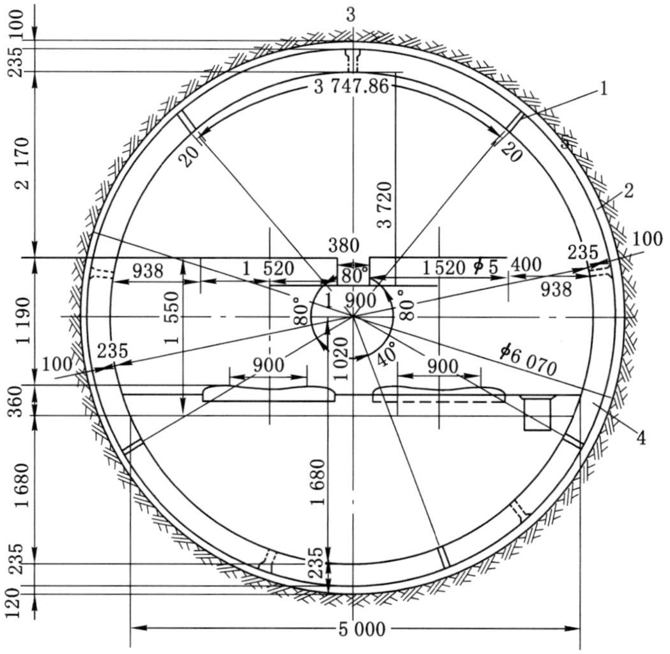

1—平滑可缩性夹层；2—柔性充填材料；3—吊装孔、注浆预留孔；4—混凝土高强弧板。

图 4-23　混凝土大弧板支护

弧板支护用机械手架设时，机械手可在轨道上行走，最大起重能力不大于 100 kN，适用于直径 4～5 m 的巷道。弧板架设后，为增强其可缩性，板后充填 100 mm 厚的柔性填层。施工时如遇顶帮难于维护时，可采用锚喷支护与弧板支护相结合的方式，即先采用锚喷支护，再架设弧板。

4.7.2 锚注支护

锚注支护是在锚喷支护或金属支架、砌碹支护基础上，进行壁后注浆的一种联合支护形式。它可增强支护结构的整体性和提高支护结构的承载能力，保证支护结构的稳定，既具有锚喷支护的柔性与让压作用，又具有金属支架和砌碹等支护方式刚性支架的作用。锚注支护主要应用于不稳定岩层，或者松软破碎岩层中的巷道支护。

（1）锚注支护机理

围岩注浆后，一方面将松散破碎的围岩胶结成整体，增大了岩体的内聚力、内摩擦角及弹性模量，从而提高了岩体强度，使无支撑能力的破碎围岩变成具有一定强度的一部分支护结构；另一方面，使普通端锚锚杆实现全长锚固，从而增大了锚杆的锚固力和提高了其可靠性，全长锚固锚杆将多层组合拱连成一个整体，共同承载，提高了支护结构的整体性和承载能力。其注浆加固支护机理如图 4-24 所示。

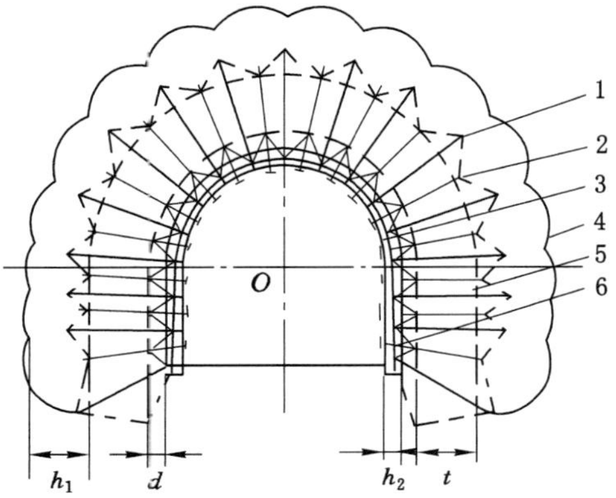

1—普通金属锚杆；2—注浆锚杆；3—金属网喷层；4—注浆扩散范围；
5—因锚杆作用形成的锚岩拱；6—因喷网层作用形成的组合拱。

图 4-24 注浆加固支护机理图

（2）注浆材料

目前常用的注浆材料有粒状浆材和化学浆液两大类。其中，以水泥为主的粒状浆材来源广泛且价格低廉，使用简单，是主要的注浆材料。但由于常用的水泥颗粒直径较大，一般只能灌注直径大于 0.2 mm 的孔隙，对中、小孔隙不易灌注，使其应用范围受到限制。化学浆液材料可注性好，浆液黏度小，能注入微细孔隙中，但其一般都有毒性、价格偏高，且结石强度比水泥浆液强度低，使用技术较复杂，仅应用于井巷特殊部位的加固。

水泥浆液可分为两类：一类是普通单液水泥浆；另一类是水泥-水玻璃浆液。

① 普通单液水泥浆

普通单液水泥浆以水泥为主，添加一定量的附加剂，用水配制成浆液，采用单液方式注入。

② 水泥-水玻璃浆液

水泥-水玻璃浆液亦称 CS 浆液（C 代表水泥，S 代表水玻璃），以水泥和水玻璃为主要原料，两者按一定的比例采用双液方式注入，必要时可加入附加剂。

(3) 注浆锚杆

注浆锚杆是具有锚固和注浆双重作用的特制中空锚杆，其外段用于锚固和封孔，内段用于注浆，达到锚注合一的功效。

锚杆杆体一般用外径为 20～22 mm，壁厚 3 mm 的冷拔无绣钢管或 4 分焊接管制作而成。为便于注浆，在锚杆杆体钻有交叉布置的 $\phi 6$ mm 出浆孔；在锚杆端部切有 M22 细牙螺纹，螺纹长 30～50 mm。注浆锚杆结构如图 4-25 所示。

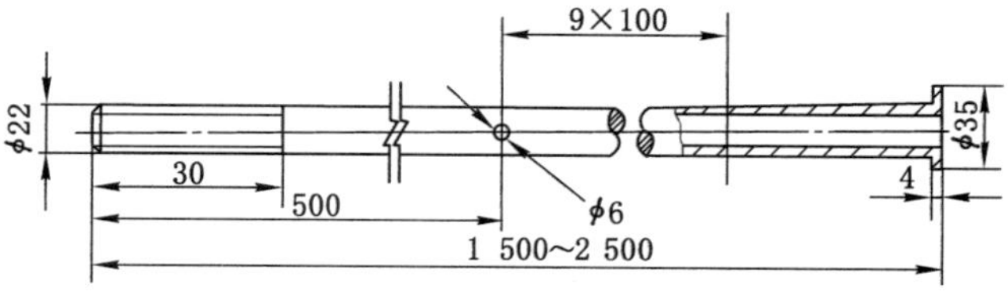

图 4-25 注浆锚杆的结构

4.7.3 衬砌支护

拱碹是一种历史悠久的传统支护结构，施工速度慢、效率低且不能紧靠掘进工作面及时支护，在煤矿井巷工程中的使用已日渐减少。但拱碹（特别是钢筋混凝土拱碹）支护强度大、服务年限长、巷道净断面形状规整，一般用于服务年限长、不受采动影响、围岩变形量小的巷道。在有大面积淋水的巷道，当采用锚喷支护不合适时，采用砌体拱碹支护可能是较好的选择。拱碹支护一般属刚性支护，但如果在砌筑时加入可缩性材料，砌体拱碹也可具有一定的可缩性，能适应围岩的变形。这种拱碹多用于全封闭支护的巷道。

(1) 砌碹支护

砌碹支护主要是采用砌块砌筑成连续的支护结构，多采用拱形结构。拱形结构一般由拱、墙和基础组成。砌块材料可采用石材、混凝土砌块等。

砌碹支护具有坚固耐久、防火阻水、通风阻力小、材料来源广泛等优点和施工复杂、工期长、成本高的缺点，主要用于服务年限较长的巷道，目前在矿井中已被现浇混凝土支护和锚喷支护所代替。

(2) 现浇混凝土支护

现浇混凝土支护是在巷道内借助模板浇灌混凝土而实施的整体式支护方式。现浇混凝土支护对地质条件适应性强，易于按需要成型，服务年限长，而且可以适合多种施工方法。但由于其施工成本高，目前在矿山巷道中应用较少，主要用于井筒、不稳定软岩巷道以及各类重要的硐室支护工程。

4.7.4 联合支护

为了适应各种复杂的地质条件，特别是在软岩工程中，为使支护方式更为合理，往往同时采用几种支护形式，即联合支护。如锚喷（锚索）与 U 型钢支架联合支护、锚喷与大弧板或与石材砌碹联合支护、U 型钢支架与砌碹联合支护等。

顶板在破碎的地层中，或在自稳时间较短的地层中，由于锚喷支护较为及时，在揭开岩石后立即施以先喷后锚支护，然后在顶板受控制的条件下，再按设计施以锚注、U 型钢或大弧板等支护，也有先施以 U 型钢支架，然后立模浇灌混凝土或喷射混凝土，构成联合支护。

联合支护应先采取柔性支护，待围岩收敛变形速度小于 1.0 mm/d 后，再施以刚性支护，避免先用刚性支护而由于变形量过大造成破坏。联合支护的成本较高，实践中应根据支护监测结果、工程需要等来确定联合支护的形式和施工的先后顺序，以确保在满足安全的条件下降低工程成本。

5　平巷掘进通风、防尘及降温

5.1　通　　风

通风、防尘与降温是巷道掘进中的重要工作，是保证安全生产和作业人员身体健康的关键，也是以人为本的重要体现。按照《煤矿安全规程》的规定，井下采掘工作面的进风流中，氧气浓度不低于 20%，二氧化碳浓度不超过 0.5%。按照《煤矿井巷工程施工标准》(GB/T 50511—2022)的规定，掘进工作面的风量应能在爆破后 15 min 内把工作面的炮烟排出；按掘进工作面同时工作的最多人数计算，每人每分钟的新鲜风量不应小于 4 m^3；风速不得小于 0.15 m/s；混合式通风系统的压入式扇风机，必须在炮烟全部排出工作面后方可停止运转。

实践表明，只有严格遵守这些规定，才能确保矿井建设与生产的安全。近年来，由于违章作业、风量不够大强行作业等造成的煤矿安全事故时有发生，给国家和矿井作业人员造成了巨大损失。因此，坚持安全第一，以风定产，严格按规程办事，杜绝各类安全事故的发生，是矿井建设和生产管理过程中一项长期而艰巨的任务，需要认真对待，常抓不懈。

5.1.1　掘进通风方法

掘进通风的主要特点是只有一个出口，本身不能形成通风系统。掘进通风方法有 3 种，即利用矿井全风压通风、利用水力或压气引射器通风和利用局部通风机通风。全风压通风是直接利用矿井主要通风机及自然因素造成的风压，并借助导风设备对掘进工作面进行通风的一种方法。全风压指通风系统中主要通风机出口侧和进口侧的总风压差。《煤矿安全规程》规定，掘进巷道必须采用矿井全风压通风或局部通风机通风。

利用局部通风机通风是我国煤矿广泛采用的一种掘进(局部)通风方法，其通风方式可分为压入式、抽出式和混合式 3 种，其中以混合式通风效果最佳。

(1) 压入式通风

压入式通风是指局部扇风机把新鲜空气经风筒压入工作面，污浊空气沿巷道流出的一种通风方式。压入式局部通风机和启动装置必须安装在进风巷道中，距回风口的距离不得小于 10 m，如图 5-1 所示。

在通风过程中炮烟逐渐随风流排出，当巷道出口处的炮烟浓度下降到允许浓度时(此时巷道内的炮烟浓度都已降到允许浓度以下)，即认为排烟过程结束。

压入式通风方式可采用胶质或塑料等柔性风筒。这种风筒比金属风筒吊挂方便，漏风也少，可用于长距离的独头巷道中。压入式通风的优点是：有效射程 $L_{压}$ 大，冲淡和排出炮烟的作用比较强，工作面回风不通过扇风机，在有瓦斯涌出的工作面采用这种通风方式比

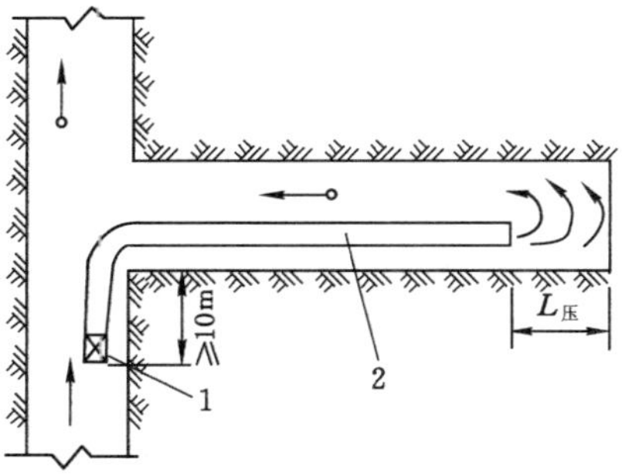

1—局部扇风机；2—柔性风筒；$L_压$—有效射程。

图 5-1　压入式通风示意图

较安全；缺点是：长距离巷道掘进排出炮烟需要的风量大，所排出的炮烟在巷道中随风流而扩散，蔓延范围大，工人进入工作面往往要穿过这些蔓延的污浊气流，影响身体健康。

(2) 抽出式通风

抽出式通风是指局部扇风机把工作面的污浊空气经风筒抽出，新鲜风流沿巷道流入工作面的一种通风方式(图 5-2)。该种通风方式要求风筒的排风口必须设在主要巷道风流方向的下方，距掘进巷道口的距离不得小于 10 m。

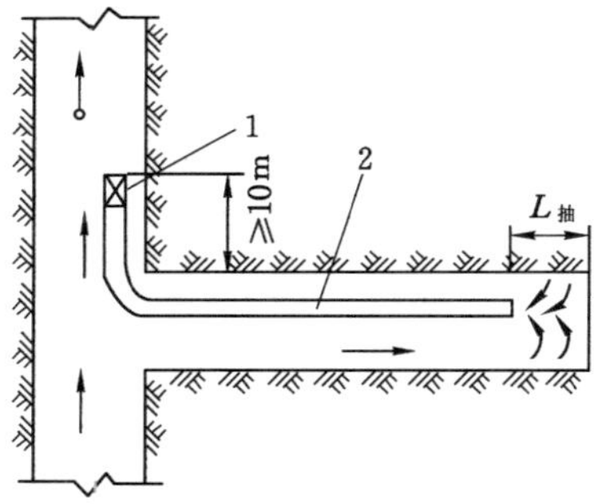

1—局部扇风机；2—刚性风筒；$L_抽$—有效吸程。

图 5-2　抽出式通风示意图

抽出式通风风流不经过巷道，故排烟的时间或排烟所需风量与巷道长度无关，只与排烟抛掷区的体积有关。但由于回风流经过扇风机，如果叶轮与外壳碰撞或其他原因产生火花，则有引起煤尘、瓦斯爆炸的危险，因此在有瓦斯涌出的工作面不宜采用。

抽出式通风的有效吸程 $L_抽$ 很小，只有当风筒口离工作面很近时才能获得满意的效果，而这一点对于非机组掘进工作面很难做到，故目前在平巷掘进中很少采用这种方式。抽出式通风的优点是：在有效吸程范围内的排尘效果好，排除炮烟所需的风量较小，回风流不污染巷道。抽出式通风只能用刚性风筒或刚性骨架的柔性风筒。

(3) 混合式通风

混合式通风是压入式通风和抽出式通风的联合运用。掘进巷道时，单独使用压入式通风或抽出式通风都存在不足。为了达到快速排除炮烟的目的，可利用一台辅助局部扇风机进行压入式通风，使新鲜风流压入工作面进而冲洗工作面的有害气体和粉尘。为使冲洗后的污风不在巷道中蔓延而经风筒排出，用另一台主要局部扇风机进行抽出式通风，这样便构成了混合式通风。

混合式通风时局部扇风机和风筒的布置如图 5-3 所示。局部扇风机 1 的吸风口与抽出风筒抽入口的距离应不小于 15 m，以防止造成循环风流。当掘进巷道很长，一台局部扇风机满足不了通风要求时，可在距局部扇风机 4 约 1/3 风筒长度处串联一台局部扇风机 3。要求局部扇风机 3 和局部扇风机 4 的抽出风量比局部扇风机 1 的吸入风量大 20%～25%。吸出风筒口到工作面的距离要等于炮烟抛掷长度，压入新鲜空气的风筒口到工作面的距离要小于或等于压入风流的有效作用长度，只有这样才能取得预期的通风效果。

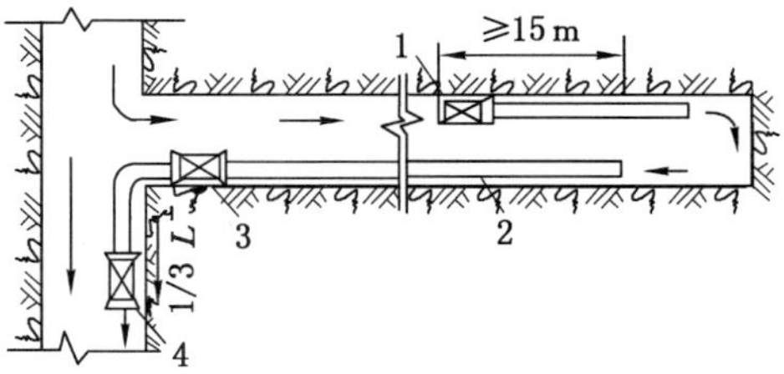

1—压入式局部扇风机；2—风筒；3、4—抽出式局部扇风机；L—风筒长度。

图 5-3　混合式通风示意图

5.1.2　掘进通风设施

(1) 局部通风机

局部通风机是掘进通风的主要设备，其体积小、效率高、噪音小，风量、风压可调，坚固、防爆。JBT(BKJ)系列轴流式局部通风机虽然还在广泛使用，但风量、风压偏小，噪音高达 103～118 dB(A)，属于已淘汰产品。我国生产的 BKJ66-1 子午加速型系列局部通风机效率较高，噪声较小。该系列局部通风机有多种规格，其中 BKJ66-1 型 No. 4. 5 局部通风机的性能指标见表 5-1。

表 5-1　BKJ66-1 型 No. 4. 5 局部通风机的性能指标

转速/(r·min^{-1})	性能点	全风压/Pa	风量/(m^3·min^{-1})	全压效率/%	配套电动机功率/kW
2 950	1	1 901	3.00	84	8
	2	1 784	3.75	92	
	3	1 666	4.00	91	
	4	1 323	4.50	82	
	5	931	5.00	70	
1 475	1	470	1.50	84	11
	2	441	1.87	92	
	3	412	2.00	91	
	4	323	2.25	82	
	5	235	2.50	70	

(2) 风筒

风筒分刚性风筒和柔性风筒两大类。常用的刚性风筒有铁风筒、玻璃钢风筒等,其优点是坚固耐用,适用于各种通风方式;缺点是笨重,接头多,体积大,储存、搬运、安装都不方便。常用的柔性风筒有胶布风筒、软塑料风筒等,其在巷道掘进中广泛使用。柔性风筒具有轻便、安全可靠等优点,但易于划破,只能用于压入式通风。近年来研制出的带刚性骨架的可缩性风筒,即在柔性风筒内每隔一定距离加入钢丝圈或螺旋形钢丝圈制得的风筒,既可用于抽出式通风,又具有可收缩的特点。常用风筒规格见表 5-2。

表 5-2　风筒规格

风筒名称	直径/mm	每节长度/m	壁厚/mm	单位质量/(kg·m^{-1})
铁风筒	400	2.0、2.5	2.0	23.4
	500	2.5、3.0	2.0	28.3
	600	2.5、3.0	2.0	34.8
	700	2.5、3.0	2.5	46.1
	800～1 000	3.0	2.5	54.5～68.0
胶布风筒(含胶 30%)	300	10.0	1.2	1.3
	400	10.0	1.2	1.6
	500	10.0	1.2	1.9
	600	10.0	1.2	2.3
软塑料风筒	300	50.0	0.3	
	400	50.0	0.4	1.3
玻璃钢风筒	700	3.0	2.2	12
	800	3.0	2.5	14

(3) 掘进通风设施的选择

选择掘进通风设备的程序是:确定通风方式,选择风筒,计算风量,计算通风阻力,选择局部扇风机。

选择风筒直径的主要依据是送风量与通风距离。当送风量大、通风距离长时,风筒要选直径大一些的。另外,还要考虑巷道断面面积大小,以免风筒无法布置或易被矿车划破。选择风筒,除了考虑技术上可行之外,还要考虑经济上合理。风筒直径大时,成本高但耗电量小,故应予以综合考虑。

根据现场经验,通风距离不大于 200 m 时可选用直径为 400 mm 的风筒;通风距离为 200～600 m 时可选用直径为 500 mm 的风筒;通风距离在 500～1 000 m 时可选用直径为 600～800 mm 的风筒;通风距离在 1 000 m 以上时可选用直径为 800～1 000 mm 的风筒。

5.1.3　巷道通风管理

独头长距离压入式通风已在煤巷、煤-岩巷和岩巷掘进中得到广泛应用。在现有通风设备的基础上,只要加强通风管理就可提高通风效率,实现单机独头长距离通风。

1972 年,枣庄煤矿使用 1 台 11 kW 局部通风机创造了送风距离达 3 795 m,有效风率达 96.01%的新纪录，取得了良好的技术经济效益。1984 年，湖南杨梅山煤矿使用 1 台 JBT-52-2 型局部通风机取得了独头送风距离达 4 107 m，工作面风量为 88.76 m^3/min，有效风率为 93.5%，以及年节约资金 31.93 万元的成就，创造了全国煤矿独头长距离通风的最高纪录。

独头长距离通风的关键是最大限度地保持风筒平、直、紧、稳，减少漏风和减小阻力，并保证风机的正常运转，一般应做到以下几点：

(1) 防止和减少漏风。方法主要有：减少接头，改进接头形式，消除针眼漏风，发现破口及时修补等。

(2) 减小通风阻力。方法主要有：采用相同直径的风筒，保证风筒吊挂质量，排除风筒内的积水，采用大直径风筒或双风筒并联供风等，必须拐弯时，应尽可能使拐弯平缓或采用铁制弯头。

(3) 保障局部通风机的安全正常运转。方法主要包括：注意电动机的保护，实现局部通风机的风电闭锁，增加局部通风机的消音装置等。安设消音器可以大大减小局部通风机运转时的噪音。

(4) 局部通风机的安装和使用。局部通风机的部件要齐全，螺栓要拧紧；应采用双回路或单独供电，保证正常运转；为了保证局部通风机最大风量和风压，叶轮与外壳间距不得小于 2 mm，否则应及时修理或更换；局部通风机启动时，应先断续开停几次后，再使风机转入运行，以避免风筒破裂或接头被拉开；局部通风机必须指定专人负责管理，定期检查，及时处理发现的问题。

5.1.4　引射器

引射器通风的原理是利用喷嘴喷出的高压流体(高压水或压气)在喷嘴射流的周围造成负压而吸入空气，并在混合管口内混合，将能量传递给被吸入的空气，使之具有通风压力，达到通风的目的。引射器通风一般采用压入式通风。从能量消耗看，压气引射器不经济，而水力引射器比较好。

采用引射器通风的主要优点是：无电气设备，无噪声，比较安全。若采用水力引射器通风，还能起到降温、降尘的作用。采用引射器通风的主要缺点是：供风量小，需要水源或压气。故引射器通风适用于需要风量不大的短距离掘进通风，一般用于有煤与瓦斯突出的煤巷掘进中。

5.2　防　　尘

掘进巷道时，在钻眼、爆破、装岩、运输等工作中，不可避免地要产生大量的岩矿微粒，这些岩矿微粒统称为煤矿粉尘。实测表明，矿井粉尘中所含游离 SiO_2 达 30%～70%，这其中大部分是粒径小于 5 μm 的粉尘。这些粉尘极易在空气中浮游，被人吸入体内，时间久了就易患矽肺病，严重影响工人的身体健康。因此，《煤矿安全规程》规定，井下所有作业地点的空气含尘量不得超过 2 mg/m^3，进入井巷和采掘工作面的风源含尘量不得超过 0.5 mg/m^3。

为了保证作业人员的身体健康，掘进井巷和硐室时，必须采取湿式钻眼、冲洗井壁巷帮、爆破喷雾、装岩(煤)洒水和净化风流等综合防尘措施。

5.2.1 矿尘的危害

矿尘的危害主要有以下两个方面。

(1) 对人体的危害

如果人体肺部长期吸入大量的矿尘,就会患尘肺病。尘肺病是目前对煤矿职工身体健康危害最大的一种职业病。一旦患病,凭现阶段的医学水平还很难根治。又因其发病缓慢,往往容易被人们忽视,因此造成的后果更严重。

此外,皮肤上沾染矿尘会阻塞毛孔,引起皮肤病或皮肤发炎;矿尘可刺激眼膜,引起角膜炎,造成视力减退;矿尘吸入人体后,能刺激呼吸系统,引起上呼吸道发炎等。

《煤矿安全规程》规定,作业场所空气中粉尘(总粉尘、呼吸性粉尘)浓度应符合表5-3的要求,不符合要求的,应采取有效措施。

表5-3 作业场所空气中粉尘浓度要求

粉尘种类	游离 SiO_2 含量/%	时间加权平均容许浓度/($mg \cdot m^{-3}$)	
		总粉尘	呼吸性粉尘
煤尘	<10	4	2.5
矽尘	10~50	1	0.7
	50~80	0.7	0.3
	≥80	0.5	0.2
水泥尘	<10	4	1.5

注:时间加权平均容许浓度是以时间加权数规定的8 h工作日、40 h工作周的平均容许接触浓度。

(2) 煤尘爆炸

具有爆炸性的煤尘在一定条件下能发生爆炸,从而给矿井造成严重灾害。煤尘爆炸会产生高温、高压和生成大量有毒气体,破坏井巷,毁坏设备,甚至导致整个矿井的毁坏,严重威胁矿井的安全生产和人员的生命安全。

5.2.2 综合防尘措施

矿井必须采取综合防尘措施,即掘进工作面应采取湿式凿岩、喷雾洒水、选择适当的局部通风除尘系统、风流净化、机械捕尘、个体防护等综合防尘措施;采煤工作面应采取煤层注水、采空区灌水、喷雾洒水、通风除尘、个体防护等综合防尘措施。有煤尘爆炸危险的矿井,必须采取设置自动水幕,撒布岩粉,设置水棚、水袋、岩粉棚等有效的防隔爆措施。

(1) 湿式钻眼

湿式钻眼是综合防尘最主要的技术措施。严禁在没有防尘措施的情况下进行干法生产和干式凿岩。湿式钻眼是在钻眼过程中用水冲洗炮眼,使岩粉变成浆液从炮眼流出,阻止粉尘飞扬的钻眼方法。它能显著降低巷道中的粉尘浓度。另外,据测定,使用水炮泥爆破的降尘率可达70%~80%,空气中的有害气体含量可减小37%~46%。

(2) 喷雾洒水

喷雾洒水就是将压力水通过喷雾器在旋转或冲击作用下,使水流雾化成细散的水滴喷射于空气中。在矿尘产生量较大的地点进行喷雾洒水，是捕获浮尘和湿润落尘最简单易行的有效措施。

爆破时，破碎岩石和爆破冲击波的作用会产生大量粉尘。装药时使用水炮泥封堵是减少爆破粉尘的重要措施。在爆破前要用水冲洗岩帮，爆破后立即进行喷雾，装岩前要向岩堆上洒水，水能黏结细粒粉尘，以免造成装岩扬尘。实践表明，岩堆单位体积耗水量与粉尘浓度成反比(表 5-4)。

表 5-4　粉尘浓度与岩堆单位体积耗水量的关系

耗水量/(L/m³)	8	16	22	25
粉尘浓度/(mg/m³)	1.5～1.8	1.1～1.5	0.9～1.0	0.5～1.5
平均粉尘浓度/(mg/m³)	1.7	1.4	1.0	0.9

从表 5-4 可以看出，当耗水量为 8 L/m³ 时，平均粉尘浓度可降至 2.0 mg/m³ 以下。

(3) 加强通风排尘工作

通风工作除不断向工作面供给新鲜空气外，还可将含尘空气排出，降低工作面的粉尘浓度。试验表明，当巷道中风速达到 0.15 m/s 时，粒径在 5 μm 以下的粉尘能浮游并与空气混合而随风流动，这一风速称为最低排尘风速。风速增大，粒径较大的尘粒也能浮游并被排走。在产尘量一定的情况下，风速增大，粉尘浓度随之降低。当风速在 1.5～2.0 m/s 时，作业点的粉尘浓度降到最小值，这一风速称为最优排尘风速。风速若再提高，会吹扬已沉降的粉尘，使粉尘浓度再次提高。因此，为了做好通风排尘工作，一方面应在掘进巷道建立通风系统，以形成主风流；另一方面应在各作业点做好局部通风工作，保证工作面能得到足够的风量和一定风速，以便迅速把工作面的粉尘稀释并排到主回风流。

(4) 加强个人防护工作

工人在工作面作业时一定要佩戴防尘口罩。普通纱布口罩阻尘效率低，工作时呼吸阻力较大，而且潮湿后佩戴不舒服。近年来，我国有关部门研制了多种防尘口罩，对保护粉尘作业人员的身体健康起到了积极作用。此外，对工人要定期进行身体健康检查，发现病情及时治疗。

(5) 清扫落尘

沉降在巷道四周、支架及设备、物料上的矿尘，即落尘，一旦受到冲击，就能再度飞扬。落尘既影响生产环境，又是井下煤尘爆炸的一个隐患。当巷道周壁沉积的煤尘厚度达 0.05 mm 时，若受到气浪冲击成为浮尘时就可达到爆炸下限浓度。因此，《煤矿安全规程》规定，矿井必须及时清除巷道中的浮煤，清扫或冲洗沉积煤尘，定期撒布岩粉；定期对主要大巷刷浆，消除爆炸源，并防止在一旦发生煤尘爆炸时引发连续爆炸。

5.3　井下降温

5.3.1　井下降温的一般规定

我国煤矿采深以每年约 10 m 的速度增大，接近或超过千米的矿井逐渐增多，如新汶孙村煤矿、开滦赵各庄煤矿、本溪彩屯矿、徐州张小楼煤矿等。越来越多的矿井出现了湿热环境，采掘工作面风温高于 30 ℃、岩温高达 35～45 ℃的矿井已有几十对。随着矿井开采水平的延深，高温、高湿已成为继瓦斯、煤尘之后又一个危害工人身心健康的危害源。

实践经验表明，人在高温、高湿环境下，劳动生产率显著降低，正常的生理功能会发生变化，身心健康受到损害。《煤矿安全规程》规定，当采掘工作面空气温度超过 26 ℃、机电设备硐室超过 30 ℃时，必须缩短超温地点工作人员的工作时间，并给予高温保健待遇。当采掘工作面的空气温度超过 30 ℃、机电设备硐室超过 34 ℃时，必须停止作业。

因此，加大矿井热害的防治力度，创造良好的工作环境，已成为与防治瓦斯、煤尘灾害同等重要的当前矿井管理重要的工作内容之一。矿井热害防治措施很多，但归纳起来不外乎两大类，即采取非人工制冷降温措施和采取人工制冷降温措施。然而，单一的热害防治措施往往难以奏效，一般采取综合措施来治理热害。

5.3.2　非人工制冷降温措施

（1）通风措施

通风降温措施简单易行，既经济，又效果较好。常用的通风措施有：

① 增大风量

在矿井热害不太严重的情况下，可通过增大风量来降低井下温度。但是，风量的增大不是无限制的，它受规定的风速和降温成本的制约，且当风量增大到一定程度后，其降温作用会逐渐减小直至消失，因此，增大风量降温措施的作用有限。

② 采用同流通风

在风流方向与运煤方向一致的同流通风条件下，由于采区进风道和采煤工作面没有外运煤和运输机械这两个热源，所以这些地点的气象条件在同流通风的作用下得以明显改善。根据德国的经验，与在进风道内运煤相比，采煤工作面进风流的同感温度可降低 4～5 ℃。

③ 选择合理的通风系统

选择合理的通风系统，就是要尽量缩短进风线路的长度。当井田走向长度一定时，采用的通风系统不同，进风线路的长度也不相同。当采用中央式、对角式及混合式通风系统时，其降温效果是不同的。与中央式通风系统相比，在风速相同时，对角式通风系统风温低 2.2～6.3 ℃；混合式通风系统风温低 2.1～9.3 ℃。

④ 选择合理的通风形式

从降温角度考虑，采用 W 形通风能改善采煤工作面的环境状况。W 形通风是一种由工作面上下顺槽进风、工作面中部顺槽回风的通风方式。W 形通风使采煤工作面的通风长度缩小一半，减小了采煤工作面通风阻力，增大了采煤工作面风量，改善了工作面环境状况。

（2）开拓措施

根据井田的地质特征及热害来源，主要进风巷应尽可能避开局部高温区，并尽可能布置在低岩温巷道中。例如，在新汶孙村煤矿，－210 m 水平（岩温为 21.5 ℃）夏季风流通过长1 000 m 巷道的温升为－1.92 ℃。

（3）其他措施

① 隔绝热源

采用某些隔热材料喷涂岩壁，可以减少围岩放热。目前国内外常用的隔热材料有聚乙烯泡沫、硬质氨基甲酸泡沫、膨胀珍珠岩及其他防水性能较好的隔热材料。

② 预冷煤层

预冷煤层是一种利用采煤工作面附近的平巷或斜巷布置钻孔，将低温水通过钻孔注入煤体，使采煤工作面周围的岩体受到冷却的降温措施。预冷煤层要比采用制冷设备更为经济有效，并可兼收降尘之利。

③ 进风井喷水

在进风井处，用冷水喷雾可以降低矿井进风温度，从而达到改善主要作业点环境条件的目的。

(4) 个体防护

所谓矿工个体防护，就是在矿内某些环境条件恶劣的地点，由于技术和经济上的原因，不宜采取风流冷却措施时，可让矿工穿冷却服，实行个体防护。研究表明，穿冷却服是保护个体免受恶劣气候环境危害的有效措施。个体防护的制冷成本仅为其他制冷成本的1/5左右，因而世界各国争相开展冷却服的研制。

5.3.3　人工制冷降温措施

在高温矿井中，当采用增大风量等非人工制冷降温措施后，矿内主要作业地点的温度仍达不到《煤矿安全规程》规定的要求时，应采取人工制冷降温措施，即采用矿井空调降温。

根据空调降温对象、制冷站位置、空气处理设备位置、载冷介质性质、冷气传输管数量和系统开闭情况等，矿井空调系统有地面集中制冷、井下集中制冷、井下分散制冷3种方式。

如果矿井有若干个工作面且这些工作面全部需要空调，就应考虑集中制冷。目前国内外高温矿井采用的集中制冷设备，通常有地面布置、井下布置和联合布置3种形式。

(1) 制冷站设在地面(图5-4)

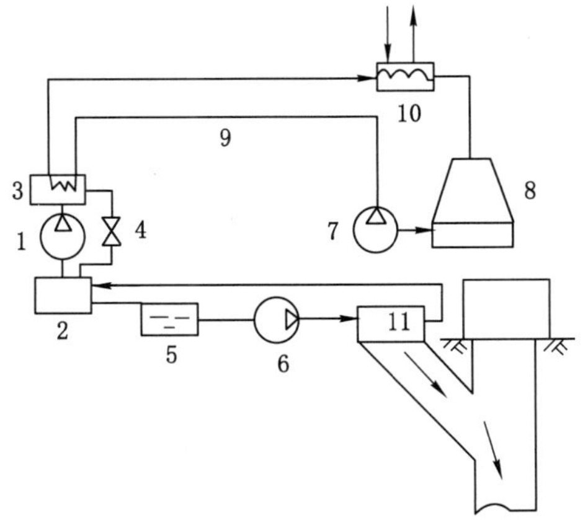

1—制冷压缩机；2—蒸发器；3—冷凝器；4—节流阀；5—水箱；6、7—水泵；8—冷却塔；
9—冷却水管；10—热交换器；11—空冷器。

图5-4　制冷站设在地面且在地面冷却总进风示意图

制冷站设在地面有两种冷媒输送方式，其一，将全部进风风流冷却；其二，制出冷冻水，再将冷冻水送至井下工作面附近的空气冷却器，以冷却井下空气。

(2) 制冷站设在井下(图 5-5)

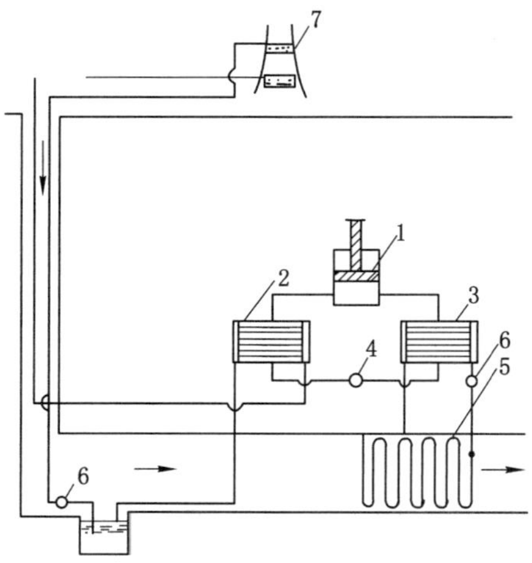

1—制冷压缩机;2—冷凝器;3—蒸发器;4—减压阀;5—空冷器;6—水泵;7—冷却塔。

图 5-5 井下冷却装置系统

制冷站设在井下的冷媒输送方式也有两种,其一,冷却井下部分风流;其二,制出冷冻水,再将冷冻水送至各个工作面空气冷却器,冷却工作面空气。

(3) 地面与井下联合布置制冷站

此种布置形式是井上、井下同时布置制冷设备,冷媒输送方式为地面制冷站产生的冷冻水通过高低压换热器及井下制冷机冷凝器而返回地面;井下空气冷却器的回水经高低压换热器进入井下制冷机蒸发器,再到空气冷却器。

5.4 巷道施工方法及作业方式

5.4.1 巷道施工方法

巷道施工方法有两种:一种是一次成巷施工法;另一种是分次成巷施工法。

(1) 一次成巷

一次成巷指将巷道施工中的掘进、永久支护、水沟掘砌和铺轨 4 个部分视为一个整体,在一定的距离范围内,前后连贯地、最大限度地同时施工,一次做成巷道,不留收尾工程(如果巷道内需架设永久管线,有条件的也应一次同时完成)。

实践证明,一次成巷具有施工安全、速度快、质量好、节约材料、管理成本低等优点。因此,《煤矿井巷工程质量验收规范》(2022 年版)(GB 50213—2010)明确规定,巷道的施工,应一次成巷并符合有关规定。一次成巷适用于一般的开拓巷道和准备巷道的施工,掘砌方法一般为全断面一次掘进法。

(2) 分次成巷

分次成巷指先掘出巷道断面并用临时支护进行维护,待整条巷道掘进完成或按照施工安排掘进一段距离后,再进行永久支护和水沟掘砌以及铺轨、管线安装工作。

由于掘进和永久支护间隔时间长,巷道变形量大,所以分次成巷会给永久支护带来困难，施工安全和支护质量不易保证。另外，分次成巷工序间隔时间长，造成成巷速度慢，收尾工程多，材料消耗量大，工程成本高。因此，巷道施工过程中，除特殊情况外，一般都不采取分次成巷施工法。

实践中，亟需贯通的通风、疏水、运料及采煤巷道，可以采用分次成巷的方法，即先用小断面贯通以解决通风等问题，过一段时间后再进行永久支护。长距离贯通巷道施工时，在贯通前 60～100 m 距离范围内，为防止测量误差造成巷道贯通出现偏差，也可以先用小断面贯通，纠正偏差后再进行永久支护。

5.4.2　一次成巷施工法的 3 种作业方式

根据掘进和永久支护两大工序在时间和空间上的相互关系，一次成巷施工法又可分为掘支平行作业、掘支单行作业和多巷掘支交替单行作业。各种作业方式的特点、适用条件及作业方式的选择与规定见表 5-5。

表 5-5　一次成巷施工法的作业方式

作业方式	掘支单行作业	掘支平行作业	多巷掘支交替单行作业
特点	(1) 在同一巷道中，掘进与永久支护单行作业，二者间距一般为 10～20 m，但最大距离不得超过 40 m。 (2) 围岩不稳定时，应采用短段掘支，每段长 2～4 m，锚喷支护时可采用一掘一锚喷或两至三掘一锚喷的组织方式。永久支护采用金属支架时，可采用一掘一支的方式。 (3) 需要的人员、设备较少，组织管理工作简单。除一次形成永久支护外，一般成巷速度较慢	(1) 在同一巷道中，掘进与永久支护在前后不同的地段同时作业，两者间距一般为 20～40 m。永久支护采用砌碹时，该段距离内需采用临时支护。 (2) 永久支护为锚喷时，锚杆可紧跟工作面安设，喷射混凝土可在掘进工作面后一定距离内进行。 (3) 在斜巷施工中，除应设有预防跑车的保险装置外，掘支工作面之间还应设有防止坠物的安全措施。 (4) 成巷速度快，效率较高，需要人员多，组织管理工作复杂	(1) 在两个或两个以上距离较近的巷道中，由一个施工队分别交替地进行掘进与支护工作。 (2) 工人按专业工种分工，技术熟练，效率高。 (3) 掘支工作在两条不同的巷道中进行，互不干扰，可充分利用工时。 (4) 战线较长，占用设备多，人员分散，不易管理
适用条件	围岩不稳定或巷道断面面积较小，无法采用平行作业时采用。	(1) 围岩比较稳定，掘进断面面积应大于 8 m^2，以免掘支工作面相互干扰，但锚喷支护不受此限制。 (2) 斜巷倾角大于 20°时，一般不采用平行作业，但锚喷支护用管道运输料不受此限制	井底车场与采区巷道工作面的距离不超过 200 m。金属矿山应用此作业方式较多

表 5-5(续)

作业方式	掘支单行作业	掘支平行作业	多巷掘支交替单行作业
作业方式的选择与规定	(1) 作业方式可根据巷道穿过岩层的地质条件，巷道断面面积大小、采用的永久支护材料和结构，以及施工装备、劳动组织管理水平等情况选择。 (2) 遵守《煤矿井巷工程质量验收规范》(2022 年版)(GB 50213—2010)的规定。 ① 凡需支护的巷道，掘进工作面与永久支护之间的距离，应根据围岩情况和使用机械的作业条件确定，该距离不宜大于 40 m。 ② 水沟与永久支护应同时完成。 ③ 水平巷道永久轨道与掘进工作面的距离不宜大于 200 m，但铺设道砟的时间可依据现场条件确定。 ④ 倾斜巷道永久轨道应在交付使用前一次性铺设，地质、施工条件特别复杂的，或需要多次支护的巷道除外		

由表可知，上述的 3 种作业方式中，以掘支平行作业的施工速度最快，但由于工序间的干扰多，因此效率低、费用高。掘支单行作业和多巷掘支交替单行作业的施工速度比掘支平行作业慢，但人工效率高，掘、支作业工序互不干扰。在围岩稳定性较差、劳动组织管理水平不高的情况下，宜采用掘支单行作业，条件允许时亦可采用多巷掘支交替单行作业。在实践中，应详细了解施工的具体情况，如巷道的断面形状及尺寸，支护材料及结构，巷道穿过岩层的地质及水文条件，施工的速度要求和技术装备，以及劳动组织管理水平等，通过比较和综合分析，选择合理的施工作业方式。

6 特殊地质条件巷道及快速施工技术

特殊巷道施工与维护中遇到的关键问题是：掘进较容易，但支护困难，维护更加困难。采用常规的施工方法、支护形式和支护结构往往不能奏效，从而造成施工成本提高，维护费用极高。

我国矿井软岩通常既软弱、又有膨胀性，相当部分矿井巷道所处地层为高应力状态复合型软岩。在这种条件下，尤其当遇到有煤与瓦斯突出危险性地层时，巷道施工与维护就十分困难。统计表明，每米特殊巷道的掘进工程费用为1万～2万元；一个年产120万t的生产矿井软岩巷道年维修费用在1亿元以上。煤炭开采成本加大，企业运营越发困难。

随着我国新生代煤层的大力开发，软岩矿井的数量与日俱增。特殊条件下的巷道施工与维护问题也日益显著，已成为影响和制约我国煤炭工业发展的重要因素。因此，着力研究和突破特殊地质条件巷道施工与维护困难的问题，对保障煤炭安全生产、提高生产效率等具有重要意义。

6.1 软岩巷道施工

6.1.1 软岩的概念与分类

(1) 软岩的概念

软岩，是指强烈构造破碎、强烈风化的岩体或新近堆积的松散土体，这类围岩的力学性质表现为弹塑性、塑性或流变性，其变形破坏形式以拱形冒落为主。根据软岩分类依据以及从工程、地质角度对岩石的不同认知标准，通常关于软岩的定义主要有以下几种：

① 软岩的地质学定义：按地质学的岩性划分，地质软岩是指强度低、孔隙度大、胶结程度差、受构造面切割及风化影响显著或含有大量膨胀性黏土矿物的“松”“散”“软”“弱”岩石，该类岩石多为泥岩、页岩、粉砂岩和泥质矿岩，是天然形成的复杂地质介质。

所谓“松”，是指岩石结构疏松、密度小、孔隙度大；“散”，指岩石胶结程度很差或未胶结的颗粒状岩层；“软”，指岩石强度很低、塑性大或含有黏土矿物质，易膨胀；“弱”，指岩石受地质构造的破坏，会形成许多弱面，如节理、片理、裂隙等破坏了岩体的原有强度，使岩石易破碎、易滑移冒落。

② 软岩的强度定义：国际岩石力学学会将单轴抗压强度在0.5～25 MPa之间的岩石称为软岩，其界定依据是岩石的强度指标，仍属于地质软岩的范畴。

依据强度标准的软岩定义在工程实践中会出现一些矛盾。如巷道所处的深度足够浅，地应力水平足够低，即使单轴抗压强度小于25 MPa的岩石也不会表现出软岩特征，采用常规支护技术即可奏效；相反，单轴抗压强度大于25 MPa的岩石，其工程部位所处的深度足够深,地应力水平足够高,反而会出现大变形、难支护的软岩特征。显然,强度定义不能用于工程实践,故而提出了工程软岩的概念。

③ 软岩的工程学定义:在工程力作用下,能够产生显著的塑性变形和流变的工程岩体。所谓"工程岩体"多指在工程开挖范围内的岩体,巷道围岩就属于工程岩体。这部分岩体是工程施工中所要重点研究的对象。

如果说软岩的地质学定义强调了软岩的"软""弱""松""散"等低强度的特点,那么软岩的工程学定义则更好地揭示了工程软岩的本质特征,后者不仅强调软岩的强度特性,而且强调软岩与工程环境的相互作用,把握住了软岩研究的本质问题。

(2) 软岩的分类

依据软岩的自然特征、物理化学特性及在工程力作用下产生显著变形的机理等,可将软岩分为低强度软岩、膨胀性软岩、高应力软岩、节理化软岩和复合型软岩五类。

① 低强度软岩:结构松散软弱的岩体,胶结程度差,岩石单轴抗压强度低于 30 MPa,在低应力状态下就能产生显著塑性变形的工程岩体。

② 膨胀性软岩:含有较多蒙脱石、伊利石、高岭石等黏土质矿物成分,亲水后产生显著膨胀变形的工程岩体。

③ 高应力软岩:在高应力作用下产生显著塑性变形的工程岩体。

④ 节理化软岩:岩石节理、层理、裂隙发育,在工程力作用下易产生显著滑移和扩容的塑性变形的岩体。

⑤ 复合型软岩:具有以上四种情况中某两种以上组合的岩体。

6.1.2 软岩巷道围岩的变形特征

大量实验研究与井下观测表明,软岩巷道围岩的变形具有以下特征:

① 软岩巷道变形呈现蠕变变形三阶段的规律,并具有明显的时间效应。初期来压快,变形量大,如不加控制很快就会发生岩块冒落、巷道破坏。但如果用不适应软岩大变形特点的刚性支架,将很快被压坏。支护必须适应这一特点,要在控制下允许变形,在变形稳定后围岩仍以一定速度流变,因此支架必须有足够的支承控制能力,否则围岩变形将加速支架破坏、巷道失稳。

② 围岩变形有明显的空间效应。其一表现为通常围岩在距工作面一倍宽度以外的地方就基本上不受掘进工作面的影响;其二表现为巷道所在深度不仅对围岩的变形或稳定状态有明显影响,而且影响程度比坚硬岩层大得多;其三表现为在不同的应力作用下,巷道变形具有明显的方向性。

③ 软岩巷道不仅顶板下沉量大、容易冒落,底板也强烈鼓起,并常伴随两帮的剧烈位移,引发两帮破坏、顶板塌落。尤其是黏土层,浸水崩解和泥化引起的底鼓更为严重。

④ 围岩变形对应力扰动和环境变化非常敏感。表现为当软岩巷道受邻近巷道开掘或修复、水的侵蚀、爆破震动以及采动等的影响时,都会引起巷道围岩变形的急剧增加。

由于存在上述特征,松软围岩的自稳时间通常很短,有的顶板一暴露就立即冒落。研究表明,松软围岩的自稳能力主要与围岩暴露面的形状和面积、岩体的残余强度和原岩应力等因素有关。因此,把握软岩的变形特征,合理确定巷道位置、掘进方式、支护措施等,对于充分利用围岩与支架相互作用,提高巷道围岩的自稳能力,达到降低巷道掘进和维护费用、提高经济效益的目的具有重要意义。

6.1.3　松软岩层巷道综合治理技术

松软岩层巷道施工、使用与维护的实践表明，如果仅从施工工艺、支护形式和参数方面采取措施，就无法解决松软岩层巷道维护困难的问题。实践表明，运用系统工程思想指导软岩巷道设计、施工及后期维护的全过程，从勘察、设计、施工、监测以及巷道选址等方面全方位地采取措施，对每个环节都从有效提高巷道整体性、自稳能力的目标出发，做出科学决策，是软弱岩层巷道综合治理技术的关键。

(1) 掌握详尽的地质勘察资料

井巷工程的特点是它们全部埋置在地下岩土体内，它的安全、经济和正常使用，都与其所处的工程地质环境密切相关。巷道开挖破坏了岩土体的初始平衡条件，引起岩土体内应力重新分布，除少数地质条件特别优越、岩体强度能适应这种变化的应力条件外，围岩常常会产生各种形式的变形、破坏，特别严重时可以一直影响到地表。

因此，在矿井建设初期，要深入细致地进行工程地质勘察，查清基本地质地形情况和岩体的基本工程特性，特别是工程地质条件、水文地质条件、地质构造情况、应力场状态以及主要岩层的岩性条件，获得需要的各种资料，最终对有关问题做出评价，并作为后期井巷工程布置、施工方案确定、施工措施编制的依据。

(2) 选择合理的巷道位置

合理选择巷道位置是保障巷道自稳能力的关键措施之一。因此，在矿井开拓设计与巷道布置阶段，应以经济合理、技术可行为原则进行总体优化，综合考虑巷道的选层定位，并要重点考虑以下几个问题：

① 应尽量把巷道和硐室布置在强度大、膨胀性小、地质构造和水文条件简单的岩层内。在同一条巷道内，即使围岩性质只有微小的差异，巷道压力的显现也有明显不同。如原沈阳矿务局前屯煤矿 2 号井－200 m 岩石大巷的两个交岔点，一个布置在凝灰岩中，由于岩体比较完整，交岔点岩体比较稳定；而另一个处于灰绿色凝灰岩中，由于岩体较破碎，交岔点岩体的破裂程度较严重。

② 主要巷道走向尽量与最大地应力方向平行而不要垂直，一般应绕避断层，尽量避免与断层、软弱夹层、节理的延展方向平行或以小夹角相交。若实在不能绕避，则应尽量使巷道的轴向与其走向间夹角呈 45°～65°。

③ 尽量避免巷道在空间上重叠、密集交叉，硐室群的施工应根据所处区位的工程地质等条件优选最佳施工顺序。

④ 应使主要巷道免受采动压力影响。实践证明，煤层底板岩石大巷的破坏与距煤层远近和落煤方式有关。当用风镐落煤时，岩石大巷距煤层 20～30 m 时，基本上可不受动压影响。而当用放炮落煤时，岩石大巷距煤层 40 m 以外时仍然会遭到破坏。

煤层开采以后，其底板岩石大巷围岩的压力明显提高，这是造成煤层底板岩石大巷破坏的主要原因。因此，应把巷道布置在应力降低区或原岩应力区内。如上述前屯煤矿是将岩巷布置在与煤层垂距为 20～30 m，与采场上端煤柱上角水平线呈 45°的范围内，受到的压力较小，如图 6-1 所示。

(3) 选择合理的巷道断面形状

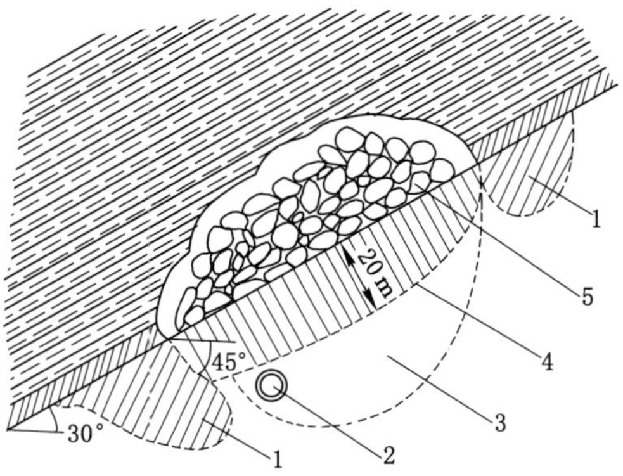

1—固定支承压力影响区；2—煤层底板岩石巷道；3—应力降低区；4—移动支承压力有害影响区；5—原岩应力区。

图 6-1 煤层底板岩石巷道合理位置

巷道开挖后，破坏了岩体天然应力的平衡状态，巷道周边围岩失去原有支撑，就要向巷道空间膨胀，因而改变了围岩的相对平衡关系，形成新的应力状态，这就是应力的重分布，它直接影响巷道的稳定性。而应力的分布与巷道的断面形状密切相关，不同断面形状巷道围岩应力分布的规律是：顶、底板围岩容易出现拉应力；周边转角处存在很大的剪应力；巷道的高宽比对围岩应力分布的影响极大。因此，应主要根据地压的大小和方向来选择巷道断面形状。

对于松软岩层巷道，由于所处岩层地质情况的复杂性，在巷道开挖之后应力的重新分布变得异常复杂，有时巷道的侧压比顶压大几倍，有时则顶压很大。如果巷道断面形状选择不适合，就会造成巷道的变形和破坏。

因此，在软弱岩层中，应采取必要的应力测量手段，掌握地层压力的大小和方向，并据此确定巷道断面形状。若地压较小，可选用直墙半圆拱形断面；若巷道周围均受到很大的压力，则以选择圆形巷道断面为宜；若垂直方向压力特别大而水平压力较小，则应选用直立椭圆形断面或近似椭圆形断面；若水平方向压力特别大而垂直方向压力较小，则应选用曲墙或矮墙半圆拱带底拱、高跨比小于 1 的断面，或平卧椭圆断面。

如全长为 357 m 的吉林舒兰煤矿带式输送机暗斜井，采用的是直墙半圆拱形断面，＋40 m 以上被压垮。暗斜井修复时，选用曲墙、半圆拱加底拱的近似圆形断面，如图 6-2 所示，永久支护为 U 型钢支架，克服了以往采用的直墙半圆拱形断面局部受力不均的缺点。

该暗斜井在修复后除经受了正常静压考验外，还经受了三层煤的支承压力、五层煤的采动压力以及右侧反石门和溜煤眼掘进的动压影响，虽然局部巷道发生开裂和剥落，但围岩没有松脱和冒落，经两次补喷和局部地段用 U 型钢支架补强后，该暗斜井仍然能正常服务。

(4) 选择合理的破岩方法

在松软岩层巷道掘进时，应以保持围岩的整体性、不破坏或少破坏巷道围岩为原则选择破岩方法。若采用爆破方式破岩，应采用光面爆破技术，严格控制周边眼的装药量和共同起爆药量，采用合理的装药结构，尽可能减少爆破对围岩的破坏作用，保持围岩的自承能力。如果条件允许，选择全断面机械破岩方法最为理想；如果没有全断面破岩设备，可选择风镐等机械破岩方式。只要能满足进度要求，就尽可能选择机械破岩方式，尽量不使用爆

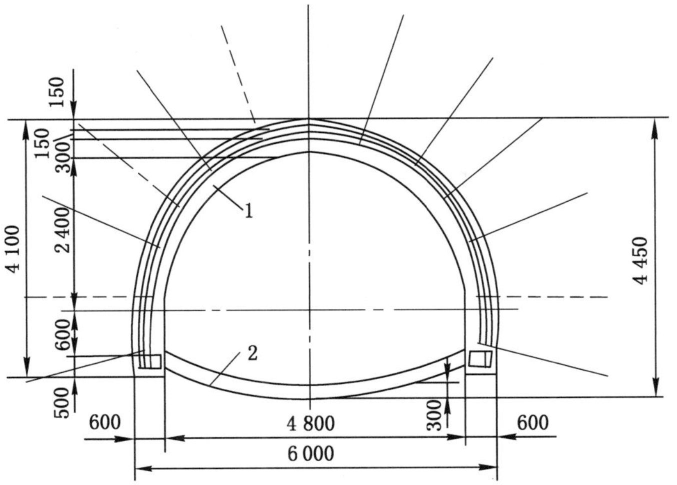

1—预留的厚度为 300 mm 混凝土衬砌；2—用混凝土块砌筑的底拱。

图 6-2 舒兰煤矿松散岩层试验巷道施工图

破方式破岩，以减少因破岩方式不当而引起的围岩自稳能力的降低程度。

原沈阳矿务局前屯煤矿软岩巷道掘进基本上已废除钻眼放炮，而全部采用风镐掘进方式。舒兰煤矿丰广五井用煤巷掘进机破岩，巷道几乎没有变形。

(5) 采用合理的支护方案

松软巷道围岩的支护应当以强化围岩、整体承载、允许变形、适当让压、控制巷道断面为原则，通过支护使巷道围岩的整体性得到加强，整体承载性能得以提高，通过支护来抵制压力、释放压力，控制巷道的整体变形，保障巷道断面的完整性以满足生产需要。松软巷道围岩一般需要二次支护。

(6) 加强巷道底板管理

通过对大量软岩巷道破坏的分析，发现除了施工程序、巷道断面形状和巷道布置方式等不合理之外，底鼓是造成巷道破坏的重要原因。凡在软岩中掘巷，若不治理底板就先实施支护，其结果往往是底板先行严重鼓起，然后两帮失稳，最后顶板冒落，直至巷道全部破坏。因此在软岩巷道的支护实践中，必须对底板治理给予充分的重视，它是保障软岩巷道支护效果的重要条件。

底板的治理要在查清底板岩层结构构造、岩性以及应力状态等情况的基础上，分析造成底鼓的原因，制定合理的方案和措施，对症治理。

我国预防底鼓的措施一般是砌筑底拱，有的矿区则采用底板钻眼、松动爆破，然后注浆加固底板的方法预防底鼓(图 6-3)。这种方法能降低围岩应力和提高围岩强度。若砌筑底拱，则要注意底拱的安置时机，如果用圆碹或近似圆碹做二次支护，则以先底拱、后墙、最后砌拱的顺序施工，一次性完成；若用锚喷法做初始支护，则可在初始支护完成一段时间，底板应力得以充分释放之后再砌筑底拱，与二次支护同时完成较好。治底时，必须结合帮、底联合治理，不能各行其是。不论采用何种底拱结构，都必须使底拱两端压在墙下，与墙连为一个整体。

(7) 加强水的治理

岩体中地下水的赋存与活动，既影响围岩的应力状态，又影响围岩的强度，进而影响巷

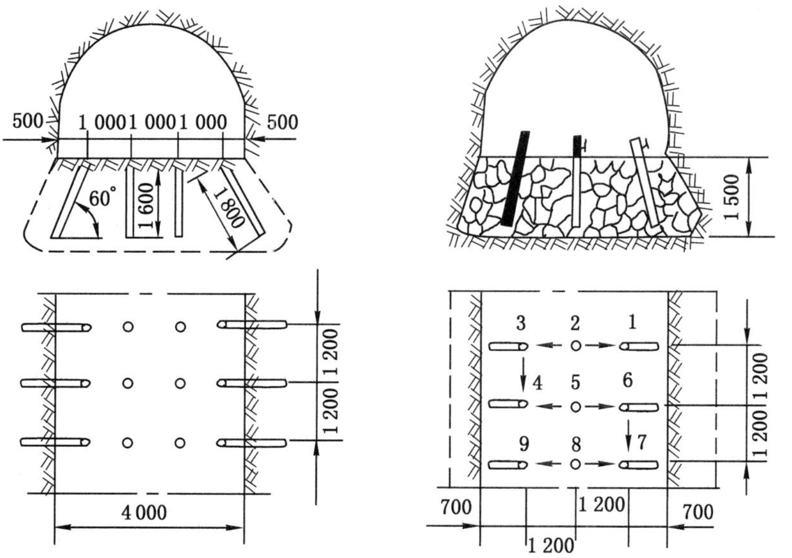

(a) 炮眼布置剖面和平面图

(b) 注浆孔的布置和注浆顺序剖面和平面图

图 6-3　巷道底板岩石先卸压后加固示意图(单位:mm)

道的稳定。实践证明,许多巷道只要是干燥的,即便通过软弱的或破碎的岩层时,围岩稳定性总是较好的或危害比较微弱,且易于克服;而存在地下水时,情况就要复杂得多。地下水的影响表现在静水压力作用、动水压力作用、对软弱岩体及软弱夹层的软化和泥化作用、对可溶性岩体的溶蚀作用及对滑动面的润滑作用等,水的存在会给施工造成很多困难。

因此,必须加强巷道施工与后期使用过程中水的治理工作。

(8) 加强巷道施工监测

监测是判断巷道稳定性、选择合理的支护方式和支护参数、检验支护效果、保障巷道施工及使用安全的重要手段。巷道施工过程中的每一个环节都存在不确定因素,因此巷道施工监测就显得越来越重要。

在施工过程中能够监测的主要信息有围岩表面及内部的位移和应力变化、围岩与衬砌之间的接触压力、衬砌内部的应力、支护锚杆(索)中的应力等。在松软岩层巷道施工监测过程中,可用收敛计测量巷道的收敛变形;用水准仪测量顶板下沉量和底鼓量;用各种多点式位移计量测岩层内不同深度的位移,进而可以算出位移速度。在这些信息中,位移最容易准确量测并容易实现反馈。

因此,位移量测应放在首位,其他量测可与位移量测配合进行,相互对照比较,综合分析量测结果,为支护方案的确定和支护参数的优化以及修改设计参数和确定二次支护时间提供依据。对于地应力特大的矿区,还应量测构造应力场,这对合理布置巷道,减轻地应力对巷道的作用具有重要的指导作用。

总之,系统工程的思想要求系统地考虑软岩巷道从勘探、选址、确定断面形状、施工到后期使用与维护过程中的各种问题和条件,采取综合措施和手段,包括运用测量手段,及时掌握巷道围岩的受力状态和稳定程度,并根据条件变化及时调整施工方案、支护参数和相关工艺,从而使巷道保持安全和稳定,确保其使用功能的正常发挥。

6.1.4 松软岩层巷道支护技术

软弱岩层巷道由于围岩压力大、围岩破碎等原因，支护难度很大。通常，软弱岩层巷道比较成功的支护技术有二次支护技术、联合支护技术。

6.1.4.1 二次支护技术

二次支护，顾名思义就是从巷道开掘成形以后，到巷道变形得到控制、达到稳定之前需要进行两次支护。

(1) 初始支护

软岩巷道开掘成形后，随即进行的支护，即初始(一次)支护，其目的在于加固围岩，提高其承载能力，并允许围岩在可控范围内变形，以适应软岩的力学特征。

根据围岩与支架共同作用原理，初始支护应选用刚度适宜、具有一定柔性或可缩性的支护结构。它既允许围岩发生一定的移动变形以释放压力，同时能限制围岩发生大的变形移动，抵制压力。实践证明，U 形金属可缩性支架基本符合上述要求，可用作初始支护；而锚喷网支护允许围岩有一定变形，是一种更为理想的初始支护方案。

锚喷网支护的优点在于：喷射混凝土能及时封闭围岩和隔离水，防止风化作用对围岩的破坏，减少膨胀泥化剥落的条件；锚杆能实现主动支护加固围岩，提高围岩自支承能力，和围岩一起形成一个加固圈。网不仅可以支承锚杆之间松散岩石，同时可将单个锚杆连接成整体锚杆群，和混凝土形成有一定柔性的薄壁钢筋混凝土支护圈，锚喷网总体和围岩一起组成一个支承结构，共同支承围岩应力，从而提高巷道的稳定性。

用于松软岩层巷道的锚喷网支护结构方式一般有以下几种：

① 普通锚网、桁架锚网、钢筋梯锚网、钢带锚网等。原则上不喷层、不进行二次支护。底鼓不严重的底板可仅用锚杆加固底帮角。

适用条件：a. 厚煤层和急倾斜煤层的全煤回采巷道；b. 埋藏较浅的软岩矿井回采巷道；c. 无膨胀性的较软岩回采巷道和准备巷道。

② 一次支护用锚喷网支护，二次支护用复喷混凝土或局部增加钢筋梯复喷。底板用全封闭的锚喷网支护，可用马蹄形、拱形断面。

适用条件：a. 采区上下山、石门；b. 压力不大的浅部矿井基本巷道；c. 煤层易风化、易发火的底鼓较严重的回采巷道。

③ 一次支护用锚喷网，二次支护用锚喷网，二次支护的锚杆较一次支护稍长，数量减少。

适用条件：a. 软岩矿井各类基本巷道；b. 压力较大的软岩矿井采区上下山、石门等。

④ 一次支护用锚喷网，二次支护用速凝水泥或速凝高水材料对围岩进行注浆加固。底板用注浆进行底帮角或全断面加固，应根据岩性和围岩具体情况来定。

适用条件：a. 节理化破碎岩体各类巷道；b. 松散性岩体各类巷道。

⑤ 一次支护用锚喷网，二次支护用架后预留变形充填层的全封闭钢架封闭支护(带弧度)，必须及时将钢架全喷混凝土封闭。

适用条件：a. 高应力强膨胀软岩矿井各类基本巷道和准备巷道；b. 井底车场巷道。

⑥ 一次支护用锚喷网，二次支护用预留变形充填层的 U 型钢支架、半底拱全封闭。

适用条件：高应力强膨胀软岩各类基本巷道(包括井底车场巷道)。

⑦ 一次支护用锚喷网，二次支护用预留壁后变形充填层的料石圆碹支护。

适用条件：非高应力、强膨胀软岩矿井的各类基本巷道。

⑧ 一次支护用锚喷网，二次支护用预留变形充填层的弧板支护，圆形全封闭支护。

适用条件：高应力、强膨胀软岩矿井各类大断面基本巷道。弧板在支护中风阻最小，因此特别适用于风速高的总进风、回风巷道。弧板支护是一种高强全机械化支护，目前支护机械手尚不完善，有待进一步改进提高。

当在膨胀性围岩或破碎易冒围岩中施工时，应先喷速凝混凝土，厚度为 30～50 mm，及时封闭和保护围岩。然后打锚杆眼、安设锚杆挂网，再喷一次混凝土将网覆盖，厚度为 30～40 mm。上述方案中的两次喷涂混凝土均属一次支护范畴。

(2) 二次支护

在围岩变形稳定后，为了保障巷道较长时间的稳定和服务期的安全，而给巷道围岩提供最终支护强度和刚度，这就是二次支护，它同时起到安全储备的作用。

二次支护是在一次支护之后进行的，这两次支护的时间间隔，即二次支护的时机好坏是二次支护能否成功的关键。为了确保二次支护的效果，找准二次支护的最佳时机，必须进行巷道围岩的变形监测，待巷道围岩的变形稳定后，要不失时机地进行二次支护，以确保围岩不丧失自身的承载能力。

工程实践表明，二次支护的最佳时机是在一次支护巷道围岩变形稳定(收敛)后进行，一般在开掘 20～40 d、围岩变形速度小于 0.05 mm/d、变形-时间曲线出现稳定平缓拐点之后进行。

通常，现场采用的二次支护形式或二次支护技术主要有锚喷支护、锚喷网支护、金属可缩支架以及近年来发展起来的加强型金属支架支护、高强弧板支护、巷道锚索支护技术、巷道注浆加固支护技术、钢筋网壳锚喷支护技术和爆破卸压支护技术等。

需要指出的是，二次支护要和一次支护密切结合，共同承受围岩压力。

6.1.4.2 联合支护技术

在非常松软破碎的岩层中，仅使用某种单一的支护方法往往很难奏效，尤其是在围岩条件差的重要地段，如马头门、井底车场的重要硐室、主要运输和通风大巷等更是如此。实践表明，对于这种条件，联合支护如注浆加固围岩技术、大断面硐室锚索支护技术、U 型钢可缩支架和弧板支护技术等，是比较理想的支护方案，联合支护技术的成功应用，对解决松软围岩支护难题、推动软岩支护技术的发展起到了积极作用。

(1) 注浆加固围岩技术

通过注浆能够增加围岩的整体性，使松软、破碎围岩的自支承能力和自稳能力得到有效提高，是一种技术工艺简单、效果好、投资少的支护技术。

中国矿业大学和徐州矿务集团有限公司权台煤矿曾用高水材料进行围岩注浆加固试验，试验巷道顶底板均是十分破碎的泥质岩。支护方案为联合支护，在两帮及顶底角安设金属快硬水泥锚杆，配梯形可缩金属支架，并在锚杆排距之间钻孔注浆加固两帮和顶底角。试验结果表明：巷道底鼓基本得到控制，注浆段比未注浆段顶底移近量减少 59.3%，两帮移近量减少 51.5%，巷道也承受住采煤动压的影响，实现了不大维修也能采煤的良好效果。

淮南矿区潘二矿在－530 m 水平运输石门施工时，遇到了断层破碎带，于是采用“锚喷＋U 型钢＋钢筋混凝土碹＋壁后注浆”的联合支护方案(图 6-4)，取得了成功。

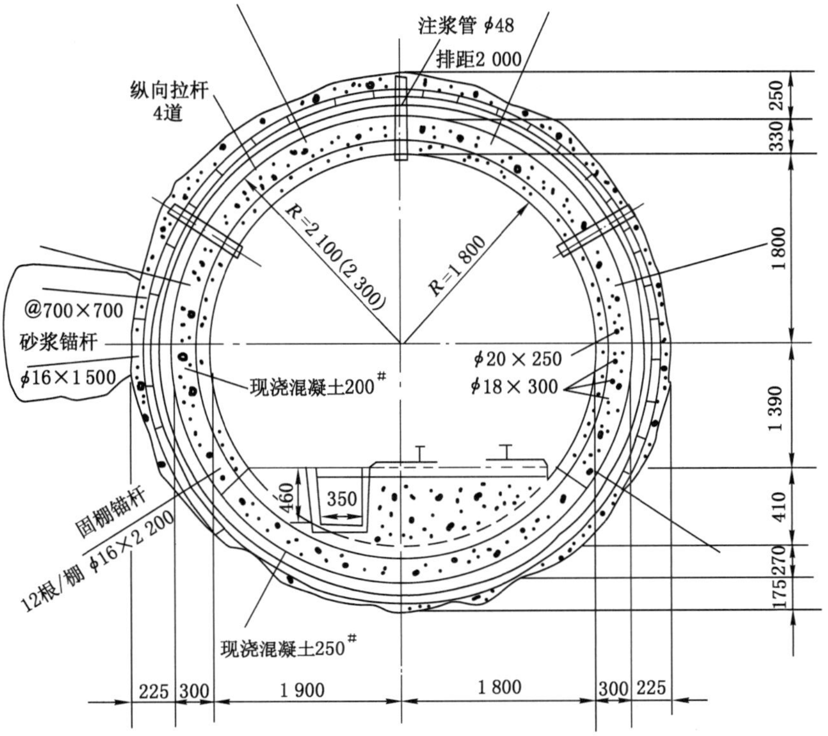

图 6-4　淮南潘二矿－530 m 水平运输石门"锚喷＋U 型钢＋钢筋混凝土碹＋壁后注浆"联合支护结构图(单位:mm)

多年的实践研究表明,注浆加固围岩技术,包括注浆加固工艺、注浆加固强度、注浆最佳时间、注浆流量与压力、注浆孔距离以及注浆加固深度等已相当成熟,施工质量能够保证。

(2) 锚索支护技术

锚索支护技术是解决大断面硐室围岩支护问题的一种十分有效的技术方案。

邢台矿区东庞煤矿 2700 皮带机头硐室,净断面尺寸(长×宽×高)为 11 m×12 m×8.0 m,采用锚喷网及锚索施工,锚索长 11 m,钻孔深 10 m,内锚固段 1.5 m,用树脂锚固剂锚固,外锚固段 1.0 m,用水泥沙浆锚固,自由段也以水泥沙浆注浆加固,锚索设计承载力 600 kN,预应力 240 kN。比砌碹施工缩短 60 d 工期,使用后经数年观测效果良好。

图 6-5 为某矿大松动圈交岔点所采用的锚网喷、锚索联合支护修复方案图,通过该方案的实施,有效地控制了巷道围岩的收敛变形,使煤矿生产恢复正常,经济效益提升明显。

实践证明,锚索支护技术具有工期短、成本低、施工安全的优点,尤其在软岩硐室围岩支护过程中,如果内锚固段能够采用树脂锚固剂,则效果更为显著。

(3) 弧板(管片)支护技术

弧板(管片)支护技术源于地铁隧道盾构施工,如北京地铁 10 号线,就是采用管片进行盾构隧道支护的,其掘进、管片安装等所有工序全部由机械完成,作业的机械化、自动化水平很高。

弧板(管片)支护技术要求巷道的断面形状为圆形,然后根据设计断面大小在地面预制管片,每环衬砌由 4～6 块管片构成,管片之间靠环向、纵向螺栓连接,管片的架设由安装机械完成。C100 超高强度钢筋混凝土弧板支架结构及技术特征如图 6-6 所示。

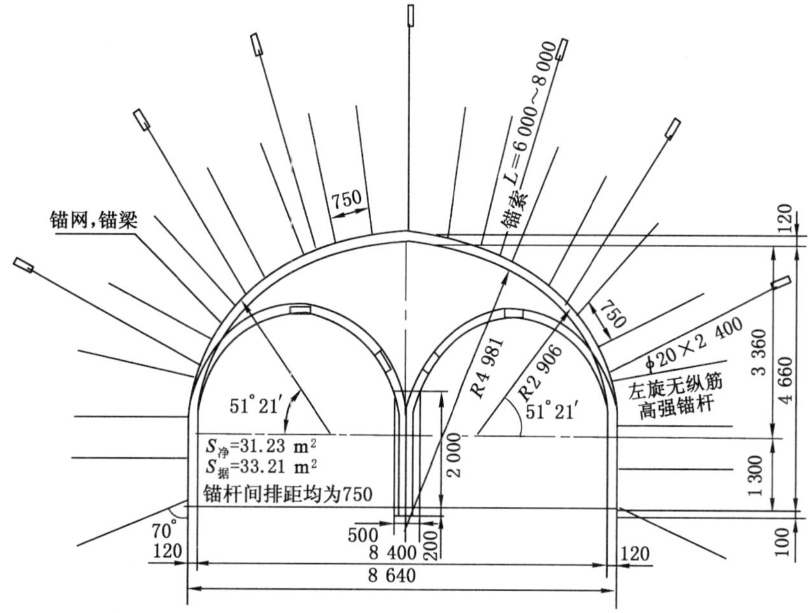

图 6-5 某矿交岔点锚网喷、锚索联合支护修复方案图

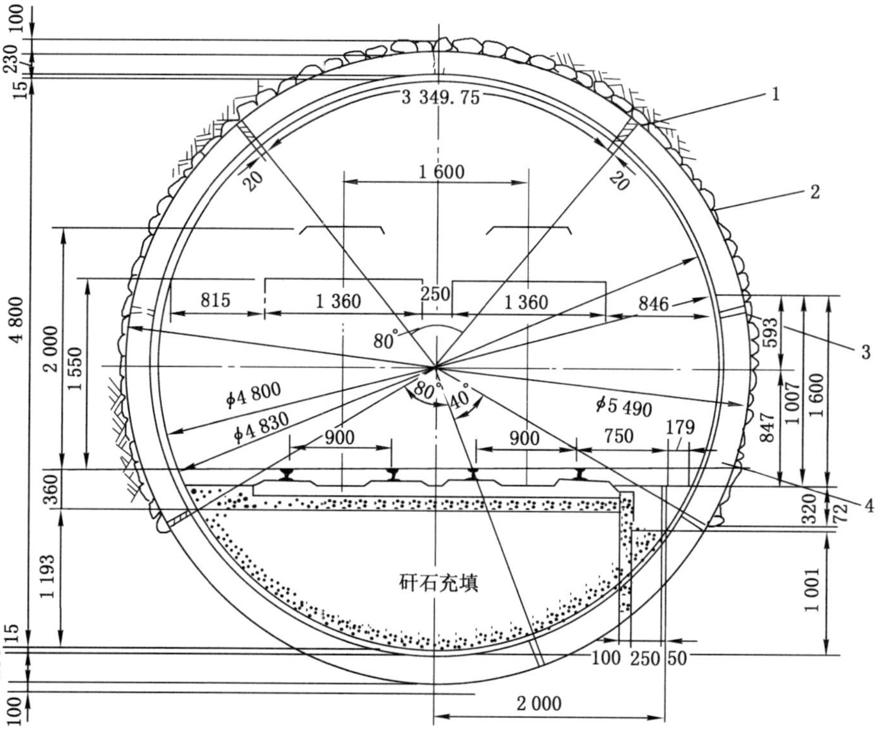

1—平滑可缩夹层,5 块/圈,夹层规格 20 mm×230 mm×320 mm;2—袋包装充填材料(水泥、粉煤灰混合);
3—吊装孔、注浆预留孔;4—C100 超高强度钢筋混凝土弧板,4.5 块/圈,
弧板规格 3 349.75 mm×320 mm×230 mm,650 kg/块。

图 6-6 C100 超高强度钢筋混凝土弧板支架结构及技术特征

弧板(管片)支护技术的最大优点是管片在地面预制，强度高，质量可靠，利于批量化生产；井下机械化安装，施工速度快。存在的问题是还没有像盾构机一样的井下管片安装机械手，壁后充填缓冲预留变形层的施工技术还不成熟。弧板(管片)属刚性支护结构，如果不能妥善解决壁后缓冲预留变形层的充填问题，这一技术的应用将受到限制。

6.1.5 松软岩层巷道施工实例

6.1.5.1 淮南潘三煤矿开拓巷道西二采区运输石门施工

(1) 工程概况

潘三煤矿西二采区运输石门埋深约 680 m，试验段巷道长 100 m(包括三号交岔点)。原设计断面为半圆拱形带底拱，墙高 1.4 m，底拱深 1.1 m，净跨度 5.2 m，掘进断面面积为 25.7 m^2。三号交岔点最大跨度 9.54 m，净断面面积为 21.5～45.0 m^2。巷道穿过岩石为黏土岩、砂质黏土岩、细砂岩和煤线。其中，黏土岩占 50%，砂质黏土岩占 38%，细砂岩和煤线占 12%。黏土岩平均单轴抗压强度 15.08 MPa，岩块浸水 2～3 h 后成碎块；砂质黏土岩平均单轴抗压强度 17.23 MPa，岩块浸水 2～7 h 后成碎块，并泥化，遇水膨胀明显。

原设计依据工程类比法将其确定为锚喷加 U29 型钢可缩全封闭联合支护，锚杆为长度 1.8 m 的管缝式锚杆，间排距 0.7 m，喷厚 50 mm。

(2) 用松动圈理论设计支护参数

在附近穿过相同地层的已经施工的西一石门中，实测松动圈厚度 L_p 为 2.41～2.65 cm，为大松动圈软弱围岩。依据松动圈理论应采用管缝锚杆加喷网支护，选用缺圆拱断面，设计采用组合拱原理计算锚杆，锚杆长度 1.8 m，锚杆间排距 0.5 m；采用 6 mm 直径圆钢，网孔为 125 mm×125 mm 的金属网，网片规格为 1 625 mm×1 125 mm；喷层厚 120 mm，分三次喷射，开巷后先喷 30 mm，安装网和锚杆后接着喷 50 mm，3 个月围岩变形稳定后再喷 40 mm，达到设计厚度，即采用二次支护工艺。其施工断面图见图 6-7。

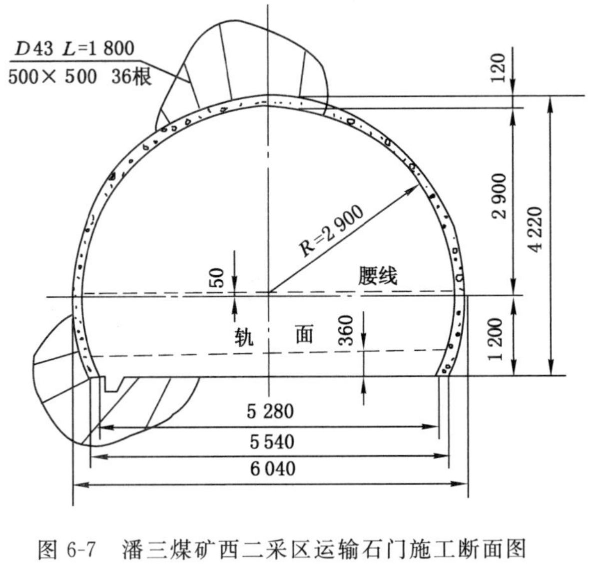

图 6-7 潘三煤矿西二采区运输石门施工断面图

(3) 支护效果

于1992年2月完成施工，200多天围岩内部和表面位移，锚杆、喷层和钢筋网受力等多种观测表明，巷道围岩稳定，围岩最大表面收敛量为67.53 mm，支护取得成功，满足使用要求。据统计，支护成本比原设计降低34.3%，按当时价格计算，节约支护成本3 791.00元/m，其中节约钢材1.4 t/m。成巷速度提高100%以上，达到平均120 m/月。

6.1.5.2 *原龙口矿务局北皂煤矿软岩巷道施工*

北皂煤矿在各种岩层中较多地使用了锚喷支护。当通过稳定性较差的泥岩或黏土岩及施工断面较小的巷道时，加铺由 ϕ4 mm冷拔钢丝编成的150 mm×150 mm的金属网，用锚杆托盘固定，然后再喷一层混凝土，形成锚喷网。在二、三采区上山，部分回风巷及运输巷中均采用这种支护形式。当围岩条件更差，巷道断面较大时，则采用由 ϕ12 mm或 ϕ16 mm钢筋编成的250 mm×250 mm钢筋网代替上述金属网。如受压后变形严重，可补打锚杆校正钢筋网，最后复喷混凝土。

当巷道通过本矿区膨胀性比较大的碳质泥岩和含油泥岩时，可采用锚喷网架联合支架。如一水平东大巷，因通过含油泥岩，围岩难以控制，用风镐法掘进，有时只放开心炮，未爆下来的岩石按设计轮廓用风镐或手镐挑顶刷帮成型。为了防止由于巷道围岩变形而影响巷道断面尺寸，两帮和顶底板均向外增加200 mm，每日两掘一喷，班进尺1.0～1.2 m，日进尺2.0～2.4 m。巷道掘出后，立即在拱顶部打锚杆，锚杆均垂直于巷道轮廓线布置，并及时扎装钢筋网，见图6-8。为了有效地控制围岩变形，每隔500 mm架设16号槽钢金属骨架，然后喷射100～150 mm厚度的混凝土。由于膨胀压力的影响，过一段时间有局部地段的喷层和钢骨架被压坏，需要重新修整，第二次喷射混凝土，总厚度一般在200 mm左右。二次支护的时间，一般在三个月甚至半年以后进行，此时巷道围岩基本稳定。

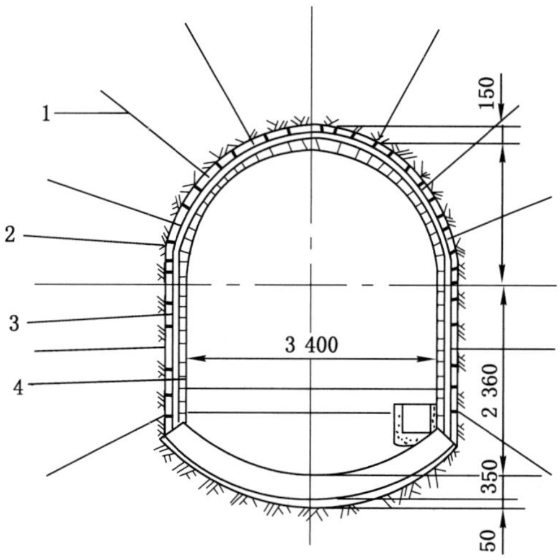

1—锚杆；2—钢筋网；3—金属骨架；4—混凝土喷射层。

图6-8 北皂煤矿东大巷施工图

6.1.5.3 *金川集团股份有限公司（以下简称“金川”）二矿区松散围岩巷道施工*

为解决金川二矿区高地应力巷道支护问题，先后有多个科研单位对该矿区的工程地质构造、地应力特点、地压活动规律和巷道支护形式等课题进行了长期的量测、试验和研究，并总结多年的施工经验，对矿区四个地点组织了二次支护的综合试验并推广运用。

实验巷道全长 32 m，掘进断面宽 6 m，高 4.5 m。为满足承受较大水平应力、易于施工和有效利用面积较大等要求，选用矮墙半圆拱并带底拱的巷道断面，如图 6-9 所示。巷道支护由初始支护和二次支护组成。初始支护采用钢筋网喷混凝土和锚杆方式。喷锚作业紧跟掘进工作面，放炮后立即喷射一层 30～50 mm 厚的混凝土，然后安锚杆，绑紧钢筋，再喷射混凝土至设计初始支护厚度 100～150 mm。试验巷道的支护参数见表 6-1。

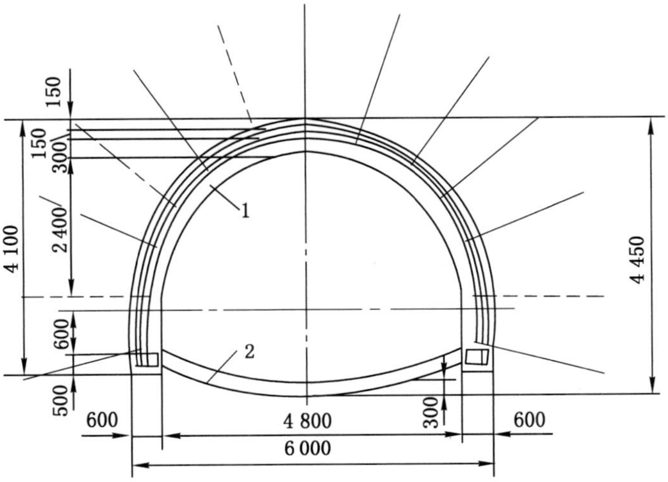

1—预留 300 mm 混凝土衬砌；2—用混凝土块砌筑的底拱。

图 6-9 金川二矿区高地应力巷道施工图

表 6-1 试验巷道的支护参数

试验段别	初始支护			二次支护	
	喷射混凝土厚度/mm	钢筋网	锚杆	喷射混凝土厚度/mm	钢筋网
第一试验段	100～150	主筋 ϕ12 mm 或 ϕ14 mm，副筋 ϕ6 mm；网距 250 mm	ϕ20 mm；长度在顶拱部为 1.8 m，在侧壁为 2.5 m；间距 1.0 m	150	主筋 ϕ12 mm 或 ϕ14 mm，副筋 ϕ6 mm；网距 250 mm
每二试验段	100～150	主筋 ϕ12 mm 或 ϕ14 mm，副筋 ϕ6 mm；网距 250 mm	ϕ20 mm；长度 2.5 m；间距 1.0 m	150	主筋 ϕ12 mm 或 ϕ14 mm，副筋 ϕ6 mm；网距 250 mm

初始支护后，在每一试验段均安设多种监测装置。如果巷道变形仍处于等速度发展时，应考虑用锚杆补强，调整初始支护参数。当变形速率处于明显减小或月收敛量为几毫米时，再进行二次支护比较合适。在金川二矿区的地质条件下，二次支护的时间大约在 120 d 以后。

6.2 深部巷道施工

6.2.1 “深部”的概念

在对深部工程引起的岩石力学问题的研究过程中，国外采矿、岩土工程界专家学者相继提出了“深部”的概念。通常认为，深部开采是由于矿床埋藏较深，而使生产过程出现一些在浅部矿床开采时很少遇到的技术难题的矿山开采。世界上有着深井开采历史的国家一般认为，当矿山开采深度超过 600 m 时则为深部开采，但对于南非、加拿大等采矿业发达的国家，矿井深度达到 800～1 000 m 才称为深部开采；德国将埋深超过 800～1 000 m 的矿井称为深井，将埋深超过 1 200 m 的矿井称为超深部开采；日本把深井的“临界深度”界定为 600 m，而英国和波兰则将其界定为 750 m。

上述关于“深部”的概念均以具体的工程深度为指标进行定义，在工程应用中具有局限性。如有的工程岩体在所定义的深度区间以上就会表现出深部所特有的非线性力学现象；而有的工程岩体处于所定义的深度区间范围之内也未必会出现深部工程岩体的非线性力学现象。

6.2.2 深部巷道支护对策

许多矿井在浅部开采时，所积累的巷道围岩控制经验和有效技术通常难以解决深部开采的难题，必须探索和研究新的更加有效的深部围岩稳定控制技术。深部巷道根据围岩所受的工程扰动情况以及围岩自身的特点，主要有如下两种分类方法：

(1) 根据围岩自身的物理力学性质可分为深部硬岩巷道、深部软岩巷道和深部碎裂围岩巷道。

(2) 根据围岩所受的扰动程度可分为深部强动压巷道和深部静压巷道。

为了防止上述不同类型的深部巷道发生变形破坏现象，对于顶板和两帮通常有如下的控制技术措施可供选择：锚（杆、索）、带（W 型钢带）、网（强力金属网）、注浆锚杆、滞后注浆、U 型钢拱形支架、网壳、格栅。底鼓问题往往是巷道破坏和失稳的突破点，而对深部巷道而言，由于地应力大，底板岩石松软，掘进和回采期间底板变形强烈，底鼓量可达到顶底板移近量的 70%～80%，严重影响巷道使用和安全生产，造成经济损失。

深部巷道底板控制通常有如下多种技术措施可供选择：

① 底角倾斜锚杆；② 锚杆注浆及全封闭式支护；③ 基角深孔爆破卸压；④ 反底拱和注浆；⑤ 锚注加固法和浮矸注浆法。

采用上述技术措施的联合，可较好解决深部巷道围岩变形破坏问题，如淮南矿区采用高强度预应力锚杆与滞后注浆技术，解决了深部开采大断面破碎围岩变形破坏问题；济宁二矿采用锚网索联合支护技术，解决了深部回采巷道的变形破坏问题。

不同类型的深部巷道围岩变形破坏主要受高地压的作用、构造应力作用、采场应力作用等因素的影响，然而一些深部软岩巷道围岩的大变形流变、深部硬岩巷道所受的冲击地压、深部碎裂巷道围岩显著的碎胀和扩容效应等依然存在，即使采用了一些联合支护技术来控制这些巷道，巷道围岩仍表现出显著的变形破坏现象，如平煤四矿深部高应力软岩巷道在U型钢与锚网喷联合支护下巷道的变形破坏情况依然显著，部分巷道返修率达90%以上，实现煤矿安全高效开采的技术难度增大，成本增加。据统计，采深每增加100 m，平均吨煤成本增加约5%。

6.2.3 深部岩体锚固承载体系

(1) 围岩自承载结构

现场实测、室内试验以及理论研究发现，深部巷道开挖后，围岩内部应力峰值点附近存在以部分塑性硬化区和软化区煤岩体为主体组成的承载结构，此结构承担围岩绝大多数重分布应力。弹塑性理论认为自承载结构改变了围岩体的应力状态，它对支护具有两个力学效应：

① 降低了浅部围岩中切向和径向应力，减少了作用于支护体上的荷载。

② 应力集中区向深部偏移，为深部围岩提供高支护阻力，使其处于三向受力状态。该结构范围的扩大和缩小与次生加固和准塑性承载结构的能否耦合相互关联，最终决定了围岩是否稳定，该结构是巷道围岩压力的主要承载结构。

(2) 关键承载结构

当巷道围岩应力较低时，巷道掘出后，围岩经过短暂的应力调整，可形成稳定的自承载结构。当巷道在高应力作用下，巷道掘出后，在应力调整过程中，围岩破碎区、塑性区迅速扩大，自承载结构迅速向岩体内部移动；在移动过程中，若没有浅部承载结构提供支持来调整应力场并达到新的平衡，则自承载结构将持续外移，直至巷道破坏形成新的平衡应力场为止。因此，浅部承载结构通过调整围岩应力场影响自承载结构的形成过程，只有当浅部承载结构尽早形成并达到足够的强度和承载能力，促进自承载结构较早形成，巷道围岩才能稳定。

围岩经过锚固后形成的锚固结构承担着来自结构外部的一定荷载，通过改善自身结构的物理力学性状去影响外部，即具有力传递效应。该结构功能越强，则围岩主承载结构的范围越大，而准塑性承载结构范围越小，巷道围岩越向利于稳定的态势发展；反之，围岩就越易失稳或破坏。因此，围岩锚固结构可以成为关键承载结构。

该关键承载结构的特征具动态系统特性，即该结构范围的变化与形成该结构的锚固系统的各单元构件的耦合作用相关联，结构形态一般表现为梁、拱或环形式，它与巷道形状、岩层强度及地应力有关，其工程意义是给围岩以必要的最低限度的支护和加固，即能达到最大限度地利用围岩关键承载结构的目的。

作为关键承载结构的锚固压缩拱，对外部作为主要承载区的围岩外承载结构施加支护力，同时为内部混凝土砌碹等支护结构施加压力，是巷道围岩稳定性控制的主要工作对象。

关键承载结构与围岩外部主承载结构之间相互协调，相互影响，决定了巷道围岩的最终稳定。两者在相互作用中的地位体现了新奥法支护理论的设计思想：深部围岩始终是巷道压力的承载主体。

针对上述关键承载结构与围岩外部主承载结构之间相互关系的要点与实质，提出了采用两者协调作用关系进行支护设计应遵循的基本原则：

(1) 扰动破裂的巷道围岩是巷道支护的对象，但不是确定支护参数的唯一依据；支护参数的设计不仅要考虑围岩破碎区与松动区范围，而且要考虑主承载区的稳定性。

(2) 支护参数设计与支护时机的选择，要考虑关键承载区与外部主承载区协调作用以及相互作用过程中显现的动态特征；以两者协调作用后围岩趋于平衡为最优原则。

具体支护方法为：

① 当围岩仅存在压缩区，可以不支护或者仅进行简单的单喷或单锚。

② 当存在压缩区和松动区时，巷道必须支护，其支护参数设计不仅基于松动区的范围，而且应考虑主承载区的稳定状态。

③ 当围岩存在压缩区、松动区和破碎区时，应及时采取强化支护措施。

④ 当围岩弹性承载区较小或者为零(在承压区破裂岩采场巷道间的矿柱岩体可能存在这种情况)时，应及时采取强化支护措施，使主承载区加宽、内移，提高主承载区的承载能力。

6.2.4 高阻让压与注浆支护

(1) 支护阻力和预紧力对围岩稳定性的影响

由流变试验可知，适当增加锚固结构支护阻力和锚杆预紧力，可以使围岩初始损伤闭合，降低内部原有裂隙和层理面对其强度和破坏状态的影响，降低围岩稳态蠕变速率。另外，试样在达到残余强度阶段后，已形成贯穿的宏观断裂，试样强度来源于宏观断裂面的摩擦作用。破裂围岩锚固体模型试验结果同样表明，提高锚固结构支护阻力和锚杆预紧力可以增加围岩内部裂隙面摩擦系数，达到提高岩体整体强度的目的。

适当增加锚杆长度和密度可以提高锚固结构厚度和强度，同时利用锚索、混凝土砌碹等其他支护手段可达到提高外部围岩支护阻力的目的。

(2) 围岩压力迁移对关键承载结构的影响

岩石在承受每一级应力加载的瞬间，均会产生瞬时应变，其流变性与承受的应力水平密切相关。当应力水平低于某一应力限值时，流变过程中流变速率持续衰减；当应力水平达到某个值时岩样即开始发生稳定流变；由本次试验发现，砂岩样发生流变的条件是偏应力阈值达到岩样强度的57%～66%。若偏应力继续增加，稳定蠕变阶段较短并很快进入加速蠕变破坏阶段；在本次试验中，当偏应力达到砂岩样强度的85.9%～91.7%时，岩样即发生了加速流变。另外，随偏应力水平的提高，应变速率和最终的渐近速率有增大的趋势。试样破坏时一般伴有明显的侧向膨胀和扩容现象。

由以上两点可以看出，除了适当增加支护阻力和预紧力促进节理、裂隙闭合，增加节理面抗剪强度减少流变和破碎围岩滑移外，采取主动卸压或均压的方法降低巷道围岩所受偏应力水平使围岩应力峰值向深部高围压处转移，对防止浅部准塑性围岩发生流变变形以及破碎围岩滑移变形具有重大意义。

(3) 围岩损伤程度对关键承载能力的影响

通过碎裂围岩锚固体物理模型试验发现，岩体初始破裂程度越高，锚固体中岩体对承载能力的贡献越小，锚固体整体承载强度和变形能力越差。另外，流变性围岩破碎变形程度越高，流变速率越快，越容易发生大变形失稳破坏。

研究表明，注浆加固可以充填围岩裂隙，改善围岩内部应力状态，增大围岩强度参数(c，φ)，提高围岩的流变启动阈值，改善围岩的水理性质，减少水气对围岩强度的侵蚀和风化，从而使锚固结构能够提供较大的支护阻力。

锚注联合支护(包括锚注支护)对内承载结构的作用是上述措施的综合效应，一方面改善了内承载结构的应力状态;另一方面提高了内承载结构的强度参数,且对围岩强度参数提高的综合效应效果远好于两者的简单叠加。

综上所述,适用于深部流变巷道和碎裂围岩的支护手段应具备高支护阻力和高预紧力,且有一定的让压功能,还能提高围岩整体力学参数等特点。

6.2.5 软弱结构围岩控制

对巷道围岩中的软弱夹层进行加强支护或局部弱化,改善软弱结构岩体的力学性能与局部应力状态,减少弱结构体的剧烈变形,使其能够随周边巷道围岩一起协调变形,使巷道围岩-弱结构体-支护结构形成共同承载的力学体系,充分发挥支护结构和围岩自身(包括弱结构体)的承载能力,显著改善支护结构的工作特性或围岩应力状态,大幅提高支护结构的承载能力或降低巷道周边围岩的应力,有效地控制弱结构体的位移和围岩松动圈的范围(或使塑性区内移),从而避免巷道围岩弱结构体发生过早破坏和失稳,以及由此而引起的弱结构巷道围岩破坏与失稳。

结合巷道围岩稳定状态所具有的结构特征以及弱结构巷道围岩的变形破坏特征,弱结构巷道围岩控制应从以下 5 个方面考虑:

① 在有选择的条件下,合理布置巷道层位,巷道层位应尽量安排在较为均质的岩层中。

② 当软弱夹层问题无法回避时,应使用置换或注浆等手段对这一区域进行特殊处理,加强围岩中弱结构体的控制,包括加强弱结构体的支护、改善弱结构体的力学参数与提高弱结构体的强度等措施,防止这类关键位置首先发生破坏导致围岩应力分布不均,形成偏压,造成支护结构的过早破坏,从而实现巷道围岩控制效果的显著改善。

③ 进行局部弱化,改善弱结构巷道局部围岩应力状态。

④ 针对弱结构巷道变形特点进行支护控制,改善支架的受载状况,提高支架的承载能力。

⑤ 采用对巷道断面封闭性能较好的支护形式,以达到巷道围岩压力均匀分布的目的。

6.2.6 深部巷道施工实例

6.2.6.1 工程概况

平煤四矿戊九轨道、皮带下山总长度近 3 000 m,巷道原设计断面为半圆拱形,断面净宽为 3.6 m,净高为 3.0 m。巷道原支护方式为 U 型钢支架与混凝土背板支护,每米 2 架,详见巷道原支护截面示意图(图 6-10)。巷道沿戊八煤层顶板掘进,其断面顶底板及两帮围岩主要为泥岩、砂质泥岩和煤,围岩极为松软破碎,整体性差,泥岩遇水崩解。

该下山巷道于 2000 年 10 月开始施工,施工中呈现前掘后修的情况。巷道掘出仅 3 天就产生明显变形。巷道掘出 3～15 天后,巷道变形最剧烈,底鼓也极其严重,导致 U 型钢支架严重扭曲,U 型钢卡缆剪断,出现张嘴现象。巷道掘出不到两个月,巷道宽度由原 3.6 m 缩小为 1.8 m,严重影响掘进工作的正常进行,后虽经改棚翻修,仍经常出现前修后坏的局面。至 2004 年 7 月,大部分巷道已经修复过 3～5 次,然而巷道收敛变形仍持续增长,流变显著,维护极其困难,严重影响了矿井运输和生产的正常进行。若继续改棚翻修,巷道变形仍难控制,且翻修费用极高;若另掘巷道,难以找到合适的层位,且掘进支护费用很高,严重影响矿井下部采区的投产时间。

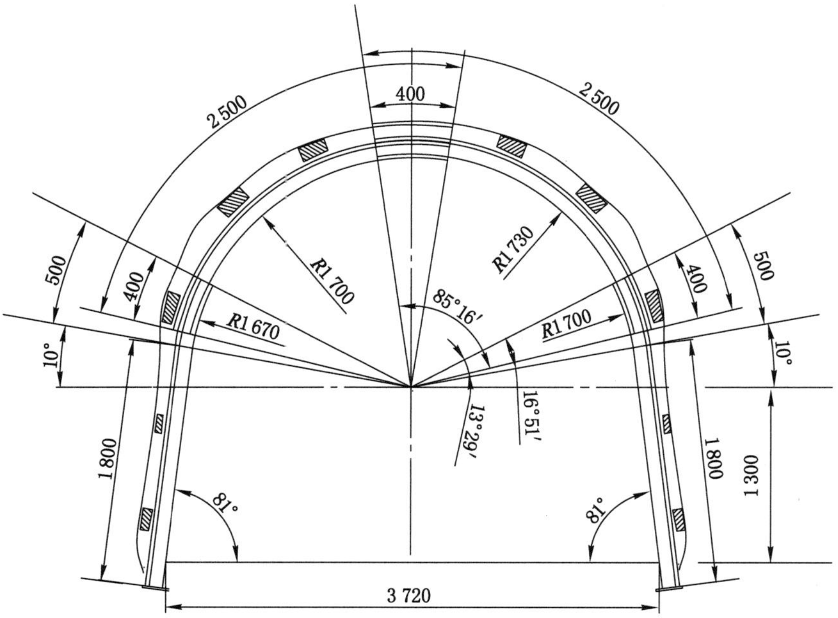

图 6-10　戊九轨道、皮带下山原支护截面示意图(单位:mm)

6.2.6.2　支护方案设计

断面刷扩施工工艺:挑顶至稳定岩层(距离约 1.5 m),挂顶网、上锚杆→扩帮至设计宽度,挂网、铺钢梯,上锚杆→卧底铺网、铺钢梯,上锚杆→全断面第一次喷混凝土(C20)50 mm 厚→卧底至设计高度,预埋注浆短管,然后利用注浆短管进行注浆→关键部位锚索及复喷混凝土至设计厚度。支护参数设计如图 6-11 所示。

(1) 顶板和帮部

采用高强预应力锚杆支护(要求扭矩大于 150 N·m),顶板和帮部采用 ϕ20 mm×2 400 mm 的锚杆,锚杆由单向左旋无纵筋螺纹钢制作,锚杆孔径为 ϕ28 mm;树脂药卷锚固,锚固长度大于 2 200 mm,锚固力大于 100 kN;间排距为 700 mm×700 mm;钢筋网采用 ϕ6.5 mm 的圆钢焊接,规格为 900 mm×900 mm。两帮铺设的钢筋梯采用 ϕ20 mm 螺纹钢制作,规格为 2 400 mm×60 mm,该钢筋梯结构如图 6-12 所示。

(2) 底角加长锚固

底角锚固采用 ϕ22 mm×3 000 mm 的加长锚杆,向下倾斜 30°;树脂药卷锚固,锚固长度大于 2 800 mm,锚固力大于 10 kN;间排距为 700 mm×700 mm。

(3) 底角锚注

为了加强底板强度,增设底角注浆锚杆,锚杆规格为 ϕ22 mm×2 000 mm(图 6-13),采用 4 分焊接管扳丝制作,与巷道底板呈 45°左右的倾角;锚杆孔径为 ϕ45 mm,锚杆孔口距巷道底板不超过 150 mm,锚杆排距为 1 600 mm;使用中空快硬水泥药卷和水泥浆封孔,封孔长度不小于 1.0 m;注浆浆液采用单液水泥-水玻璃浆液,水灰比控制在 0.8~1.0,水玻璃的掺量为水泥用量的 3%~5%;注浆压力控制在 1.5 MPa 左右,当巷道底板或两帮出现严重渗漏时,即可停止注浆。

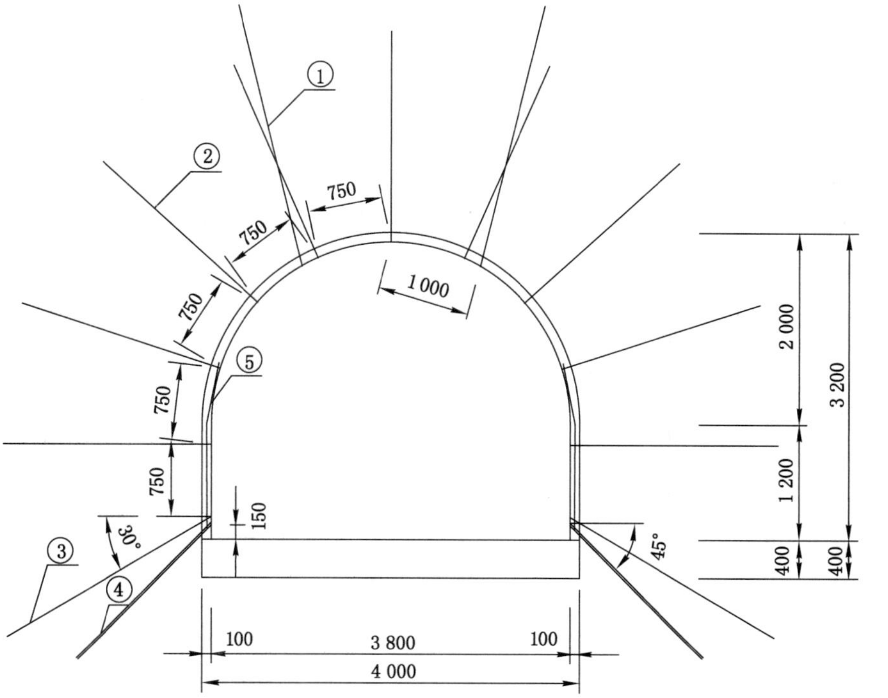

①—锚索(ϕ15.24×6 500)；②—高强预应力锚杆(ϕ20×2 400)；
③—底角锚杆(ϕ22×3 000)；④—底角注浆锚杆；⑤—帮钢筋梯。

图 6-11　巷道锚(注)喷网支护参数设计(长度单位:mm)

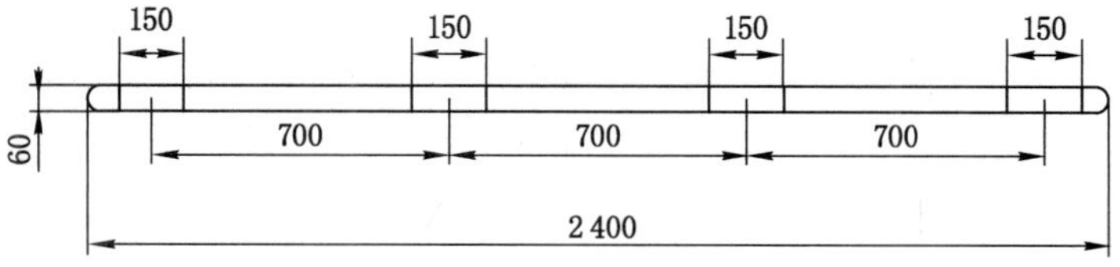

图 6-12　巷道两帮支护用钢筋梯结构

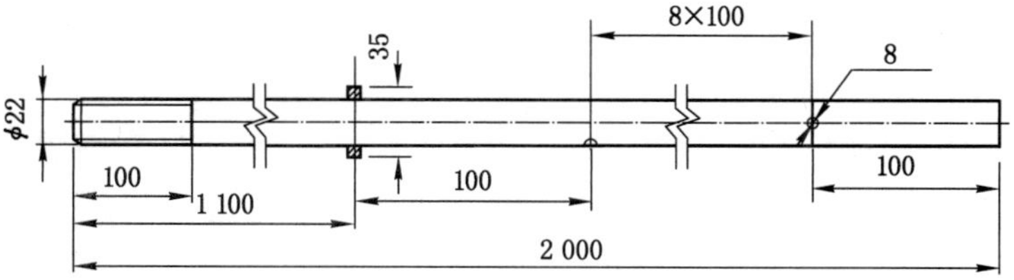

图 6-13　底角注浆锚杆结构示意图

(4) 底板注浆加固

卧底至设计高度，对底板注浆加固。共布置 3～4 根注浆短管，排距为 1.6 m 左右，注浆短管采用 ϕ25.5 mm 的 6 分焊接管加工，规格为 ϕ25.5 mm×500 mm；采用单液水泥-水玻璃浆液或水泥-粉煤灰浆液。单液水泥-水玻璃浆液的水灰比控制在 0.8～1.0，水玻璃的掺量为水泥用量的3%～5%；水泥-粉煤灰浆液的配合比(水∶水泥∶粉煤灰)为0.8∶(0.55～0.60)∶(0.45～0.40)，NF减水剂用量为水泥用量的7‰；注浆压力为1.5～2.0 MPa。

关键部位锚索加固支护：滞后初次锚网支护3～5天进行二次预应力锚索加固，布置预应力锚索2根，锚索的间距为2 m，排距为2.4 m，规格为ϕ15.24 mm×6 500 mm，树脂端锚，锚固长度不小于1 500 mm。

卸压孔设计：为给后期巷道来压、变形提供释放空间，减小两帮的内挤量，在每一断面两帮各打1个卸压孔，直径为ϕ89 mm，深度为6 m，卸压孔尽量布置在帮部相邻锚杆的中间位置。

6.2.6.3 施工工艺要求

(1) 初次锚网支护

先采用钻爆法进行掘进施工，在清理工作面后，及时打眼和安装顶板部位由树脂锚固的螺纹钢锚杆，再铺设钢筋网和钢筋梯，并用锚杆托盘和螺母压紧，施加一定的预应力，然后喷射混凝土(厚度至设计值)。当完成全部支护及排矸工作后，再进行下一循环的掘进与支护。其施工工艺要求如下：

① 采用钻爆法掘进时，严格按光面爆破要求进行施工，尽量减轻对顶板岩层和底板煤体的破坏，保证煤岩体的完整性，为实施锚网等主动支护措施创造良好的条件。

② 布置锚杆孔时，一方面要按照设计的锚杆间排距和孔深，采用小钻头打眼，孔深不得超过设计深度50 mm，另一方面要保证锚杆孔尽量垂直于岩层的层面。

③ 安装顶板锚杆时，须按顺序装入树脂药卷(由里到外按快、中、慢的顺序装入药卷)，用锚杆体将树脂药卷送到眼底后，开动锚杆钻机，带动锚杆搅拌树脂药卷，并搅拌至眼底后，关闭钻机，等待一会(10～30 s)再卸下钻机，从而完成锚杆的安装。

④ 铺设钢筋网时，要对称布置，保证钢筋网的两端紧贴岩面，然后沿巷道的横向安装钢筋梯，并用锚杆托盘和螺母将钢筋网和钢筋梯压住，同时施加一定的预应力。

⑤ 掘进进尺之间的钢筋网接茬部位要用8#或10#铁丝连接，每个连接处的连接点不得少于5个，使顶部的钢筋网形成一个整体；对于顶板局部破碎段，可沿巷道的纵向增设部分钢筋梯，以提升顶板支护的整体性。

(2) 钻孔卸压

完成锚网支护后及时采用钻机钻凿卸压孔。卸压孔位于巷道两帮的下部，孔轴与水平面呈30°，孔深不小于5 m，并装1个药卷用于爆破，以实现表层高应力释放并向深部转移。

(3) 顶板岩体预应力锚索加固

一般预应力锚索的施工可在完成全断面锚网支护，并累计达到锚索的排距后及时安设，也可在完成10～15 m的锚网支护后进行一次集中增补。施工时，先在设计位置沿岩层面的垂直方向用锚杆钻机进行钻孔，达到设计孔深后，卸下钻杆，按顺序装入树脂药卷，用钢绞线将树脂药卷送至孔底，并将钢绞线与锚杆钻机相连，然后开动钻机搅拌树脂，将钢绞线送至孔底，从而实现锚索的锚固。等待30 min左右后，再进行锚索的张拉和固定。其施工工艺要求如下：

① 严格控制锚索孔的排距、角度和深度，特别是锚索的孔深不得超过设计深度50 mm，并基本位于巷道顶板的中部和两排锚杆之间。

② 装入树脂烟卷时必须按由快到慢的顺序，一方面要保证树脂药卷在搅拌过程中的搅

拌时间;另一方面不能使锚索未送至孔底,树脂就已凝固,从而达不到设计的要求。

③ 钢绞线的截取长度必须比设计孔深大 300 mm 左右,以便于安装张拉设备,实施锚索的张拉和施加预应力;截取钢绞线后要用铁丝将其两端扎紧,以防止运输过程中钢绞线出现破股现象而影响锚索的安装质量。

④ 必须用钢绞线将树脂药卷送至孔底后,再利用锚杆钻机带动钢绞线搅拌树脂药卷。

⑤ 完成锚索的锚固后,等待 30 min 左右,达到锚固强度后,再进行锚索的张拉和固定,必须张拉至设计预应力值 150 kN。

⑥ 加强锚索预应力值的监测,当预应力值增加或降低 20%～30%时,可进行锚索的二次张拉,以降低或增加锚索的预应力值。

⑦ 对孔口部分的钢绞线可预先涂上一层油脂,以防止钢绞线发生严重锈蚀而影响锚索的预应力和承载力。

⑧ 当锚索的预应力值及整个巷道支护结构趋于稳定后,可将钢绞线的多余部分截去,但在截的过程中要采取安全措施防止钢绞线飞绽伤人,以保证操作的安全。

(4) 底板注浆加固

底板布置 5 根注浆锚杆,注浆锚杆采用 ϕ22 mm 无缝钢管制作,长度为 2 000 mm,间排距为 800 mm×800 mm,孔深 2 500 mm。采用中空快硬水泥药卷封孔,然后按顺序注浆加固。详细的注浆工艺可参考下面的锚注工艺。其施工工艺要求如下:

① 严格控制锚杆孔的排距、角度和深度。

② 可采用 2～3 卷中空快硬水泥药卷在锚杆的中部将其固定和隔离,其上部的封孔可采用水灰比为 0.6 左右的浓水泥浆封填。

③ 严格控制注浆浆液的水灰比和水玻璃的掺量,并将最终注浆压力控制在 1.5 MPa 以内。

④ 进行底角注浆时,要注意观察注浆孔周围浆液的渗漏和扩散情况,当巷道的底角周围出现大量漏浆情况时,可以先暂停本孔注浆,再对其余注浆孔实施注浆作业。

⑤ 对个别出现漏浆的注浆孔,可在停注 20～30 min 后进行一次复注,这样可对部分因浆液扩散沉淀后又出现的孔隙进行补充和加固,以提高底角注浆效果。

(5) 顶、帮及底角进行二次锚注加固

完成全断面一次支护后,对顶、帮及底角进行二次锚注加固,底角注浆锚杆长度为 2 000 mm,间排距为 1 800 mm×1 800 mm,孔深为 2 500 mm。每个断面布置 7 根注浆锚杆。注浆材料和注浆锚杆结构同上。其施工工艺如下:

先在巷道的两帮打孔安装内注浆锚杆,采用 1 卷快硬水泥端锚,在将锚杆的孔口保护好后进行喷浆封闭,进而利用外露的内注浆锚杆的孔口进行注浆加固,达一定距离(15～20 m)后,再插空布置复注内注浆锚杆,封孔后进行复注。采用隔排初注、插空复注作业的原因,在于初次注浆时存在注浆效果差的个别孔,或因水泥凝结硬化而产生收缩变形,这样可通过复注起到补注和加固充填的作用,易于保证施工质量。

注浆施工时采用自下而上、先左后右的作业方式;每断面内锚杆也采用自下而上,先底角,再两帮,最后顶角的作业顺序。注浆工艺流程如图 6-14 所示,主要包括三个方面:

① 运料与拌浆:将水泥与水按规定水灰比拌制成水泥浆,并保证在注浆过程中不发生吸浆龙头堵塞及堵管等现象,并应根据需要及时调整浆液参数。

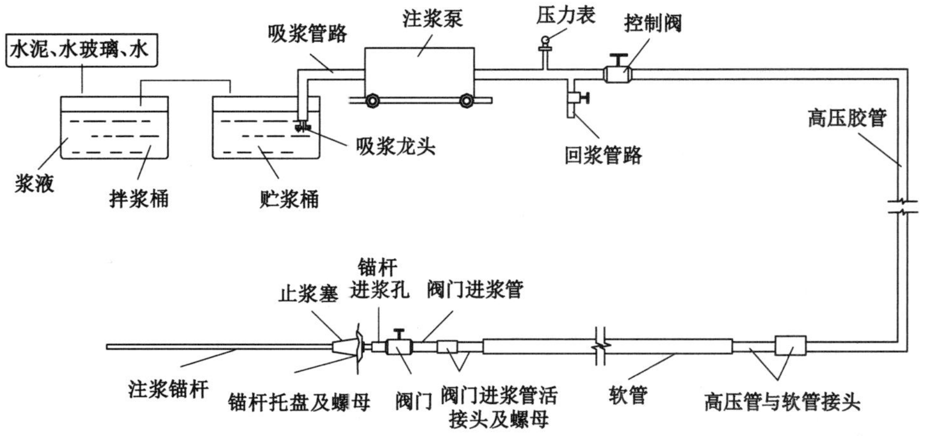

图 6-14　注浆工艺流程

② 注浆泵的控制：根据巷道实际注浆情况的变化，及时开、停注浆泵，并时刻注意观察注浆泵的注浆压力，以免发生管路堵塞及崩管等现象。

③ 孔口管路的连接：应注意观察工作面注浆情况的变化，及时发现漏浆、堵管等事故，并掌握好对注浆量及注浆压力的控制，及时拆除和清洗注浆阀门。

为保证施工质量，达到加固效果，锚注施工中主要应做到以下几点：

① 为保证注浆时不出现漏浆现象，必须进行喷浆，这样可封闭巷道围岩的表面裂隙。

② 内注浆锚杆必须按规定的角度和间排距施工，靠近底角的内注浆锚杆兼起底角锚杆的作用，应向底板方向以 15°～30°角下扎；且应实行间隔布置，插空复注的施工工艺。

③ 浆液配制必须按规定的水灰比进行，并安排专人负责，须连续搅拌桶内浆液，且水泥入桶前必须过筛以去除杂质，结块水泥不得使用。

④ 注浆时加强人员信号联系，保证及时开停注浆泵并控制好注浆压力。通常注浆泵处压力不大于 2.0 MPa，出现超压现象时，应及时判明原因并设法处理，以免发生蹦管及浆液冲出伤人等事故。

⑤ 注浆结束或中途停注时，应先停泵再关闭孔口阀门，然后打开泵体上的卸压阀，让管内浆液回流至桶内，待管路及泵内压力降低后，打开孔口活接头，并将它连接到其他孔口继续注浆。如出现堵管或停泵时间较长等问题，要及时吸清水冲洗注浆泵及管路，防止浆液在泵内或管内凝固。

⑥ 待浆液初凝后或压力降低后，卸下孔口止浆阀门，一般 30 min 后即可；如仍存在漏浆等现象，应用纸、麻或快硬水泥等堵住管口，以防浆液倒流；卸下的阀门要及时清洗，以备再用。

⑦ 采用内注浆锚杆实施注浆加固，应待浆液凝固并达一定强度后(一般 3～5 d)及时安装锚杆托盘。

⑧ 喷浆时，须控制好喷层的质量，既要将围岩封闭好，又要保证内注浆锚杆孔口有一定的外露长度；对底角实施喷浆前，应预先清理出一道深 200 mm 左右的小沟，然后在喷浆时将它喷平，以防止注浆时从巷道的底角处出现严重的漏浆问题。

⑨ 对巷道顶板进行锚网支护时须喷 10～20 mm 的混凝土进行适当的封闭，以防止注

浆时从巷道顶板岩层裂隙中漏浆。

6.2.6.4 试验效果分析

按本方案实施后，设置了 2 个变形测试断面，对巷道围岩表面位移进行了监测，包括顶板下沉量、两帮内挤量和各帮内挤量。测试结果如图 6-15 至图 6-16 所示。

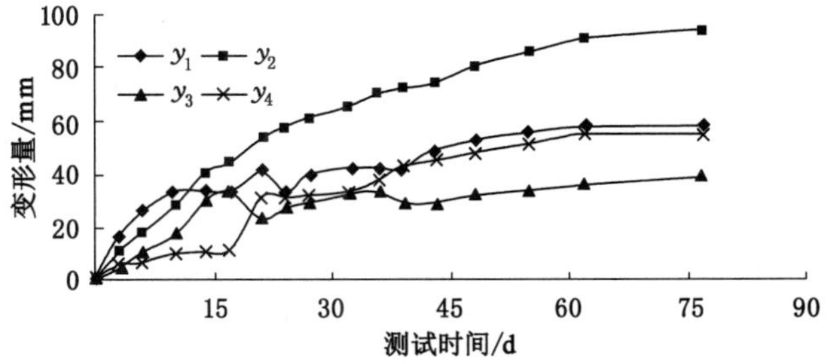

y_1—顶板下沉量；y_2—两帮内挤量；y_3—左帮内挤量；y_4—右帮内挤量。

图 6-15 戊九轨道下山 1# 测试断面表面收敛变形

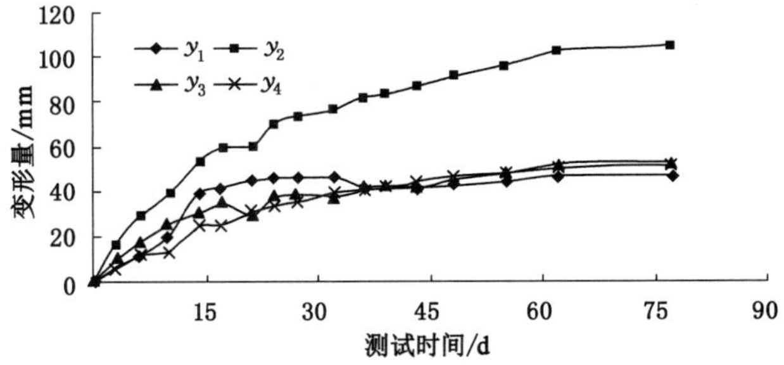

y_1—顶板下沉量；y_2—两帮内挤量；y_3—左帮内挤量；y_4—右帮内挤量。

图 6-16 戊九轨道下山 2# 测试断面表面收敛变形

变形测试结果表明，对碎裂围岩采取了锚杆、锚索和锚注支护措施，大大提高了围岩的整体性和围岩强度，并使初次锚喷网支护和锚注加固形成一个整体，从而有效控制了巷道顶板下沉、两帮内挤和底鼓，顶板平均下沉 53.2 mm，两帮平均收敛 95.5 mm，且巷道的后期变形均较小，巷道已趋于稳定。变形测试结果说明，在锚喷网支护的基础上采取锚注加固，形成的联合支护结构能够满足深部高应力软岩返修巷道的维护要求。

6.3 煤巷施工

我国煤层巷道的施工方法，使用掘进机掘进已比较普遍，钻眼爆破法逐渐减少，风镐法或水力掘进法使用不多。综掘是高产高效矿井回采巷道掘进的主要方法。我国已研制开发和引进使用了近 20 种悬臂式掘进机，综合机械化掘进程度逐步提高。近年来，我国成功地开发和推广使用了煤巷锚杆支护技术，使巷道围岩地质力学性能测试技术、煤巷锚杆支护设计技术、施工机具研发、支护材料研发均得到快速发展。煤巷机械化掘进和支护技术为我国高产高效矿井建设提供了必不可少的技术支撑。同时，随着综采生产技术的发展，百万吨综采工作面屡见不鲜，并已出现年产 1 000 万 t 以上的全自动化综采工作面，年掘进回采巷道量大幅增加，从而使煤巷掘进与支护成为煤矿高效安全集约化生产的技术瓶颈，是当前煤炭工业亟须研究开发的关键性技术。

6.3.1 煤巷施工特点

煤层巷道与井底车场巷道、硐室、主要运输大巷等施工条件相比，具有以下特点：

① 煤层巷道一般都是沿煤层或在煤层附近的岩层内掘进的，因此经常受到瓦斯的威胁。为了预防事故，确保安全，必须加强瓦斯检查，并采取相应预防措施。此外，还要特别注意探水，防止靠近煤层浅部老窑、采空区而造成危害。

② 煤层巷道所穿过的煤层或岩层一般强度较小，掘进较容易，多采用掘进机掘进，但稳定性较差，而且大多数煤层巷道都受到采场动压的影响。因此，在施工时，不但要管理好顶板，还要根据巷道服务年限短、地压大且不稳定的特点，合理选择支护方式。

③ 煤层巷道的施工地点一般远离井底车场，工作面多且分散，工程量大。因此，通风和运输工作比较复杂。

④ 通常煤层褶皱起伏且有各种断层存在，因此在施工时，必须根据生产和使用要求以及安全的原则，正确地进行巷道定向工作，使巷道位置适当，避免无效进尺。

⑤ 使煤破碎比较容易，因此装煤工作所占循环作业的时间就较长。实现装煤机械化，不但能减轻工人劳动强度、提高生产率，而且可加快巷道掘进速度。

由于煤层巷道掘进工程量大，工作面多且分散，为了缩短煤层巷道施工期限，必须合理地安排这些巷道的施工顺序，一般应遵守以下原则：

① 采区巷道掘进的先后顺序，应根据巷道的用途、支护方式以及通风、运输等各种因素来确定。在保证重点工程的前提下，只要运输、提升、通风、排水等条件许可，应开展多工作面施工。

② 采区巷道施工，应先掘进上山，这样做有利于开展多工作面施工。

③ 对于区段运输巷道，则应先掘进区段中间轨道巷。这是因为区段中间轨道巷一般沿煤层走向掘进，这样可以探清煤层变化情况，为区段输送机巷布置确定方向。当上山掘进到中部车场位置时，即可开始掘进区段巷道；但当采区地质情况不清，潜在地质构造可能影响区段巷道位置时，最好等上山巷道全部掘完或掘过一部分后再掘，以免区段巷道布置不合理。

④ 当设计两翼风井且风井可提前开工时，可由风井负担全部或部分采区巷道开拓任务，此时上山可由上向下掘进，必要时也可上下对头掘进，提前贯通上山，改善采区巷道施工时的通风及运输工作环境。

6.3.2 煤巷掘进

6.3.2.1 钻眼爆破法煤巷掘进

钻眼爆破法掘进煤巷具有灵活、方便、成本低廉，适应性强，可掘任何形状、任意长短巷道等优点。另外，钻眼爆破法掘进煤巷的潜力仍然很大，组织该方法巷道掘进的快速施工，对于保持矿井正常的采掘关系，维持矿井的稳产、高产具有重要意义。

对钻眼爆破法而言，掘进中使煤破碎比较容易，装煤工作所占掘进循环作业的时间较长。因此，应尽力解决装煤机械化问题，以减轻工人体力劳动强度，提高劳动效率，整体加快煤巷掘进速度。

(1) 爆破方法

煤巷炮眼布置方法与岩巷的基本相同，多数情况采用楔形掏槽和锥形掏槽。为了防止崩倒支架，多将掏槽眼布置在工作面的中下部。当煤巷掘进断面内有一层较软的煤带时，掏槽眼应布置在软煤带中，可用扇形或半楔形掏槽。若炮眼较深，则可用复式掏槽。煤巷掘进的掏槽方式如图 6-17 所示。

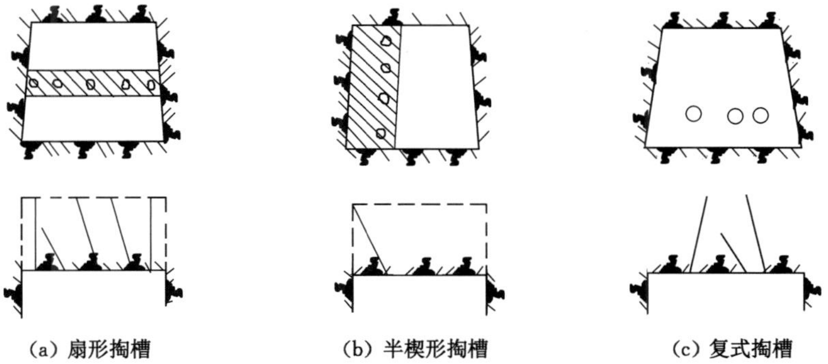

图 6-17　煤巷掘进的掏槽方式

煤巷掘进炮眼深度一般为 1.5～2.5 m。炮眼深度与围岩性质、钻眼机具以及施工工艺所能达到的速度、支护与装运能力有关。在现场施工中，某矿试验了眼深分别为 2.0 m、2.5 m、3.0 m 爆破，眼深与掘进速度的关系见表 6-2。该现场试验结果表明，采用 2.5 m 中深孔爆破时，既实现了小班正规循环，又加快了掘进速度。

表 6-2　炮眼深度与掘进速度的关系

眼深/m	眼数/个	钻眼时间/min	爆破总时间/min	每循环支护时间/min	每循环装运时间/min	循环进尺/m	小班循环次数/次	小班进度/m
2.0	33	43	93	64	54	1.8	2.3	4.0
2.5	33	52	108	72	60	2.3	2.0	4.6
3.0	33	92	158	90	72	2.7	1.5	4.05

在煤巷施工中，同样要推广光面爆破和毫秒爆破。在瓦斯煤层中，毫秒雷管的总延期时间不得超过 130 ms。

由于煤层较松软，为达到光面爆破的要求，布置周边眼时要考虑巷道顶帮因爆破作用而产生的松动范围。松动范围的厚度与煤层的性质有关，一般硬煤为 150～200 mm，中硬煤为 200～250 mm，软煤为 250～400 mm。因此，周边眼要与顶帮轮廓线保持适当距离，并适当减少其装药量，以免发生超挖现象。

当在“三软”煤层(顶板、底板、煤层强度较小)、复合顶板煤层和再生顶板煤层中掘进巷道时，可推广岩巷掘进中使用的“三小”(小直径钻孔、小直径药卷和小直径钻杆)钻爆新工艺，以提高掘进效率和维护好顶板。这是因为目前普遍采用的 ϕ38～40 mm 钻杆、ϕ40～

43 mm 钻头、ϕ32～35 mm 煤矿许用炸药这一组合，装药量相当集中，炸药爆炸能量释放集中，不利于保证软弱顶板的稳定性。例如，淮北矿业（集团）有限责任公司石台煤矿在复合顶板和再生顶板中使用 ϕ32 mm 的小直径钻头、ϕ27 mm 的药卷进行煤巷钻爆掘进，不仅使炸药消耗量节约 25%，而且有效控制了顶板的破碎（巷道成型规则），节约了支护材料，提高了掘进速度。

（2）装煤方法

我国煤巷可采用多种装煤机械掘进，其中 ZMZ-17 型装煤机使用得较多，其外形如图 6-18 所示。该机适用于断面面积在 8 m^2 以上、净高以 1.6 m 以上的煤巷以及倾角小于 10°的上下山。它由蟹爪、可弯曲的刮板输送机及可行走部分组成。该型装煤机生产能力为 50 t/h，履带行走速度为 17.5 m/min，尾部刮板输送机部分可左右回转 45°，整机重 4 010 kg。

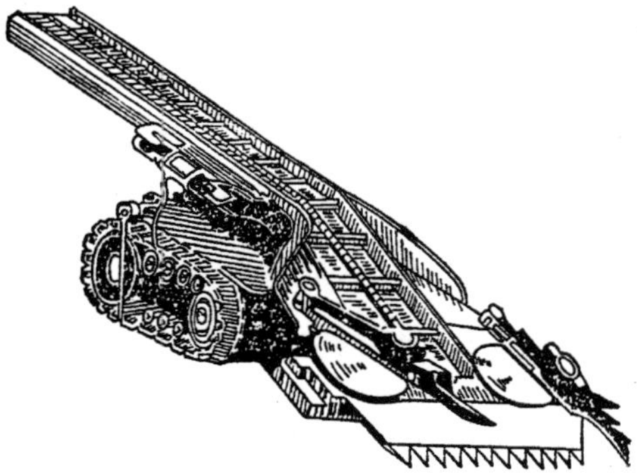

图 6-18 ZMZ-17 型装煤机外形

当煤巷和煤-岩巷断面能满足装载要求时，同样可以采用耙斗装载机进行装载。比如 ZYP-345 型煤巷装运机，可将煤巷掘进中的装煤、运煤和进料三大工序统一起来实现机械化，可用于坡度 5°以下、弯曲 25°以内的各种断面巷道中，并在掘进中可装半煤岩或全岩。

为满足小断面煤巷装车需要，各矿可自制一些小型装煤转载机械，它不但能减轻工人体力劳动强度，而且能比人工装车效率增多几倍。

6.3.2.2 掘进机煤巷掘进

随着回采机械化的发展，普采、高档普采、综采工作面和高产高效放顶煤工作面的不断出现，采煤工作面日产量由 300 t 上升到 5 000～100 00 t，最大日产量有的甚至达到了 30 000 t，工作面月推进量达 100～300 m，准备巷道的月消耗量最大可达 1 200 m 左右，传统的钻眼爆破法煤巷掘进已远远不能适应矿井生产衔接的需要。

综掘技术是高产高效矿井回采巷道掘进的主要方法。随着综采技术的发展，提高综掘水平，跟上综采发展速度，以适应我国煤炭企业技术进步的要求，已越来越为人们所重视。目前，国外各主要产煤国采用掘进机掘进的巷道占采准巷道的 50%以上，而我国巷道的综掘水平仍然很低，始终维持在 15%左右的水平。

因此，大力发展综掘技术，快速高效地掘进准备巷道对煤矿实现安全高效生产有重要的意义。

煤巷掘进机可分为两类：一类是欧洲国家普遍使用的悬臂式掘进机，它适应范围广，但掘进、支护不能平行作业，掘进效率低，开机率低；另一类是以美国和澳大利亚为代表的连续采煤机和掘锚机组，两者均可实现煤巷的快速掘进，开机率较高，掘进效率高。我国目前仍以悬臂式掘进机单巷掘进为主。按工作机构破落煤岩的不同方式，悬臂式掘进机分为纵轴式掘进机和横轴式掘进机两大类。现在世界上有数千台悬臂式掘进机，其结构型式都属于这两类，纵轴式和横轴式掘进机工作原理如图 6-19 所示。

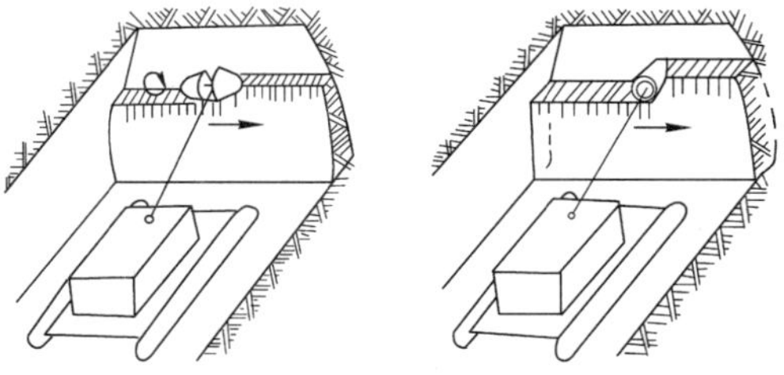

(a)　　(b)

图 6-19　纵轴式和横轴式掘进机工作原理

我国悬臂式掘进机的研制和应用真正起步于 20 世纪 70 年代初，比世界各主要国家晚 15～20 年。20 世纪 80 年代初期，为适应煤矿机械化生产发展的需要，我国采用技贸合作方式引进了当时具有先进技术水平的 AM-50 型、S-100 型悬臂式掘进机；同时，国内通过吸收消化，积极研制开发了适合我国煤层地质条件和矿井生产工艺的综合机械化掘进设备，已研制生产了 20 多种型号的掘进机，初步形成了系列产品，对促进我国煤矿机械化掘进技术发展和应用发挥了重要作用。目前，我国生产掘进机的主要厂家有淮南煤机厂、佳木斯煤机厂和南京航天晨光股份有限公司等 6 家，已形成年产 100 台的生产能力。

我国现役掘进设备以引进生产的 AM-50 型、S-100 型掘进机为主，同时国内研制开发的 ELMB、EBJ 系列掘进机也得到广泛应用，全国已累计生产、装备超过 400 台悬臂式掘进机。

(1) ELMB 系列煤巷掘进机

ELMB 系列煤巷掘进机是由中煤科工集团上海研究院有限公司研究设计、南京航天晨光股份有限公司制造的。ELMB 系列煤巷掘进机可用来开掘任意断面形状的巷道，该系列掘进机除截割部采用电机、减速器传动外，其余各部均采用液压传动。它可以在断面面积为5.5～8.5 m^2、坡度不大于 12°的煤巷及煤-岩巷中工作，适用于切割坚固性系数 $f<4$(局部 $f=5$)的煤或岩石。该系列的型号有：ELMB-55、ELMB-75、ELMB-75A、ELMB-75B，其典型构造如图 6-20 所示。ELMB 系列煤巷掘进机与可伸缩的带式输送机(或刮板输送机)、调度绞车和 U 型钢(或“工”字钢)金属支架等设备组成综掘机械化作业线，在我国煤矿巷道掘进中得到了广泛应用，先后在峰峰、邯郸、开滦、平顶山、皖北、淮北等矿区多次创造了单孔月进尺的全国纪录，是国内的主力机型之一。

(2) AM-50 型和 S-100 型掘进机

AM-50 型和 S-100 型悬臂式掘进机属于中硬煤层巷道掘进机，设备集切割、装运和行走为一体，截割功率均为 100 kW，经济截割硬度 $f\leqslant 6$，截割断面积 8～18 m^2，机重约 20 t。AM-50 型和 S-100 型掘进机单刀切割力较大，能切割较硬的岩石，适应多种地质条件，后配套设备为 QZP-160 型转载机、SSJ-600 型可伸缩带式输送机。AM-50 型和 S-100 型掘进机

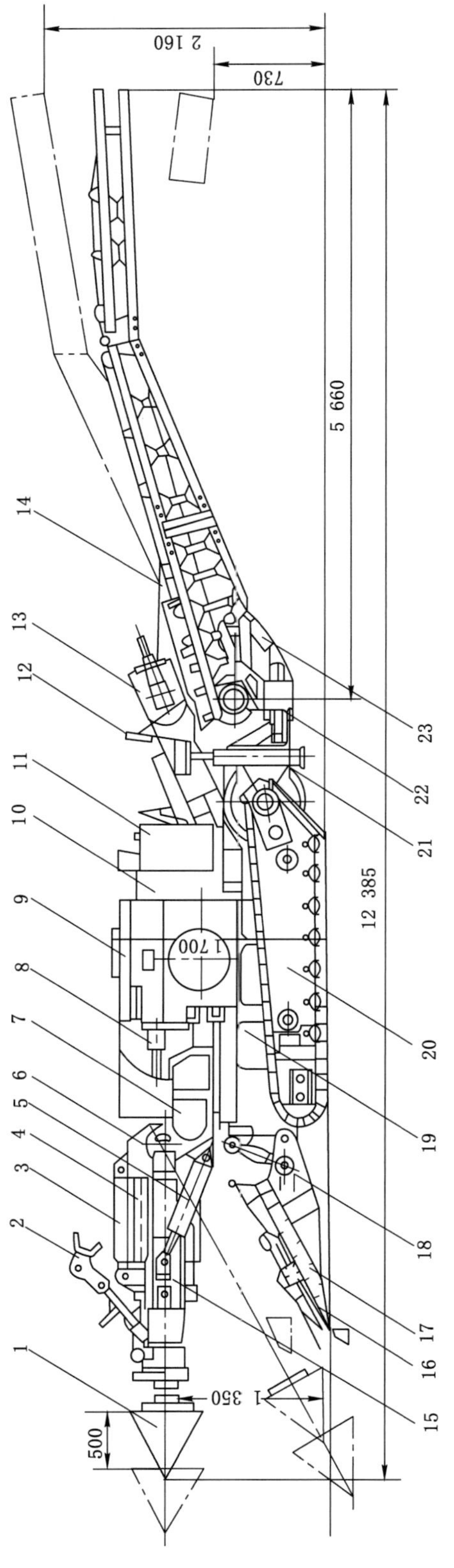

1—截割头；2—托梁器；3—伸缩油缸；4—减速器；5—升降油缸；6—电动机；7—回转座；8—回转油缸；9—油箱与泵站；10—电控箱；11—操纵台；12—司机座；13—刮板输送机；14—胶带机；15—导轨架；16—耙爪；17—铲板；18—铲板油缸；19—主机架；20—行走部；21—超重油缸；22—胶带机转座；23—胶带机升降油缸。

图6-20　ELMB系列煤巷掘进机典型构造

实现国产化后已在全国累计推广 200 多台，投入使用以来多次突破年进万米大关。2001 年兖州矿业集团兴隆庄煤矿综掘队采用 S-100 型掘进机，掘进煤-岩巷道创年进尺 15 342 m 的好成绩。特别是 AM-50 型掘进机，是我国已经引进的十几种机型中使用较好的掘进机型之一，适用于我国煤矿一般采准巷道掘进，也适用于综采煤-岩巷道掘进。AM-50 型掘进机采用横轴式截割机构，转载机构采用桥式带式转载机，与同类掘进机相比，稳定性好，截割功率大(100 kW)，其经济截割硬度 $f \leqslant 6$。原开滦矿务局林西矿使用 AM-50 型掘进机时最高月进尺达 1 024 m，钱家营矿在 1987 年 5 月单孔月进尺为 2 201 m；原鸡西矿务局小恒山矿使用 AM-50 型掘进机，在 $f<6$ 的煤-岩巷道掘进中，日进尺达 25 m。1987 年，我国原煤炭工业部根据全国各矿务局的使用情况，把 AM-50 型掘进机列入推广机型之一。

但 AM-50 型和 S-100 型悬臂式掘进机均为国外 20 世纪 70 年代的产品，设备功率小、机身轻、破岩能力低、电控装备可靠性差，仅适合在条件较好的煤或煤-岩巷道中使用。

(3) EBJ 系列掘进机

我国相继开发了 EBJ-200 型、EBJ-160 型、EBJ-132 型、EBJ-120TP 型和 EBJ-110SH 型悬臂式掘进机，从根本上解决了传统掘进机的技术缺陷，技术性能达到了 20 世纪末国际先进水平，逐渐取代传统的掘进机，并已取得了良好效果。

EBJ-160 型重型掘进机是“八五”国家科技攻关计划重点项目产品。该机整体布置合理，具有生产能力大、切割硬度高、调动速度快、工作稳定性好、截齿消耗低等特点，其整机综合指标达到 90 年代初国际同类机型先进水平。EBJ-160 掘进机后配 ES-800 转载机和 SSJ-800/240 伸缩带式输送机。EBJ-160 型掘进机在大同马脊梁煤矿薄煤层煤-岩巷道掘进施工中，在岩石强度为 132 MPa、断面积岩石比例占 46%的条件下，创造月进尺 468 m、年进尺 5 315 m 的好成绩。

针对 AM-50 型和 S-100 型掘进机在使用中暴露出的截割能力小、稳定性和工作可靠性较差的问题，我国自行研制开发了 EBJ-132 型、EBJ-120TP 型掘进机。这些新产品具有机身矮、结构紧凑、可靠性高、操作简单、维护方便等特点，适合中等断面巷道掘进。此前，EBJ-132 型掘进机已推广应用 20 多台，EBJ-120TP 型掘进机自 2001 年通过煤炭工业协会技术鉴定后，已应用 30 多台，使用效果良好。

近年来，悬臂式掘进机的发展趋势为：① 切割功率不断加大，生产能力和切割硬度不断提高，可切割强度为 120 MPa 的岩石，设计生产能力达到 500 m^3/h 以上；② 截割、装载、履带行走等机构进一步改进，使用范围进一步拓宽，除应用于煤矿外，已经广泛应用于地下工程和隧道施工；③ 采用了微机工况监测监控技术和截割断面形状自动控制技术，自动化性能大幅度提高；④ 增设了顶板和煤壁锚杆钻机，实现了掘锚一体化功能。

6.3.2.3　辅助运输

煤巷施工中除了要求及时地将煤送出掘进工作面外，还需要将大量的材料、设备和人员运往工作面，称为辅助运输工作。随着综采工作面走向长度加大、单产增加、速度加快，上述作业线的掘进速度虽然能够满足综采的需要，但在巷道宽度受到限制不能使用矿车的情况下，用人工运料，时间长、劳动强度大，限制了掘进机效能的发挥。为了保证综掘作业线连续均衡地生产，必须解决机械化辅助运输问题。

(1) 双向伸缩式带式输送机

双向伸缩式带式输送机是一种新型高效运输设备,它和普通带式输送机的工作原理完全相同,都是以输送带作为牵引承载机构的连续运输设备。不同之处在于结构上具有可伸缩和双向运输的显著特点。利用上输送带由掘进工作面向外运煤的同时,利用下部空输送带向综掘工作面运送各种支护材料,而且用底输送带可以实现定位自动装料和定点自动卸料(如图 6-21 所示),妥善解决了综掘工作面支护材料运输问题。特别是在单轨巷道作业空间窄小的条件下,可节省一套运料系统,大大减轻了工人的劳动强度,加快了巷道的掘进速度。

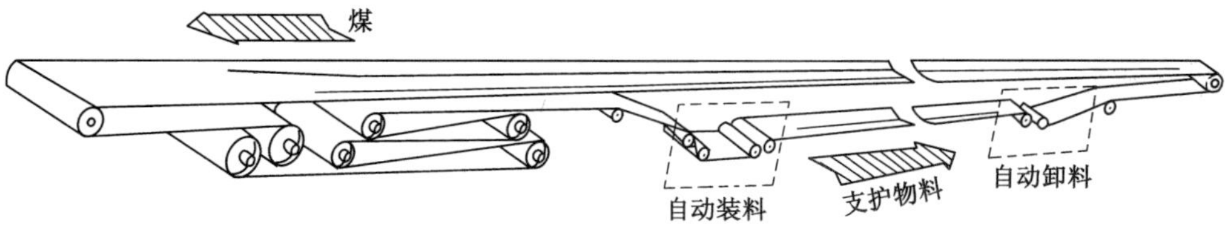

图 6-21　双向伸缩式带式输送机运煤和运送材料方式示意图

根据支架材料的不同种类,双向伸缩式带式输送机已有 SJ 系列产品。如用 SJ-650A 型和 SJ-800A 型能向掘进工作面运送锚杆、棚梁、棚腿等支架材料;用 SJ-800B 型能够运送 U 型钢拱形支架材料。双向伸缩式带式输送机本身设有贮带装置(最大贮带长度 100 m),不必因掘进工作面不断向前推进而经常接长输送带,与普通带式输送机相比可减少接带次数和接带的辅助时间。双向伸缩式带式输送机的主要技术特征见表 6-3。

表 6-3　双向伸缩式带式输送机的主要技术特征

技术特征	SJ-650A	SJ-800A	SJ-800B
带宽/mm	650	800	800
带速/(m/s)	1.6	2.0	0.8/1.6
运量上输送带,t/h	100	400	200
运量下输送带,件/h	120	120	120
运距上输送带/m	1 000	800	1 000
运距下输送带/m	920	720	920
电动机功率/kW	40	2×40	2×40
电压/V	380/660	380/660	380/660
贮带长度/m	20(100)	20(100)	20(100)
机尾搭接长度/m	12	12	12
机头部外形尺寸,长×宽×高/mm	3 210×1 350×1 776	4 000×1 443×1 961	
总质量/t	68	55	
备注	梯形巷道中运送“工”字钢等材料		拱形巷道中运送 U 型钢支架等

双向伸缩式带式输送机由机头传动装置、贮带装置、收放输送带装置、自动装料和自动卸料装置、机身和机尾等部分组成,详见图 6-22。从带式输送机的整体结构来看,该机型分为固定部分和非固定部分。机尾部和卸料装置要随着掘进工作面向前推进,机身要不断接长延伸,需要经常移动;机头传动装置、装料机构、贮带装置等均为固定不动部分。

双向伸缩式带式输送机其输送带伸缩是通过活动滚筒车的前后移动来实现的。当活

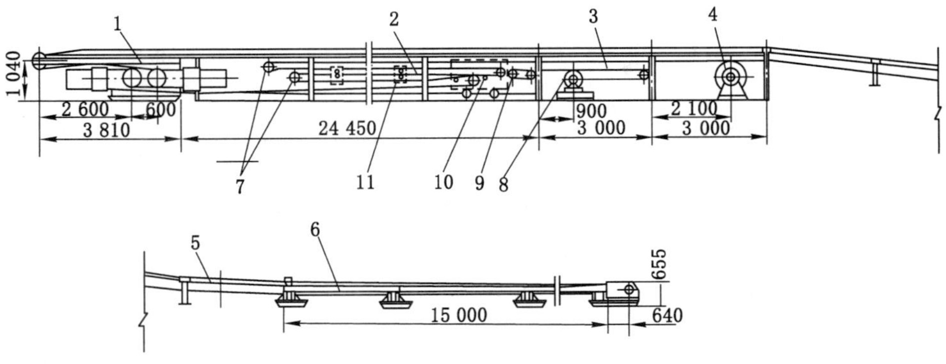

1—机头传动装置；2—贮带仓；3—拉紧钢丝绳；4—收放输送带装置；5—机身；6—机尾；
7—贮带仓固定滚筒组；8—拉紧绞车；9—拉紧滑轮组；10—活动滚筒车；11—贮带仓中间支承车。

图 6-22　双向伸缩式带式输送机主要组成部分

动滚筒车向机头方向移动时，输送带放出，机身伸长；当活动滚筒车向机尾方向移动时，输送带贮入，机身缩短。活动滚筒车通过安装在贮带仓后部的拉紧绞车由钢丝绳牵引而往返运行。

双向伸缩式带式输送机是综掘工作比较理想的先进配套设备，它具有生产能力大、安全可靠、使用方便、掘进与生产两用等优点。此外，对铺设有轨道的大断面带式输送机运输巷道，可采用单向可伸缩带式输送机（只能运煤、不能运物料）作为后配套的主要运输设备。

(2) 单轨吊车

为了解决小断面长巷道综掘工作面快速掘进的辅助运输问题，我国煤炭科研单位和现场施工单位研制和使用了各种单轨吊车。

单轨吊车是以悬吊在巷道顶部的吊轨作为轨道进行材料、设备和人员运输的系统，有钢丝绳牵引、柴油机车牵引和蓄电池机车牵引三种牵引方式。国内生产的单轨吊车最大爬坡角度为 18°，运输运距一般为 1 000～2 000 m，最大可达 3 000 m；运人时的运行速度为 1.5～2 m/s，运料和运设备时为 2～2.5 m/s（有时高达 4.5 m/s）。单轨吊车的轨道是一种特殊的工字钢，工字钢轨道悬吊在巷道支架上或砌碹梁、锚杆及预埋链上。

XTD-7 防爆特殊型蓄电池单轨吊车是适用于各级瓦斯矿井，可单独或与其他机械配套用于各类掘进巷道和采面的材料、机电设备的安装、拆卸和运输。对中小型断面巷道具有较好的通过性，特别是用在通风不良的独头掘进巷道中，不会增加巷道的空气污染和噪声。在中等坚硬顶板条件下，无须对巷道支架进行特殊加固。单轨吊车主要由控制室、驱动车、紧急制动车、电源车、物料车、悬挂轨道、悬挂装置和照明灯等部件组成，其运输系统见图 6-23。

6.3.3　煤巷施工案例

6.3.3.1　工程概况

21603 下平巷位于华丰煤矿三水平二采区，下平巷标高为－380 m，巷道埋深 510 m，沿十六煤层走向布置，走向长度为 710 m。下平巷主要有开采 21603、21604 工作面时通风、行人、运输之用。21603E 工作面下平巷地质构造总体较为简单，煤层厚度为 1.35 m，走向变

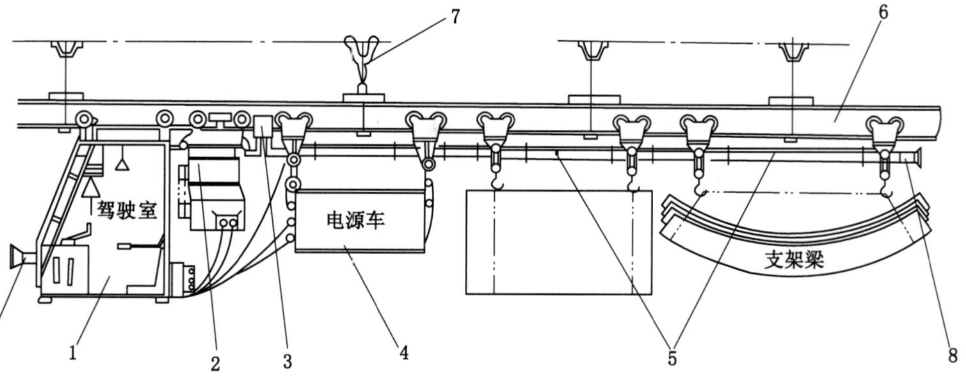

1—控制室;2—驱动车;3—紧急制动车;4—电源车;
5—物料车;6—悬挂轨道;7—悬挂装置;8—照明灯。
图 6-23 XTD-7 防爆特殊型蓄电池单轨吊车运输系统

化不大,一般在 108°左右,煤层倾角为 25°~26°。

6.3.3.2 主要支护参数

根据巷道用途、围岩性质及现有技术装备条件,21603 下平巷选用直墙半圆拱形断面、EBJ-120TP 掘进机掘进、全面断一次成巷的施工方法,用吊环式钢管前探梁作临时支护,用锚带网作永久支护。21603 下平巷主要支护参数如下:

巷道尺寸:净宽 3 400 mm,净高 3 000 mm。

锚杆:ϕ22 mm×2 000 mm 螺纹钢等强锚杆;锚杆螺母拧紧力矩不小于 400 N·m,锚固力 130 kN;锚杆间排距为 800 mm×800 mm。

锚固剂:树脂药卷,规格为 Z23(8)35,每根锚杆配 2 块加长锚固剂。

金属网:采用规格为 3 200 mm×850 mm 的 10# 铁丝编制的金属菱形网,网格为 50 mm×50 mm。

托盘:规格为 120 mm×120 mm×8 mm 的"M"型托盘,力学性能与锚杆杆体配套。

钢带:规格为 3 600 mm×200 mm×4 mm 及 1 900 mm×200 mm×4 mm"M"型钢带,每排使用 3 根钢带将所有锚杆相互连接。

6.3.3.3 施工工艺

施工顺序为:掘进机破岩(EBJ-120TP)→临时支护→打锚杆眼→安装锚杆→成巷。

主要设备为:MQT-120 锚杆钻机 2 台,ZSM-60 型风煤钻 2 台。

采用"三八"制单班循环作业方式,三班掘进支护组织生产并对机械设备进行维修保养,采用正规循环作业形式。循环进尺 0.8 m,最大空顶 1.0 m,最小空顶 0.2 m。

6.3.3.4 提高速度的主要措施

(1) 积极推广支护新技术、支护新工艺和掘进新装备,提高综掘工作面技术装备水平

① 采用预应力可升降临时支护吊环。临时支护采用 3 根吊环式前探梁;每根前探梁配 2 个螺纹钢预应力可升降吊环,施工中交替前移;掘进机切割完毕,摘除悬矸危岩后,立即将前探梁前移至迎头,在前探梁上方铺上金属网,按锚杆排距固定好钢带,在金属网、钢带与前探梁之间垫上方木以接实顶板,并用专用工具索紧。经检查确认安全后,在前探梁掩护下,直接在钢

带孔中打支护锚杆眼。工序占用时间 8 min 左右，临时支护操作简单，方便快捷。

② 应用大功率气扳机，避免了人工紧锚杆，保证了锚杆安装质量，每根锚杆的安装时间减少 5 min 以上，大大减少了支护时间，提高了锚杆的初锚力和可靠程度，提高了巷道单进水平。

③ 应用大功率锚杆钻机，配套使用了锚杆扭矩放大器，利用锚杆钻机打孔、搅拌树脂药卷、安装锚杆紧固螺母，实现了钻锚一体化作业。

④ 锚杆安装推广使用了扭矩放大器。利用捷马锚杆快速安装技术，由原先人工安装锚杆变为采用锚索钻机安装，定锚杆时采用锚索钻机，借助扭矩放大器（将输出扭矩放大到 3.5 倍），使定锚杆、紧锚杆两个工序紧密连接，大大缩短了定锚杆、紧锚杆的工序时间，提高了锚杆的安装速度，降低了劳动强度。

（2）优化施工方式，实现平行作业

① 顶锚杆支护与帮底部锚杆平行作业

为方便施工，当两帮煤岩体相对完整时，两帮底部两根锚杆安装可滞后顶锚杆 3～4 排进行。掘进机切割后，在施工顶锚杆的同时，自上而下由外向里施工两帮滞后锚杆。顶锚杆与帮锚杆支护平行作业，减少了支护占用时间。

② 延长胶带与施工锚杆平行作业

掘进机与带式输送机之间通过桥式胶带转载机形成连续运输系统。给桥式胶带转载机安设滑靴使其在可伸缩带式输送机机尾上滑行，实现准确卸煤矸。当掘进机切割完后，在打顶锚杆、帮锚杆的同时可将机尾延长，延长机尾一般需要 20 min。

③ 在保证安全生产情况下尽量安排平行作业

割煤、补后部锚杆、运料、胶带调整平行作业；打顶帮锚杆、延长带式输送机机尾、皮带机检修、机电设备检修、延长电缆、维护掘进机平行作业；交接班与接风水管平行作业。每个工序互不影响，保证了正规循环的进行。

（3）配套完善综掘工作面后部运输系统，提高施工效率

① 根据 21603 下平巷现有生产条件，使掘进出的煤炭直接进入－380 煤仓，若矿车供应不及时，煤炭在煤仓中存储，从而保证了综掘机施工不受后部系统影响，提高了掘进机工作效率；形成了比较完善的综掘机机械化作业线，最大限度发挥了综掘机效能，提高了施工效率。

② 在快速掘进中，由于掘进速度太快，各种支护材料消耗量很大，采用人力扛运则体力消耗大、效率低，无法满足快速掘进的要求。应用双向带式输送机，使煤矸运输与支护材料运输合为一体，上胶带运煤矸，通过底胶带将支护材料轻松地运到迎头，充分发挥了机械化作用，减轻了人工体力消耗，促进了快速掘进。

③ 加强后路辅助运输设备的检修质量，保证运输设备的正常运行。

（4）加强设备的维修保养力度，保证设备的正常运转

① 加强设备管理是保证开机率的重要保证。坚持正常的设备维护和检修，严格执行班检、日检、旬检、月检制度，对综掘机、转载机、皮带机等设备进行强制检修，保证机械设备在良好状态下运行，从而保证快速掘进，不发生中断事故，改变了过去出现事故现场抢修的方式，为提高日进尺，保障月生产量起到了决定性作用。

② 加强油脂管理，对变质油脂立即更换，定期清理油箱、过滤器和液压系统的污染物，油箱口应密封好，由专职机修人员每天清理掘进机，定期对掘进机各部注油孔加油，以增加

其润滑性。

③ 对各种设备实行包机制管理，确定一名专职机电副区长全面负责，每个生产班配备三名专职司机，司机直接受机电副区长管理，掘进机司机及维修工的工作量、维修质量与个人的收入直接挂钩考核。在月施工结束后，整体进行考核，根据事故的影响程度，在工资分配上给予适当的调整，对事故影响最少的司机、维修人员以及事故影响多的司机、维修人员的工资给予大差额的浮动。由于责任明确、奖罚分明，杜绝了设备故障影响生产的现象。

④ 专职机修人员每天要主动向司机及跟班维修工询问综掘机运行情况，有针对性地重点检修，消除事故隐患，将事故控制在萌芽状态。

⑤ 建立完善的综掘机管理制度，掘进机司机和跟班维修工在生产结束后，认真填写设备日志，并将当班设备运转情况向接班司机交代清楚，存在问题共同处理，严禁设备带故障运行，以保证综掘机效能的发挥。

⑥ 项目部制定了管理人员点检制。要求每名管理人员，根据“设备点检、运行日志、交接班记录”上的内容，每天检查一遍设备点检情况；并将岗位点检执行情况、排查的设备隐患填入各自的“管理人员精细化管理 A 卡”，发现问题及时处理。

(5) 加强人员培训

① 针对综掘司机及维修技术人员少且综合素质较低的实际，加大对司机及维修人员的安全技术培训力度，有针对性地对职工进行系统的正规的理论知识和基本技能的培训，特别应选派责任心强、有上进心的职工到安培中心进行综掘机司机等特殊工种培训，区队应充分利用每周一、周三、周五安全学习日加强对机电维修工、班组长、综掘机司机的操作技能培训。

② 针对技术人员少的问题，我们及时把新分的技校毕业生充实到检修班组，充分发挥传、帮、带的作用，提升区队的技术力量，提高其现场操作技能及处理事故的能力，减少因技术人员匮乏而影响单进水平的现象发生。

③ 配备机电技术员，专职负责综掘机的维护、安装和配件管理，有力地保证了综掘机的正常使用，同时专门要求技术员每周开展一次关于综掘机的专题培训，提高职工的技能素质。

(6) 引入竞争激励机制

① 21603 下平巷施工前，专业性组织各掘进项目部进行竞标活动。本着公开、公平、公正的原则，矿建各项目部经理、包队经理助理、甚至班组长代表参与竞标，为充分调动中标单位积极性，逐级传递压力落实责任，确保竞标方式不流于形式，实行缴纳创水平抵押金制度。

② 施工班组实行班组长全面现场负责制。完成小班安全生产计划任务时给予补贴。

③ 施工班组每天举行一次“三工”评选工作。评选出当日的合格员工、优秀员工、试用员工。

④ 工区、班组实行定额单价公开民主、上墙公布。激励机制运作资金取决于工作量，并全部用在完成工作量的分配支付上，做到人尽其能，能者多挣，形成比学赶超机制。

⑤ 所有工程项目的结算工资实行班组长自行分配制。区队监督管理，做到民主、透明。定额员、办事员对班组当班工资应做到日清日结，月底兑现。

6.4 煤-岩巷道施工

当巷道在薄煤层中掘进时，为了保证巷道的使用高度，必须挑顶或挖底。因此，在巷道断面上既有煤层又有岩层。当岩层面积占掘进工作面断面面积 1/5～4/5 时，即可称为煤-岩巷道。煤-岩巷道施工方法与岩巷和煤巷的施工方法基本相同。

6.4.1 煤-岩巷道采石位置的选择

在煤-岩巷道掘进时，采石位置有挑顶、挖底、挑顶兼挖底三种情况，如图 6-24 所示。

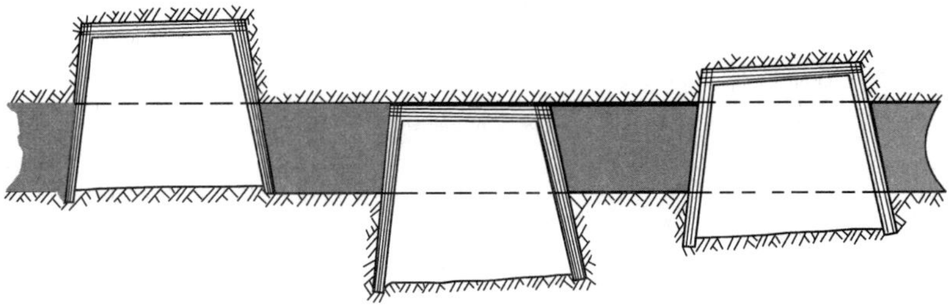

图 6-24 煤-岩巷道采石位置的三种情况

选择哪种采石位置较好，应综合考虑满足生产要求、便于维护和施工难易等因素。多数情况下，尽可能不要挑顶而采取挖底，以保证顶板的稳定性；只有当煤层上部有假顶时，才将假顶挑去。比如区段输送机巷和沿煤层开掘的上山均属挖底情况。对于区段回风巷，由于它兼有向采煤工作面下料的用途，因此就采用挑顶方式掘进。

在生产中，为了保证巷道顺直和有一定的坡度，上述挑顶、挖底或挑顶兼挖底的三种情况往往在一条巷道中都可能出现，甚至暂时脱离煤层进行全岩掘进的情况也是有的。但在煤层稳定的情况下，根据煤层的倾角不同，一般以图 6-25 所示的采石位置为宜。

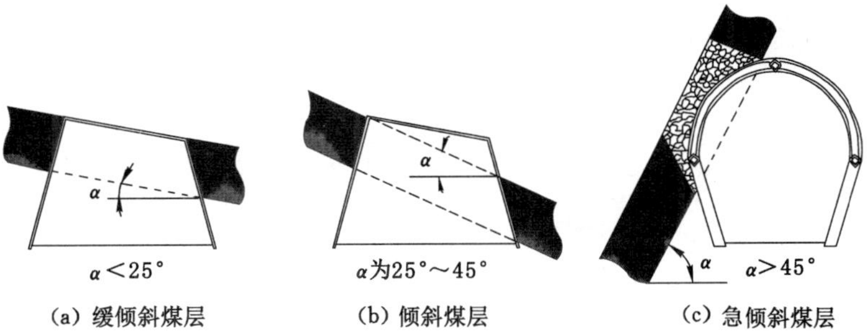

图 6-25 煤层倾角不同时的采石位置

6.4.2 钻眼爆破法掘进

(1) 炮眼布置特点

由于煤层较软，掏槽眼应布置在煤层部分。图 6-26 就是煤-岩巷道炮眼布置的一个实例。

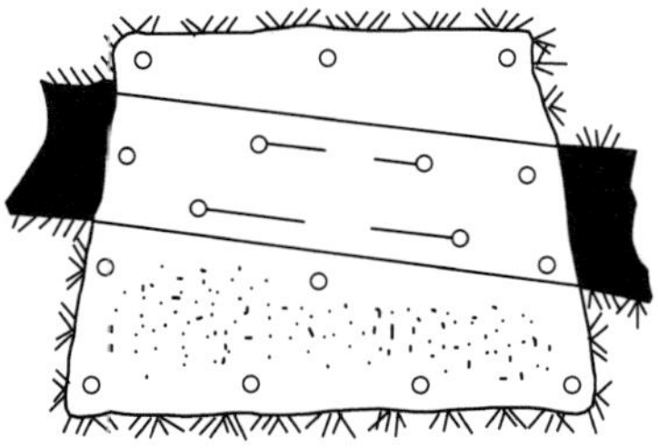

图 6-26　煤-岩巷道炮眼布置

煤-岩巷道掘进选择钻机时，尽量做到动力单一化，但也可选择两种不同动力的钻机。一般原则是：当煤、岩的强度都不高时，应选用煤电钻钻眼；当煤、岩的强度都较高时，可都采用凿岩机钻眼；当煤、岩的强度相差很大时，则可同时选用煤电钻和凿岩机，或同时选用煤电钻和岩石电钻钻眼。

(2) 施工组织

煤-岩巷道的施工组织有两种方式，一种是煤、岩不分掘分运，全断面一次掘进；另一种是煤、岩分掘分运。全断面一次掘进时，工作组织简单，能加快掘进速度，但煤的灰分很大，煤的损失也很大。将这种施工组织方式用在煤厚小于 0.5 m、煤质不好的煤-岩巷道较为合适。分掘分运的方式能够克服上述缺点，但工作组织较为复杂，掘进速度较慢。选择何种组织方式，与掘进和回采比例有关，对于那些掘进跟不上回采的矿井，采用全断面掘进方式的仍属多数。掘进和回采可以达到平衡的矿井，仍应当采用分掘分运的方式。采用煤、岩分掘分运的方式时，会形成煤工作面超前岩石工作面的台阶工作面。当煤层厚度大于 1.2 m 时，在岩石工作面可以钻垂直炮眼(眼深不小于 0.65 m)，这样钻眼和爆破效果较好，如图 6-27(a)所示。若煤层较薄，岩石工作面的炮眼，应平行巷道轴线方向，如图 6-27(b)(c)所示。

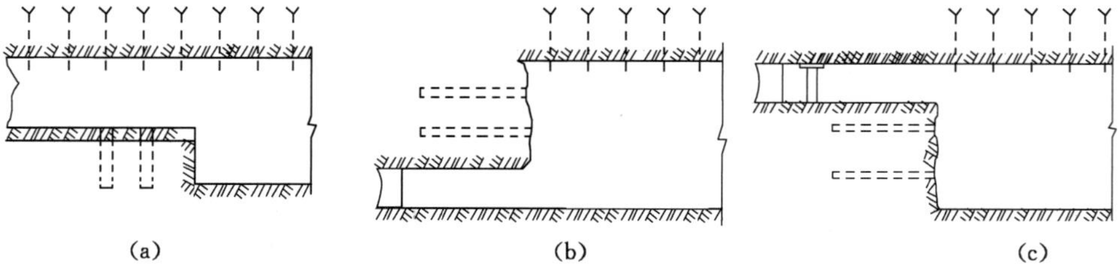

图 6-27　煤-岩巷岩层工作面炮眼布置

6.4.3　掘进机掘进

煤-岩巷道的掘进，也可采用掘进机进行掘进。我国已研制出 EBJ-132、EBH-132、EBJ-160 等几种掘进机，其中 EBH-132、EBJ-160 已经试验证明能够胜任煤-岩巷道掘进，预计煤-岩巷道掘进机产量将稳步增长。根据国外使用情况看，煤-岩巷道掘进机适用机型质量约 45～90 t。切割岩石抗压强度以不大于 80 MPa 为宜，对于 80～100 MPa 的岩石，机器质量及切割功率还需增大才能获得较好的技术经济效果。EBJ-160 在切割局部硬岩时会出现强烈的振动，表明 50 t 的质量还不是足够的。经常处于此工况，机器寿命必将大大缩短。如果说国外的 LH-1300 重 50 t 是适当的，考虑我国在原材料与制造精度等方面与先进国家比尚存在一定差距，则 60～70 t 重的机型在相似工况条件下可以使机器振动减轻，机器零件寿命延长，总体上经济效果必然会更好。

6.5 突出危险煤层巷道施工

据统计，石门揭穿突出危险煤层时最容易发生煤与瓦斯突出，其突出特点是强度大、瓦斯量大、波及面广，因而危害严重。近年来我国发生的特大型含瓦斯煤岩突出事故中，有 80％发生在石门揭煤施工过程中。石门揭煤地点通常是新矿井、新水平、新采区还未被揭露的地点，其瓦斯压力、应力都处于原始状态。除此以外，揭穿煤层时，工作面由坚硬的岩层突然进入较松软的煤层，工作面前方的集中应力容易发生突然释放。这些都为发生突出提供了必要的有利条件，因此，在石门揭煤施工中应采取措施，严防突出事故的发生。

《煤矿安全规程》规定，石门的位置应尽量避免在地质变化区选择；当掘进工作面距煤层 10 m 以外时，至少打两个穿透煤层全厚的钻孔，以便确切掌握煤层赋存条件和瓦斯情况；当掘进工作面距煤层 5 m 以外时，应测定煤层的瓦斯压力；掘进工作面与煤层之间必须保持一定的岩柱，急倾斜煤层为 2 m，缓倾斜及倾斜煤层为 1.5 m。

我国石门揭穿突出危险煤层的防突措施主要有：震动爆破或远距离放炮、抽放瓦斯和排放钻孔、水力冲孔和水力冲刷、施工金属骨架等措施。

6.5.1 震动爆破或远距离爆破揭穿

震动爆破或远距离爆破揭穿的实质就是通过在掘进工作面实施爆破来揭开煤层，并且利用放炮所产生的强烈震动来诱导煤和瓦斯突出。如果震动爆破未能诱导突出，则强大的震动力至少能使煤体破裂，瓦斯得以排放，围岩应力得以释放，从而达到预防突出的目的。

《煤矿安全规程》规定，厚度小于 0.3 m 的突出煤层，可直接采用震动爆破或远距离爆破揭穿。对于厚度小于 0.3 m，揭煤地点无地质变化，赋存稳定，无变厚可能的突出煤层，不能简单地认为即便发生突出，其突出规模也不会太大。应该认识到煤层仍具有突出的危险性，因此建议最好还是采取具有诱导突出功能的震动爆破的方法揭穿煤层，以防止突出造成人员伤亡和财产损失。如认为煤层突出的危险性确实不大，则可以采用远距离放炮的方法揭穿石门。

应特别指出的是，当采用震动性爆破而未能使石门工作面一次全断面揭穿或揭开煤层，即留有门槛时，要高度警惕。这是因为此时强大的爆破震动波打破了原有的应力平衡状态，在其向新的平衡状态转化过程中，煤层中的应力极不稳定，随时都会发生突变，危险性极大。

震动爆破揭开煤层以前，应使煤层瓦斯压力小于 1.0 MPa，若压力超过这个数值，可采用钻孔排放瓦斯的措施将压力降至 1.0 MPa 以下，然后实施爆破。爆破的有关参数与要求如下：

6.5.1.1 炮眼布置方法

（1）煤眼和岩眼要交错相间排列，顺序爆破。煤眼和岩眼的比例大致为 1∶2。

（2）巷道顶部的炮眼密度一般小于底部，周边炮眼密度一般大于中部。

（3）透煤炮眼深度应超过岩柱，如煤层相当厚，炮眼可进入煤层 2～3 m。

（4）石门周边炮眼应适当密一些，以保证爆破后石门周边轮廓整齐，避免在修整石门周边时发生突出。

(5) 岩眼眼底应距煤层 100～200 mm，不应透煤。图 6-28 所示为岩层中一次穿透岩柱及煤层的炮眼布置示例。

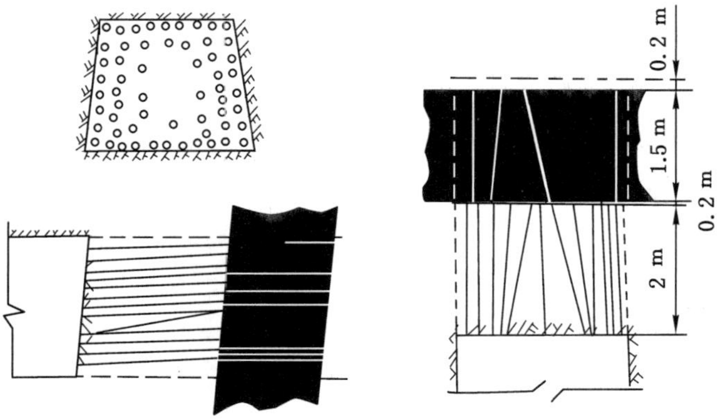

图 6-28　一次穿透岩柱及煤层的炮眼布置示例

6.5.1.2　炮眼数量

可按工程类比的方法确定震动爆破的炮眼数量，也可按式(6-1)进行估算：

$$N=5\sqrt{s}\cdot\sqrt[3]{f^2} \tag{6-1}$$

式中，N 为炮眼总数，个；s 为掘进巷道断面面积，m^2；f 为岩柱的坚固性系数。

关于炸药消耗量，根据我国部分矿井的统计，当采用毫秒雷管时，岩石炸药消耗量为 2～3 kg/m^3，采用瞬发雷管时为 3～4.5 kg/m^3。

6.5.1.3　采用震动爆破应注意的几个问题

(1) 所有炮眼必须一次起爆，炸开石门的全断面岩柱和煤层的全厚；如果第一次震动爆破没有全断面揭开煤层，第二次爆破工作仍应按震动爆破的安全要求进行。

(2) 只允许使用带食盐被筒的煤矿安全炸药进行震动爆破；雷管事先要严格检查和分组；使用毫秒雷管时，其总延期时间不得超过 130 ms；装药后全部炮眼必须填满炮泥；爆破网路必须周密设计，保证不发生拒爆或瞎炮等现象。

(3) 每次震动爆破都应对岩柱性质、岩柱和煤层厚度、眼数、眼位、装药量、连线方式、起爆顺序、爆破效果等做详细记录，以便总结经验和进行分析。

(4) 当石门揭开突出危险的煤层时，掘进工作面必须有独立的回风系统，在其进风侧的巷道中应设置两道坚固的反向风门，回风系统必须保持风流畅通无阻。

(5) 为了限制突出规模，人为地降低突出强度，可在距工作面 4～5 m 的地方构筑木垛或金属栅栏。

(6) 当发现工作面的岩层特别破碎，地压加大，岩柱崩落和压出，瓦斯涌出量剧增，温度迅速下降以及产生震动声响等异常现象时，应立即停止作业，人员撤离至安全地区。

(7) 人员撤离范围，应根据突出的危险程度和通风系统而定。在有严重突出危险的石门揭盖时，放炮工作应在地面进行；放炮至少半小时后，由救护队员进入工作面检查，根据检查结果，确定是否恢复送电、通风等工作。

6.5.2　抽放瓦斯和排放钻孔

抽放瓦斯与排放钻孔在防治煤与瓦斯突出作用机理方面是相同的，都是力求将突出煤层中的瓦斯含量与煤层中的应力降低到不能发动突出的安全量级范围以内，但短时间内要达到此目标是很困难的。抽放瓦斯与排放钻孔的区别在于前者借助机械产生的小于大气压力的负压，加速突出危险煤层中的瓦斯排放；而后者在煤层中打一定数量的排放瓦斯钻孔，靠突出煤层中的瓦斯压力，使瓦斯从钻孔周围深部煤层中不间断地流向钻孔，并通过钻孔向大气中扩散，从而达到在一定范围内形成卸压带，降低煤体中的瓦斯压力，缓和煤体压力，预防煤和瓦斯突出的目的。这一方法适用于煤层松软、透气性较大的中厚煤层。

四川天府煤矿采用了多排钻孔阻截式布置方式，有效地防止了煤与瓦斯突出事故，其布置见图 6-29。第一圈 10～14 个钻孔均匀地打在巷道的顶部及两帮，然后同样地打第二圈，有必要时甚至打第三圈。钻孔在石门断面以外的煤层中形成沿走向 10～20 m、沿倾斜 8～10 m 的瓦斯排放区，其排放范围半径为石门断面的 15 倍左右，钻孔数一般为 20～40 个（孔径 75 mm）。

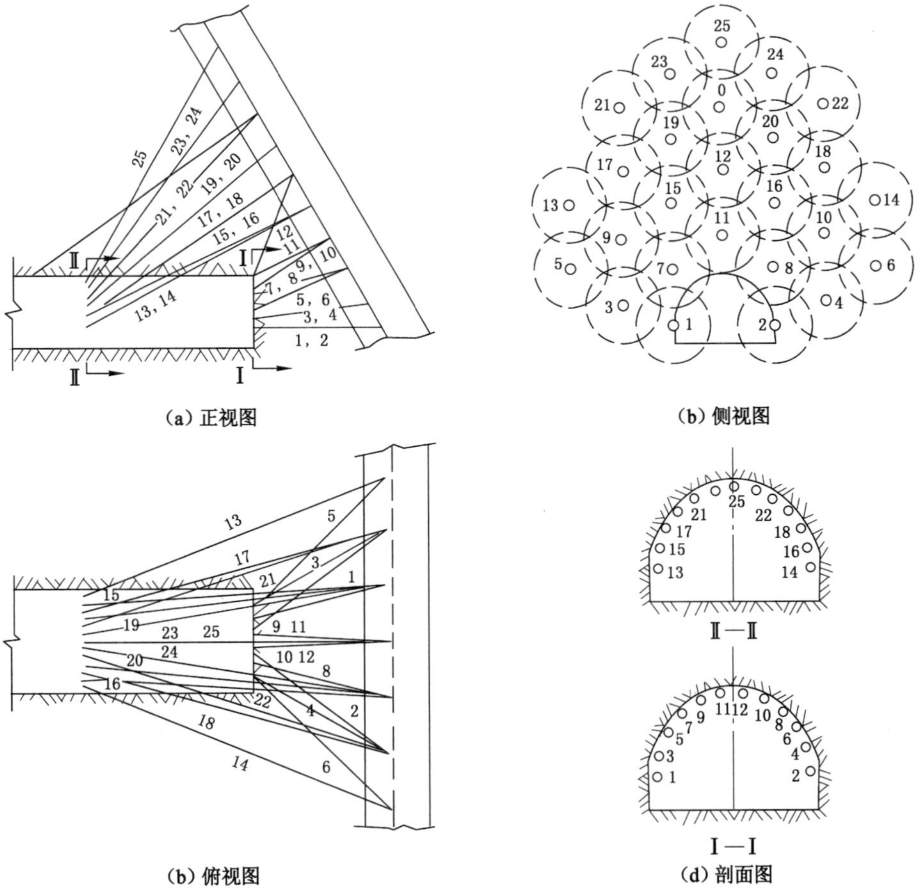

(a) 正视图　(b) 侧视图　(b) 俯视图　(d) 剖面图

0 号孔—测压孔；1～25 号孔—排放瓦斯孔。

图 6-29　天府煤矿排放瓦斯钻孔布置

钻孔排放瓦斯期间,以瓦斯压力下降到 1 MPa 以下为止,然后结合震动爆破揭穿煤层。

6.5.3 水力冲孔和水力冲刷

水力冲孔、水力冲刷与抽放、排放钻孔作用一样,都是为了排除煤层中的瓦斯,以达到降低煤层中的瓦斯含量与应力的目的。

水力冲孔与水力冲刷的区别是:水力冲孔是在石门岩柱未揭开之前,利用岩柱作安全屏障,向突出煤层打钻,并利用射入的高压水诱导煤和瓦斯从排煤管中进行小突出,从而在煤体内部引起剧烈移动,在孔洞周围形成卸压带,解除了煤体应力紧张状态,从而消除了煤和瓦斯突出的危险。钻孔孔口的断面小,并用特殊的孔口装置加以控制,因而孔内的突出是可控的。当孔口排渣通畅时,孔内突出将得到延续;当孔口不通畅或被堵塞时,孔内瓦斯压力陡增,煤层暴露面上的瓦斯压力梯度降低或消失,则突出被迫停止。当需要再冲孔时,只要疏通钻孔,使孔内瓦斯压力突降,则钻孔内的突出可重新恢复,从而有控制地释放煤层中的突出能量。冲孔完毕后所形成的洞穴,由于应力的作用,空穴附近煤层位移,使洞穴充满碎煤,也使空穴周围煤体中的应力得到释放,煤层中的瓦斯也得到了排放,措施的有效影响范围也随之增大,防治突出的效果有明显的提高。水力冲刷指借助高压细射流,在已成的钻孔内扩大钻孔的直径,以提高钻孔卸除应力的能力和提高钻孔的排放效果。

水力冲孔工艺流程如图 6-30 所示。当石门掘进接近煤层的顶板或底板时,保留 3～5 m 的岩柱作安全屏障,用钻机先打深为 0.8～1.0 m、直径为 108 mm 的岩孔,然后换上直径为 90 mm 的钻头一直打到煤层喷孔点,而后将岩心管退出,在孔口安装直径为 108 mm 的套管和三通排煤管,并连接排煤软管、射流泵和输煤管道至 400～500 m 以外的煤水瓦斯沉淀池。上述工作完成后,将钻机上的直径为 42 mm 的钻头及钻杆通过三通卡头密封孔送到煤层喷孔点,连接压力水管,使水的射流经过钻杆冲击煤体,诱导小突出,喷出的煤、水、瓦斯经过钻杆和钻孔、套管之间空隙进入三通、排放软管,吸入射流泵,将煤、水、瓦斯通过输煤管送入沉淀池。钻杆反复冲洗,不断前进,直至钻杆达到预定深度和冲出的煤量合乎要求为止。

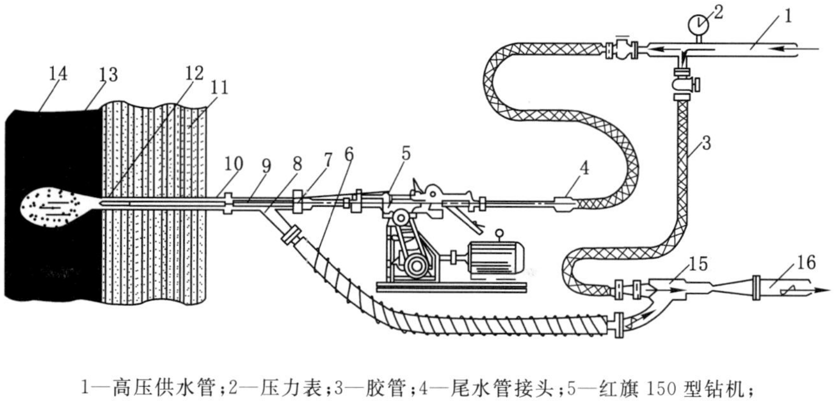

1—高压供水管;2—压力表;3—胶管;4—尾水管接头;5—红旗 150 型钻机;
6—排煤胶管;7—安全密封卡头;8—三通;9—钻杆;10—套管;11—安全岩柱;
12—逆止钻头;13—冲孔;14—煤层;15—射流泵;16—输煤管。

图 6-30 水力冲孔工艺流程

6.5.4 金属骨架

金属骨架适用于急倾斜、厚度不大、松软的突出煤层，煤层厚度大时，金属骨架容易发生强烈的弯曲，起不到支撑煤体的作用。其主要作用是增加石门揭穿煤层时巷道上方煤层的稳定性和排除煤体中的瓦斯。这项工作是在揭穿煤层前通过钻孔事先实现的，实际上这种超前支架在松软的急倾斜煤层中，起到防止煤层冒顶引发突出的作用。

作为一种超前支架，金属骨架施工方法如图 6-31 所示。当石门掘进至距煤层 2 m 时停止掘进，在其顶部和两帮打一排或两排直径为 70～100 mm、彼此相距 200～300 mm 的钻孔。钻孔钻透煤层并穿入顶板岩石 300～500 mm，孔内插入直径为 50～70 mm 的钢管或钢轨。钢管或钢轨的尾部固定在用锚杆支撑的钢轨环上，也可固定在其他专门支架上，然后一次揭开煤层。

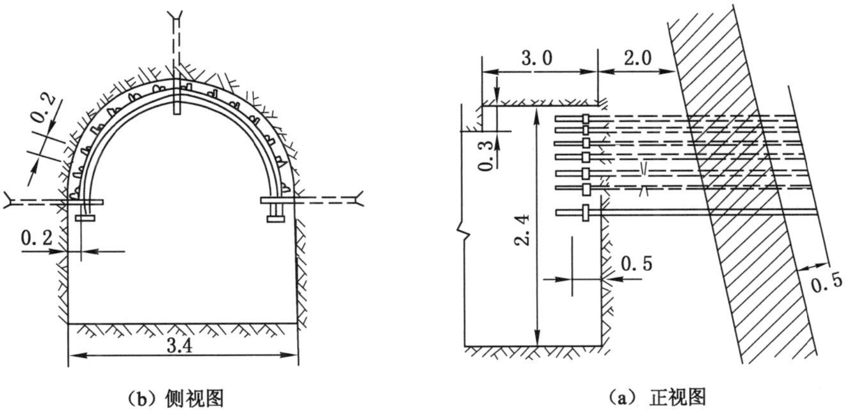

图 6-31 金属骨架施工方法(单位:m)

金属骨架之所以能够防止突出，一方面是因为骨架支承了部分地压及煤体本身的重力，使煤体稳定性增加；另一方面是因为金属骨架钻孔起了排放瓦斯的作用，使瓦斯压力得到降低。

采用金属骨架时，一般配合震动爆破，一次揭开煤层。实践表明，金属骨架应用于倾斜煤层、瓦斯压力不太大的急倾斜薄煤层和中厚煤层，其效果是比较好的；在倾斜厚煤层中，金属骨架长度过大，易于挠曲，不能有效地阻止煤体的位移，所以预防突出能力较差。

6.5.5 地面抽放钻井

通过从地面向含瓦斯煤层施工瓦斯抽放钻井的做法，适用于煤层裂隙发育较好、瓦斯含量高的煤层；对煤层裂隙发育差的煤层来说，由于投资大，抽出率低而不太适用。地面施工抽放钻井设备多，还必须有相关的储气装置、防火装置、运气装置等设施，投资较大。

地面抽放钻井的施工方法是：用钻机从地面施工直径为 200 mm 的钻井；根据地质条件，当钻孔深度达到煤层与顶板交接处时，停止施工(遇到煤层便立即停止钻进)；把 ϕ100 mm 的钢管插入井中，用浆液进行浇铸，把钢管固定住，且保证封固的严密性；接高压水或 NO_2 泡沫对煤体进行压裂。为达到抽放效果，保证产气量，可在使用水压致裂法时充填石英砂，这样可以在煤层直径 400 m 的范围内进行瓦斯预抽，有效地防止揭开石门时的瓦斯突出。

6.5.6 突出危险煤层巷道掘进的防突措施

在突出危险煤层中掘进上山危险性极高，至今世界各主要产煤国虽然经过多年努力，但仍未找到防治突出的满意方法。

在急倾斜突出煤层掘进上山时应采用双上山掘进、伪倾斜或直径在 30 mm 以上的钻头掘进方式，并加强支护。两个上山间的联络巷间距不要大于 10 m，并只允许 1 个工作面工作。其目的是由于受煤体自重的影响，急倾斜突出煤层上山工作面极易发生突出，当发现突出预兆或突出时，工作人员可得以逃脱。当突出煤层的上山掘进工作面采用爆破作业时，炮眼深度应不大于 1 m，并使用远距离全断面 1 次爆破。掘进急倾斜突出煤层上山也可采用大直径钻孔先行打穿突出煤层的整个阶段高度，形成通风系统后，再刷大到所需要的断面。在第一次执行上述措施时，必须采用浅孔排放或其他防治突出措施，在工作面前方形成 5 m 的安全范围后，才可按正常的防突措施施工以确保安全。

在突出危险煤层中掘进平巷时，应采用超前钻孔、松动爆破、前探支架、水力冲孔或其他经试验证实有效的防治突出措施。常见的防突施工措施如下。

（1）大直径超前钻孔

在有突出危险的煤层中掘进巷道，施工大直径超前钻孔作为一种有效的防突措施而被广泛采用。其做法是在工作面前方始终保持一定数量和一定深度的大直径超前钻孔。这些钻孔的作用在于能够引起煤体应力重新分布，使巷道应力集中带移至煤体深部，而在钻孔周围产生卸压带，同时又能排放钻孔周围煤体中的瓦斯，降低瓦斯压力，从而消除突出的危险。

应根据煤层赋存条件和突出情况确定大直径超前钻孔的孔径，一般为 120～300 mm，地质条件变化剧烈地带可采用直径 42 mm 的钻孔，孔数一般为 3～5 个，孔深 10～15 m，钻孔最小超前距离为 5 m，如图 6-32 所示。

采用超前钻孔作为防治突出的措施时，要求煤层较厚、煤质较软、透气性较大，而瓦斯排放半径小于 0.5 m 的煤层，则不宜使用。采用大直径超前钻孔措施后，巷道掘进时一般不发生突出，但也有少数打了超前钻孔后发生突出的事例，其原因都是在钻孔超前距离不够(小于 5 m)，或孔数不够时才发生的。因此，只要保持一定的钻孔超前距离和孔数，就能达到预防突出的效果。

（2）震动爆破或深孔松动爆破

对于煤质较坚硬、透气性较差、顶板良好的煤层，可以采用震动爆破的方法诱导突出，或利用炸药的爆破力在工作面前方形成一个较长的卸压带，避免工作面附近煤体产生应力集中。

震动爆破炮眼深度一般为 2.5～3.0 m，炮眼装药量控制为每米炮眼不超过 0.5 kg；为了提高爆破效果，应采用延期总时间不超过 130 ms 的毫秒雷管起爆。在急倾斜薄煤层和缓倾斜中厚煤层中震动爆破的炮眼布置如图 6-33 所示。

深孔松动爆破的目的在于利用炸药爆炸能量破坏煤体前方的应力集中带，以便在工作面前方造成较长的卸压带，以预防突出事故的发生。这种方法同样是一种诱导突出的措施。它适用于煤质较硬，突出强度较小的煤层。深孔松动爆破应控制到巷道轮廓线外 1.5～2 m 的范围，一般孔径为 42 mm，孔深不得小于 8 m，孔数根据爆破有效半径确定。

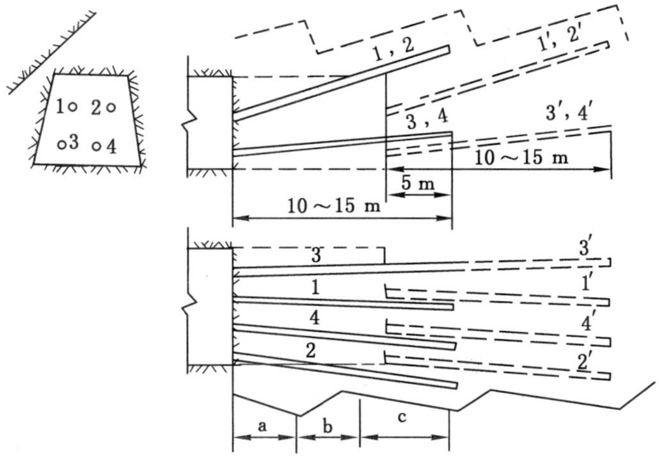

a—卸压带；b—集中应力带；c—常压带。

图 6-32　大直径超前钻孔示意图

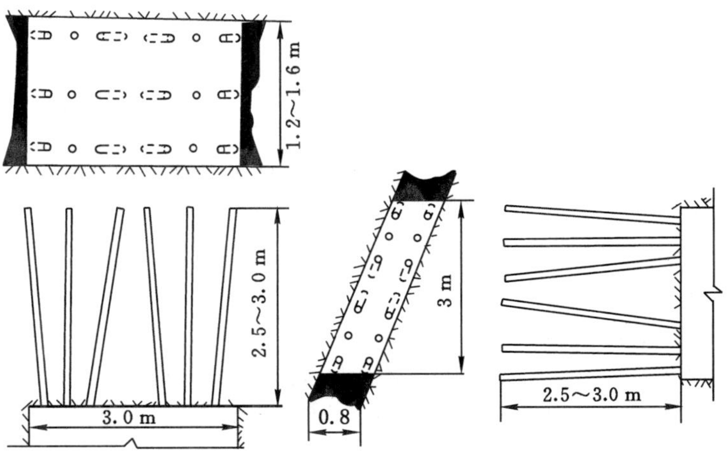

图 6-33　急倾斜薄煤层和缓倾斜中厚煤层中震动爆破的炮眼布置

采用震动爆破和松动爆破时，要切实做好安全工作。应有救护队员值班，要检查瓦斯和爆破情况；在爆破之前，人员必须撤离到安全地区，撤离的距离应根据煤层瓦斯突出危险程度而定；在放炮后瓦斯涌出量较大，往往使采区回风巷瓦斯超限，所以爆破工作应选择在下班时进行，接班时及时支护，以免造成垮落。

（3）前探支架

前探支架适用于松软的有突出危险的急倾斜煤层和缓倾斜煤层的煤巷掘进。为了防止因工作面顶部松软煤层的垮落而诱导瓦斯突出，在工作面前方巷道顶部事先打上一排超前支架。一般是向工作面前方打钻孔，孔内插入钢管或钢轨，其长度可按两次掘进长度再加上 0.5 m 确定，每掘进 1 次，打 1 排钻孔，形成 2 排钻孔交替前进，钻孔间距一般为 0.2～0.3 m。前探支架布置如图 6-34 所示。

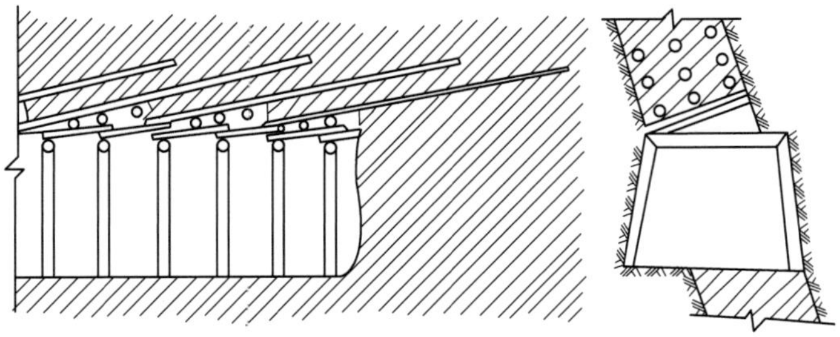

图 6-34　前探支架布置

(4) 水力冲孔

在突出煤层中掘进煤巷应用水力冲孔效果很好，它的作用原理与石门揭煤水力冲孔完全相同，其布孔方式如图 6-35 所示。《煤矿安全规程》规定，施工水力冲孔时，工作面前方应保持不小于 5 m 的安全煤柱。每循环煤巷掘进进尺，要以本层冲孔的最可靠范围而定，在任何情况下，都应保持不小于 5 m 的超前距离。

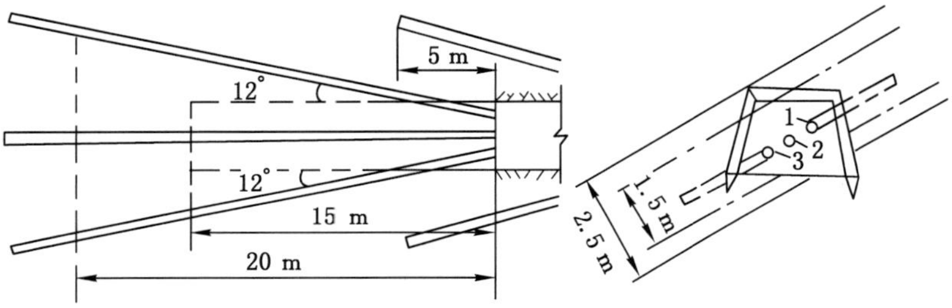

图 6-35　煤巷水力冲孔布置

当然，在具有突出危险的煤巷掘进时，最有效的防突措施仍然是开采解放层，在其作用范围内掘进煤巷是安全的。但在某些情形下，仍需要在未解放地区进行煤巷掘进，所以上述局部预防措施还是需要的，应根据具体情况灵活运用。

6.6　斜巷施工技术

自运输水平向上倾斜的巷道称为上山，向下倾斜的巷道称为下山。上山和下山都是采区中的倾斜巷道。若就掘进方向而言，上山、下山均可由下向上施工（常称为上山掘进），也可自上向下施工（常称为下山掘进）。但在有瓦斯突出的煤层中施工上山、下山，如无专门的安全措施，上山只能由上水平向下水平掘进，这时的掘进特点就和下山掘进相同了。下山掘进与斜井施工基本相同，因此下面仅讲述由下向上施工（即上山掘进）的特点。

6.6.1　钻眼爆破

在上山掘进的钻眼爆破中，由于巷道具有向上倾斜的特点，因此要求爆出的巷道，符合上山倾角的要求，防止底板的“上飘”和“下沉”。上山掘进时，倾角较大的上山，其底板倾角容易“下沉”，使上山倾角变小；倾角较小的上山，施工中其底板容易“上飘”，超过上山的设计倾角。

在上山掘进中，抛掷出来的矸石容易将临时支架或后面的悬挂物崩倒或崩落。因此爆破时除对这些设施加以保护和加固外，还应改为底部掏槽。槽眼的角度均应小于上山的倾角，槽眼的眼口距设计上山底板约为 1.0 m。槽眼的数量应视岩性而定。若沿煤或软岩层掘进，可采用三星掏槽方法，其中下面两个炮眼的角度和深度要掌握好。当岩石较硬时，底眼可插入底板 200 mm 左右，适量装药，上方的一个槽眼应沿上山方向稍向下倾斜，其布置如图 6-36 所示。

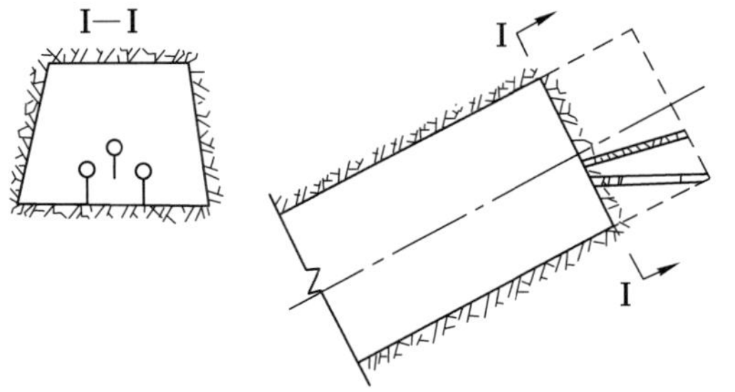

图 6-36 上山掏槽掘进方法钻孔布置

在煤或软岩中掘进，同样要采用光面爆破，以利永久支护；周边眼的位置应略微离开设计掘进断面轮廓线，以保证永久支护后的断面尺寸。

6.6.2 装岩与提升运输

上山掘进时，由于爆破下来的煤或岩石能借助自重下滑，所以装岩和排矸比较容易，而向上供料比较困难。

上山掘进时，应使用机械装岩。当上山倾角 $\alpha<10°$时，可以使用 ZMZ-3 型装煤机，配合刮板输送机运输；当上山倾角 $\alpha\leqslant30°$时，还可采用耙斗装岩机运输。耙斗装岩机在上山掘进中的下滑问题比斜井掘进时更为突出，不仅增加了爆破冲击产生的下滑力，而且耙斗装岩机后部是光滑的轨道，没有堆积矸石的阻挡，比斜井掘进更容易下滑；耙斗装岩机沿上山坡度安置，其重心后移，增大了下滑力。因此，耙斗装岩机在安设时，除自身的四个卡轨器以外，还需另添防滑加固装置。图 6-37 所示是广泛应用的一种简单的防滑加固装置，它是在耙斗装岩机后立柱 1 上装上两个可以转动的防滑斜撑 2。斜撑用 18 kg/m 钢轨加工制作，长度为 1.0 m 左右，下部做成锐角状，上部在轨道腹板钻孔，用销轴与耙斗装岩机后立柱连接。斜撑底脚插入上山底板或用卡轨器与轨道相连。

为了防止爆破岩石砸坏耙斗装岩机和尽量减少爆破对其产生的冲击力，耙斗装岩机安设的位置，距上山掘进工作面的最近距离以不小于 8 m 为宜。随着掘进工作面向上推进，耙斗装岩机每隔 30～50 m 须向上移动一次。每移动一次约需 8～16 h，其主要工作是清底、铺轨、移机、固定、调试。移动时，可以利用提料小绞车向上牵引。若向上角度大，可用提升机和耙斗装岩机自身绞车联合牵引上移。移机时，工作面上的定滑轮必须固定牢固，机后严禁有人。

为提高装岩生产率，耙斗装岩机可以与刮板输送机或溜槽配套使用（图 6-38），这时需要在耙斗装岩机的卸载口下接一节斜溜槽，使矸石进入溜矸道或刮板输送机上。

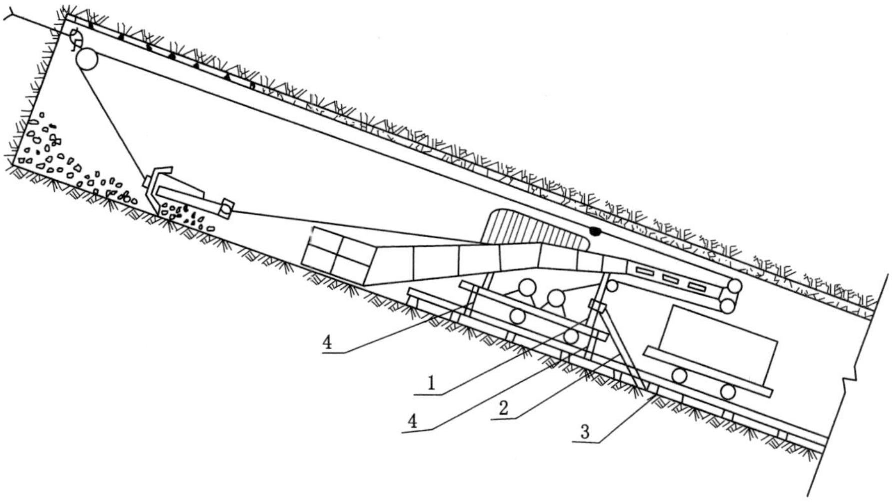

1—耙斗装岩机的后立柱；2—钢轨斜撑；3—枕木；4—卡轨器。

图 6-37　耙斗装岩机防滑加固装置

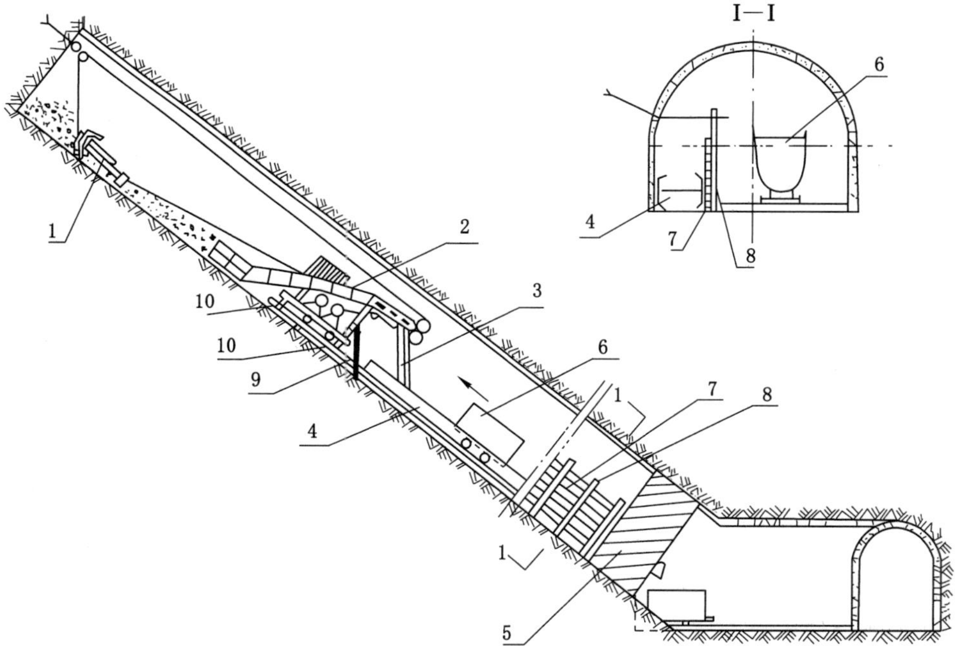

1—耙斗；2—耙斗装岩机；3—斜溜槽；4—链板输送机或溜槽；5—矸石仓；

6—矿车；7—挡板；8—立柱；9—防滑钢轨斜撑；10—卡轨器。

图 6-38　耙斗装岩机与刮板输送机或溜槽的配套关系

上山掘进时的排矸方式与上山倾角有关，当上山倾角大于 30°时，矸、煤可沿上山底板借自重下滑，只要在上山下口装运矸石即可；当倾角为 20°～30°时，可用铁溜槽溜矸，在矸石仓下口装运矸石；当倾角为 15°～20°时，可用刮板运输机或搪瓷溜槽溜矸到矸石仓内。为防止矸石下滑中飞起伤人，溜矸道一侧要设挡板，上山下口的临时矸石仓应设专人管理，向矿车内放矸时注意不要窜矸。

在上山掘进中，向工作面运送材料，如是单巷掘进，既要铺设刮板运输机又要铺设轨道。若是双巷同时掘进，甲巷铺设刮板输送机，则乙巷可铺设轨道，用矿车或专用材料车向工作面运送材料。这时，甲巷所需的材料可通过联络巷搬运过去。乙巷的煤、矸石可直接装矿车下运，亦可由铺设在联络巷内的刮板输送机转运到甲巷的刮板输送机上，集中下运。

凡是倾角小于30°的上山，均可用矿车提升材料和运出煤、矸石。提升用的小绞车应根据上山的长度、绞车滚筒的容绳量来确定，一般用JD11.4或JD25型。小绞车应设在上山下口与平巷衔接处一侧的巷道内，并偏离上山轨道中心线的位置，以策安全。提升绞车及倒滑轮的布置方式如图6-39所示。

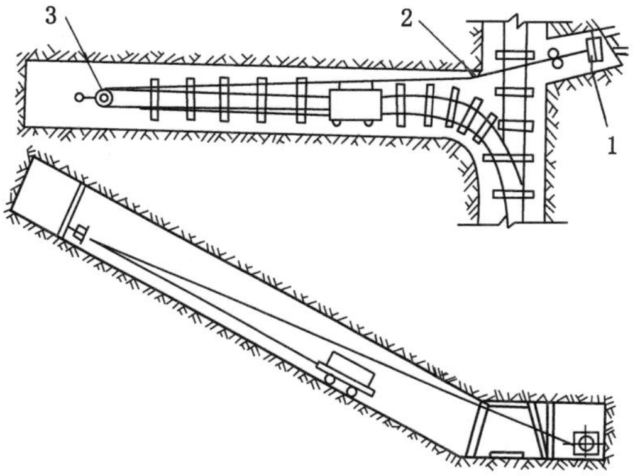

1—提升绞车；2—立轮；3—倒滑轮。

图6-39　提升绞车及倒滑轮的布置方式

如果上山斜长超过提升绞车的容绳量时，可在上山适当位置增加一套提升设施，分段提升。

由于上山掘进中，用矿车提升运输是依靠工作面附近安设的定滑轮反向牵引实现的，所以滑轮必须安设得简便而牢固。若上山倾角小(20°以下)，用1 t矿车提升时，定滑轮通常固定在耙斗装岩机机架尾部；当上山倾角大(20°以上)或用3 t矿车提升时，为减小耙斗装岩机的下滑力和振动强度，常在耙斗装岩机的簸箕口下安设一个定滑轮，同时在其后2～2.5 m处的近绞车绳一侧打上锚杆安装导向轮。若底板岩石稳固，也可用锚杆直接将定滑轮固定在上山底板上。

6.6.3　支护工作

采区内的小上山，由于服务年限短，常用由矿用工字钢加工成的梯形棚支护。采区结束时将金属支架回收复用。上山掘进时，由于顶板岩石有倾斜向下滑落的趋势，因此，在架设金属支架时，棚腿要向倾斜上方前倾与顶底板垂线呈一夹角，这个角称为迎山角。迎山角的大小，取决于上山倾角α及围岩的性质。当上山倾角α为30°～45°时，迎山角为3°～4°。若上山倾角$\alpha \geqslant 45°$时，为了防止上山底板的下滑，尚须设底梁，形成封闭式支架结构。

采区主要上山或其他的服务年限较长的上山的掘进和支护工艺与斜井和平巷基本相

同。若采用锚喷、锚索支护，锚杆要垂直上山顶板和侧帮布置，顶锚杆施工比平巷和斜井都容易，施工质量会更好。喷射混凝土工序可滞后掘进工作面一段距离(约 20 m)与掘进平行作业。当采用掘支单行作业时，可视岩石性质、供料情况和喷射机能力确定合适的喷射段距。现场多采用“两掘一喷”模式，即两班掘进，一班喷射混凝土。支护班的任务，不仅限于喷射混凝土，还要补打上山两帮的锚杆，这是因为掘进班只打了顶部锚杆。此外，支护班还要对上次喷过的地段进行复喷。混凝土喷射机，可设在上山下口处的适当位置，亦可设在躲避洞或联络巷内。

6.6.4　通风工作

上山掘进时，由于瓦斯比空气轻，容易积聚在工作面上方，通风工作尤为重要。为保证上山掘进的安全，必须加强通风和瓦斯检查工作，严格遵照《煤矿安全规程》的规定，通风设施要齐全，运转要正常，无论何时都不允许停风。如因检修停电等原因不得已停风，全体人员必须撤出，待恢复通风及检查瓦斯之后，才允许人员进入工作面。进入区域时瓦斯检查人员在前，逐段检查前进，直到检查完工作面为止。在高瓦斯矿井的上山掘进时，均要求用压入式通风，风筒接到工作面，风筒口距工作面的距离必须远远小于其有效射程。当上山过长，远距离通风有困难时，应选用合理的局扇，减少风筒漏风和降低风筒阻力。必要时采用两台局扇集中串联通风，以提高风压。若瓦斯量大，亦可采用双通风机、双风筒压入式通风，加大通风能力，提高通风效果。国外曾采用一种脉冲式通风方式，以求达到有效排除瓦斯的目的。其实质是，在靠近掘进工作面的风筒上装一个风流断续器，其内的旋转闸片在风流的作用下转动，定时遮断风筒的风流，风筒相应鼓胀，当闸片开启后，风流又射入工作面。这样能保证上山内一定长度空气流动的脉冲性，提高大瓦斯量的独头上山工作面风流的紊流程度，有利于稀释瓦斯浓度，所以通风效果较好。

6.7　巷道快速施工技术及作业线

6.7.1　岩巷快速施工及机械化作业线

20 世纪 50 年代，岩巷施工基本上采用手持式凿岩机打眼、人工装岩、人力推车出矸、木支架临时支护、料石砌碹永久支护，工人体力劳动强度极大，实现打眼、装岩的机械化是当时的主要目标。20 世纪 60 年代，推广了气腿式风动凿岩机、铲斗后卸式装岩机，降低了工人体力劳动强度。但是，料石砌碹永久支护难以实现机械化，转载调车及运输方式落后，成为限制提高施工速度的关键因素。20 世纪 70 年代，气腿凿岩机的性能日趋完善，耙斗式装岩机得到推广，许多施工单位采用多台气腿式风动凿岩机与耙斗式装岩机或铲斗后卸式装岩机为主的配合方式，取得了良好成绩，创造了一批岩巷施工纪录。

20 世纪 70 年代后期，岩巷施工技术得到了比较全面的发展。钻、装、转、运、支各主要工序均有了性能比较可靠、使用灵活方便的施工设备，且有的形成了系列，并向着多样化方向发展。新型爆破器材的出现和性能的改善，以及中深孔光面爆破的推广，改变了传统的浅眼多循环作业方式，提高了岩巷施工的安全性；锚喷支护技术的推广应用，极大地降低了支护作业的劳动强度，实现了支护机械化，缩短了支护工序的时间；综合工作队、一次成巷、正规循环作业、多工序平行交叉作业等行之有效的施工组织形式得到进一步完善和发展；辅助工序设备的研制和推广受到重视并取得成效。所有这些，有效地提高了岩巷施工速度和工效，为岩巷施工机械化作业线的组织实施奠定了基础。

6.7.1.1　以耙斗装岩机为主的机械化作业线

以耙斗装岩机为主的机械化作业线是我国煤矿岩巷掘进中较常用的作业线，使用面遍及全国大、中、小型矿井，该作业线如图 6-40 所示。由于耙斗式装岩机已形成系列，可根据巷道断面大小选用并配以多台气腿式风动凿岩机、适当的转载调车设施与支护设备、不同的施工工艺和劳动组织形式，从而形成不同能力的掘进机械化作业线，满足施工要求。从 20 世纪 70 年代起该作业线在施工实践中得到不断发展。

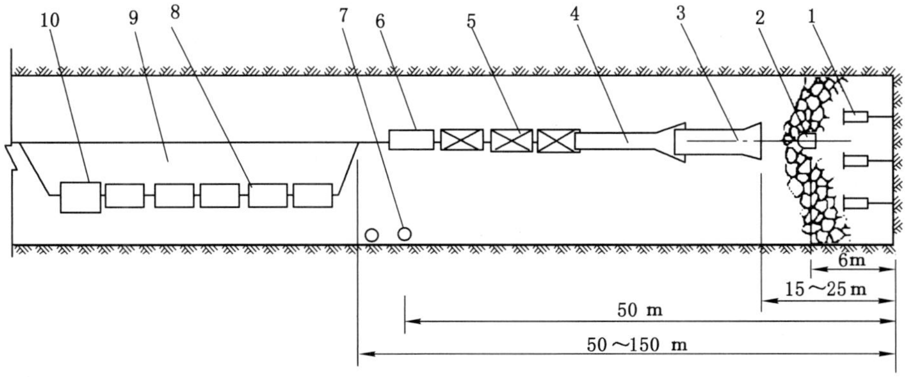

1—风动凿岩机；2—耙斗；3—耙斗式装岩机；4—带式转载机；5—重车；
6，10—电机车；7—混凝土喷射机；8—空车；9—调车场。

图 6-40　以耙斗装岩机为主的机械化作业线

为保证作业线的打眼能力，在工作面布置多台气腿式风动凿岩机同时作业。凿岩机台数应根据巷道断面大小、分配到工作面的压风能力和施工队伍素质而定，一般每 1.5～2.5 m^2 掘进断面布置 1 台，实行定人、定机、定眼位打眼。

以耙斗装岩机为主的机械化作业线之所以能成为我国煤矿岩巷施工的主要作业线，主要原因是：

(1) 组成作业线的主要设备构造简单，性能可靠，井下维修方便，普通工人经过短期培训均能熟练地掌握。

(2) 组成作业线的主要设备造价低，与我国井巷施工队伍的装备购置能力相适应。

(3) 该作业线适用范围较广，对各种地质条件和工程条件的巷道均可采用。

(4) 作业线施工各工序作业平行程度高，循环时间短，劳动组织灵活，施工速度快。

(5) 在新建矿井或生产矿井、改扩建矿井的巷道施工中，当矿车供应不足或提升能力不足时，由于耙斗装岩机前方可贮存 1～2 个循环的矸石，因此可不影响正常施工。

耙斗装岩机作业线的主要缺点是打眼机械化水平低，工人体力劳动强度较大，装岩不彻底而留有死角，作业环境较差。

6.7.1.2　以侧卸式装岩机为主的机械化作业线

侧卸式装岩机的卸载条件、侧卸式装岩机与液压钻车的错车条件、液压钻车的最大打眼范围是决定该作业线是否实用的关键。我国煤矿常用的侧卸式装岩机为浙江小浦煤矿机械厂生产的 ZC 系列侧卸式装岩机;常用的液压钻车为宣化风动工具厂生产的 CTH-10 型和浙江衢州煤矿机械厂生产的 LB-12 型,以该两种设备为主组成的作业线适用于掘进断面不小于 3.5 m×3.5 m 且不大于 5.0 m×4.0 m 的巷道。为减少施工设备,便于施工组织,采用该作业线时要求钻车能够打锚杆眼。这样就限制了钻臂配用推进器的长度,使钻车最大打眼深度受到限制,目前一般为 2.2 m 左右。以侧卸式装岩机为主的设备布置见图 6-41。

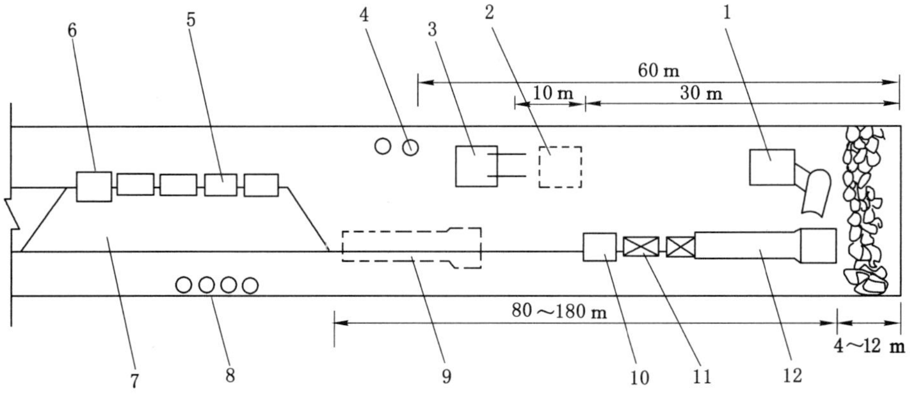

1—侧卸式装岩机;2—爆破时装岩机位置;3—液压凿岩台车;4—混凝土喷射机;5—空车;6,10—电机车;7—调车场;8—爆破开关;9—爆破时转载机位置;11—重车;12—带式转载机。

图 6-41　以侧卸式装岩机为主的设备布置

采用该作业线时钻车打眼与侧卸式装岩机装岩不能平行,均为单行作业。在炮眼布置的同时,钻车进入工作面,停放在巷道中央固定,距工作面的距离以钻臂顶尖靠近工作面并能全断面自由移动为宜。

以侧卸装岩机为主的机械化作业线的打眼、装岩工序设备的生产能力大,耗时短。缩短循环时间的关键在于保障设备正常运转,坚持正规循环;合理组织平行交叉作业,减少辅助工序的耗时。该作业线在施工中,平行作业的主要内容有临时轨道铺设、掘砌水沟、维修侧卸式装岩机与钻车打眼平行作业,初喷临时支护、钻车维修与装岩平行作业,安全检查、洒水降尘与侧卸式装岩机清道平行作业,复喷永久支护与掘进平行作业等。此外该作业线施工需要的直接工人数少,要求工人技术素质高和一工多能。

采用上述作业线时,炮眼深度为 2 m 左右,采用直眼掏槽、多段毫秒电雷管全断面一次爆破,循环进尺为 1.6～1.8 m。根据施工队伍对作业线使用的熟练程度及劳动组织管理水平,可采用“三八”、“四六二八”或“四八”等多种作业制形式。

以侧卸式装岩机为主的机械化作业线虽具有机械化水平高、施工速度快、工效高、改善了劳动条件、降低了工人体力劳动强度等优点,但其推广应用仍存在以下问题:

(1) 初期投资大。

(2) 要求施工队伍素质高,维修力量强。

(3) 工作面布置 1 台钻车,一旦出现故障,将严重影响正常生产。

(4) 液压钻车及侧卸式装岩机的可靠性尚待进一步提高。

(5) 液压钻车及侧卸式装岩机均为履带式行走，使用范围有一定的局限，特别是对轨道运输的矿井。为此，不少施工单位针对装岩工作量大、侧卸式装岩机效率高的特点仍采用多台气腿式凿岩机打眼，组成以气腿式凿岩机与侧卸式装岩机为主的作业线，在一定程度上缓解了上述矛盾。虽然不能完全机械化，但使用效果尚好。

6.7.1.3　全断面掘进机机械化作业线

全断面掘进机是实现连续破岩、装岩、转载、临时支护、喷雾防尘等工序的一种联合机组。岩巷全断面掘进机机械化程度高，可连续作业，工序简单，施工速度快。1967 年，人类煤矿曾创造月进 2 088.9 m 的世界纪录，日进最高达到 127.8 m。掘进机施工的巷道质量高，支护简单，工作安全，工作效率高，作业条件好；但构造复杂，成本高，对掘进巷道的岩石性质和长度均有一定要求。

岩巷全断面掘进机一般由移动部分和固定支撑两大部分组成，其基本结构见图 6-42，其中主要有破岩装置、行走推进装置、岩砟装运装置、驱动装置、动力供给装置、方向控制装置、除尘装置和锚杆安装装置。

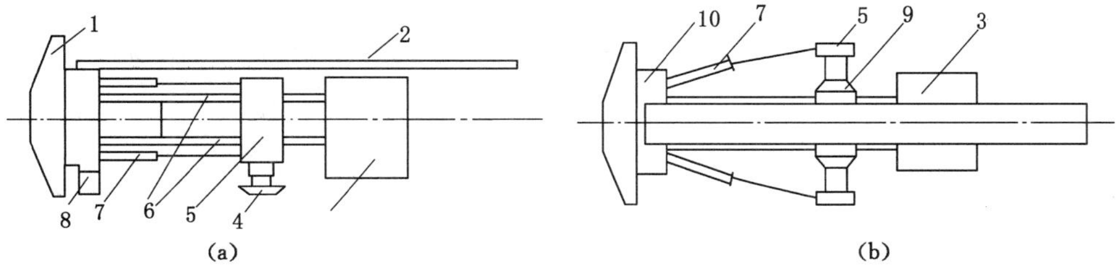

1—工作头；2—输送机；3—操纵室；4—后撑靴；5—水平支撑板；
6—上、下大梁；7—推进油缸；8—前撑靴；9—水平支撑油缸；10—机架。

图 6-42　岩巷全断面掘进机基本结构

原煤炭科学研究总院上海分院于 20 世纪 60 年代开始研制岩巷全断面掘进机，70 年代曾在萍乡矿区试用，后经长期试验研究，于 80 年代先后研制成功适用于煤矿双轨岩巷、直径 3.2 m 和直径 5 m 的全断面掘进机。

直径 5 m 岩巷全断面掘进机，包括主机和后配套系统(见图 6-43)。其主机由刀盘工作机构、传动导向机构、推进操纵机构、大梁、主带式输送机及司机房等部件组成。主机上配备了环形支架安装机、锚杆钻机。该掘进机工作系统中，配备了激光导向、坡度指示及浮动支撑调向机构，可以不停机调向，控制掘进方向；有内喷雾及水膜除尘设施，有通风、消音装置，有瓦斯自动检测报警断电仪等。后配套系统主要由斜带式输送机、转载机和喷雾泵站组成。

岩巷全断面掘进机作业线主要由掘进机、带式转载机、矿车、电机车组成。我国 5 m 直径岩巷全断面掘进机破碎的岩石，经主带式输送机、斜带式输送机、带式转载机装入 1.0 t 矿车，由电机车拉出硐外卸载。该机推进一个行程(1 m)的时间为 25～40 min，纯掘进速度为 1.5～2.4 m/h。

岩巷全断面掘进机在主机上配备锚杆钻机，在掘进的同时，可钻锚杆眼与安装锚杆，实现临时支护。

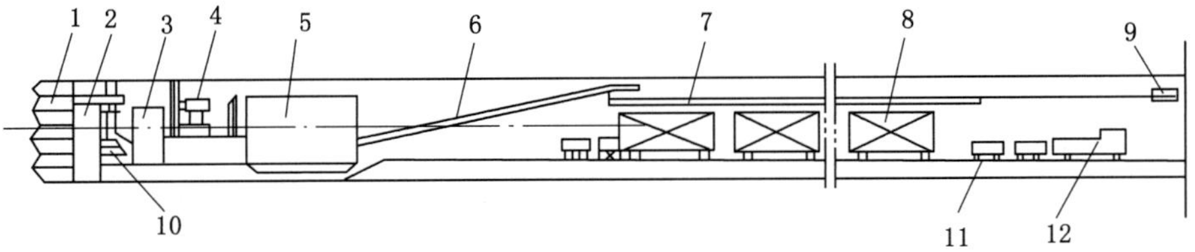

1—刀盘；2—机头架；3—水平支撑板；4—锚杆钻机；5—司机房；6—斜带式输送机
7—转载机；8—龙门架车；9—激光指向仪；10—环行支架机；11—矿车；12—电机车。

图 6-43　直径 5 m 岩巷全断面掘进机系统

岩石全断面掘进机掘进巷道质量好，对围岩扰动小，巷道成型好，超挖量少，围岩稳定，支护费用低，可使井巷工程实现综合机械化，故世界各国均十分重视。

6.7.1.4　*以挖掘式装载机和矸石仓为主的机械化作业线*

以挖掘式装载机、移动矸石仓为主的大断面岩石巷道快速施工的机械化作业线，主要由凿岩台车、挖掘式装载机、移动矸石仓和矿车组成，配套设备组成见表 6-4。通过装岩设备升级，实现大部分时间排矸和打炮眼与支护平行作业，在设计爆破循环进尺 2.0 m 的情况下，每循环时间缩短 60 min 以上，实现每天平均进尺 6 m 以上，曾实现大断面岩巷单月进尺 206 m 的掘进记录。

表 6-4　挖掘式装载机机械化作业线配套设备组成

设备名称及型号	使用台数	备用台数	设备生产单位
凿岩台车	1		
ZDY-160B/47.2 型装岩机	1		贵州三环机械厂
YDKC-50 型移动矸石仓	2		江西鑫通机械制造有限公司
ZHP-Ⅳ型混凝土喷射机	1	1	
8 t 蓄电池电机车	2		
激光指向仪	1		
锚杆钻机	2	2	

6.7.2　煤巷快速施工及综合机械化作业线

根据统计资料，巷道掘进作业中的支护时间要占总作业时间的 70%。虽然在煤层及煤-岩巷道中采用了锚带网、锚梁网以及锚索等支护手段，简化了巷道的支护作业，但巷道掘进作业中的掘进与支护的分离，是进一步提高巷道掘进速度的最大障碍。

① 大力开发推广掘锚联合机组。为适应日产万吨级综采工作面快速推进的需要，20 世纪 90 年代初期发达国家研制开发了集快速掘进、锚杆支护为一体的掘锚机械化平行作业装备——掘锚联合机组。该设备在国外应用中取得良好效果，在大断面煤巷掘进中年进尺高达 15 000～20 000 m。

② 广泛采用连续采煤机。连续采煤机多巷掘进是世界主要采煤国家长期采用的掘进技术。中国神华能源股份有限公司(以下简称神华)采用连续采煤机掘进高产高效工作面

煤层平巷，取得了极其显著的技术经济效益。连续采煤机采掘合一，推进速度快，效益好。同时，在综采工作面生产强度不断增大的情况下，多巷系统是满足工作面通风、运输、行人和设备安设的最佳选择。

③ 全面推广锚杆支护技术。我国煤巷锚杆支护技术与成套装备已基本形成，煤巷锚杆支护技术已在潞安、晋城、兖州、邢台、铁法、开滦等矿区得到广泛应用，从薄及中厚煤层中回采巷道到综采放顶煤工作面沿煤层底板掘进的全煤巷道，从顶板比较稳定的煤巷到复合破碎顶板巷道，从实体煤巷到沿空掘巷，从小断面巷道到大断面开切眼，锚杆支护的使用范围越来越广，为矿井实现高产高效创造了良好条件，取得了巨大的技术经济效益。

6.7.2.1　煤巷掘进综合机械化作业线

掘进综合机械化作业线指在一条采用掘进机施工的巷道内，除将破、装、运等主要工序的机械装备相互匹配组成作业线外，还将测量定向、通风、除尘、材料运输、巷道支护、供电等辅助工序的设备与其配套，使施工过程实现全部机械化，并达到最优组合，形成高效率、可连续均衡生产的掘进系统，从而获得较高的掘进速度和良好的经济效益。我国煤矿经过多年实践，结合国情，根据主要运输设备的类型，所使用的掘进综合机械化作业线有如下几种配套方式。

（1）掘进机-刮板输送机机械化作业线

掘进机截割下来的煤通过装载机构卸给其下方的刮板输送机，经过刮板输送机输送后再卸载到煤仓或其他运输设备上，这样可以保证截割下来的煤能不间断地连续运出。掘进机向前掘进一段距离后，刮板输送机在停机支护的时间内接长一段。采用刮板输送机虽然有频繁接长刮板输送机、占用循环时间长、劳动强度大等缺点，但它适用于坡度变化大、掘进长度较短的巷道（运输距离在 400 m 以内）。

（2）掘进机-带式转载机-刮板输送机机械化作业线

与前一种作业线相比，在掘进机后面增加一台带式转载机，掘进延长过程中通过可伸缩输送带的延伸满足出煤运输需要，可以减少刮板输送机的接长次数。由于一般带式转载机机头安装占用时间较长，因此该作业线适用长距离巷道掘进，一般在运输距离 400 m 以上时较为适用，这在我国应用较为广泛。

开滦矿区的范各庄矿，采用 MRH-S5D 型掘进机，配备 SGW-40T 型刮板输送机，在巷道断面为 8.1～11.7 m^2 的煤巷中，采用 U 型金属支架，于 1982 年 10 月就已经创造了月进 2 045 m 的好成绩。

（3）掘进机-带式转载机-可伸缩双向带式输送机机械化作业线

这种机械化作业线可以实现长距离连续运输，并减少输送带伸长次数；生产能力强，基本上可满足掘进机快速掘进的要求；用带式输送机上输送带运煤时，下输送带能同时向工作面运送材料，从而使上输送带出煤和下输送带进料形成一个运输系统，可简化辅助运料系统。由于输送带延长速度快，每延长 12 m 输送带仅需 30 min，进行永久支护时可接长输送带，掘进循环时间短。该作业线在巷道长度大于 600 m 时，其优越性更为明显，特别在综采运输巷道中，带式输送机还可留作回采使用。此作业线的设备布置如图 6-44 所示。

原开滦矿区钱家营矿 002 掘进队，采用 AM-50 掘进机，配备 QZP-160 型转载机、SJ-44 型可伸缩带式输送机和 SGW-40T 型刮板输送机，于 1988 年 5 月，在巷道掘进宽度 4.58 m、

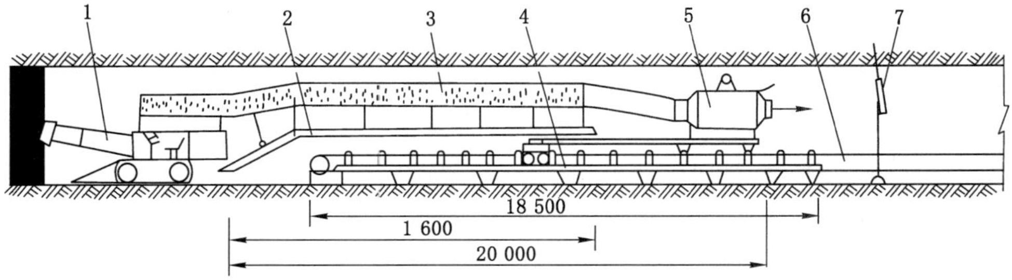

1—掘进机;2—转载机;3—伸缩风筒;4—带式输送机机尾滑道;5—除尘风机;6—可伸缩带式输送机;7—锚杆钻机。

图 6-44 掘进机-带式转载机-带式输送机作业线设备布置

掘进高度 2.7 m 的煤-岩巷道中创造了单孔月进 1 421 m 的成绩。该掘进队于 1990 年 5 月,在断面为 10.4 m^2 的煤-岩巷道中又创造了单孔月进 1 434 m 的记录。

(4) 煤巷掘进机-仓式(梭式)列车机械化作业线

该作业线由煤巷掘进机、仓式(梭式)列车和牵引绞车(或防爆机车)等几部分组成。掘进机截割下来的煤(岩)经装载机构、带式转载机卸载至仓式(梭式)列车内,然后用绞车或电机车将仓式(梭式)列车拉到卸载地点卸载。

此作业线最大的优点是可将一个截割循环中截落的煤(岩)一次性运走;其不足之处是采用绞车牵引仓式(梭式)列车,灵活性较差,特别是在运距较长的情况下,影响掘进机效能的发挥,在实际生产中最好采用防爆机车牵引。

山西省原大同矿区大斗沟煤矿,采用 12CM11-9BUN 型掘进机,配备 10SZZ-40BUN 型梭车,在断面为 8.4 m^2 的矩形煤巷中,于 1983 年 9 月掘进速度达 2 160 m/月。全队 89 人,直接工 51 人,采用"三八"制作业,其工效为 1.488 m/工,最高日进尺为 122.3 m。采用上述设备,该矿掘进煤巷的最高月进尺曾达到 2 405.7 m。

(5) 矿车-电机车作业线

该作业线主要由掘进机、吊挂式带式转载机、矿车及电机车组成。该作业线不能连续转载,掘进工时利用率低,速度慢,适用于断面较小、地压较大、巷道较短的或小型综掘工作面。为提高掘进速度,在条件允许时,应尽量采用长度较大的吊挂式带式转载机,机下容纳的矿车数最好能将一个截割循环的煤运走。

原封封矿区黄沙煤矿,采用国产的 ELMB 型掘进机,配备吊挂式带式转载机、矿车及电机车,在掘进断面为 6.1～8.12 m^2 的梯形煤巷中,采用工字钢梯形支架,于 1983 年 9 月掘进速度达到了 581.15 m。其作业线布置见图 6-45。

在掘进综合机械化配套设备中,各种设备相互协调、生产能力达到最优,是实现快速、高效、低耗并取得良好经济效益的关键。掘进机的生产率应与运煤能力合理匹配,使运煤能力略大于掘进机的切割能力,以充分发挥配套设备的潜力。在上述作业线中,带式输送机和刮板输送机的运煤能力一般是掘进机破煤能力的几倍,造成了浪费,其原因在于没有专门与掘进机生产能力匹配的带式输送机和刮板输送机。因此,设计制造与各种掘进机能力匹配的系列带式输送机与刮板输送机、专用梭车与矿车,是实现掘进机械化作业线优化和提高经济效益的前提。

另外,掘进工作面的支护时间占总工时的 50%左右,由于支护与掘进机截割不能平行

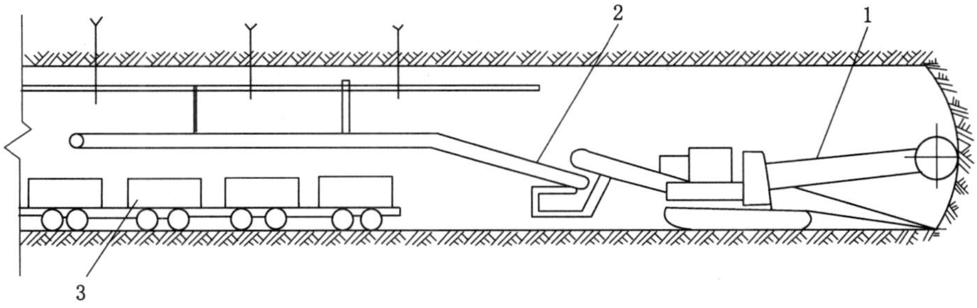

1—掘进机;2—吊挂式带式转载机;3—矿车。

图 6-45 原封封矿区黄沙煤矿的矿车-电机车作业线布置

作业,掘进机开机率一般只有 20%~50%。采用先进的支护结构和支护技术,及时、迅速、有效地实现快速支护,并使支护与截割最大限度地平行作业,才能大幅度提高掘进速度。根据我国经验,如优先选用锚杆支护和装配式金属支架,并配备液压锚杆钻机和支架机,可望获得良好效果。为了提高掘进机的开机率,应大力研究移动式临时支架,使永久支护工作与掘进工作平行进行。

6.7.2.2 由连续式采煤机组成的采掘生产线

我国一些矿区已开始学习世界先进采煤国家的经验,在开采方法上实现长壁和房柱的联合、掘进和回采的统一。即在长壁工作面两侧各布置 3~4 条巷道,用连续采煤机进行房柱式开采,结束后再进行长壁工作面开采。一般来说,对于开采深度不大于 500 m、煤柱稳定性较好的矿区,可利用连续采煤机进行房柱式开采,其布置见图 6-46。

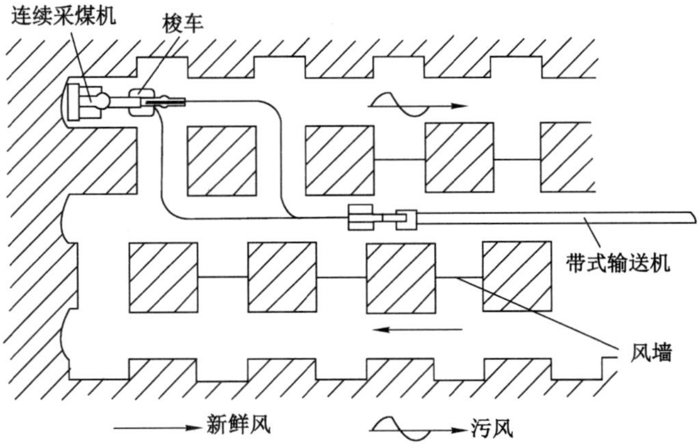

图 6-46 房柱式开采巷道布置

连续采煤机是房柱式采煤的主要设备,与掘进机、采煤机结构上的不同之处在于,它的截割滚筒多为横轴式,宽度较大,在液压缸控制下上下摆动,可一次掘出宽 4 m 左右的巷道。随着英美等国将前进式开采改为后退式开采,连续采煤机逐步被用于煤巷掘进,并取得很高的进尺。用于掘进时,它与一般掘进机的不同之处在于:巷道掘进机用于单一巷道掘进,而连续采煤机是多巷道同时掘进,并可实现掘锚装运平行作业。

如图 6-47 所示,连续采煤机在第 1 条巷道作业时,锚杆机在第 3 条巷道打眼和安装锚杆。当向前掘进一段距离后，连续采煤机转移到第 2 条巷道，而锚杆机转移到第 1 条巷道钻装锚杆。梭车运行路线如图中虚线所示，往返于连续采煤机和给料破碎机之间，依次进行循环作业。通常情况下，连续采煤机掘进时，在工作面人员基本相同的情况下，1 台连续采煤机的掘进量相当于 3 台掘进机的掘进量。

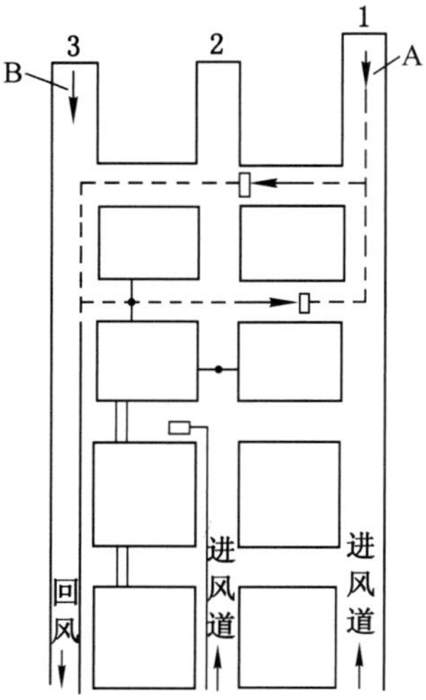

A—连续采煤机；B—锚杆机。

图 6-47　连续采煤机布置图

生产的连续采煤机有 JOY 公司的 12、14、17 系列，英格索兰生产的 LN800 型连续采煤机。另外，朗-艾道公司生产的 CM210 型连续采煤机 4 个月开采产量超过 30 万 t，机器利用率达 95.8%。世界上连续采煤机的总数早已超 3 300 台。

我国先后使用过 JOY 公司生产的 12CM 系列连续采煤机、费尔奇公司生产的 MK-22 型薄煤层连续采煤机、英格索兰 LN800 型和杰弗里 1036RB 型连续采煤机，既用于煤巷掘进（如在大同矿区等），又用于工作面开采（如在神华神东矿区）。特别是在神华神东矿区，利用连续采煤机开采边角煤，一次试采成功，创造了月进 1 498 m，产煤 47 179.5 t 的纪录。利用连续采煤机进行煤巷掘进也连获佳绩，如在神东矿区大柳塔煤矿、活鸡兔井使用的连续采煤机，均取得月进千米以上的好成绩，是掘进机进尺的 2～3 倍。神东矿区上湾煤矿连采一队，于 2003 年 1 月使用连续采煤机，掘进工作面单机三巷完成月进尺 4 656 m，创造全国综掘进尺最高纪录；该矿连采二队使用 12CM2-11D 型连续采煤机，2004 年 8 月 1 日创日进尺 163 m 的好成绩，巷道断面尺寸为 6 m×4.4 m；神东矿区大柳塔煤矿连采二队一分队使用 JOY(CM-27)型连续采煤机，2004 年年进尺达到 24 507 m。

在采用以掘进机为主要组成的综掘生产线中，配套的支护设备一般是单体锚杆钻机，典型的生产线配备 3 台单体锚杆钻机，劳动效率较低。由于支护作业是在空顶情况下进行的，支护的安全性受巷道顶板条件的制约。当巷道顶板条件较好时，可以获得较大的空顶距，掘进与支护之间的影响相对较小；当巷道顶板条件不好时，就必须缩短空顶距，缩小循环进尺来保证支护作业的安全，掘进速度就会下降，这也是综掘生产线总体掘进速度不能令人满意的一个主要原因。

在由连续采煤机组成的采掘生产线中，配套的支护设备一般采用自带动力的锚杆钻车，用机械操作代替人工作业，虽然连续采煤机切割煤岩层的效率较高，掘进速度快，但该掘进生产线一般需要同时掘进多条巷道和大量的横向联络巷来满足配套设备的换位需要，因此掘进速度就要大打折扣。为了发挥机械化设备的性能，需要有较好的巷道顶板条件，以获得较大的空顶距。在巷道顶板条件较差时，设备的换位将占用大量时间，掘进进尺将大大减小。

综上所述，巷道顶板条件适宜，是上述两类掘进生产线获得较高掘进速度的前提。

6.7.2.3 采掘锚一体化快速掘进成巷技术

连续采煤机与锚杆机必须交叉作业，给掘进工艺带来了不便。因此，将连续采煤机与锚杆机两者合一，即在连续采煤机上装锚杆机，用一台设备来完成巷道掘进的割煤、装煤以及锚杆打眼、设备安装来消除连续采煤机的不利因素，从而发展形成采掘锚一体化快速掘进成巷技术。本技术的核心设备是采掘锚机组，它实际上是连续采煤机与锚杆机、安装机复合的一体化设备，既可以完成切割、装煤工序，又能够完成钻孔、安装锚杆等工序，因而可以进行采煤、掘进和支护作业，从而减少了掘进工作面的设备和人员，掘进工作面的空顶距可以缩短到 0.75～1.4 m。该技术采用了临时支护措施，使得掘进与支护作业更加简单和安全，可以适应不断变化的巷道顶板条件，掘进成巷速度较快；它还能适应巷道布置方式的变化。

(1) 采掘锚一体化设备

最早的采掘锚一体化设备是在第一台连续采煤机面世七年后出现的。它在连续采煤机上安装了一台锚杆机，只能打两个锚杆，在采煤机换位后，人工或独立的锚杆机补打其余的锚杆。之后相关公司推出了 14CM10-15BD 型卫星式连续采掘锚机，并广泛用于许多长壁工作面巷道掘进。该型锚机的截割头很宽，可以一次成巷，其外侧滚筒的宽度、装载部的侧板可以液压式收缩，来减小设备的宽度。该型锚机在一个自由活动的平台上安装有两个顶板锚杆机，并带有临时支护装置。之后人们又推出不同机型的采掘锚一体化机组。

其工作循环是：连续采煤机定位后，进行煤层切割，钻机司机调节油缸使平台与采煤机机身分开，并升起临时支护装置支撑巷道顶板。当采煤机推进到相当于锚杆排距的位置时，钻机司机在临时支护装置下进行锚杆作业，而采煤机割煤不受锚杆作业的影响。打完锚杆、钻杆收回到一体化机组后，收缩临时支护和千斤顶，平台被放回连续采煤机的托架上，连续采煤机两侧的千斤顶把卫星平台向前推进，开始下一个循环作业。

随着各国采煤技术和巷道锚杆支护技术的发展，一些国家相继开发出采掘锚一体化快速掘进成巷设备，具有代表性的采掘锚一体化机组有 ABM20 型、KBⅡ型和 ISS 型等。采掘锚机组在国外已经成熟并得到广泛应用，例如澳大利亚长壁工作面巷道 80%以上采用采掘锚一体化的掘锚机组施工，几种主要的采掘锚机组在英国也得到了应用。ABM20 型采掘锚机组是典型代表，它在掘进工作面的作业方式是割煤和安装锚杆同时作业：截割滚筒与装载运输机构整体向前推进割煤；与此同时，锚杆机向顶板和侧帮打眼安装锚杆；随后，行走机构带着机体及锚杆机向前移动，从而完成一个掘进循环。

(2) 采掘锚一体化与连续采煤机快速掘进成巷技术的比较

采掘锚一体化快速掘进成巷技术由于其核心设备采掘锚机组本身可以打锚杆眼、安装锚杆部件，不仅取消了锚杆钻车，而且设备不用经常移动换位，可以适应各种巷道布置形式的掘进需要。单条巷道掘进时，其后继配套设备可以采用破碎机、转载机和带式输送机，构成连续运煤系统；当同时掘进多条巷道时，其后继配套设备可采用与连续采煤机（除锚杆钻车外）相同的设备，也可采用由破碎机、带式输送机、刮板输送机等构成的其他形式连续运煤系统。当采用连续运煤系统时，联络巷的间距可根据需要开掘，不受设备换位的约束，从而减少大量联络巷的开掘。更重要的是，该设备提供了临时支护功能，能够对顶板进行及时支护，提高了对不同煤层、不同顶板条件的适应性，工作的安全程度也得到了提高。

6.7.3 斜巷掘进机械化作业线配套方案

在大断面上山掘进中，根据排矸方式的不同，有以下三种机械化作业线配套方案：

(1) 风动凿岩机-耙斗装岩机-矿车

在上山掘进中，多年来广泛应用气腿式风动凿岩机凿岩，耙斗装岩机装岩，提升小绞车直接将矿车提至卸矸口下装岩排矸。当上山不太长（300 m 以内），倾角在 15°～25°时，应用该作业线施工能取得较好的效果。

(2) 风动凿岩机-蟹爪装岩机-刮板输送机-矿车

与上条作业线不同之处在于装岩机械和转载机械，蟹爪装岩机可连续装岩，生产能力较大。当在上山较长（500 m 以上）、上山倾角在 15°以下时，可应用该作业线。

(3) 风动凿岩机-耙斗装岩机-溜槽-矸石仓-矿车

该作业线适用于大倾角（30°以上）上山的掘进。

7 斜井施工

7.1 斜井的结构与设计

7.1.1 斜井开拓

井田开拓的基本形式有平硐、斜井和立井开拓三种。其中，平硐开拓时井上下无须布置调车场，运输环节少，运输系统简单，是最优越的一种开拓方式。斜井开拓具有投资省、投产快、效率高等一系列优点，因而国内外许多具备条件的大、中、小型矿井都有采用。

我国东北地区的鸡西、鹤岗、阜新等老矿区，许多小型煤矿多采用片盘斜井开拓。西北地区现存的生产矿井，斜井开拓的比重占50%以上，如华亭矿区砚北煤矿、蒲白矿区的朱家河煤矿、灵武矿区灵新一号井、华亭矿区的陈家沟煤矿等，都采用了斜井开拓方式。在大型矿井中，斜井开拓日益增多，如陕西韩城矿区桑树坪煤矿、阳泉矿区贵石沟煤矿、山西古交矿区西曲煤矿、大同矿区燕子山煤矿、大同矿区四台沟煤矿均为年产300万～500万t的大型斜井煤矿。

在现代技术条件下，采用斜井开拓可最大限度地发挥带式输送机连续运输的优点，加之施工装备的改进，斜井掘进速度的提高，斜井开拓方式正越来越为人们所重视。

7.1.2 斜硐开拓

斜井的辅助运输提升采用的是轨道串车提升(如提矸、下料和运送人员等)，井上下均需要设置调车场，矿车到井下后需要通过调车场进入大巷，提升运输能力低，特别是当矿井生产能力较大时，这一缺陷愈加明显，甚至不能满足辅助提升运输的需要，成为建设大型矿井的“瓶颈”。

因此，我国榆神矿区在多年的矿井建设实践中，根据矿区煤层埋深较浅(30～80 m)的特点，结合矿井无轨胶轮车辅助运输新方式的采用，首次提出了斜硐井筒(可使用无轨胶轮车，是具有平硐功能的缓斜井)的概念，从井上到井下直至采掘工作面实现了不间断辅助运输。斜硐开拓方式有效地解决了斜井开拓辅助运输能力不足的问题，使矿井潜在生产能力得以释放。

斜硐开拓(如图7-1所示)又称为负坡度平硐开拓，其井口标高高于井底标高，从井口到井底为下坡，斜硐坡度与煤层倾角(一般小于6°)基本相等。斜硐中的辅助运输采用的是无轨胶轮运输，而不是斜井中的有轨绞车提升，取消了井底车场和矿井轨道线路，井筒和大巷直接相连，矿井中材料、设备和人员的运输如在平硐中一样，实现了矿井无轨连续运输。斜硐开拓在客观上为矿井辅助运输能力的提高创造了条件，同时丰富了矿井井筒的形式，确切地说，斜硐是一种特殊的斜井，并具有以下特点：

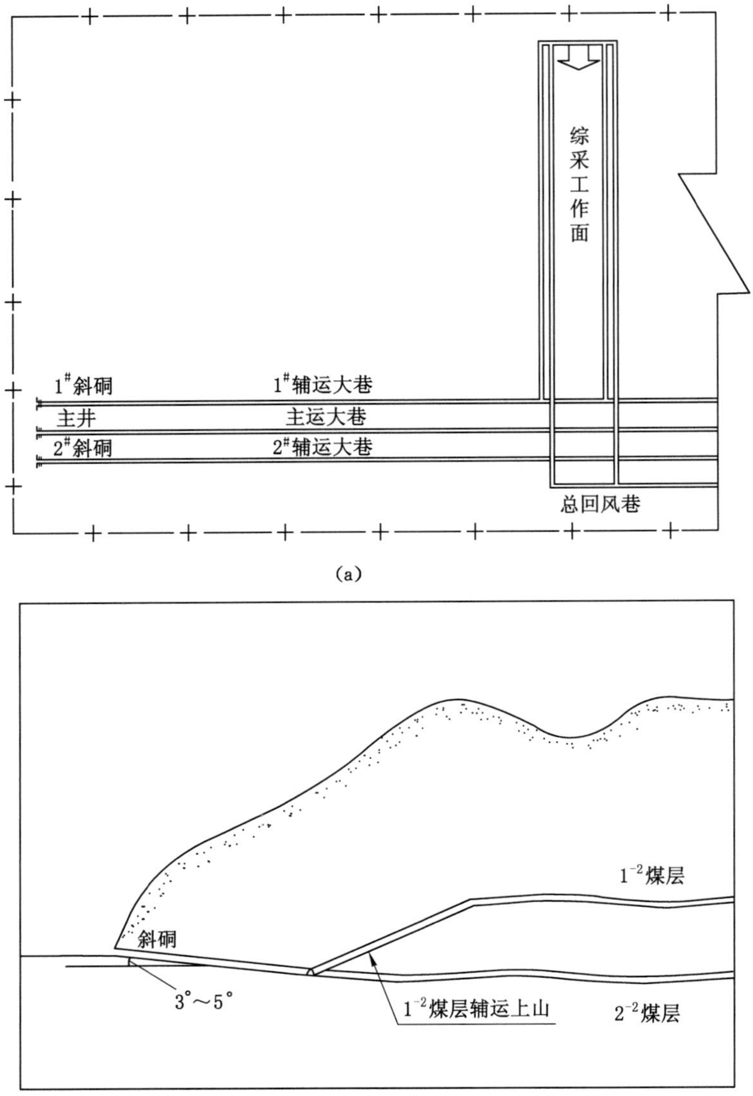

图 7-1　斜硐开拓示意图

① 从斜硐的形状和参数来看,它与斜井相同,即井筒倾斜,但倾斜角度较小,一般小于6°,接近水平。

② 斜硐开拓是具有平硐开拓优点的斜井开拓,由于斜硐坡度较小,近于水平,所以斜硐中可采用无轨胶轮车进行辅助运输。斜硐运输具有平硐运输的优点,即运能大、速度快,运输连续无须周转。

③ 井筒倾角可在适应无轨胶轮车运输的范围内变化,实现了从地面工业广场到井下工作面的全矿井范围内无轨连续运输,满足了大型矿井辅助运输要求高的需要。

④ 在适当条件下,斜硐与大巷直接相连,从而使开拓准备巷道工程量大幅度减少,不仅有利于节约建井投资成本和缩短建井工期,而且为矿井的高产高效创造了条件。

斜硐开拓适用于埋藏较浅的大型和特大型矿井，斜硐的倾角应控制在±6°以内，其长度由无轨胶轮车连续行驶的最大距离而定。同时，无轨胶轮车应具备防爆和低污染的能力。如果井筒的倾角较大（大于6°）、井筒较长，为了使无轨胶轮车能在井筒内正常行走，可在井筒长度范围内将斜硐与平硐交错布置，即从井口开始，先布置一段斜硐，然后布置一段平硐作为无轨胶轮车行驶的缓冲平台，再继续布置斜硐。这样便于无轨胶轮车在较长井筒内进行辅助运输。

自20世纪90年代以来，陕北神东矿区补连塔、上弯、尔林兔、呼和乌素等千万吨级特大型煤矿均采用斜硐或斜井与平硐结合的开拓方式，开创了我国斜硐开拓的先例。图6-2为神东矿区榆家梁煤矿平硐开拓系统平面布置图，矿井采取无盘区划分，三条主要水平大巷布置在5-2煤层中，即一条带式输送机大巷、一条辅助运输大巷和一条回风大巷（兼作辅助运输大巷），综采工作面沿大巷呈条带式布置，首采工作面布置在大巷起始位置，井田开采顺序为前进式。条带平巷采用双巷布置方式，工作面推进长度为3 000 m。

由图7-1、图7-2可以看出，无盘区划分、斜（平）硐开拓系统简单、效率高、井下开拓巷道工程量小，从而大幅度缩短了建井时间，节省了建井投资成本。作为一个成功的经验，斜硐开拓方式已在榆神矿区广泛应用。

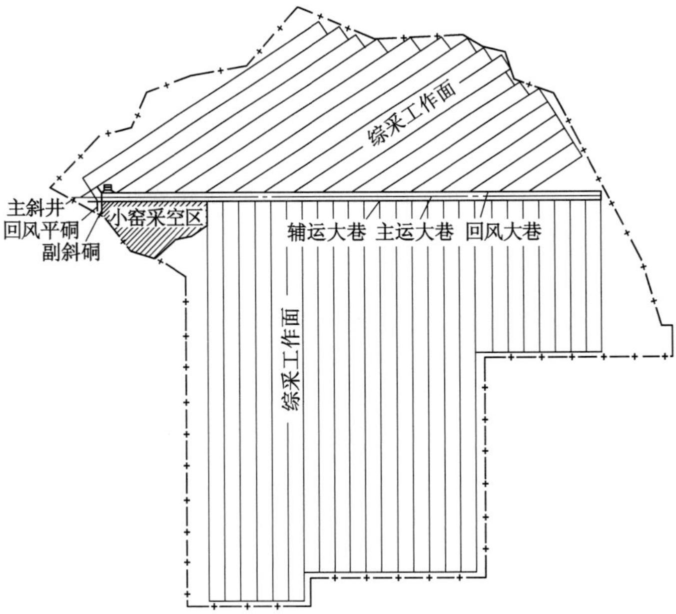

图7-2　榆家梁煤矿平硐开拓系统平面布置图

7.2　斜井、斜硐施工的特点

7.2.1　斜井施工的特点

斜井井筒有10°～25°甚至更大的坡度，所以在施工方法及工艺、施工机械及配套等方面，既有别于立井，又不同于平巷，有其自身的特点，具体表现在以下几个方面：

（1）斜井施工的困难多

斜井施工中的困难主要是由于坡度存在而产生的，其中以装岩、排矸和排水最为突出。在10°～25°甚至更大坡度的斜面上进行装岩、排矸和排水作业，显然比在平巷中要困难得多，因而生产效率不高。通过20多年的努力，施工机械的装配水平不断提高，这些困难已逐步得到缓解。

比如20世纪50—60年代，淮北等矿区曾利用平巷后卸式铲斗装岩机和装岩自爬装置进行斜井装岩作业，但生产效率仅比人工装岩提高一倍左右，且只能在倾角小于15°的条件下使用。1965年峰峰矿务局开始将耙斗装岩机用于斜井装岩，收到良好效果，掘进25°～30°坡度的斜井，过去人工装岩每循环需要5～6 h，使用耙斗装岩机只需2 h，大幅度提高了装岩效率，减轻了繁重的体力劳动任务。

（2）容易发生跑车事故

与平巷相比，在斜井提升运输过程中，如果稍有不慎，提升容器就可能掉道、脱钩或导致提升钢丝绳断绳，提升容器就会失去控制，沿斜井坡道下滑，并不断加速，产生巨大的冲击力，从而造成破坏性极大的跑车事故。

2003年2月22日21时30分，山西省吕梁地区交城县林底乡后火山村五七煤矿二坑斜井发生断绳跑车事故，当场死亡1人，另有13人经抢救无效死亡；2003年6月14日21时55分，广东省韶关市乐昌江湖煤矿一辆载有26人的斜井人车，因连接装置脱落发生跑车事故，造成14人死亡，12人受伤，其中3人重伤。几乎每年都有跑车事故发生，严重威胁矿井作业人员的生命安全。

因此，采用轨道运输时，必须设置与提升设备相应的防跑车安全设施（“一坡三挡”），以预防跑车事故。这已成为斜井施工管理的重要工作之一。

（3）混凝土管道输送

当永久支护采用锚喷方法支护时，要考虑采用管道长距离输送混凝土，以减少提升设备的负担，同时提高支护作业的速度。

7.2.2 斜硐施工的特点

我国榆神矿区广泛采用的斜硐开拓，斜硐倾角小，小于6°，而且这些斜硐主要布置在煤层中，井筒净宽一般为5.0 m，掘进断面积近20 m^2。因此，斜硐的施工要比斜井施工容易得多，其施工特点具体表现在：

（1）井筒施工安全

斜硐倾角较小，所以无须设置防跑车装置；同时其辅助运输（包括施工材料以及矸石等）采用无轨胶轮车进行，掘进煤采用皮带机运输，所以不会发生像斜井那样的跑车事故，而且工作面涌水、瓦斯以及其他废气易于排出。因此，斜硐施工的难度比斜井施工要小得多，施工安全易于保证。

（2）掘进机械化程度高、速度快

对于穿过煤层的斜硐，掘进工作面通常布置1台连续采煤机、2～3台运煤车、1台锚杆钻机、1台铲车、1台转载破碎机和2～3部带式输送机，装备的机械化程度高，成井速度在1 000 m/月以上，采准巷道掘进速度达2 200 m/月，最高为5 000 m/月（在平巷中）。

对岩石斜硐均采用钻爆法施工，配无轨胶轮车运输，平均成井速度为 166 m/月，最高纪录达 216 m/月。

7.3 斜井表土层施工

斜井、斜硐井口的开挖，应根据井（硐）口的岩土赋存条件以及地形情况来确定。通常，斜井、斜硐井口的开挖有明槽和暗槽两种方式。

当井口位于山区或丘陵地带，表土层很薄甚至没有表土层，或者只有风化岩层带，其施工相对比较简单，只需要对井口位置的浮土和风化表层碎石进行清理和修整，保证边坡稳定，然后就可以按照斜井设计的方向、坡度直接进行暗槽挖掘。

当斜井井口位于地形平坦地区时，由于表土层较厚，稳定性差，顶板往往不易维护。为了保证施工安全和质量，一般需要采用先挖明槽，然后用暗槽掘进的方式施工井口。

7.3.1 明槽施工技术

（1）明槽的几何尺寸与边坡坡度的确定

明槽开挖边坡坡度、明槽的几何尺寸取决于表土的稳定性、斜井（硐）的倾角、表土的涌水量、地下水位等因素。应以既能保证施工安全，又能使土方挖掘量最小为原则来确定明槽的几何尺寸和边坡坡度。不同性质表土明槽边坡的最大坡度数值如表 7-1 所示。

表 7-1 明槽边坡最大坡度数值

表土名称	人工挖土（将土堆在槽边）	机械挖土	
		在槽底挖土	在槽边挖土
砂土	45°(1∶1)	53°08′(1∶0.75)	45°(1∶1)
亚砂土	56°10′(1∶0.67)	63°26′(1∶0.50)	53°08′(1∶0.75)
亚黏土	63°26′(1∶0.50)	71°44′(1∶0.33)	53°08′(1∶0.75)
黏土	71°44′(1∶0.33)	75°58′(1∶0.25)	56°58′(1∶0.65)
含砾石、卵石土	56°10′(1∶0.67)	63°26′(1∶0.50)	53°08′(1∶0.75)
泥灰岩、白垩土	71°44′(1∶0.33)	75°58′(1∶0.25)	56°10′(1∶0.67)
干黄土	75°58′(1∶0.25)	84°17′(1∶0.10)	71°44′(1∶0.33)

注：1. 深度在 5 m 以内的明槽边坡适用上述数值，当深度超过 5 m 时，应适当加大上述数值；
2. 表中括号内的数字表示明槽边坡的最大坡度。

当表土较薄或者表土较厚，但直立性较好时（如黄土），明槽壁可做成垂直的。但为防止表土塌陷，其侧壁上部以做成斜面为宜（见图 7-3）；当表土厚而不稳定时，明槽壁应有一定坡度（见图 7-4）。

（2）明槽开挖方法

浅表土明槽开挖的关键是维持明槽边坡的稳定，尽可能缩短明槽开挖和维护的时间，在保证施工安全的条件下，尽可能减少明槽开挖的工程量。根据表土条件的不同，可以选择不同开挖方式。

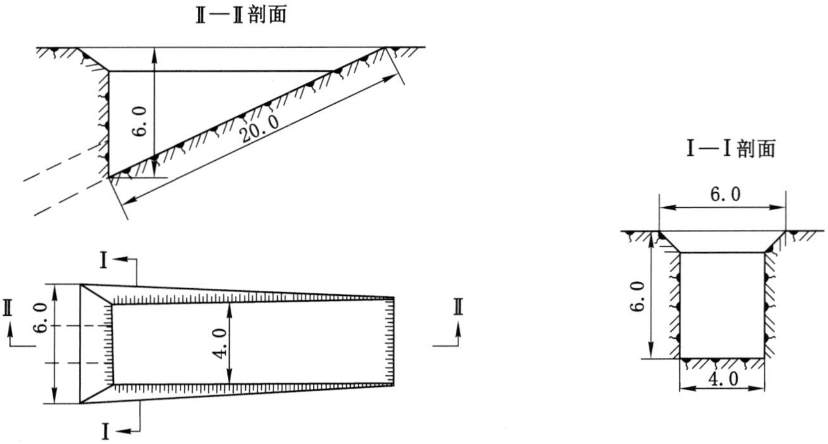

图 7-3　直壁明槽(单位:m)

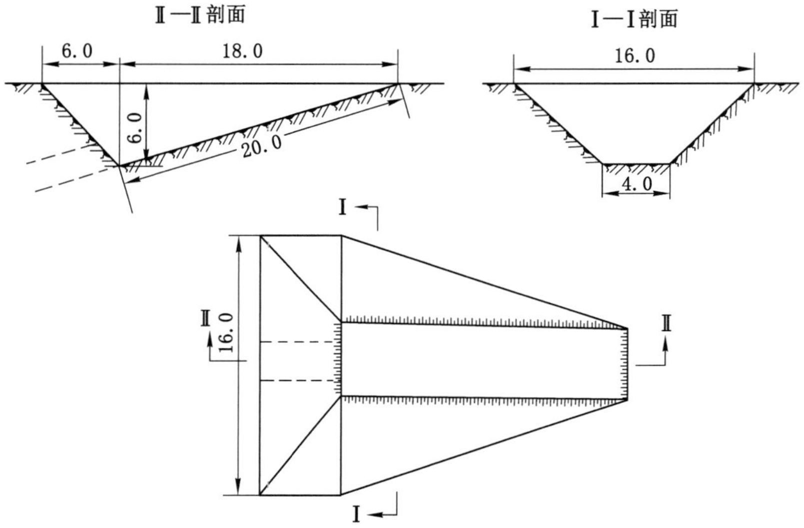

图 7-4　斜壁明槽(单位:m)

① 天然冻结法

对距地表 4 m 以内的浅部明槽,如果表土是亚砂土和亚黏土地层,且稳定性比较差、含水率为 9%～15%,此时可利用天然冻结土壤固结性好、强度高的特点,将明槽浅部做成直立边坡,一般不需要其他支护措施,挖方量可减少 20%左右。但在明槽开挖后要快速砌墙支护,防止解冻造成边坡坍塌。

② 直挖法

当表土稳定且无地下水时,比如在我国西北地区,浅表土多为黄土,且无地下水,土层稳定性很好,可采用直接开挖明槽的做法;而且可采取挖土、砌墙平行作业,这样明槽两帮的暴露时间就很短;甚至结合施工的工艺过程还允许直墙垂直下挖,同时可以减少挖方量 25%～50%。

③ 支撑加固法

为了减少挖方量，当表土稳定时，可将明槽两侧做成直立槽壁，这样可减少 50%的挖方量，但由于施工活动原因，直立墙壁难以长时间保持稳定，所以需要采用横向支撑进行加固。一般用直径为 200 mm 的横撑圆木和木垫板，将明槽两侧墙壁顶紧，横撑间距视具体情况来定，一般尺寸为 2 m×(2～2.5)m。为防止圆木下滑，可用钢丝将其连接到架在地面的横梁上。明槽支撑加固护坡示意图如图 7-5 所示。

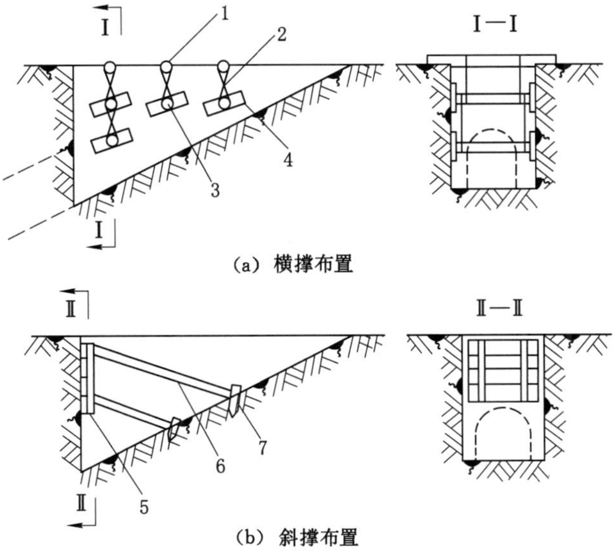

1—槽口横梁；2—钢丝；3—横撑圆木；4—垫板；5—挡板；6—斜撑圆木；7—木桩。

图 7-5 明槽支撑加固护坡示意图

支撑加固法适用于土壤的内摩擦角较小且明槽较深的情况。

④ 台阶木桩法

当表土层不够稳定或夹有流沙层且明槽开挖时，可采用 45°的台阶放坡，台阶尺寸为 0.55 m×0.55 m，如图 7-6 所示。为了有效地控制边坡，保证施工安全、顺利进行，台阶侧壁可用长度为 1 m 的木桩插板进行维护。

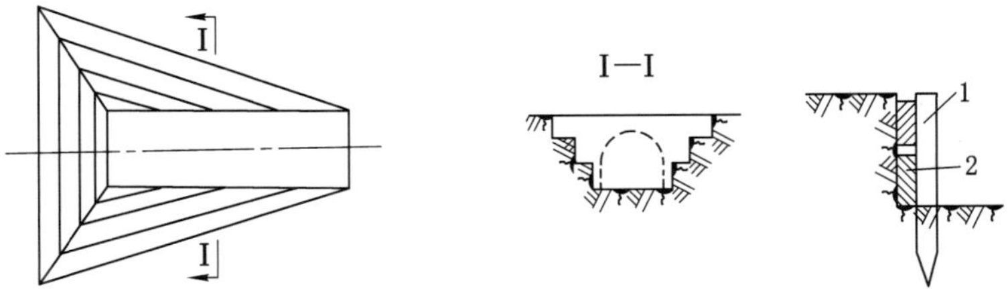

1—木桩；2—插板。

图 7-6 台阶木桩法护坡示意图

⑤ 降低水位法

当表土有含水层且涌水量较大时，可在降低工作面水位后再实施开挖，降水后挖掘最低工作面应高于水位 2～3 m，这种施工方法称为降低水位法。古交矿区屯兰斜井潜水位在地表下 2 m，预计涌水量为 503～763 m^3/h，故在明槽挖掘前采取了井点法降低水位，在明槽四周打 6～8 口、深 25～30 m 小井，小井内下水泥滤管，用潜水泵排水。

屯兰主斜井明槽(图 7-7)土方量为 20 428 m^3，配备 1 台 W2-50 型挖掘机、3 辆 8 t 自卸式汽车。汽车从明槽后端进出，挖掘机分两大段挖土，最深部有 2～3 m 的土方采用人工辅助挖掘。开挖和砌筑沿斜长分段进行，可按永久支护的变形缝分段，采用上段砌筑与下段挖掘平行作业。

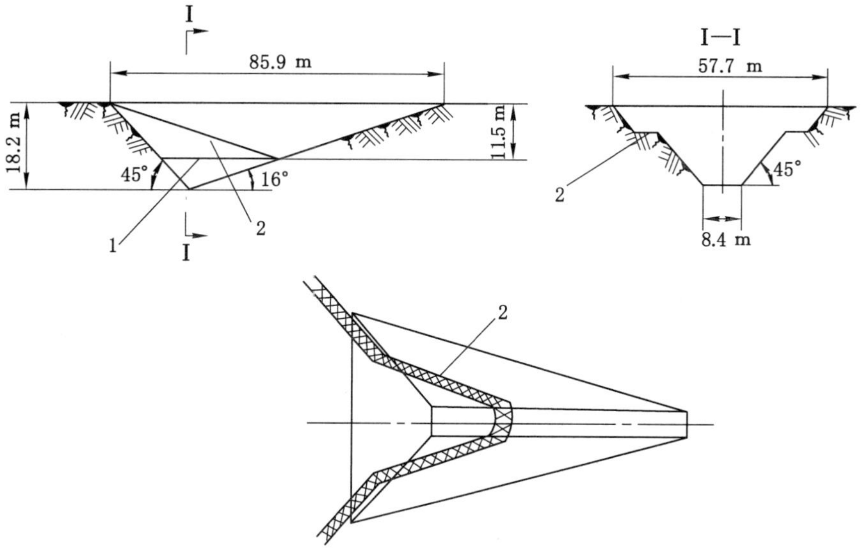

1—平台；2—坡度 13°的汽车道。

图 7-7 屯兰主斜井明槽施工图

7.3.2 深表土层掘砌方法

在深厚表土层中施工，应根据表土性质、斜井(硐)断面大小、施工设备和技术水平等条件采取相应的方法。实践中通常采用的方法有：

(1) 全断面一次掘进法

当土质致密坚硬、涌水量不大，井筒掘进宽度小于 5 m 时，可采用全断面一次掘进施工方法。临时支护方式为金属拱形支架，支架平面须有 2°～3° 迎山角，支架间距为 0.4～1.0 m。掘砌交替进行，段距为 2～4 m。韩城矿区象山斜井表土为 120 m 厚的黄土层，采取全断面一次掘进，料石砌碹，掘砌段距为 4 m，取得了良好效果。

(2) 中间导硐法

当表土较稳定、掘进宽度大于 5 m，全断面掘进有困难时，可在井筒中间先掘深 2 m 左右的导硐，然后向两侧逐步扩大(图 7-8)，临时支架沿井筒轴向架设。刷大要两侧同时进行，每次刷大宽度为 0.6 m 左右，并立即架设一根沿井筒轴向的棚梁。待刷够掘进断面后，及时砌碹。鸡西矿区穆棱煤矿六井表土为稳定的砂质黏土层，掘进宽度为 8.6 m，采用中间导硐法施工，当遇含水层且涌水较大时，导硐法应留有 0.5 m 的超前部分不刷，作为井底临时水窝。

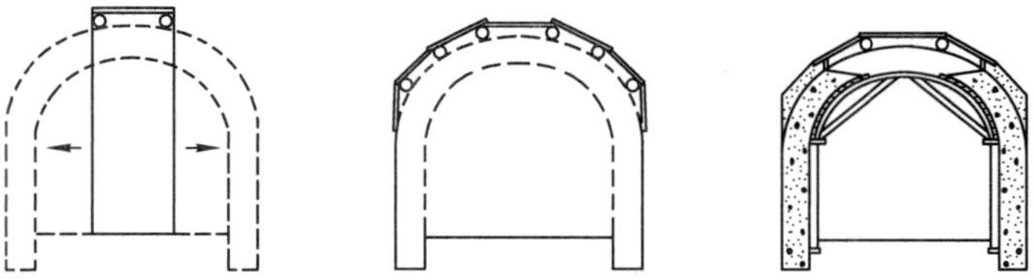

图 7-8 中间导硐法施工步骤示意图

(3) 两侧导硐先墙后拱法

当表土不太稳定，且断面较大时，可先在断面两侧分别掘进小断面导硐，先墙后拱短段掘砌(图 7-9)。掘导硐时，先架设木棚子，掘出 2～4 m 后，在导硐内砌墙，然后掘砌拱顶部分，最后掘出下部中间土柱。鸡西矿区滴道煤矿六井表土大部分为砂砾层，采用两侧导硐先墙后拱法施工。设计掘进宽度为 8.9 m，导硐宽度为 1.5 m，其高度略大于墙，掘拱顶部分时，将金属临时支架的拱梁立于两侧砌好的墙上。砌拱时，碹胎利用下部的中间土柱支撑。

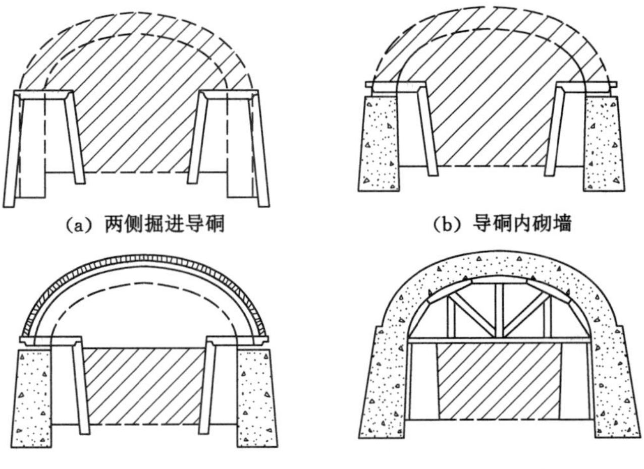

图 7-9 两侧导硐先墙后拱施工步骤图

(4) 先拱后墙法

当井筒工作面进入岩石风化带之后或工作面上部土层松软、下部土层密实时，宜先掘砌上部，后掘砌下部，掘砌段距以 3～5 m 为宜，其掘砌步骤见图 7-10。

韩城矿区桑树坪煤矿斜井掘进断面大，掘砌土、岩过渡带时，先掘上部土层，然后在风化岩石上刷出临时壁座，先将拱和部分墙砌好，随后再掘下部的风化岩石，并补砌下部的墙，其掘砌段距为 4 m。

井筒开口后，开始区段应架设密集棚子，向下掘进 5 m 左右时停止掘进，从下向上砌筑井口部分直到地面为止。在明槽的永久砌筑外部须设防水层，然后回填并分层夯实。

在表土层中施工井筒，为确保工作的安全，多采用短段掘砌施工方法，掘砌段距一般为 2.5 m。当土质稳定，掘进宽度小于 5 m 时，可采用全断面一次掘进；反之则采用导硐法。

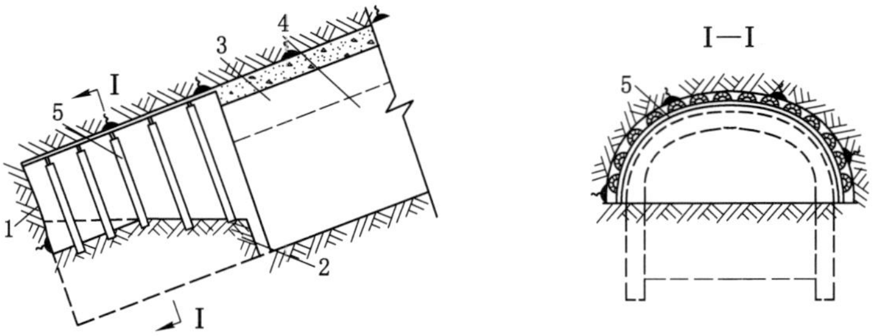

1—表土工作面；2—风化岩石工作面；3—拱；4—墙；5—金属临时支架。

图 7-10　先拱后墙法掘砌施工步骤

7.3.3　不稳定表土层井口施工方法

不稳定表土层，是指流沙或淤泥性质的表土层，或者是由砾石、砂、粉砂组成的松散表土层。这种表土层稳定性、整体性都很差，有的还含水，在斜井(硐)口开挖时，成型十分困难，尤其是在我国榆神矿区，浅部地表多为风积沙，沙子的黏结力很低，流动性大，在斜井(硐)开挖时，常常难以形成自稳结构，因此必须采取特殊方法施工。我国煤矿斜井(硐)在不稳定土层的施工中，曾经采用的方法有密集板桩法、简易沉井法、混凝土帷幕法以及超前注浆法等。

当不稳定表土层含水量较大时，一般采用斜板桩密集支护，并配合工作面超前小井降低水位或井点降低水位的综合施工方法；当流沙层埋深小于 20 m 时，采用简易沉井(如箱形深井)法施工，如山东井亭煤矿斜井采用简易沉井法，成功穿过了流沙层；当不稳定表土层涌水量大，流沙层厚，埋深较深(30～50 m)，而且地质条件复杂时，可采用帷幕法施工(如辽源矿区梅河煤矿斜井)；当不稳定表土层含有松散砾石层且含水量较大时，可采用超前注浆法施工。如镇城底煤矿副斜井采用水泥-水玻璃双液注浆法顺利通过了涌水量大(156.6 m^3/h)的厚卵石层(厚度为 12.9 m)。

工作面超前注浆不仅具有封堵含水层的作用，而且对固结流沙、松散卵石以及顺利通过断层等复杂地带，也具有显著的效果。

近年来，冻结法在矿井不稳定表土层的施工中得到了成功应用。如宁夏王洼煤矿主副斜井以及内蒙古榆树林子煤矿主副斜井均采用冻结法施工，并取得了成功。榆神矿区的一些厚积沙层斜井(硐)的施工，也使用了冻结法。在斜井中使用冻结法，其技术比在立井中要复杂一些，而且效果往往也不如立井，所以在斜井施工中很少使用冻结法。

但是，近年来，由于斜井、斜硐开拓以及斜井-立井联合开拓的矿井越来越多，尤其在我国西北地区，表土层多为松散的不稳定的流沙层，在板桩法、帷幕法等施工方法不能奏效时，冻结法无疑是安全有效的选择。

7.4　斜井基岩施工

斜井、斜硐基岩施工的工艺过程、施工方法基本相同，一般都采用钻眼爆破法施工，都需要有钻眼、装药爆破、通风、支护、排矸等主要工艺过程，但二者有区别，区别的关键是因斜井、斜硐倾斜角度的不同而引起的在施工机械配套、施工方案等方面的差异，具体表现在：

① 斜井施工材料、矸石的运输采用作业轨道串车，而斜硐则采用无轨胶轮车运输。

② 斜井施工中一般采用耙斗装岩机装岩，而斜硐则采用铲车装岩。

③ 斜井施工中要充分考虑施工机械(包括锚杆钻机、装岩机、矿车等)的防滑、防跑车措施，而在斜硐施工中这一问题相对简单得多，甚至无须重点考虑。

由此可见，斜井基岩施工比斜硐基岩施工要困难得多，因此，本节重点介绍斜井的基岩施工方法，在此基础上，对斜硐基岩施工做简要介绍。

7.4.1 斜井掘进作业

20 世纪 70 年代以来，我国在斜井施工技术方面取得了很大的发展，逐步形成了一套比较成熟的斜井掘进机械化作业线，其主要内容包括用多台风动气腿式凿岩机凿岩、中深孔光面爆破，大耙斗机装岩、大箕斗运输、大提升机提升、大矸石仓排矸，以及布孔仪布孔、激光仪指向测量、潜水泵排水、局部通风机通风的配套作业线，实现了快速装岩、快速提升、自动翻矸、长距离管道输料以及锚喷支护，成井速度明显加快。

如陕西陕煤铜川矿业有限公司下石节煤矿在二采区回风斜井的施工中，创造了斜井月进尺 705.3 m 的记录。图 7-11 为马脊梁矿新高山主斜井(掘进断面 15.02 m^2，倾角 16°)施工机械化作业线布置图。

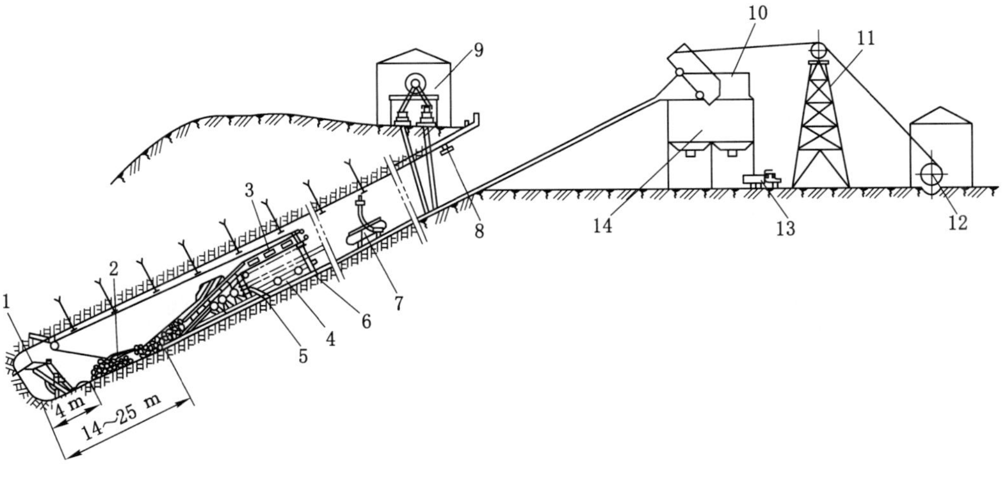

1—YT-28 凿岩机；2—1.2 m^3 大耙斗；3—P-120B 耙斗式装岩机；4—XQJ-8 复合后轮前卸式箕斗；
5—大卡轨器；6—托梁支撑；7—喷射混凝土工作台；8—JK-3 激光指向议；9—地面喷射混凝土搅拌站；
10—卸载架；11—井架；12—2JK-3/20 提升机；13—8 t 自卸翻斗汽车；14—40 m^3 大矸石仓。

图 7-11 马脊梁矿新高山主斜井施工机械化作业线布置图

(1) 凿岩(或破岩)工作

尽管凿岩台车钻眼速度快，又有助于实施中深孔爆破，但在斜井施工中，使用凿岩台车调车很困难，使用钻装机时，又不能使钻眼与装岩两大主要工序平行作业。因此，为提高破岩效率、便于钻眼与装岩平行作业，在凿岩机具的选择上，仍以使用多台风动气腿式凿岩机(如 YT-28 型)同时作业方式为主。掘进工作面同时作业的风钻台数，主要根据井筒断面大小、岩性、支护型式、炮眼数量、作业人员的技术素质、施工管理水平等因素来确定，一般以 0.5～0.7 m 宽的工作面设置 1 台为宜，4～7 台同时作业，工作面钻眼平均生产率可达 86.1～102.6 m/h。

爆破方式多采用中深孔抛砟、光面爆破，炮孔深度可根据断面大小进行调整。但斜井抛砟是比较困难的，一般采取的措施是：使底眼上部辅助眼（或专门打一排抛砟眼）的角度比斜井倾角小 5°～10°，底眼加深 200～300 mm 并使眼底低于巷道底板 200 mm，加大底眼装药量，底眼最后起爆。

（2）装岩工作

在斜井施工中，我国主要使用耙斗装岩机（见图 7-12）。耙斗装岩机适用于倾角小于 30°的斜巷掘进装岩，万一发生跑车事故，它还能起挡车作用。

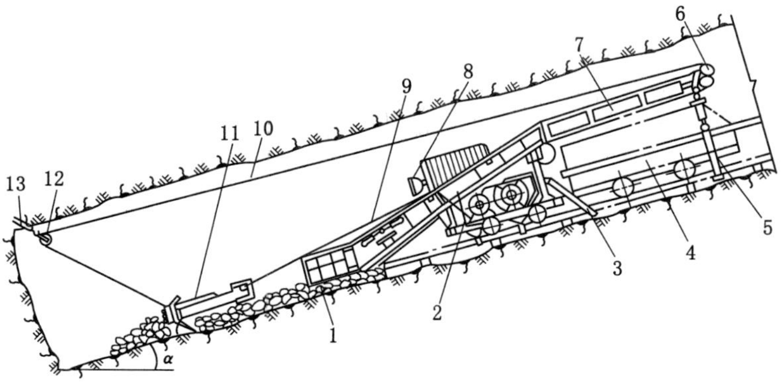

1—挡板；2—操纵杆；3—大卡轨器；4—箕斗；5—支撑；6—导绳轮；7—卸料槽；
8—照明灯；9—主绳；10—尾绳；11—耙斗；12—尾绳纶；13—绳头与铁楔。

图 7-12　耙斗装岩机在斜井工作面的布置示意图

为了配合箕斗提升，可加长耙斗装岩机的卸料槽；为防止机体下滑，在两侧增设了两根可调整高度的支撑，在后部增设了大型卡轨器；为提高装岩效率，耙斗机距工作面不要超过 15 m，耙斗刃口的插角选用 65°左右为好；还可以在耙斗后背焊上一块斜高 200 mm 的铁板，增加耙装容量。

耙斗装岩机的斗容有 0.3 m^3、0.6 m^3、0.9 m^3、1.2 m^3 等规格，耙斗装岩机使用台数、斗容大小可根据工作面掘进宽度选用。当大断面斜井施工时，如没有相应的大型耙斗装岩机，可使用两台较小的耙斗装岩机。例如大同云岗材料井、阳泉贵石沟主斜井施工时，在工作面布置了 2 台小型耙斗装岩机，但占用掘进宽度大，需要前后错开布置，所以在实际工作中常以一台为主，另一台为辅，相互配合，减少干扰。

（3）提升

斜井提升主要有轨道串车（矿车）提升和箕斗提升两种方式。

① 矿车提升

当井筒断面小于 12 m^2，长度小于 200 m，倾角为 15°左右时，可采用矿车提升。矿车提升设备简单，井口临时设施少，但提升能力低，不能满足大型矿井辅助提升要求高的需要。

② 箕斗提升

当井筒掘进断面较大、斜井较长时，使用大容量的箕斗提升，可缩短摘挂钩、甩车等辅助时间，效果尤为明显。斜井施工中常见的箕斗有前卸式箕斗、后卸式箕斗、无卸载轮前卸式箕斗和密封闸门后卸式箕斗等几种箕斗形式。

前卸式箕斗(图 7-13)：其卸载门在前端，闸门与牵引框连在一起。卸载时，后轮抬高，斗身前倾，闸门随之打开。后轮为双踏面轮，外踏面为卸载轮，后轮进入逐渐升高的卸载轨时，使斗身前倾卸载。前卸式箕斗结构简单，能兼提升排水；其缺点是箕斗卸载时需较大的翻转力矩，使卸载时牵引力为提升时的 1.5 倍以上。

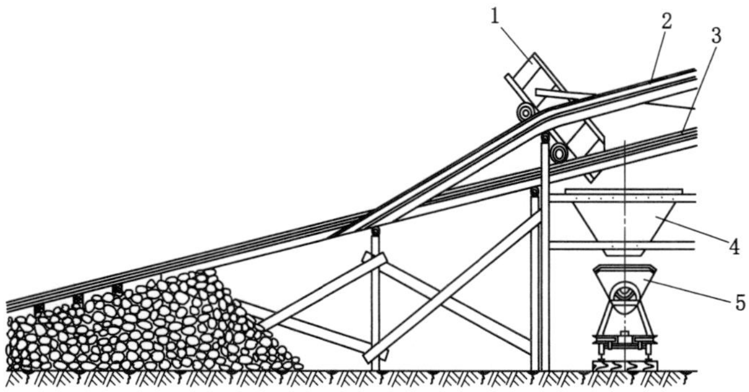

1—箕斗，2—曲轨；3—正常轨，4—溜槽；5—矿车。

图 7-13 2.0 m^3 前卸式箕斗卸载示意图

后卸式箕斗(图 7-14)：其卸载扇形闸门在后部，闸门上设有卸载轮，其卸载轨距略大于正常轨轨距。在卸载地点，正常轨下降为曲轨，卸载轨为直轨。卸载时，后行走轮下降，使闸门相对打开，为了使卸载区段集中，设有倾卸轮。后卸式箕斗卸载方便，卸载架结构简单，箕斗容积小时，还可串车提升；其主要缺点是不能兼作提升排水。

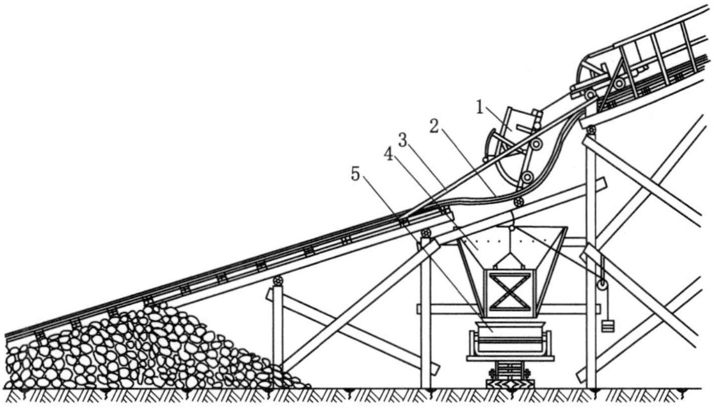

1—箕斗；2—曲轨；3—卸载轨；4—卸矸溜槽，5—矿车。

图 7-14 1.2 m^3 后卸式箕斗卸载示意图

无卸载轮前卸式箕斗(图 7-15)：利用设在箕斗运行轨道上部终端的翻转架使斗身前倾来实现卸载，斗身翻转力矩由牵引框提供，在牵引框前端左右两边设有一对小导向轮，箕斗卸载时，导向轮进入导向架，使牵引框具有较大力臂。

无卸载轮前卸式箕斗的优点是卸载快，没有凸出斗身两侧的卸载轮，运行安全性好。

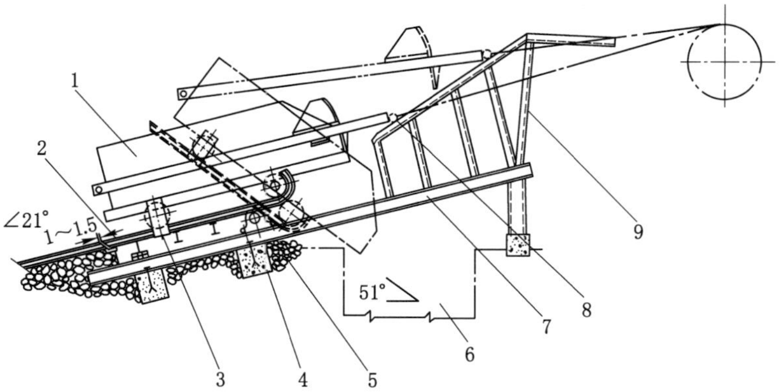

1—箕斗；2—翻转架；3—槽形挡轮板；4—轴承座；5—缓冲木；
6—矸石仓；7—底座梁；8—牵引框导向轮；9—导向架。
图 7-15 2.5 m^3 无卸载轮前卸式箕斗卸载示意图

但卸载时箕斗卡在翻转架上不能前移，必须靠自重复位，卸载翻转角受到限制，使其过卷距离很小。而卸载前牵引力猛增，卸载后又突然降为零，使提升机操作难以准确控制且不过卷，故其卸载安全性差。箕斗容积越大，其缺点越突出，前卸式箕斗再度被重视。

密封闸门后卸式箕斗(图 7-16)：该后卸式箕斗，既保留了后卸式箕斗卸载装置简单、卸载安全等优点，又使卸载闸门具有开启省力、关闭密封性好等特点。与前卸式箕斗比较，由于卸载时提升机牵引力不需要增加，所以可选用较小型号提升机。例如，原选用的是 JK-2.5/20 型，后改为 JK-2.0/20 型，电机功率从 394 kW 减小为 256 kW，节约用电 35%。

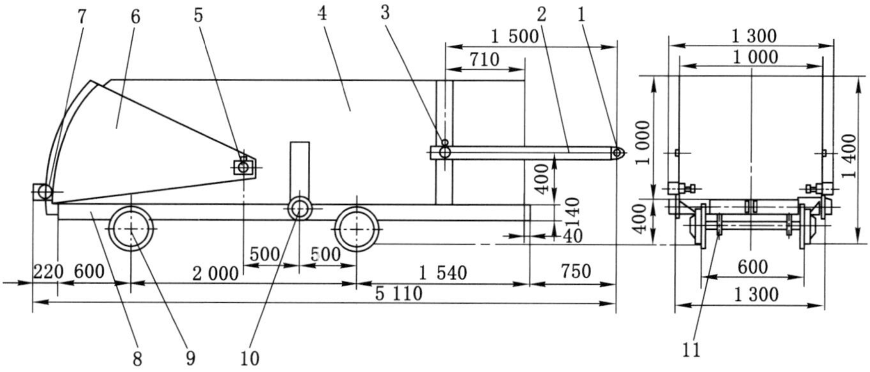

1—连接器；2—牵引框；3—牵引框销轴；4—斗箱；5—卸载门销轴；6—卸载门；
7—卸载门托轮；8—底架；9—行走轮组；10—卸载托轮组；11—支座。
图 7-16 MF-6 型密封闸门后卸式箕斗总图(单位：mm)

③ 箕斗选型

箕斗选择包括箕斗容积和形式的选择。箕斗容积的选用应与耙斗装岩机生产率相匹配，才能充分发挥装岩、提升综合能力。随着耙斗机生产率的提高和井筒深度的加大，箕斗容积从不大于 2.5 m^3 增加为 3 m^3、4 m^3、6 m^3、8 m^3。

前卸式箕斗及无卸载轮前卸式箕斗，均能利用箕斗排水，适用于倾角较小的井筒(小于 25°)；后者过卷距离短不宜增大容积，一般为 2.5 m^3，在使用中需加设过卷信号装置，并将导向架轨面改为曲线以适应导向轮运行轨迹。后卸式箕斗及密封闸门后卸式箕斗，适用于大倾角(大于 25°)井筒提升，更能显示其卸载方便、卸载牵引力小的优点；当需要提升排水时，应选用后者。

按最大提升绳速 3.0 m/s 计算，斜井施工时装岩提升综合能力见表 7-2。

表 7-2 斜井施工装岩提升能力综合表

提升方式	箕斗容量/m^3	装沿提升能力/(m^3/h)	装岩提升能力/(m^3/h)			
			斜井长度为 200 m	斜井长度为 400 m	斜井长度为 800 m	斜井长度为 1 000 m
单钩	4	0.6	30.0	26.0	17.7	11.8
双钩			43.1	37.6	27.4	21.0
两套单钩			60.0	52.0	35.0	23.0
单钩	6	0.6	36.1	31.2	22.3	16.4
双钩			49.1	43.7	33.5	28.0
两套单钩			72.2	62.0	44.1	32.8
单钩	6	0.9	43.9	38.0	25.9	17.5
双钩			64.7	56.4	41.1	31.6
两套单钩			87.6	76.1	51.9	35.0
单钩	8	0.9	50.7	43.9	30.9	22.2
双钩			71.2	63.0	47.0	38.9
两套单钩			101.4	87.8	61.8	44.4
单钩	8	1.2	56.3	48.7	33.6	23.2
双钩			82.7	72.7	53.6	42.1
两套单钩			112.6	97.5	67.2	46.4

在选择提升箕斗时，除了考虑提升方式(单钩、双钩和两套单钩提升)外，还需要使箕斗与斜井断面净宽、耙斗装岩机型号相匹配，实际中采用的搭配组合见表 7-3。

表 7-3 斜井提升方式、装岩机斗容与斜井断面净宽的匹配关系

提升方式	斜井断面净宽/m			
	耙斗装岩机斗容为 0.3 m^3	耙斗装岩机斗容为 0.6 m^3	耙斗装岩机斗容为 0.9 m^3	耙斗装岩机斗容为 1.2 m^3
单钩	2.3～2.8	2.8～3.8	3.3～4.2	3.8～4.8
双钩或两套单钩	≥3.3	≥4.0	≥4.8	≥5.8

为保证箕斗提升运行安全和卸载快速，应提升轨道铺设质量，大容积箕斗应选用宽轨距及重型轨道，并使用工业电视监视箕斗卸载过程。

(4) 矸石仓排矸

由于提升矸石的不均匀性和排矸运输的不连续性，需要有一定容积的矸石仓，以缓解矸石的转运，确保井下掘进工作面不间断施工。常用的矸石仓容积有 10 m^3、24 m^3、40 m^3

三种规格。据统计，在一般排矸运输能力条件下，装岩、提升综合能力(单位为 m^3/h)与矸石仓容积(m^3)比例关系为 1∶(0.60～0.85)。

根据地形条件，将矸石仓与矿车环形轨道运输或与自卸式卡车运输配合使用，可满足快速施工的要求。现场多采用装配式钢结构矸石仓(图 7-17)，这种形式的矸石仓不仅结构紧凑，组装方便，而且能多次重复使用，有利于节约施工成本。

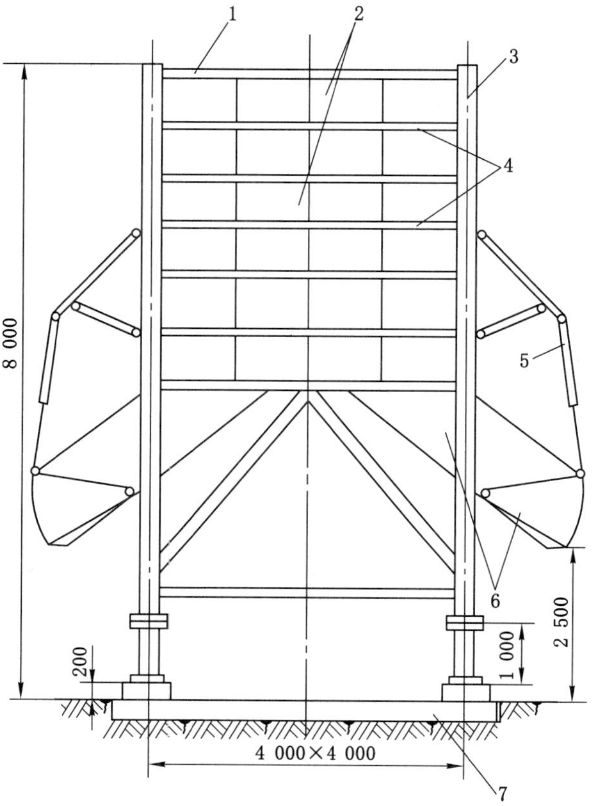

1—卸载平台边梁；2—仓壁围板；3—立柱；4—仓壁横梁；5—启壁器；6—溜槽及闸门；7—梁式基础。

图 7-17　40 m^3 装配式钢结构矸石仓示意图

为了适应各种不同斜井施工条件，实践中可以选用容积为 40 m^3、32 m^3、24 m^3、16 m^3 的装配式钢结构矸石仓，其卸载平台高度可以在 8 m、7.5 m、7 m、6.5 m、5.5 m 范围内调整，它适用于单面或双面排矸，可用自卸式卡车或矿车运输。

(5) 激光仪指向测量

为了保证井筒掘进方向准确，将掘进断面超挖量控制在 3%以内并使测量工作不影响掘进中其他工序的进行，应采用激光指向仪在斜井施工中进行测量，这已得到全面推广。例如在铜川矿区下石节煤矿斜井施工中，采用激光指向仪为井筒掘进、支护、铺轨指示方向，是方便、准确的。

斜井施工中使用激光指向仪的数量依具体情况而定，一般多采用双激光指向，1 台设在中线位置，距顶板 500 mm，用以指示井筒方向，1 台设在拱基线水平位置，距岩帮 400 mm，用以确定井筒坡度。但在大断面巷道中可用 3 台，即在井筒顶部及左右拱基线均设激光指向仪，以提高大断面斜井施工质量。

(6) 井筒涌水的治理与疏排

妥善处理工作面积水和施工过程中的涌水，是加快斜井施工速度，提高井筒施工质量的重要环节。针对井筒涌水来源以及涌水量的大小，可采取如下措施进行治水和排水：

① 避：就是在选择和确定斜井井筒位置时，要尽可能地避开含水地层。如果地质及水文地质条件复杂时，要争取把一个斜井布置在不含水的岩层中，以便在施工中利用它来排放涌水并降低水位，改善另一个斜井的施工条件。

② 防：就是要防止地表水流入或渗入井筒内，为此，要在井口周围掘砌环形排水沟，并使井口标高大于当地最大洪水水位的标高。当采用明槽开挖方式施工斜井表土层时，井口回填一定要密实，井颈段的永久支护要满足防渗要求，不能透水。

③ 截：当涌水沿斜井顶板、两帮流下来时，为了尽可能减少流入工作面的水量，要在斜井底板上每隔 10～15 m 设一道横向水沟，将水引入纵向水沟中，然后汇流到设在井筒涌水点以下的临时水仓内，最后由卧泵排至井外。

④ 排：如果工作面有涌水、积水时，则需要根据涌水量的大小以及积水的多少，采取不同方式向地面疏排水。使用较多的有潜水泵排水、喷射泵排水和卧泵排水等三种排水方式。

当工作面涌水量不大($4\sim5\ m^3/h$)时，可选用排水能力为 $10\sim15\ m^3/h$，扬程在 20～30 m 的风动或电动潜水泵将工作面积水排入矿车或箕斗中，随矸石一起排至井外。当工作面涌水量超过潜水泵的排水能力时，需要采用卧泵排水，但为了减少卧泵的移动次数，常用喷射泵作为中间排水机具。喷射泵较一般卧泵使用方便，能够边掘进边排水，因此，喷射泵曾成为斜井施工排水专用设备。

当工作面涌水量较大时，可使用多台泵，先将涌水排至临时小水仓，再用卧泵转排至地面，对深井甚至要多次转排或设置较大的水仓，并应用高扬程泵转排至地面。

7.4.2 支护作业

斜井的支护有料石砌碹、现浇混凝土和锚喷支护等几种方式。料石砌碹以及现浇混凝土支护方式由于作业强度大、支护效果不理想、施工成本高等原因，已逐渐被施工方便、作业强度小、支护效果好、费用低的锚喷支护方式所代替。

统计表明，在采用顺序作业方式的斜井施工中，支护与掘进两大工序的耗时比例一般为 1∶(1.5～2)，在施工实践中，常采取掘进、支护平行作业，支护作业一般就不再占用成井时间，特别是随着锚喷支护技术的推广和支护机械化程度的提高，斜井施工速度明显加快，并且形成了具有我国特色的支护机械化作业线。

(1) 锚喷支护

锚喷支护机械化作业线主要由砂石筛洗机、输送机、储料罐(砂、石、水泥)、搅拌机和机械手等组成，筛洗机、输送机、储料罐和计量器设在地面，搅拌机设在井口附近或邻近硐室内，喷射机在井下随支护工作面移动。锚喷支护需要的巷道断面较大，设备移动频繁，设备布置复杂，因此只适用于双轨提升的斜井，而且支护作业对掘进工作有一定干扰。为了克服这些缺点，许多单位将喷射机、搅拌机均设在斜井地面井口附近或邻近硐室内，利用井口与工作面的自然高差，采用远距离管路输送喷射混凝土。

采用远距离管路输送喷射混凝土时，应当注意选择合适的混凝土喷射机、混凝土搅拌机和塑料管等主要设备，并要依据输送距离、管径、斜井倾角、混凝土配合比、水灰比等因素选择适当的工作风压，采取措施减少管路磨损，防止管路被击穿，预防管理堵塞，保证喷射混凝土作业的顺利进行。

(2) 砌碹支护

根据支护机理，料石砌碹以及现浇混凝土支护均属于被动支护方式。实践中，料石砌碹和现浇混凝土支护均未形成机械化作业线，支护时下放材料占用提升时间，而且架设碹胎、模板及上料的劳动强度大，工效低。如阳泉矿区贵石沟煤矿曾创大断面主斜井月成井 150.7 m 的成绩，但其中料石砌碹占用了 40 个小班。现浇混凝土支护具有整体性强、防水性好等特点，实现机械化作业较料石砌碹具有较好条件，其发展方向是液压滑模远距离泵送混凝土。

7.4.3 斜井施工的安全防护

在斜井提升运行过程中，如稍有不慎便可能发生提升容器掉道、脱钩或断绳，使提升容器沿斜坡下滑，产生巨大冲击力，造成破坏性极大的跑车事故。尽管制定了作业规程，对钢丝绳、连接装置、轨道铺设以及司机、操作工操作有严格要求，而斜井跑车事故在国内外仍时有发生。为预防跑车事故的发生，我国在斜井施工中总结出“一坡三挡”的经验，即在井口地面平车场入井处、井口以下 20 m 处和井下掘进工作面上方 20 m 处，均设置安全挡车器。

做好斜井施工的安全防护工作，对于确保作业人员的生命安全，构建和谐社会和践行以人为本的理念具有重要的现实意义。斜井施工中安全防护的关键是预防跑车事故的发生，其措施主要是安装挡车器及防跑车装置。按安装位置不同，斜井安全防护装置分为井下和井上两类，其中效果较好、有代表性的是以下几种：

(1) 井口挡车器(图 7-18)

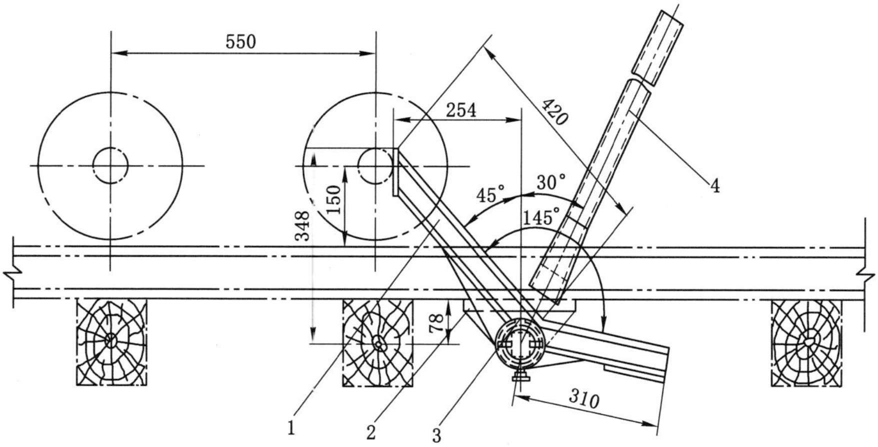

1—阻车爪；2—轴承；3—轴；4—操作把。

图 7-18　井口挡车器结构示意图(单位：mm)

当斜井井口为平车场时，在斜井井口设置井口挡车器。矿车出井后，能顺利通过，当矿车返回下井时，则需要人工操作挡车器操作把方能通过，以防止矿车没有挂钩而误推或滑行入井。这种挡车器简易、实用，应用广泛。

(2) 钢丝绳挡车器

其结构为网状钢丝绳兜(图 7-19),用细钢丝绳通过固定在顶板上的滑轮吊挂。绳兜平时总是处于封闭状态,能阻挡跑车,保证提升安全;但当提升容器上提时,将绳兜提至高于提升容器位置,使之通过,当提升容器通过后,即松开吊挂绳,使绳兜下落恢复网状。绳兜的钢丝绳结构能吸收较大冲击力,安全可靠,使用轻便。可分别设置在井口以下 20 m 处和距掘进工作面上方 20 m 处,由信号工操作。

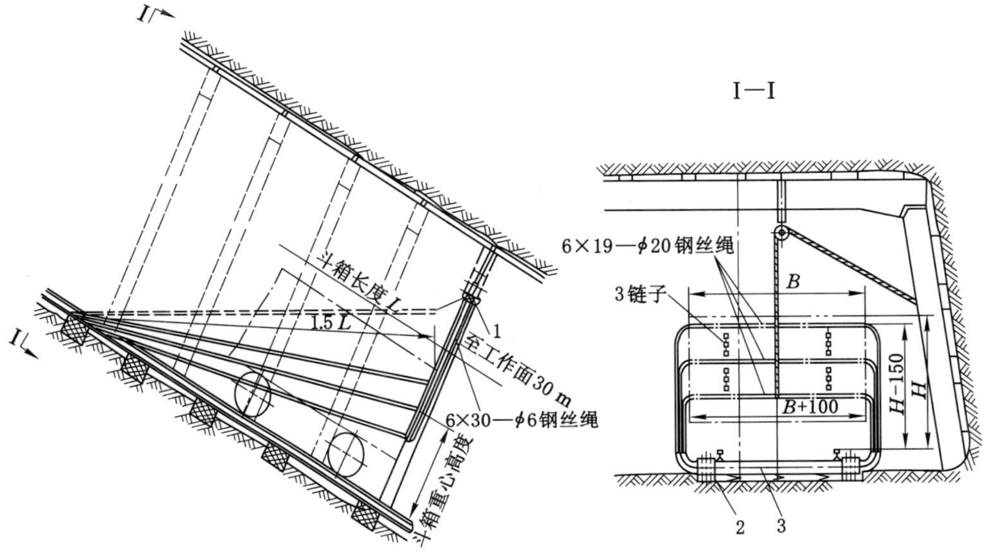

1—滑轮;2—支座;3—套管。

图 7-19　钢丝绳挡车器示意图

(3) 电动挡车器

电动挡车器(图 7-20)主要由电动机、减速器、车挡、缓冲垫等组成。其电源与提升机的安全回路互相闭锁,自动控制,安全可靠。其电路自控原理是:根据斜井提升时,提升容器上提或下放的往复运行规律,利用安装在限速圆盘(或牌坊式深度指标器)上的凸轮块触动行程开关,通过继电器-接触器控制系统,控制挡车器电动机的正反转动,来实现自控。在设置该挡车器处,需要做特制的轨枕固定钢轨,浇筑较深的混凝土基础及沟槽。

电动挡车器适用于 U 矿车(单车、串车均可),最大跑车距离为 20 m,总质量 910 kg。通常将其设置在井口以下 20 m 处。

(4) 摆杆挡车器

其主要构造见图 7-21。当斜井施工采用箕斗提升时,箕斗出井前打开摆杆阻车器,箕斗通过后使其落下,箕斗继续沿斜坡上提至栈桥卸载。箕斗入井操作相反。这种挡车器的开闭状态明显,操作灵活,阻车可靠,只需要在井口设置即可。由于跑车距离可能仅为 20~30 m(栈桥长度),冲击力较小,故阻车杆一般采用刚性单杆,其缺点是人工操作。

(5) 吸能制动器

我国斜井挡车器均为以“挡”为主的刚性制动,尽管有的挡车器增加了一些缓冲手段,但其制动作用与跑车冲击力相比是微小的。例如,1 t 矿车总质量为 2 360 kg,当跑车时其速度 $v=9.81$ m/s 时的冲击力可高达 4 720 kN,刚性制动往往难以奏效。

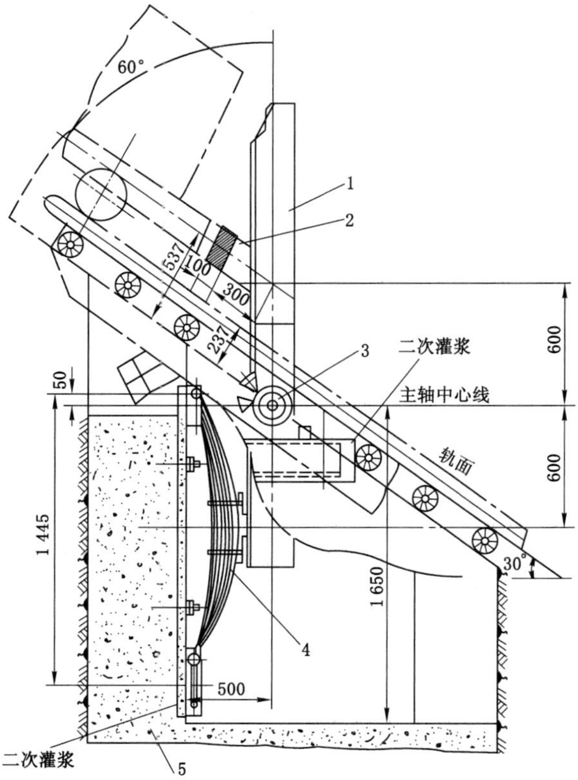

1—车挡；2—缓冲器；3—主轴；4—多层板簧；5—基础。

图 7-20 电动挡车器示意图(单位:mm)

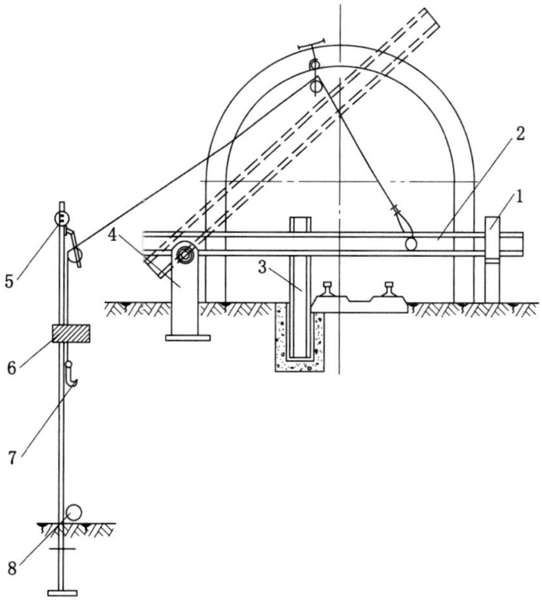

1—限位架；2—摆动阻车杆；3—阻车活动插杆；4—支承转动架；
5—滑轮固定立柱；6—配重块；7—手动拉钩；8—提升固定环。

图 7-21 摆杆挡车器示意图

因此，人们致力于研制吸能制动器，以加长制动距离，延长制动时间，使跑车慢慢停下来。已投入使用的吸能制动器有两种：一种是安装在轨道上的阻车器，称变形能制动器，其工作原理是将一条钢带通过一个辊轮箱，箱中装有若干平行交错排列的辊轮，当跑车发生时，钢带被拉伸，辊轮迫使钢带变形，从而吸收跑车能量；另一种是装在提升容器上的制动器，当跑车时，制动器有超速反应，通过装在提升容器底盘下的油缸、弹簧活塞、闸瓦，能有效地对超速运行的提升容器减速制动，其优点是在运行的全过程中都能紧急制动。

7.5 斜井施工实例

7.5.1 工程概况

中煤第七十一工程处有限责任公司在内蒙古酸刺沟煤矿主斜井施工中，采用以改进型液压挖掘机、8 m^3 前卸式箕斗、喷浆机、JK-2.5 提升绞车、风钻和激光指向仪为主的新型机械化生产线施工，于 2005 年 9 月 25 日至 12 月 25 日，基岩段取得了连续三个月进尺 150 m/月的好成绩。

酸刺沟煤矿主斜井，设计斜长为 1 028.7 m，倾角为 16°。采用半圆拱型断面，设计净宽为 5 500 mm、净高为 4 350 mm，铺底厚度为 150 mm，净断面为 20.7 m^2，掘进断面为 23.85 m^2。表土段永久支护采用现浇混凝土，基岩段采用锚喷支护。斜井基岩段穿过的岩层有泥岩、砂质泥岩、砂岩，井田地下含水层主要为第四系松散层、潜水含水层，第四系含水层属雨水补给含水层，富水性弱。矿井为低瓦斯矿井，施工条件较好。

7.5.2 斜井基岩段施工

(1) 作业方式

基岩段采用四班作业制，三掘一喷，中深孔爆破，光爆锚喷一次成巷，采用改进型液压挖掘机装岩，JK-2.5 提升绞车提升，8 m^3 前卸式箕斗排矸，设备在掘进工作面的布置见图 7-22。

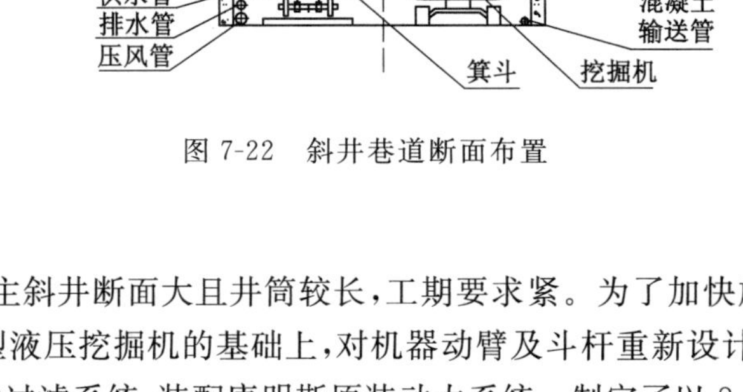

图 7-22 斜井巷道断面布置

(2) 机械化配套

由于酸刺沟爆矿主斜井断面大且井筒较长，工期要求紧。为了加快施工进度和适应斜井施工，在玉柴 YC-35 型液压挖掘机的基础上，对机器动臂及斗杆重新设计(进行了缩短)，加大了挖斗容积，采用双重过滤系统，装配康明斯原装动力系统。制定了以 8 m^3 前卸式箕斗、喷浆机、JK-2.5 提升绞车、多台风钻和激光指向仪为主的新型施工机械化配套设备方案(见表 7-4)。地面设置自动卸矸装置,用 Z-50 装载机装矸,用汽车排矸,并安装工业电视监控装置。

表 7-4 施工机械化配套设备方案

设备名称	规格型号	数量
提升绞车	JK-2.5	1 台
提升箕斗	8 m^3 前卸式	1 个
凿岩机	YT-28	12 台
挖掘机	YC-35 巷道型	1 台
搅拌机	JS-500	1 台
喷浆机	ZP-Ⅶ	2 台
压风机	SA-250	2 台
局扇	DKJ(B)-4-NO9.6	3 台
水泵	100D45×6	2 台
风泵		4 台
激光指向仪	YBJ-1	4 台

(3) 钻眼爆破

基岩段施工采用中深孔爆破,多台凿岩机打眼。工作面设多功能架,分上下层,8～10 台凿岩机同时作业。同时根据工作面岩石软硬程度,及时调整爆破参数,提高爆破效率。

① 凿岩机具及爆破器材选择

使用普通 YT-28 型气腿式凿岩机 12 台(2 台备用),选用 B22×2 500 mm 中空六角钎杆、ϕ42 mm“一”字形钻头。采用 T200 岩石水胶炸药、1～5 段毫秒延期电雷管、MFB-200 型电容式发爆器。

② 炮眼布置及爆破参数

在全断面布置 82 个炮眼。基岩段炮眼布置见图 7-23,采用直眼菱形掏槽,掏槽眼深为 2.2 m,辅助眼深为 2.0 m,周边眼距为 0.4 m,抵抗线为 0.6 m,周边眼密集系数为 0.5,采用正向连续式装药。爆破参数见表 7-5。

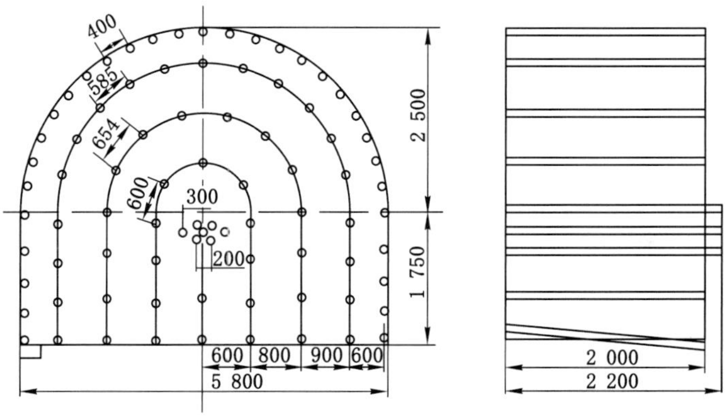

图 7-23 基岩段炮眼布置

表 7-5 爆破参数

炮眼名称	炮眼序号	炮眼数/个	炮眼间距/mm	装药量			起爆顺序	连线方法
				每个炮眼		装药量/kg		
				/卷	小计/卷			
掏槽眼	1～5	5	300	4	20	8	Ⅰ	串并联
	6～9	4	200	0	0	0		
一圈辅助眼	10～19	10	600	4	40	16	Ⅱ	
二圈辅助眼	20～31	12	645	3	36	14.4	Ⅲ	
三圈辅助眼	32～48	17	585	2	34	13.6	Ⅳ	
周边眼	49～73	25	400	1	25	10	Ⅴ	
底眼	78～86	9	700	3	27	10.8	Ⅴ	
合计		82			182	72.8		

注：1. 采用 T200 岩石水胶炸药 ϕ35 mm×400 mm，重 400 g；

2. 每循环炸药用量 182×0.4＝72.8 kg。

（4）装岩与排矸

采用改进的 YC-35 型液压挖掘机装岩，JK-2.5 绞车提升，8.0 m^3 前卸式箕斗装岩，地面排矸采用自卸汽车。为了满足箕斗卸载快速安全的要求，在距卸载平台 10 m 处设有 PHI-1200 型工业电视，以防止信号工打点失误。

（5）锚喷支护

① 临时支护

采用吊挂前探梁作为临时支护，前探梁采用 14 号槽钢制作，长度不小于 4 m，间距不大于 1.2 m，用金属锚杆固定，所用树脂锚固剂不少于 1 块，锚固力不小于 64 kN/根，前探梁最大控顶距为 1.8 m，前探梁上方用 2 块规格为 1 500 mm×200 mm×150 mm 的小板梁接顶。

② 永久支护

采用 MQT-100 型气动锚杆钻机安设拱部锚杆，用 YT-28 型风钻安设两帮锚杆。两台喷射机同时工作，一台负责工作面护顶喷射，另一台在耙矸机后面喷射两帮。喷射混凝土采用标号不低于 425 的水泥，沙为纯净的河沙，石子粒径为 ϕ5～20 mm，过筛后用水冲洗干净。配比以水泥：沙：石子＝1：2：2，速凝剂型号为 9990-B 型，掺入量为水泥质量的 2%～3.5%，喷拱取上限，喷淋水区时可酌情加大速凝剂掺入量，速凝剂必须从喷浆机上料口均匀加入。

（6）施工辅助系统

① 通风

在地面设 1 台 DKJ(B)-4-NO9.6(2×30 kW)型对旋风机，将 ϕ800 mm 胶质风筒接至工作面，后期采用两路风筒通风。

② 压风

在地面压风机房布置 2 台 SA-250 螺杆式压风机，管路为 ϕ108 mm×3.5 mm 的无缝钢管。

③ 供水

前期利用地面供水系统供水。

④ 排水

在含水层下部设水泵房及临时水仓，截住井筒上部涌水，安设 2 台 100D45×6 型水泵排水。工作面积水利用风泵排至水箱，再用水泵排至临时水仓，然后排至地面。

⑤ 定向

施工时，中线、腰线由 YBJ-1 新型激光指向仪定向。

(7) 施工组织与管理

① 劳动组织

工程采用小型综合队的劳动组织形式，明确分工，充分发挥专业人员特长。由队长实行统一管理，采用“四八”交叉作业制，井下掘进 3 个班各 19 人和锚喷支护 1 个班 22 人实行“四六”工作制，辅助 1 个班 24 人实行“三八”工作制。

② 循环作业

采用三掘一喷的作业方式。施工中抓正规循环，并以此为中心，全面加强掘进、机电、运输和通风的组织与管理，做好凿岩爆破、装岩、提升运输、排矸和永久支护等环节工序的衔接与配合工作。

7.5.3 经验与小结

(1) 采用新型挖掘机出矸，缩短了的动臂适应井巷施工时间，动力强、操作灵活；加大的挖斗既可以装浮矸，又可以清底，全方位挖掘不留死角，可快速换装抓斗、液压抓铲、液压破碎锤、液压剪等多种工作装置。挖掘机在斜井及立井表土段施工中发挥了很好的作用，与一般耙矸机相比工效提高了 30%，是一种非常高效的出矸机械。

(2) 多台风钻同时作业，缩短打眼时间；自制了多功能架，将风、水管路固定在架上，人员可以同时进行打眼操作，对钻眼实行分区负责制以提高效率。

(3) 多工序平行作业。钻眼与锚喷平行作业，喷射混凝土与砌水沟、人行台阶平行作业，多种辅助工序在不影响正常掘进的前提下交叉进行。

(4) 对提升、排矸系统选用大型提升机、大箕斗，地面设置自动卸矸架、工业电视监控、装载机配合自卸汽车的排矸系统，节省循环时间。

(5) 采用光面爆破技术，严格按照爆破图表打眼，把钻眼爆破质量和爆破进尺同工资分配挂钩，保证施工质量和速度。

(6) 确保正规循环，抓好钻爆、装运、提升排矸、喷射支护等大工序的配合、转换和衔接，消除机电、运输、通风的不良影响，确保正规循环作业。

7.6 斜硐掘进施工

斜硐倾角较小(不大于 6°)，所以斜硐基岩施工比斜井施工要容易一些。根据我国神东矿区斜硐施工的成功实践，所总结斜硐施工的关键技术和成功经验主要有以下几个方面：

(1) 斜硐快速掘进设备配置

神东矿区煤矿建设与开拓的一大特点就是绝大部分(90%左右)的井巷工程量是煤巷掘进，因此，大部分斜硐都穿过煤层。对穿越煤层的斜硐施工，掘进工作面的设备主要包括:连续采煤机、运煤车(梭车或连续运煤系统)、顶板锚杆机、铲车、转载破碎机、带式输送机、移动变电站及局部通风机等,主要设备见表7-6。

表7-6 斜硐掘进工作面主要设备一览表

序号	设备名称	设备型号	数量/(台或套)	功率
1	连续采煤机	12CM18-10D	1	425 kW
2	连续运煤系统	2000型	1	674 kW
3	运煤车	848	2	1 200 Ah
4	顶板锚杆机	TD2-43(双臂)	1	60 kW
5	顶板锚杆机	ARO-40-RELMB-CWT4	1	90 kW
6	转载破碎机	1030	1	131 kW
7	带式输送机	DSP-1080/1000	2	90 kW
8	铲车	488	1	450 Ah
9	移动变电站	KBSGZY系列	2	2×22 kW
10	局部通风机	2BKJ-No. 6. 6/44	2	—
11	运煤车充电机	XP-SR-12	2	—
12	铲车充电机	XP-SR-10	2	—

当斜硐穿越岩石地层时,则采用光面爆破法掘进,配备无轨胶轮车运输,其他设备如锚杆钻机、铲车等与煤层掘进设备相同。在神东矿区,斜硐的大部分布置在煤层内,只是在进硐部分穿过岩石地层,岩石段施工量相对较少,因而掘进施工的重点是煤层段斜硐的施工。

(2) 掘进工艺

尽量采用连续采煤机掘进与顶板锚杆钻机平行作业。连续采煤机在掘进头(工作面)落煤,同时采煤机上的装载输送机把煤装到连续采煤机后部的运煤车(梭车或连续运煤系统)内,煤由运煤车转运入破碎机(如果采用连续运煤系统,则可将煤炭直接运入带式输送机),再由破碎机均匀送入其后部的带式输送机,由其运往地面堆场。在连续采煤机掘进的同时,顶板锚杆钻机在工作面后部进行支护作业,其作业顺序为定位、钻眼、安装锚杆。铲车跟随锚杆钻机清理底板浮煤和其他杂物,保持道路畅通。

需要说明的是,神东矿区煤层埋藏较浅,顶板压力很小,而且煤质比较坚硬,所以在斜硐以及巷道掘进时,工作面不需要立即支护,更无须超前支护,也能保证施工安全,这为采煤机连续掘进和顶板锚杆钻机平行作业创造了条件。

(3) 斜硐辅助运输系统

斜硐施工采用无轨胶轮车进行辅助运输,为提升矿井的建设速度创造了有利条件,并从根本上解决了长期以来矿井建设过程中辅助运输制约掘进速度的问题。神东矿区矿井建设以及后期生产过程中采用无轨胶轮车的成功实践表明,这种运输方式具有以下显著优点:

① 可实现一次装载后从地面到工作面直接运输,速度快、运输能力大,可大量减少辅助运输人员,大大提高了运输效率。

② 车型多,应用范围广,可实现一机多用,并可集铲装、运输和卸载功能于一体。如综采工作面设备的安装就位,采用无轨胶轮车可实现自装自卸,做到运输、卸载和调整就位一机完成,既降低了工人的劳动强度,又大幅度提高了生产效率和安全性。

③ 爬坡能力强。无轨胶轮车可爬最大坡度为14°,完全能够满足斜硐、斜井、井下巷道掘进以及生产过程中辅助运输的需要。

④ 载重能力大。重型车可整体运输液压支架等大型设备,载重可达40 t。轻型车可运输材料和人员,一车最多可运25～40人;也可运输14～20 t矸石,在20 s内完成自卸工作。

⑤ 可在坡度为14°以下的起伏不平的斜硐、巷道中顺畅行驶。因此,对缓倾斜煤层矿井的开拓系统,可以沿煤层底板布置运输大巷和通风巷道,条带式布置采煤工作面,从而大幅度减小岩石巷道和总巷道的长度,节省矿井建设投资和生产期间巷道准备和维护费用,有效降低矿井建设投资和煤炭生产成本。

⑥ 无轨胶轮车转弯半径小,机动灵活,装卸方便,操作简单,大幅度降低了工人的劳动强度。

⑦ 运营费用低。统计表明,传统轨道辅助运输系统运营费用约占吨煤成本的15%～20%,而采用无轨胶轮车进行辅助运输,辅助运营费用可大幅度降低。这是神东矿区吨煤生产成本远低于采用传统轨道辅助运输矿井的因素之一。

⑧ 无轨胶轮车性能良好,日常使用维护工作量小,实现了辅助运输的安全性和可靠性。

在矿井建设和生产过程中,应根据矿井的客观条件来选择使用无轨胶轮车。根据神东矿区无轨胶轮车的使用经验,具备以下条件的矿井,可使用无轨胶轮车:

① 底板比较坚硬(坚固性系数 $f \geqslant 4$),纵向坡度不大于14°,横向坡度为3°～5°。

② 巷道(包括斜硐、平硐)最小宽度应满足多功能车和支架搬运车的宽度要求,一般每侧须留不小于300 mm的安全间隙;巷道最小转弯半径为7～8 m。

③ 巷道最小高度应以运送液压支架搬运车的高度为准,距离顶板有不小于250 mm的安全间隙。

④ 巷道风量不小于250 m^3/h。

无轨胶轮车在我国神东矿区大柳塔煤矿、补连塔煤矿和上湾煤矿等的成功应用,对我国煤炭工业的发展无疑具有重要意义,并产生深远影响。无轨胶轮化辅助运输是我国西部地区浅表土薄基岩浅埋煤层开采实践的成功经验,这一技术对我国高产高效矿井的建设具有重要意义,具体表现在:

① 推进了矿井的高产高效建设。无轨胶轮化辅助运输灵活、机动、速度快、环节少、安全高效,克服了传统辅助运输环节多、用人多的缺点,解决了辅助运输能力对大型矿井建设和生产制约的问题,实现了减员提效,改变了矿井的整体形象。同时,无轨胶轮化辅助运输运营费用低,经济效益好。

② 推进了矿井设计的全面改革。辅助运输胶轮化为矿井进一步大型化、简单化提供了技术保障,矿井设计取消了井田盘区划分,采用条带式布置,工作面设计克服了工作面推进长度受辅助运输能力制约的缺陷。

③ 提高了综采工作面的安装及搬迁速度。采用无轨胶轮化辅助运输技术后,大柳塔煤矿综采工作面第一次搬家由原来轨道运输的35 d缩短为10 d,大幅度节省搬迁费用,节省生产时间25 d,获得了显著的经济效益。

④ 降低了工人的劳动强度。采用无轨胶轮化辅助运输实现了由地面到采掘工作面长距离直达运输，减少了转载环节，降低了工人的劳动强度。

煤矿辅助运输无轨胶轮化是缩短矿井建设周期、实现矿井高产高效的重要措施之一，也是现代化煤矿辅助运输的发展方向。无论是新开工建设的矿井，还是已经投产的矿井，无论是立井还是斜井，都有可能实现局部或全部辅助运输无轨胶轮化。对于新建矿井，应该首先考虑实行辅助运输无轨胶轮化。

(4) 地面箱式移动变电站与井下移动变电站配合供电

传统的井下供电方式，在井下既要设中央变电所，又要设采区变电所，无论是矿井工程还是安装工程的工程量都很大。神东矿区在矿井建设和生产过程中，由于采用无轨胶轮车辅助运输技术和无盘区划分开拓技术，采面推进长度大幅度增加，一般为 2 000～6 000 m。同时由于井巷掘进速度快，工作面用电负荷大，供电距离长，线路压降大，电压经常波动会造成采煤机停机，影响掘进和生产。例如补连塔煤矿 2000 年工作面移到三盘区时，6 kV 供电距离增加到 10 km，经计算线路压降会达到 10%左右，将无法保证工作面正常供电。因此，采用传统的供电方式已无法满足矿井建设和生产的需要，于是提出并成功实施了地面箱式移动变电站与井下移动变电站配合的供电技术。

榆家梁煤矿井下未设中央及采区变电所，而是由地面箱式变电站通过钻孔直接向井下移动变电站供电(图 7-24)，在工作面投产之前，只是在煤层巷道中设置了简易变电所。改变供电方式后，减少了井下配电硐室的施工工程量和安装工程量，缩短了矿井供电系统的建井工期，减少了供电距离和供电压降损耗，保证了生产的正常进行，同时可以通过在供电设备上附加遥测、遥信、遥控和遥调装置的方式远程控制其运行，实现了变电站无人值守的优化。这节约了投资，取得了良好的经济效益。目前，国内箱式变电站主要应用于居民生活区、工厂及露天开采供电，将箱式变电站与钻孔下电缆结合应用于矿井建设期间和生产期间综采工作面供电，为神东矿区首创。

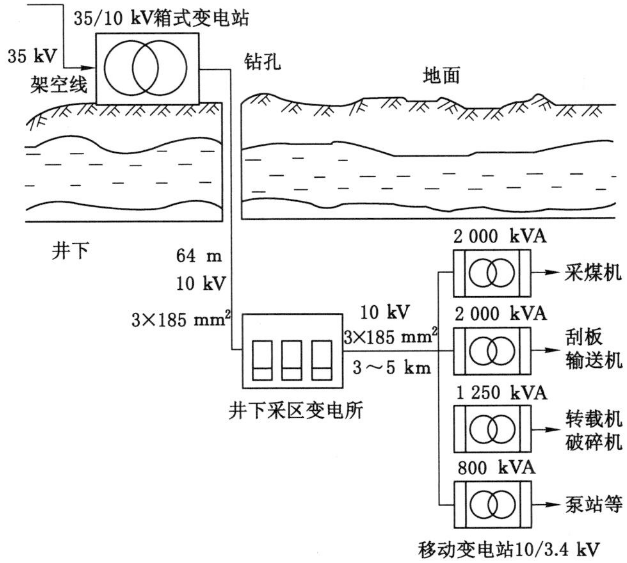

图 7-24　10 kV 地面箱式变电站与井下综采工作面供电系统

神东矿区榆家梁煤矿副斜硐全长为 451 m，倾角为 5°，井筒净宽为 5.0 m，净断面积为 17.8 m^2，掘进断面积为 19.9 m^2，78 m 开口段采用钢筋混凝土砌碹支护，其余部分采用锚喷支护。开口段采用光面爆破法施工，煤层段为连续采煤机施工，辅助运输采用无轨胶轮车自地面直达工作面，工期 90 d。

8　其他巷道及硐室设计与施工

硐室和交岔点是矿井的重要组成部分。硐室指位于井底车场，为煤矿井下各种用途服务而开凿的地下空间，如马头门、水泵房、变电所、箕斗装载硐室和翻罐笼硐室、井底煤仓等，它们是井底车场的重要组成部分。交岔点，指巷道的交叉或分岔处。充分了解硐室、交岔点，尤其是井底车场硐室的特点以及它们之间的相互联系，对确定合理的施工方法、科学地组织施工具有重要意义。

井底车场内的各种硐室由于用途不同，其结构、形状和规格相差很大；交岔点因巷道相交方式不同，也有多种形式。与一般巷道相比，交岔点及硐室有以下特点：

(1) 大，即硐室规格尺寸大，断面面积有几十甚至上百平方米，如交岔点处巷道断面面积往往是普通巷道断面面积的 2～3 倍。

(2) 高，即工程质量要求高，硐室服务年限长，结构复杂，形态各异，规格不一。有的为了安装机电设备，需要掘筑设备基础、管缆沟槽，安设起重梁等，预留孔和预埋件不仅数量多、规格杂，位置要求准确，特别是安装机电设备以及爆破材料库、消防材料库等的硐室还要具备防水、防潮、防火、抗渗的能力。

(3) 难，即施工难度大，有些硐室如马头门、箕斗装载硐室等直接与井筒相连，有些硐室如井底煤仓、中央变电所和中央水泵房等大多位于井筒附近，井巷密集，围岩受力状态比较复杂，地应力集中，在施工过程中要承受多次爆破震动，围岩易松动，稳定性降低，增大了施工难度。

因此，在硐室和交岔点施工过程中，既要清楚其本身的结构特点，又要详细了解工程所处岩层的地质条件。尤其是硐室的施工，应与井底车场其他相邻工程的施工结合起来，统一考虑，合理安排各个巷道、硐室以及交岔点的施工关系，在保证施工安全和质量的条件下，做到节省投资成本，快速施工。

8.1　马头门设计与施工

马头门指立井井筒与井底车场巷道的连接部分(或交会处)，实际上它是竖直巷道与水平巷道相交的一种特殊形式的交岔点。但是人们习惯称为马头门，而且通常指罐笼立井与井底车场巷道的连接部。

8.1.1　马头门设计

马头门的设计原则和依据是以提升运输要求、满足通风和升降人员的需要为前提的，设计内容包括马头门形式的选择、马头门平面尺寸和高度的确定、断面形状和支护方法的选择。

(1) 马头门的形式

马头门的形式主要取决于选用罐笼的类型、进出车水平数目以及是否设有候罐平台。

当采用单层罐笼，或者采用双层罐笼但采用沉罐方式在井底车场水平进出车和上下人员时；或者采用双层罐笼，用沉罐方式在井底车场水平进出车，而上下人员同时在井底车场水平和井底车场水平下面进行时，通常用双面斜顶式马头门，如图 8-1(a)所示。

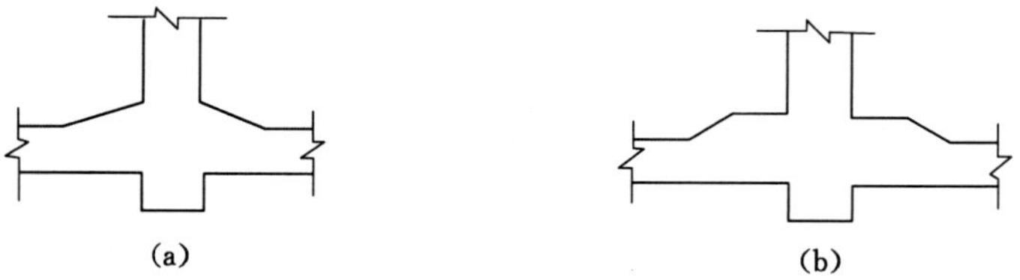

图 8-1　马头门的形式

当采用双层罐笼，用沉罐方式进出车，进车侧设固定平台，出车测设活动平台，上下人员可以同时在两个水平进出时；或者当采用双层罐笼，设有上方推车机及固定平台，双层罐笼可在两个水平同时进出车和上下人员时，可以采用双面平顶式马头门，如图 8-1(b)所示。

(2) 马头门长度的确定

马头门的平面尺寸包括长度和宽度。长度指井筒两侧对称道岔基本轨起点之间的距离，它主要根据马头门轨道线路的布置和所安设的摇台、阻车器和推车机等操车设备的规格尺寸，以及井筒内选用的罐笼布置方式和安全生产需要的空间来确定。现以双股道为例说明马头门平面尺寸的确定方法，如图 8-2 所示。

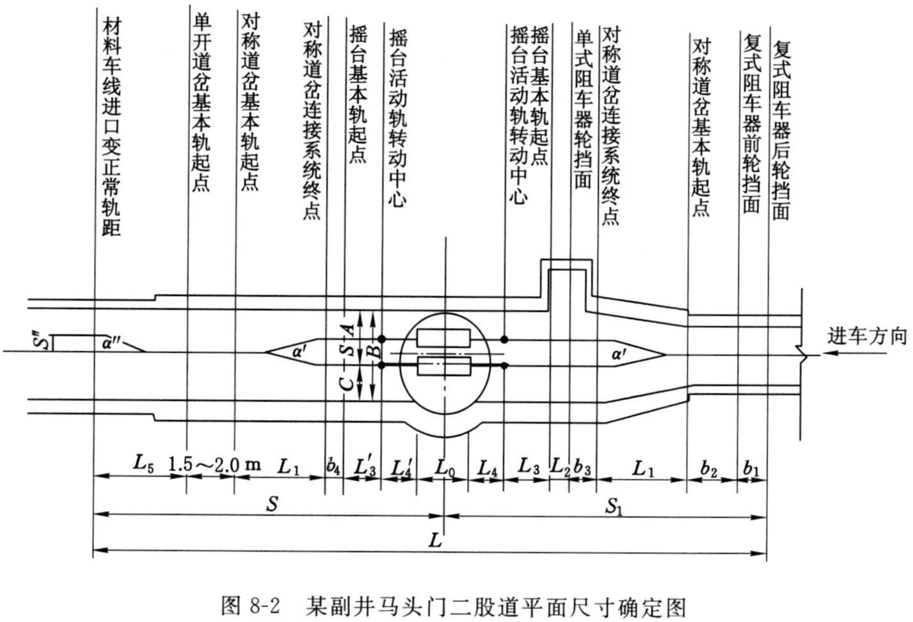

图 8-2　某副井马头门二股道平面尺寸确定图

马头门的长度可按下式计算：

$$L=L_0+L_4+L'_4+L_3+L'_3+L_2+b_3+b_4+2L_1+b_2+b_1+L_5+(1.5\sim2.0) \quad (8\text{-}1)$$

式中　L——马头门的长度，m；

L_0——罐笼的长度，m；

L_4，L_4'——进、出车侧摇台的摇壁长度，m；

L_3，L_3'——进、出车侧摇台基本轨起点至摇台活动轨转动中心的距离，m；

L_2——摇台基本轨起点至单式阻车器轮挡面之间的距离，m；

b_3——单式阻车器轮挡面至对称道岔连接系统终点之间的距离，视有无推车机分别取 4 辆矿车长或 1～2 辆矿车长，m；

b_4——摇台基本轨起点至对称道岔连接系统终点之间的距离，m；

L_1——对称道岔基本轨起点至对称道岔连接系统终点之间的距离，其长度根据道岔类型、轨道中心线间距可按线路连接系统计算出，m；

b_2——对称道岔基本轨起点至复式阻车器前轮挡面之间的距离，m；

b_1——复式阻车器前轮挡面至后轮挡面之间的距离，m；

L_5——单开道岔基本轨起点至材料车线进口变正常轨距之间的距离，其长度可以按单开道岔平行线路连接系统计算出，m。

(2) 马头门宽度的确定

马头门宽度则取决于井筒装备、罐笼布置方式和两侧人行道的宽度。马头门两侧巷道均应设双边人行道，各边的宽度不应小于 900 mm，对于综合机械化采煤矿井，按照现行《煤矿安全规程》要求，不应小于 1 000 mm。

马头门的宽度可按下式计算：

$$B=A+S'+C \tag{8-2}$$

式中　B——马头门的宽度，m；

S'——为轨道中心线之间距离，等于井筒中罐笼中心线间距，m；

A——非梯子间侧轨道中心线至巷道壁距离，一般取 $A\geqslant$矿车宽 $w/2+0.8$ m；

C——梯子间侧轨道中心线至巷道壁距离，一般取 $C\geqslant$矿车宽 $w/2+0.9$ m。

马头门的宽度通常在重车侧自对称道岔（或单开道岔）连接系统终点开始缩小，至对称道岔（或单开道岔）基本轨起点收缩至单轨巷道的宽度。但是在空车侧，过了对称道岔（或单开道岔）基本轨起点不远即进入双轨的材料存车线。为了减少井底车场巷道的断面变化和方便施工，往往空车侧马头门的宽度不再缩小。

(4) 马头门高度的确定

马头门的高度，主要取决于下放材料的最大长度和方式、罐笼的层数及在井筒平面的布置方式、进出车及人员上下方式、矿井通风阻力等多种因素，并按最大值确定。

我国井下用最长材料是钢轨和钢管，一般为 12.5 m。8 m 以内的材料可放在罐笼内下放（打开罐笼顶盖），而超过 8 m 的长材料则吊在罐笼底部下放。此时，材料在井筒与马头门连接处的最小高度如图 8-3 所示，并按式(8-3)计算。

$$H_{min}=L\sin\alpha-W\tan\alpha \tag{8-3}$$

式中　H_{min}——下放最长材料时马头门所需的最小高度，m。

L——下放材料的最大长度，取 $L=12.5$ m。

W——井筒下放材料的有效弦长。当有一套提升设备时，取 $W=0.9D$，若有两套提升设备，W 可根据井筒断面布置计算出。

D——井筒净直径，m。

α——当下放材料时，材料与水平面的夹角。$\alpha=\arccos\sqrt[3]{W/L}$，当 $D=4\sim8$ m，$L=12.5$ m 时，$\alpha=48°40'\sim33°41'$。

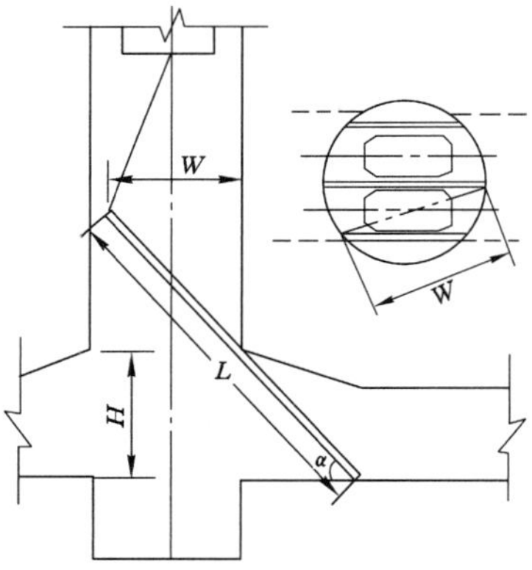

图 8-3　按下放长材料计算马头门高度

随着井筒直径的增加，下放最大长材料已不是确定马头门最小高度的主要因素，最小高度主要取决于罐笼的层数、进出车方式和上下人员的方式。另外，大型矿井尤其是高瓦斯矿井，井下需要的风量很大，若马头门高度过低，断面必然缩小，通风阻力会增大。因此，马头门高度按上述因素确定后还应按通风要求进行核算，并且马头门的净高度不应小于 4.5 m。马头门最大断面处高度确定后，随着向空车线、重车线两侧的延伸，拱顶逐步下降至正常巷道的高度处。一般副井马头门的拱顶坡度为 10°～15°，风井马头门的拱顶坡度为 16°～18°。

(5) 马头门断面形状及支护

马头门与井筒连接处断面大(如常村煤矿副井马头门掘进宽度为 8.21 m，高度为 14 m，掘进断面积为 109 m^2)、地压大，所以马头门断面形状多选用半圆拱形。当顶压和侧压较大时，可采用马蹄形断面；当顶压、侧压及底压均较大时，可采用椭圆形或圆形断面。

马头门的支护材料多用 C20 以上混凝土。通常当围岩的坚固性系数 $f=4\sim6$ 时，支护厚度为 500～600 mm，马头门上、下 2.5 m 范围内的一段井筒的井壁还应适当加厚 100～200 mm，以便安设金属支撑结构物。当围岩不稳定、地压大，或马头门与井筒连接处高度和宽度均较大时，可采用钢筋混凝土支护，配筋率为 0.75%～1.5%。当连接处位于膨胀性岩层中时，可采用锚喷或加金属网作为临时支护，然后再砌筑永久混凝土或钢筋混凝土支护。

8.1.2　马头门施工

根据马头门与井筒之间施工的先后顺序，马头门的施工方法可分为与井筒顺序施工法和与井筒同时施工法两大类。

(1) 马头门与井筒顺序施工

马头门与井筒顺序施工指先掘砌完整个井筒，再返上来施工马头门。即当井筒掘砌到马头门位置时，预留下马头门的硐口不砌(硐口预留得稍大一点，以免将来马头门掘进放炮时崩坏井壁)，暂时将硐口用喷射混凝土作为临时支护封闭起来，待井筒掘砌到设计深度后，再返上来施工马头门。为了施工方便，可以在马头门底板下方位置搭设一个临时固定盘作为掘砌的工作台；也可以直接利用凿井吊盘作为活动的掘砌工作台。

顺序施工最突出的优点是马头门施工不占用井筒施工工期，可使井筒提前到底。后期的马头门施工也可以和其他工程平行作业。但是，顺序施工不如同时施工方案方便，而且由于井壁和马头门壁不是一次连续整体浇筑，所以需要特别注意马头门的工程质量；当采用临时固定盘施工时，盘的安、拆费工费料，后期清除井底的存矸也需要花费时间；而且是高空作业，必须采取安全措施预防坠落。

徐州矿区三河尖煤矿的马头门施工采用了马头门与井筒顺序施工的方法。该马头门的掘进宽度为 5.36 m，掘进高度为 4.86 m，掘进断面面积为 22.96 m^2，马头门在井筒掘砌到底后开始施工，前后只用了 8 天时间就完成了东侧 5.0 m、西侧 4.0 m 的马头门及信号硐室工程施工，有效地缩短了井筒到底时间。

(2) 马头门与井筒同时施工

当井筒掘进到马头门上方 5～10 m 处时，暂停掘进，先将上段井壁砌好，随后再向下掘进井筒，当掘到马头门硐口处时，随井筒的下掘将马头门同时掘进出来，然后再将马头门和这段井壁一次砌好，待马头门与井筒连接处施工完成后，再掘砌井筒余下的井底部分。马头门的施工顺序如图 8-4 所示。

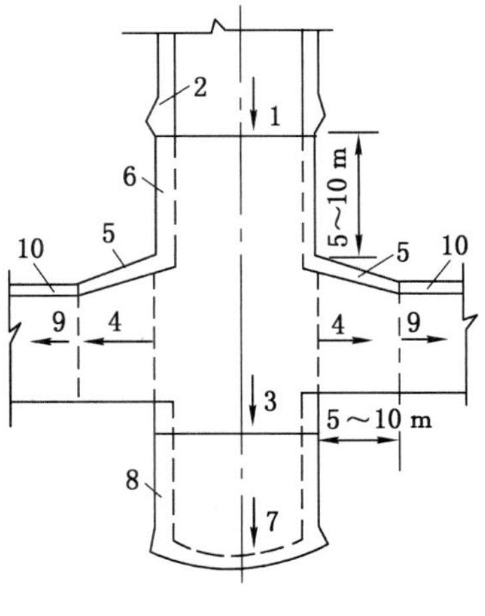

1～10—马头门施工顺序号。

图 8-4　马头门的施工顺序

当岩层松软、破碎时，两侧马头门应分别施工；在中等以上稳定岩层中，两侧马头门可以同时施工。当围岩比较坚硬稳定时，可采用锚喷作临时支护，为了加快施工的速度，可安排自上而下分层与井筒同时施工的方法施工马头门，如图 8-5 所示。

马头门与井筒同时施工，可以充分利用凿井设备和设施进行打眼放炮、通风排烟、装岩提升、压气供应、排水、拌料下料等工作，使准备、辅助工作大幅度简化；同时，支护的整体性好，工程质量易于保证。但是马头门施工占用井筒的施工工期，致使井筒到底时间向后推迟了一段时间。

需要指出的是，马头门与井筒相连接，断面较大，又受施工条件的限制，所以一般采用自上而下分层施工法，而很少采用全断面一次掘进法。

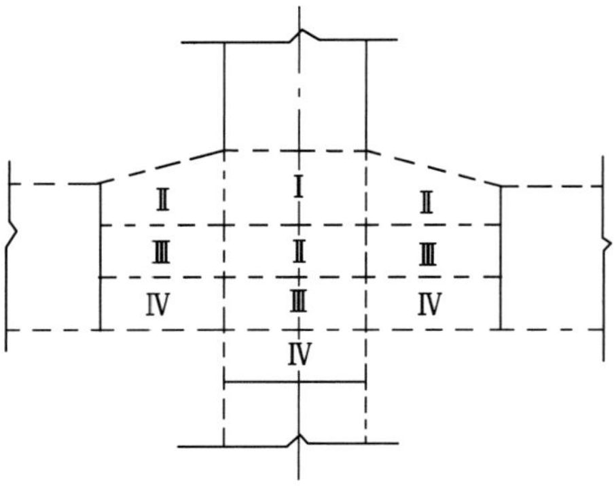

Ⅰ～Ⅳ—马头门施工顺序号。

图 8-5 马头门与井筒同时施工法(下行分层施工法)

8.2 箕斗装载硐室设计与施工

箕斗装载硐室是矿井原煤提升系统中的关键工程,断面大,结构复杂,施工中有大量的预留孔和预埋件,工程质量要求高,施工技术难度大,是整个矿井建设中的重要工程内容之一,需要科学组织,精心施工。

根据箕斗装载硐室与井筒施工的先后关系,箕斗装载硐室的施工方法分为:与井筒顺序施工、与井筒同时施工以及与主井井口永久建筑平行施工三类。

(1) 箕斗装载硐室与井筒顺序施工

这一方案总的施工顺序是先将井筒施工到底,再开始箕斗装载硐室的施工。当井筒掘砌到硐室位置时,除硐口范围预留外,其他井筒部分全部砌筑。根据围岩情况,预留出的硐口部位暂时用喷混凝土或锚喷作为临时支护,待井筒掘砌到设计深度后,再返回上来,采用自上向下分层方法施工箕斗装载硐室,以凿井吊盘作为掘砌工作台,将硐室掘出的矸石全部放入井底,硐室完工后再集中排矸。

兖州矿区东滩煤矿,主井净直径 7 m、井深 786.5 m,井内安装两对 16 t 箕斗。箕斗装载硐室位于井底车场水平以下,呈双面对称布置,硐室全高 19.96 m、宽 6.5 m、深 6.45 m,分上、中、下 3 室,硐室掘进最大横断面面积 133 m^2,最大纵断面面积 135.7 m^2(图 8-6)。

与井筒顺序施工时,第一阶段采用全断面深孔爆破,自井底车场水平向下掘进,施工井筒到底,一次支护为挂网喷射混凝土,二次支护由下向上浇筑混凝土井壁,预留出箕斗装载硐室硐口;第二阶段施工箕斗装载硐室,先掘后砌。硐室掘进自上向下分层进行,先掘出拱顶,用锚喷进行一次支护,然后逐层下掘,待整个硐室掘出后,再自下向上连续浇筑硐室的钢筋混凝土,并与井筒的井壁部分相接。为加快速度,硐室掘出的矸石,暂放入井底,待以后集中出矸;砌筑时,布筋、立模与混凝土浇筑,南北两侧硐室交替进行。

硐室全高施工时自上向下分成 12 段。拱部及拱基线上 0.4 m 为第Ⅰ段,段高 4.05 m;以下每 1.5 m 为一段高(图 8-6)。硐室开挖由上向下逐段进行,光面爆破,一次同时起爆。待硐室全部掘出后,最后由下向上一次连续地完成下室、中室、上室的墙、拱以及中间隔板的钢筋混凝土浇筑工作。混凝土浇筑由里向外进行,井内利用吊桶下混凝土料。

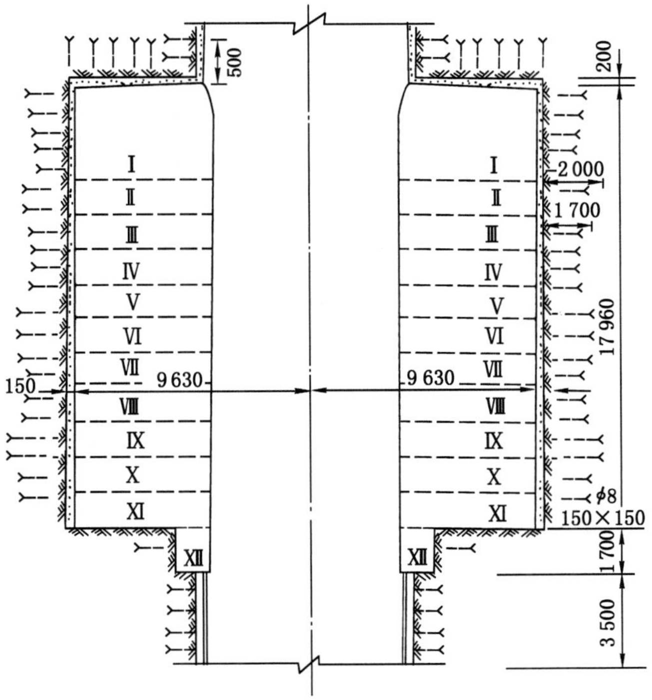

图 8-6　东滩煤矿主井箕斗装载硐室下行分段开挖和临时支护图(单位:mm)

该主井箕斗装载硐室掘进总体积为 1 332.3 m^3,砌筑总体积为 619.8 m^3,钢筋及预埋件共耗用钢筋 53.1 t,硐室施工工期为 110 d。

该顺序施工方案的优点是可以部分利用凿井设备(如提绞设备、吊盘等)。但是高空作业,安全性差;矸石全部落入井底,给后期清底增加困难,而且延长了井筒施工期。

(2) 箕斗装载硐室与井筒同时施工

当井筒掘至硐室上方 4～6 m 处时停止掘进,并将上段井壁砌好,再继续下掘井筒至硐室位置。若围岩比较稳定,则井筒工作面与硐室工作面错开一茬炮的高度(1.5～2.0 m),见图 8-7(a),同时自上而下分层施工,并保持井筒工作面始终超前。若围岩稳定性差,硐室各分层可与井筒交替施工,见图 8-7(b)。硐室爆破产生的矸石可扒放到井筒中装提出井。随掘随采并用锚喷或锚喷网进行一次支护,及时封闭裸露的硐室顶帮和井帮。在锚喷支护的保护下,逐层下掘,待整个硐室全部掘完后,再进行二次支护,由下向上绑扎钢筋、立模板,先墙后拱连同井壁连续整体浇筑。硐室底板在墙、拱筑好后再浇筑。硐室施工完成后,再继续向下开凿井筒。

这种同时施工方法具有可充分利用凿井设备进行硐室施工,效率高、进度快、安全性好和硐室施工前的准备工作较少等优点;但是硐室施工占用了井筒工期,拖延了井筒到底的时间。

淮北矿区临涣煤矿设计年产量为 180 万 t,主井净直径为 6.5 m,井内安装 3 个 12 t 箕斗,南硐室为单箕斗,北硐室为双箕斗,箕斗装载硐室断面为马蹄形,两硐室分别连接一条带式输送机巷(图 8-8)。北硐室和南硐室最大掘进断面分别为 150.7 m^2 和 103.98 m^2。箕斗装载硐室横硐室的拱部掘进先由两侧的带式输送机巷以导硐(2 m×2 m)与主井井筒贯

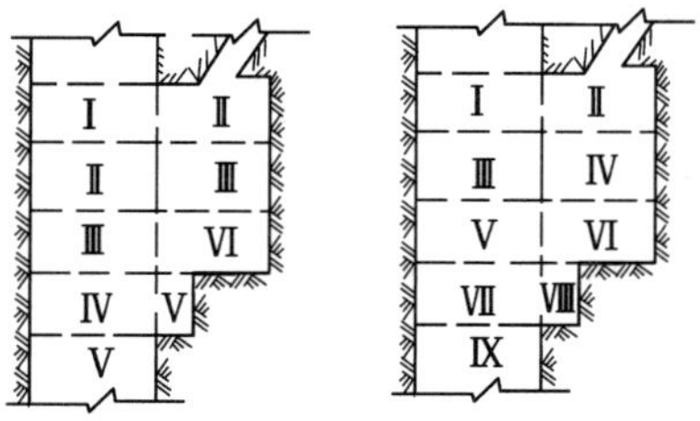

图 8-7 装载硐室与井筒同时施工示意图

通，然后从硐室后墙向井筒方向刷大至拱顶(图 8-9)。采用喷-锚-网-架联合支护型式，边掘边进行硐室外层的一次支护。由于硐室跨度大，拱部增架金属槽钢支架，南北硐室各布置12 架，最后复喷混凝土到设计厚度，及时有效地控制了硐室顶板的围岩。对硐室墙体的外层支护根据围岩情况也挂了少量的金属网。该矿箕斗装载硐室掘进总工程量为 2 124 m^3，砌筑总工程量为 1 104 m^3，实际施工期 110 d，取得了快速、安全、高质量的施工效果。

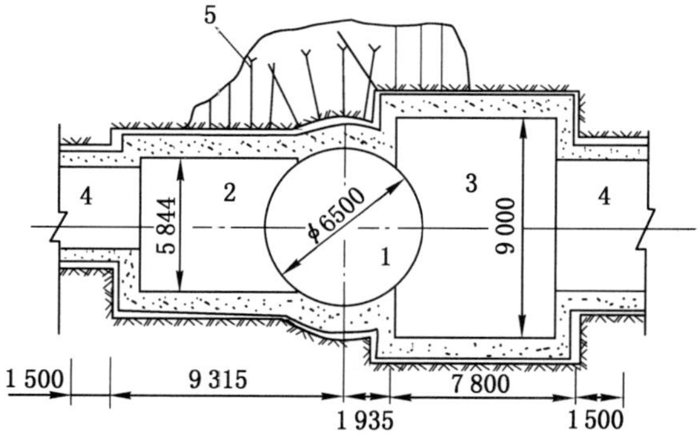

1—井筒；2,3—南、北箕斗装载硐室；4—带式输送机巷；5—锚杆。

图 8-8 临涣主井箕斗装载硐室平面图

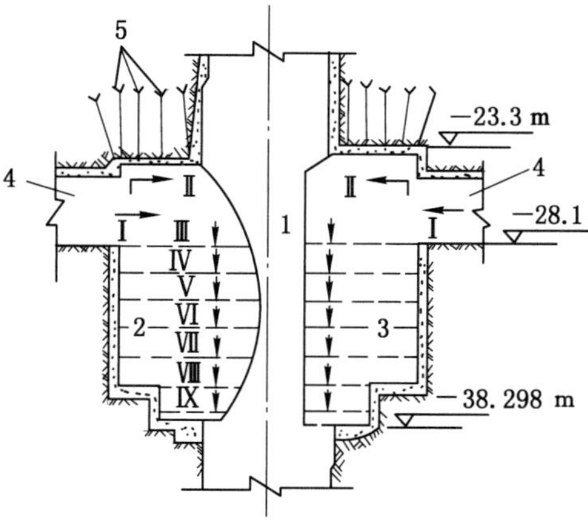

1—井筒；2,3—南、北箕斗装载硐室；4—带式输送机巷；5—锚杆。

图 8-9 临涣煤矿主井箕斗装载硐室掘进顺序图

(3) 箕斗装载硐室与主井井口永久建筑平行施工

为了使箕斗装载硐室的施工不占用井筒工期从而有效地缩短建井总工期，待主井井筒掘砌到设计深度后，暂不施工箕斗装载硐室，而在主井井塔工程施工的同时施工箕斗装载硐室，即箕斗装载硐室与主井井口永久建筑平行施工。

采用平行法施工时，通常在主井井筒到底后立即组织主井和副井短路贯通，并暂将主井井筒的提升设施由吊桶改装成临时罐笼，以利担负井底车场施工的提升任务。待副井井筒永久提升设备开始运转以后，随之拆除主井的临时罐笼，再开始箕斗装载硐室的施工。这时施工箕斗装载硐室，主井井筒的凿井设备大部分已经拆除，因此需要在井底车场或辅助水平的井筒通道处重新布置施工硐室用的提绞设备，并要在井筒中重新安置保护盘、封口盘、吊盘和天轮平台。因此，硐室施工前期的准备工作量比较大，同时由于属高空作业，必须采取防坠等安全措施。

采用平行施工方案时，各辅助生产系统要重新布置和考虑，所以准备工作量较大。但其最大的优点是施工不占用建井工期。

8.3 交岔点施工方法

交岔点施工方法，与巷道的施工方法基本相同，应推广使用光面爆破、锚喷支护。在条件允许时，应尽量做到一次成巷。有时，在井底车场施工中为了服从总的施工组织安排，加速连锁工程的施工，当岩石条件较好时，可以允许先掘其中一条巷道，然后在前面巷道掘进的同时，进行交岔点的刷大与支护，不过此时的扩大与支护工作应不影响前面巷道的施工，并要保证连锁工程的连续快速施工。

施工中应根据交岔点穿过岩层的地质条件、断面大小、支护形式、开始掘进的方向和施工期间工作面的运输条件，选用不同的施工方法。

(1) 稳定围岩交岔点的施工

如果交岔点所处地层围岩稳定，则可采用一次成巷的施工方法，随掘随支，或掘后一次支护，其施工顺序如图 8-10 所示。按图中Ⅰ、Ⅱ、Ⅲ的顺序全断面掘进，锚杆按设计要求一次锚完，并喷以适当厚度的混凝土及时封闭顶板；若围岩易风化，可先喷混凝土后打顶板锚杆，最后安设牛鼻子和两帮处的锚杆，并复喷混凝土至设计厚度。

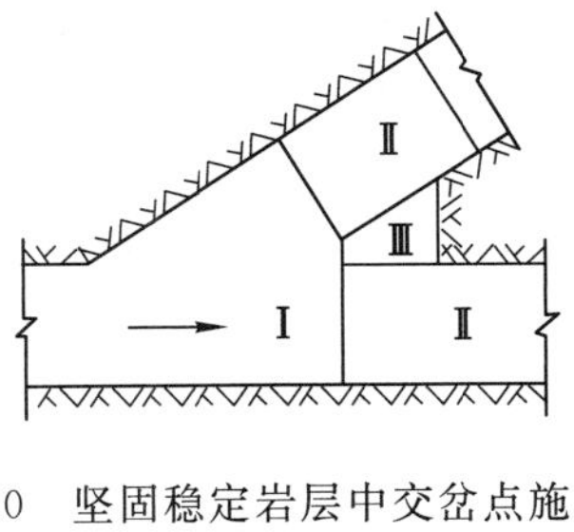

图 8-10 坚固稳定岩层中交岔点施工顺序

(2) 中等稳定岩层中交岔点的施工

如果围岩中等稳定，交岔点变断面部分起始段仍可采用一次成巷施工，而在断面较大处，可用小断面向两支巷掘进，并将边墙先行锚喷，余下周边喷上一层厚 30～50 mm 的混凝土作为临时支护，这样可使顶板一次暴露面积较小，有利于保持围岩稳定，在通过小断面后，再回过头来分段刷帮、挑顶和支护。

(3) 稳定性较差岩层中交岔点的施工

在稳定性较差的岩层中施工交岔点时，可采取先掘砌好柱墩、再刷砌扩大断面的方法，根据施工顺序的不同有正向掘进和反向掘进两种施工方法，如图 8-2 所示。

正向掘进时[图 8-11(a)]，按图示 1、2、3、4、5 的顺序施工，即先将主巷掘通，同时将交岔点一侧边墙砌好，接着以小断面横向掘出岔口，并向支巷掘进 2 m，将柱墩及巷口 2 m 处的拱、墙砌好，然后回过头来刷砌扩大断面，做好收尾工作。

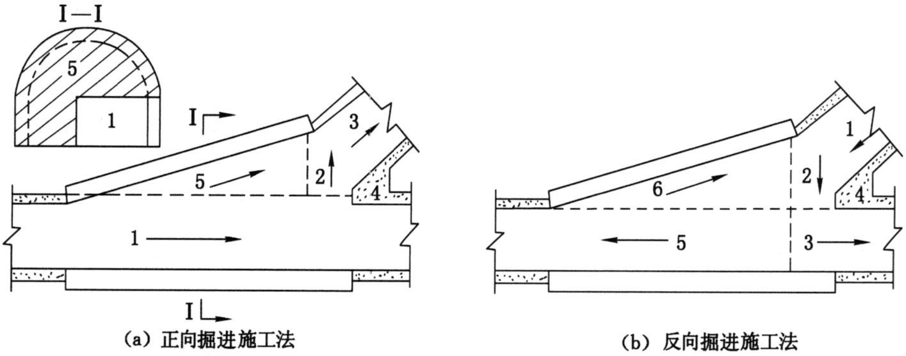

图 8-11　先掘砌柱墩再刷砌扩大断面的施工方法示意图

反向掘进时[图 8-11(b)]，先由支巷掘至岔口，接着以小断面横向与主巷贯通，并将主巷掘过岔口 2 m，同时将柱墩及两巷口的 2 m 拱、墙砌好，随后向主巷方向掘进，过斜墙起点 2 m 后，将边墙及此 2 m 巷道拱、墙交岔点砌好，然后反过来向柱墩方向刷砌，做好收尾工作。

(4) 稳定性差的松软岩层中交岔点的施工

在稳定性差的松软岩层中掘进交岔点时，不允许一次暴露的面积过大，可采用导硐施工法。根据导硐掘进方向的不同，有正向掘进施工和反向掘进施工两种方法，如图 8-12 所示。

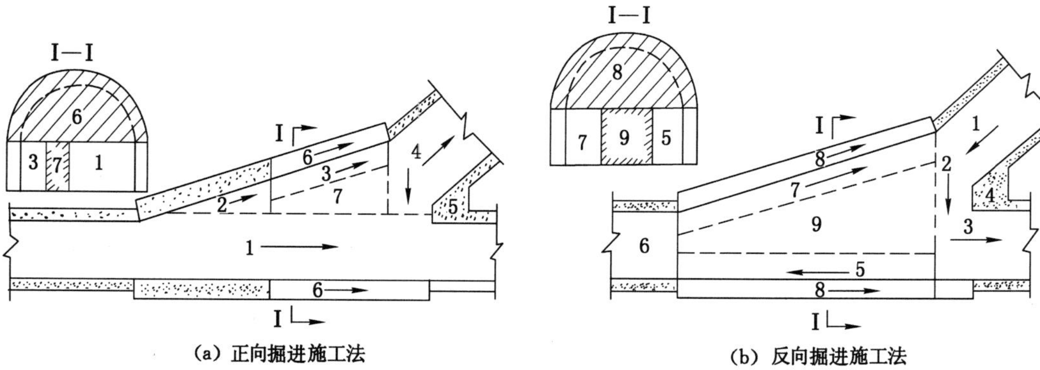

图 8-12　交岔点导硐法施工顺序

导硐施工方法与上述方法基本相同，先以小断面导硐将交岔点各巷口、柱墩、边墙掘砌好后，从主巷向岔口方向挑顶砌拱。为了加快施工速度，缩短围岩暴露时间，可将中间岩柱暂时留下，待交岔点刷砌好后，用放小炮的方法把它除掉。

在交岔点施工实践中，应根据围岩的稳定程度、断面大小、掘进方向以及施工设备和技术条件等具体情况，在保证施工安全的条件下，选择合理的施工方法。

8.4　井底车场结构与硐室施工

8.4.1　井底车场的结构

由于矿井开拓方式不同，井底车场可分为立井井底车场和斜井井底车场两大类。因其车场结构基本相同，本节只讨论立井井底车场。

图 8-13 为我国年产 0.6～1.2 Mt 矿井常用的环形刀式井底车场立体示意图；图 8-14 为年产 3.0 Mt 的兖州鲍店煤矿上仓立井井底车场立体示意图，其煤炭运输采用带式输送机。从这两幅图中可以看出，井底车场由主要运输线路、辅助线路、各种硐室等部分组成。

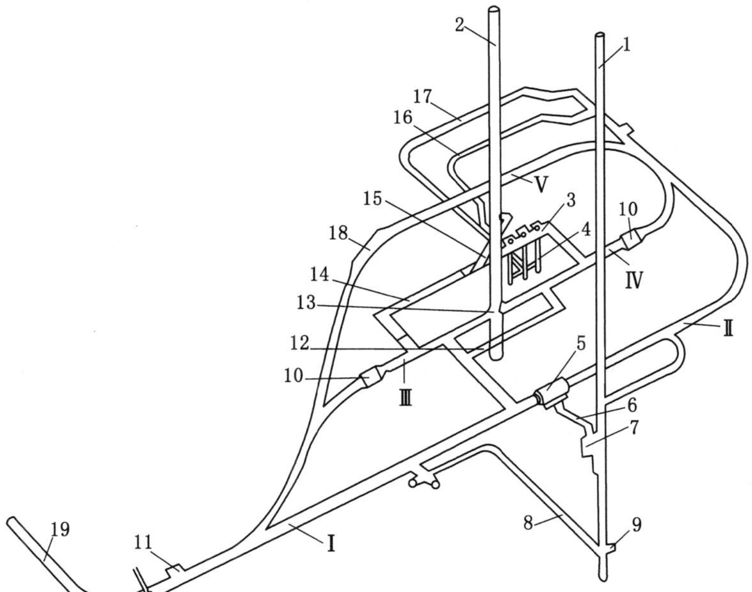

1—主井；2—副井；3—主排水泵硐室；4—吸水小井；5—罐笼硐室；6—斜煤仓；7—箕斗装载硐室；8—清理撒煤斜巷；9—主井井底水窝泵房；10—防火门硐室；11—调度室；12—等候室；13—马头门；14—主变电所；15—管子道；16—内水仓；17—外水仓；18—机车库及修理间；19—主要运输大巷。

Ⅰ—主井重车线；Ⅱ—主井空车线；Ⅲ—副井重车线；Ⅳ—副井空车线；Ⅴ—绕道。

图 8-13　环行刀式立井井底车场立体示意图

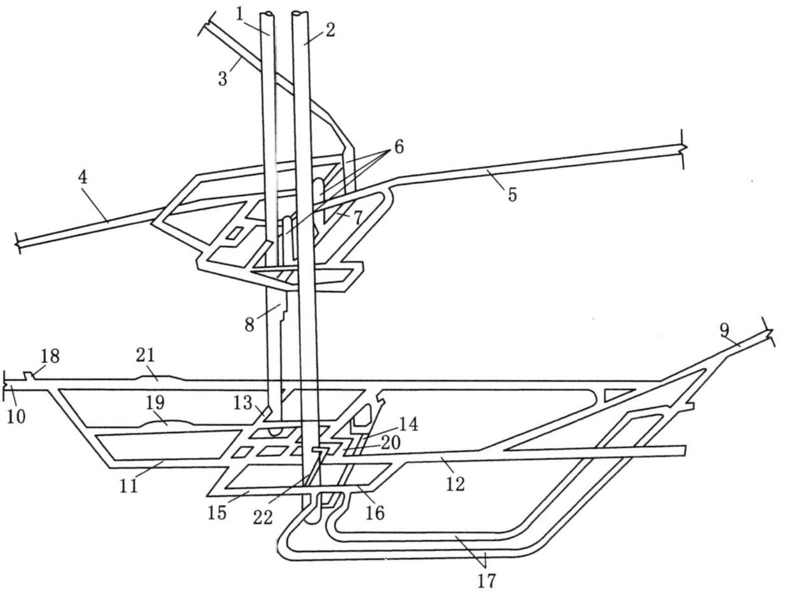

1—主井；2—副井；3，4，5—带式输送机巷；6—圆筒煤仓；7—给煤带式输送机巷；
8—箕斗装载硐室；9，10—轨道运输大巷；11—副井重车线；12—副井空车线；
13—主井井底清理撒煤硐室；14—副井清理斜巷；15—主变电所；16—主排水泵硐室；
17—水仓；18—调度室；19—机车修理间；20—等候室；21—消防材料库；22—管子道。

图 8-14　带式输送机上仓立井井底车场立体示意图

8.4.1.1　主要运输线路(巷道)

主要运输线路包括存车线巷道和行车线巷道两种。存车线巷道指存放空、重车辆的巷道，如主副井的空、重车线以及材料车线等。行车线巷道指调动空、重车辆运行的巷道，如连接主副井空、重车线的绕道，调车线，马头门线路等。

大型矿井的主井空、重车线长度各为1.5～2.0列车长；中小型矿井的主井空、重车线长度各为1.0～1.5列车长。副井空、重车线的长度，大型矿井各按1.0～1.5列车长，中小型矿井按0.5～1.0列车长。材料车线长度，大型矿井应能容纳10个以上材料车，一般为15～20个材料车；中小型矿井应能容纳5～10个材料车。调车线长度通常为1.0列车与电机车长度之和。

8.4.1.2　辅助线路(巷道)

辅助线路主要指通往各种硐室的巷道，如通往主排水泵硐室、水仓的通道，主井撒煤清理斜巷(或水平巷道)及通道，管子道，通往电机车修理库的支巷等。

8.4.1.3　硐室

为了满足生产技术、管理和安全等方面的需要，井底车场内须设置若干硐室。按它们在井底车场中所处的不同位置和用途可将其分为副井系统硐室、主井系统硐室以及其他硐室。

(1) 副井系统硐室

如图8-15所示，副井系统硐室主要包括：

① 马头门硐室。它位于副井井筒与井底车场巷道连接处，其规格主要取决于罐笼的类

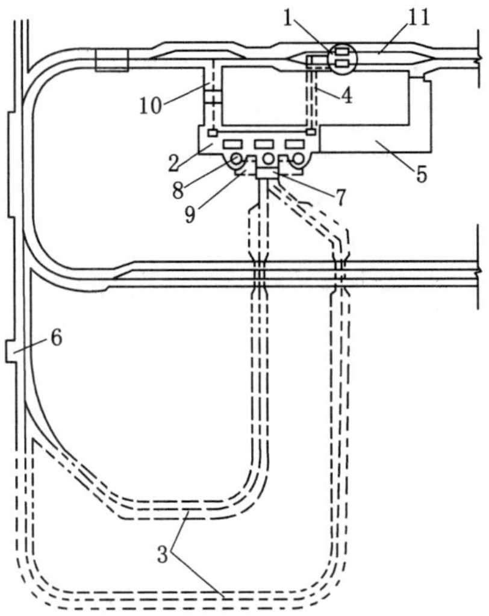

1—副井；2—主排水泵硐室；3—水仓；4—管子道；5—主变电所；6—清理水仓绞车硐室；
7—配水井；8—吸水井；9—配水巷；10—水泵房通道；11—副井马头门。

图 8-15　副井系统硐室

型、井筒直径以及下放材料的最大长度。其内安设摇台、推车机、阻车器等操车设备。材料、设备的上下，矸石的排出，人员的升降以及新鲜风流的进入都要通过马头门。

② 主排水泵硐室和主变电所(下文将重点叙述)。主排水泵硐室和主变电所通常联合布置在副井附近，将排水管引出井外、电缆引入井内均比较方便，且具有良好的通风条件，一旦有水灾可关闭密闭门，使变电所能继续供电，水泵房能照常排水。水泵房通过管子道与副井井筒相连，通过两侧通道与井底车场水平巷道相连，在其内分别安设水泵和变电整流及配电设备，负责全矿井井下排水和供电。

③ 水仓。水仓一般由两条独立的互不渗漏的巷道组成，其中一条清理时，另一条可正常使用。水仓入口一般位于在井底车场巷道标高最低点，末端与水泵房的吸水井相连。在其内铺设轨道或安设其他清理泥沙设备，用以储存矿井井下涌水和沉淀涌水中的泥沙。

④ 管子道。其位置一般设在水泵房与变电所连接处，倾角通常为 25°～30°，内安设排水管路，与副井井筒相连。

除以上硐室外，副井系统的硐室还包括等候室和工具室以及井底清理斜巷或井底水窝泵房等。

(2) 主井系统硐室

主井系统硐室主要有：

① 推车机、翻车机(或卸载机)硐室或带式输送机机头硐室。对于采用矿车运输的矿井，相关硐室位于主井空、重车线连接处，其内安设推车机和翻车机，可将固定式矿车中的煤卸入煤仓。对底卸式矿车而言，在卸载硐室内安设有支承托辊、卸载和复位曲轨、支承钢梁等卸载装置。对于采用带式输送机运输的矿井，带式输送机机头硐室位于带式输送机机巷尽头，直接卸煤于井底煤仓中。

② 井底煤仓。煤仓的作用是储存煤炭、调节提升与运输的关系。煤仓上接翻车机硐室

或卸载硐室，下连箕斗装载硐室。对于大型矿井井底煤仓，则通过给煤机巷间接与箕斗装载硐室相接。

③ 箕斗装载硐室。对采用矿车运输的矿井，箕斗装载硐室位于井底车场水平以下，上接煤仓下连主井井筒；当大巷采用带式输送机运输时，箕斗装载硐室可位于井底车场水平以上，这样可减小主井井筒的深度。其内安设箕斗装载（定容或定重）设备，将煤仓中的煤按规定的量装入箕斗。

另外箕斗装载硐室在下方通过倾斜巷道或清扫平巷与井底车场水平巷道相连，其内安设清理撒煤设备，可将箕斗在装卸和提升煤炭过程中撒落于井底的煤装入矿车或箕斗清理出来。当装载硐室位于井底车场水平以下时，在主井清理撒煤硐室以下还应设水窝泵房，其内安设水泵。

（3）主排水泵硐室

主排水泵硐室由泵房主体硐室、配水井、吸水井、配水巷、管子道及通道组成，其平面布置见图 8-16。主排水泵硐室和水仓构成了中央排水系统。主排水泵硐室按不同水泵吸水方式，又可分为卧式水泵吸入式、卧式水泵压入式以及潜水泵式三种。第一种应用最为广泛，第二种为少数金属矿和煤矿所采用，个别矿山采用第三种。现以卧式水泵吸入式中央泵房为例说明其设计方法。

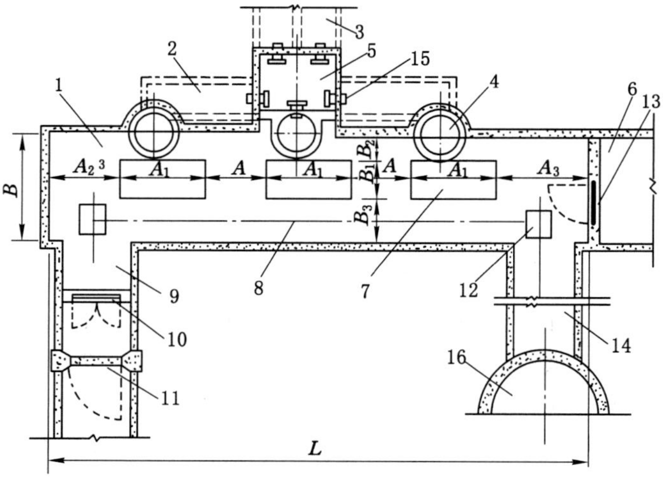

1—主体硐室；2—配水巷；3—水仓；4—吸水小井；5—配水井；6—主变电所；7—水泵和电动机；8—轨道；9—通道；10—栅栏门；11—密闭门；12—调车转盘；13—防火门；14—管子道；15—带闸门的溢水管；16—副井井筒。

图 8-16　卧式水泵吸入式主排水泵主体硐室平面布置

① 泵房的位置

为缩短电缆和管道线路，便于排水设备运输，提供良好的通风条件，以及有利于集中管理、维护和检修，水泵房在绝大多数情况下都设在井底车场副井附近的空车线一侧，并与主变电所组成联合硐室。泵房与相邻巷道的连接方式，应根据井筒位置、井底车场布置、围岩等条件具体确定。泵房通道与井底车场巷道的运输要通过道岔直接相连接[图 8-17(a)]，或设转盘相连[图 8-17(b)]。管子道与立井连接时，可布置在井筒出车侧[图 8-17(a)]，也可布置在井筒进车侧[图 8-17(b)]。

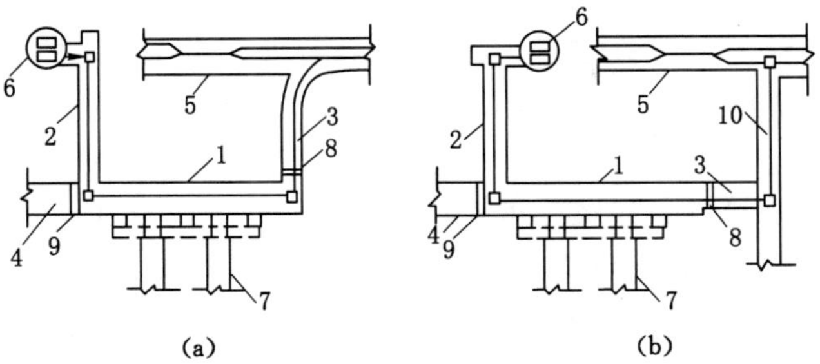

1—主排水泵房；2—管子道；3—通道；4—主变电所；5—车场巷道；
6—副井井筒；7—水仓；8—密闭门；9—防火门；10—井底车场联络巷道。

图 8-17 主排水泵房与相邻巷道连接方式

② 配水井、配水巷和吸水井的布置

配水井、配水巷和吸水井构成配水系统，三者关系见图 8-18。

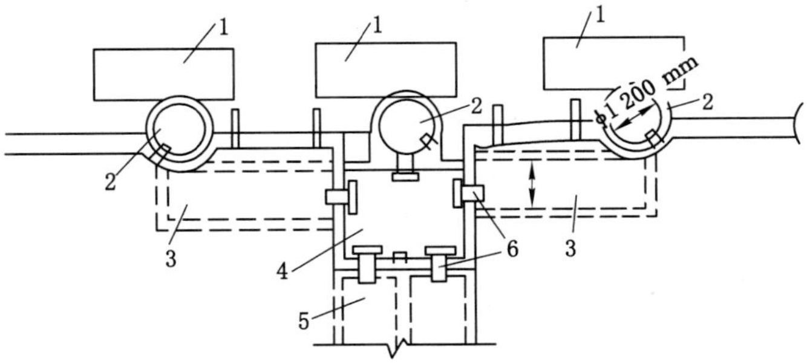

1—水泵及电动机；2—吸水井；3—配水巷；4—配水井；5—水仓；6—带闸阀的溢水管。

图 8-18 配水系统布置图

配水井位于泵房主体硐室吸水井一侧，一般布置在中间水泵位置，与中间吸水井通过溢水管直接相连。根据配水井上部硐室应安设配水闸阀的要求，对于一般配水井的尺寸，平行配水巷方向长度为 2.5～3.0 m，垂直配水巷方向宽度为 2.0～2.5 m，深度为 5～6 m。配水井井底底板标高应低于水仓底板标高 1.5 m。

配水巷位于吸水井一侧，通过溢水管与配水井和吸水井相通。为了便于施工和清理，配水巷断面为宽 1.0～1.2 m、高 1.8 m 的半圆拱形，其底板标高高于吸水井井底 1.5 m。

吸水井位于主体硐室靠近水仓一侧，断面为圆形，净径为 1.0～1.2 m，深 5～6 m。正常情况下每台水泵单独配一个吸水井。当每台水泵排水量小于 100 m^3/h 时，亦可两台水泵共用一个吸水井，但要保证两个吸水笼头之间距离不能小于吸水管直径的两倍。有时视围岩稳定情况和排水设备性能，可以不设配水井和配水巷，只设一个大的吸水井，中间隔开，每两台水泵共用 1 个吸水井。

③ 水仓

水仓由主仓和副仓(或称内仓与外仓)组成，两者之间的距离视围岩稳定程度确定，一般为 15～20 m。当一条水仓清理时，另一条水仓应能满足正常使用。水仓一般应布置在不受采动影响，且含水很少的井底车场稳定的底板岩体中。随着矿井设计模式的变化，水仓也可设在井底附近的煤层中,如兖州矿区济宁三号矿井水仓,做方格式布置,容量达 40 000 m^3。

一般情况下,水仓入口应设在井底车场巷道标高的最低点,即副井空车线的终点[图 8-19(a)]。当矿井涌水量大或采用水砂充填的矿井,水仓入口可布置在石门或运输大巷的进口处。两条水仓入口可布置在同一地点[图 8-19(b)],亦可布置在两个不同的地点[图 8-19(c)],这可使采区来的涌水在井底车场外进入水仓,井底车场内的涌水就需要经过泄水孔流入水仓。但由于车场中各巷道的坡度方向不同,车场绕道处的水沟坡度与巷道的坡度要相反(即反坡水沟),以便将车场巷道标高最低点处之积水导入泄水孔进入水仓。为保证一个水仓进行清理时,其一翼的来水能引入另一水仓,在泄水孔处的一段水沟应设转动挡板[图 8-19(d)]。由于水仓的清理为人工清仓、矿车运输,水仓与车场巷道之间需设一段斜巷,它既是清理斜巷又是水仓的一部分。

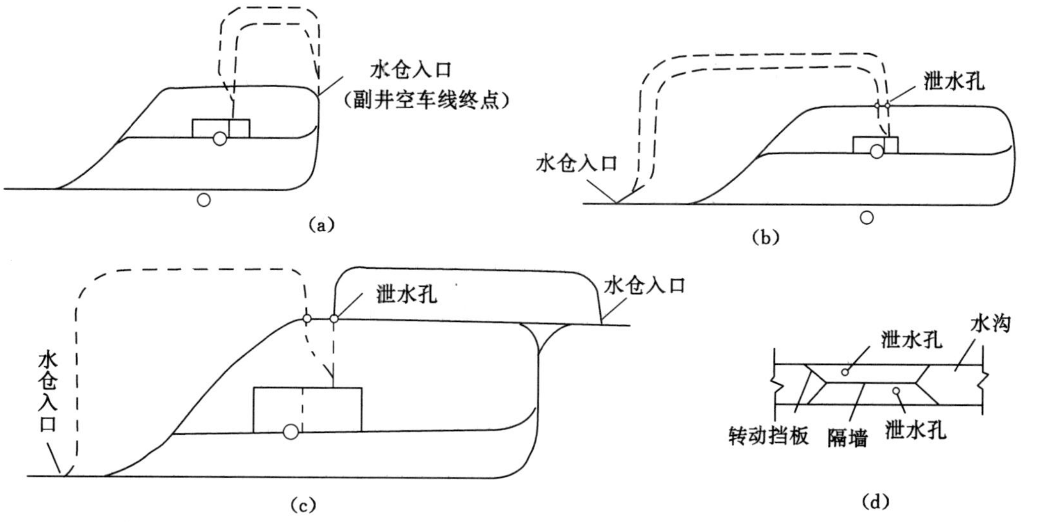

图 8-19 水仓的布置形式

水仓的容量根据《煤矿安全规程》有关规定按以下情况分别确定,当矿井正常涌水量小于或等于 1 000 m^3/h 时,水仓有效容量按下式计算:

$$Q=8Q_0 \tag{8-4}$$

式中 Q——水仓的有效容量,m^3;

Q_0——矿井正常涌水量,m^3/h。

当矿井正常涌水量大于 1 000 m^3/h 时,水仓有效容量按下式计算:

$$Q=2(Q_0+3\ 000)>4Q_0 \tag{8-5}$$

式中符号意义同前。此时水仓容量按 4 h 正常涌水量计算而不是 8 h 计算。这是因为淹井事故的发生不是因水仓容积小而造成的;当 $Q_0>1\ 000\ m^3/h$ 时,若按 $8Q_0$ 计算,则 Q 太大,水仓工程量太大,保安煤柱要求过大,很不合理。

水仓的长度和水仓断面积当其容量一定时是相互制约的。为利于澄清水中泥沙和杂物,水仓中水的流速一般为 0.003~0.007 m/s。

④ 主体泵房的设备布置

水泵:主排水泵硐室的主体硐室中,水泵一般沿硐室呈纵向单排布置,以减小硐室的跨度，有利于施工和维护。当水泵数量很多，围岩又坚固稳定时，水泵亦可双排布置。

排水管：根据矿井正常涌水量和最大涌水量，选择排水管的直径和敷设趟数。一般情况下要设置 2～3 趟，其中一趟作为备用。排水管的铺设采用由 10～14 号槽钢或工字钢制成的托管架，将其装设于距硐室地坪 2.1～2.5 m 高处的硐室壁上。

电缆与电气设备：电缆的敷设有沿墙悬挂和设电缆沟两种方式。前者使用与检修方便，但长度增加，故采用电缆沟敷设较多。电缆沟尺寸按敷设电缆的数量确定。

起吊和运输设备：为便于安装、检修水泵，敷设管线时，在每组水泵和电机中心处预埋两根 18～33 号工字钢作为起吊横梁，横梁高度为 2.4～3.4 m，距拱顶 0.9～1.2 m。硐室中靠近管子道的一侧铺设轮轨，在管子道和通道衔接处设转盘，从而完成设备运输的垂直转向。

⑤ 主体硐室尺寸的确定

如图 8-20 所示，硐室的长度可由下式确定：

$$L = nl_1 + l_2(n-1) + l_3 + l_4 \tag{8-6}$$

式中　L——主体硐室的长度，m；

n——水泵台数，根据其正常涌水量和最大涌水量选用，应考虑工作、备用和检修台数；

l_1——水泵及其电机的基础长度，m；

l_2——相邻两台水泵（含电机基础）之间的距离，一般为 1.5～2.0 m；

l_3，l_4——为硐室端头两侧的基础距硐室端墙或门之间的距离，一般为 2.5～3.0 m。

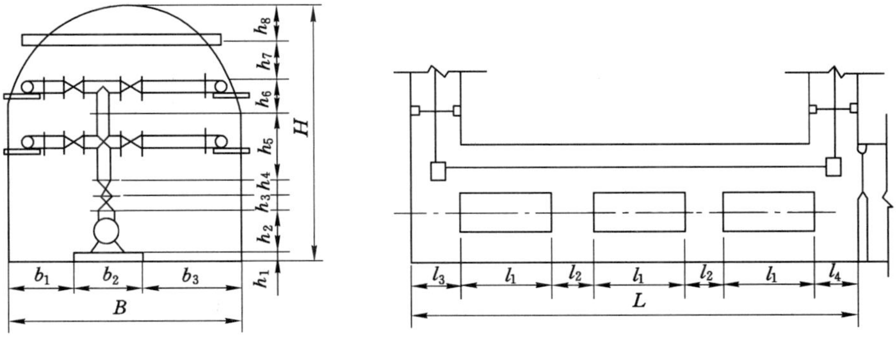

图 8-20　主体硐室尺寸确定

硐室宽度可由下式确定：

$$B = b_1 + b_2 + b_3 \tag{8-7}$$

式中　B——主体硐室的宽度，m；

b_1——吸水井一侧，水泵基础至硐室墙之间的检修距离，一般为 0.8～1.2 m；

b_2——水泵及其电机基础宽度，m；

b_3——铺设轨道一侧，水泵基础至硐室墙的距离，一般取 1.5～2.2 m。

硐室的高度可由下式确定：

$$H = h_1 + h_2 + h_3 + h_4 + h_5 + h_6 + h_7 + h_8 \tag{8-8}$$

式中　H——主体硐室高度，m；

h_1——水泵基础顶面至硐室地面距离，一般为 0.1～0.2 m；

h_2——水泵的高度,m;

h_3——闸板阀的高度,m;

h_4——逆止阀的高度,m;

h_5——四通接头高度,m;

h_6——三通接头高度,m;

h_7——三通接头至起重梁距离,一般大于 0.5 m;

h_8——起重梁到拱顶的距离,一般为 0.9~1.2 m。

根据经验,设备的基础一般埋入底板 0.8~1.2 m,高出地表 0.1~0.2 m。

⑥ 主体硐室的断面形状及支护

主体硐室的断面形状可根据岩性和地压大小确定,一般情况下采取直墙半圆拱断面。主体硐室内应浇筑 100 mm 厚混凝土地面,并高出通道与井底车场连接处车场底板 0.5 m。主体硐室多用现浇混凝土支护,并做好防渗漏工作。当围岩坚固无淋水时,亦可采用光爆、锚网喷支护。

⑦ 管子道与泵房通道设计

管子道平面和剖面见图 8-21。管子道与井筒连接处底板标高应高出硐室地面标高 7 m 以上,其倾角一般为 30°左右。管子道与井筒连接处应设一段 3 m 左右的平台,出口对准一个罐笼,以便装卸设备、上下人员方便。管子道应设置人行台阶、托管支架和电缆支架,以利检修。

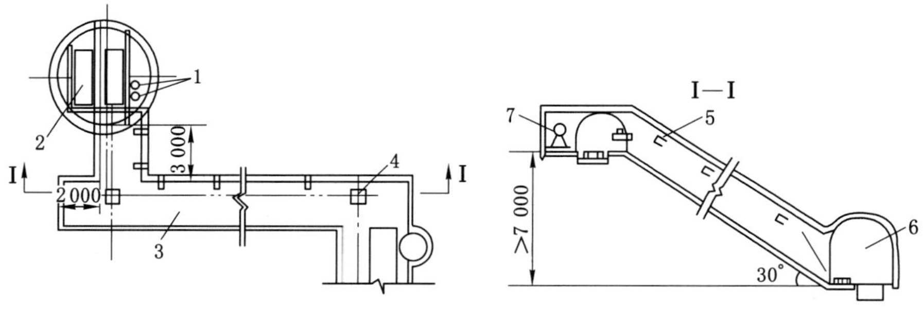

1—排水管;2—罐笼;3—管子道;4—转盘;5—支管架;6—泵房主体硐室;7—提运设备绞车。

图 8-21 管子道平面和剖面(单位:mm)

泵房通道是主体硐室与井底车场的连接通道,断面形状可采用半圆拱,其尺寸应根据通过的最大设备外形尺寸来确定。从通道进、出口起 5 m 内,巷道要用非燃性材料支护,并装有向外开的防火铁门;防火铁门全部敞开时,不得妨碍巷道交通;防火铁门上要装有便于关严的通风孔,以便必要时隔绝通风;防火铁门内加设向外开的不妨碍铁门开闭的铁栅栏门。泵房与变电所之间应设防火铁门,墙上设电缆套管,该防火铁门结构与通道上的密闭防火铁门相似。

(4) 井下主变电所

井下主变电所是井下总配电站,由地面经井筒引入的高压电流经过配电、变电和整流可为井下提供动力和照明。

井下主排水泵是主要用电设备,为了节省电缆和一旦矿井发生突发事故仍能延缓其断电时间,主变电所和主排水泵硐室通常建成联合硐室,设置于副井井筒附近。

主变电所由配电室(兼整流)、变电器室和通道组成。其设计特点有:

变电所的布置形式与尺寸，主要根据所选用的变电器、高低压开关柜、整流及直流配电柜等设备配置的数量、外形轮廓尺寸、维修要求以及行人安全间隙等因素确定。为节省工程量，在不妨碍通道内各种安全设施布置的前提下，常采用"L"形布置。

通道内以及变电所与水泵房之间应设置容易关闭的既能防水又能防火的密闭门。

变电所的地坪标高应高出通道与井底车场连接处轨面标高 0.5 m。一般变电所的地坪标高还应高于水泵房的地坪标高 0.3 m。

地面变电所的高压电缆通常是自副井井筒经管子道引入变电所的，所以不需要再设置专门的电缆通道。在配电室内设电缆沟，电缆悬挂或架于电缆沟中的托架上。

变电所与主排水泵硐室常联合建造，对于大型水泵房，由于电机发热量较大，有时会使两个硐室的室温超过 30 ℃，所以要创造良好的通风条件，采取专门的降温措施，使硐室本身的温度差不超过 10 ℃。

变电所的断面形状和支护与联合建造的主排水泵硐室的断面形状和支护是一致的。

此外，在井底车场范围内，有时还设有乘人车场、消防列车库、防水闸门等。爆炸材料库和爆炸材料发放硐室一般设在井底车场范围之外适宜的地方。

（5）其他硐室

① 调度室：位于井底车场进车线的入口处。其内安设电信、电气设备，用以指挥井下车辆的调运工作。

② 电机车库及电机车修理间硐室：位于车场内便于进出车和通风方便的地点。其内安设检修设备、变流设备、充电设备（蓄电池机车），供井下电机车的停放、维修以及蓄电池机车充电使用。

③ 防火门硐室：多布置在副井空、重车线上离马头门不远的单轨巷道内。其内安设两道便于关闭的铁门或包有铁皮的木门，一旦井下或井口发生火灾，可用来隔断风流，防止事故扩大。

8.4.2　大断面硐室特点

随着我国煤矿井巷施工技术的发展，经过不断总结与改革，逐步形成了具有煤矿特色的一套先进的硐室施工方法。硐室施工技术的改革主要表现在以下几个方面：

（1）在硐室工程中成功地应用了光爆锚喷技术。光面爆破使硐室断面成形规整，减轻了对围岩的震动破坏，有利于提高围岩的稳定性，从而为锚喷支护创造了有利的条件；锚喷支护能及时地封闭和加固围岩，缩短硐室围岩的暴露时间，并且锚喷支护本身刚度适宜，具有一定可缩性，它既允许围岩产生一定量的变形移动以发挥围岩自身承载能力，同时又能有效地限制围岩发生过大的变形。因此，光爆锚喷技术可以综合有效地提高围岩稳定性和施工作业的安全性，大大地减少硐室施工的难度。

（2）锚喷技术在硐室工程中的应用，促进了硐室施工方法的简化。用自上向下分层施工法逐步取代了自下向上分层施工法，全断面施工逐步取代了导硐法施工。下行分层施工和全断面施工法具有步骤简单、效率高、进度快、安全和质量容易保证，使硐室工程的施工工期大为缩短。

（3）硐室支护多采用锚-喷-网-砌复合支护型式和二次支护技术，即先进行一次支护，再进行二次支护。大型或特大型硐室施工时，拱部、墙部可适当增加锚索，以提高硐室施工的安全性。一次支护选用具有一定可缩性的锚喷网支护型式，既起到临时支护的作用，其本身又是永久支护的组成部分，待硐室全部掘出以后，再在一次支护的基础上进行二次支护；二次支护现多选用刚性较大的混凝土或钢筋混凝土整体浇筑，也可用锚喷网支护。复合支护型式和二次支护技术具有先柔后刚的特性，能较好地适应开硐后围岩压力变化规律，是硐室支护工程中的重大革新和突破，它不仅保证了施工的安全，而且由于施工连续，整体性好，改善了工程的支护质量。

(4) 采用了先进的设备和工艺，提高了硐室施工的机械化水平。如使用反井钻机钻扩井下圆筒式煤仓，立井砌壁中用液压滑升模板过马头门和箕斗装载硐室等，改善了作业环境，减轻了劳动强度，加快了工程进度，提高了工程质量。

井底车场内的各种硐室由于用途不同，其结构、形状和规格相差很大。与巷道相比，这类硐室具有以下特点：

(1) 硐室的断面大、长度小，进出口通道狭窄，服务年限长，工程质量要求高，一般要求具有防水、防潮、防火等性能。

(2) 硐室周围井巷工程较多，一个硐室常与其他硐室或井巷相连，因而硐室围岩的受力情况比较复杂，难以准确分析，硐室支护较为困难。

(3) 多数硐室安设有各种不同的机电设备，故硐室内需要浇筑设备基础、预留管缆沟槽以及安设起重梁等。

硐室围岩稳定性基本取决于自然因素(围岩应力、岩体结构、岩石强度、地下水等)和人为因素(设计位置、断面形状、尺寸、支护型式、施工方法等)。在设计和施工时，均应综合考虑这些因素对硐室围岩稳定性的影响。必须明确，硐室围岩的稳定性与硐室施工方法有关，选择硐室密集区域的硐室施工方法时，应合理安排硐室的施工顺序并根据围岩的稳定性分析、判断允许岩石暴露的面积和时间，以选择合理的掘进方法。

在确定硐室施工方法前应做好硐室围岩的工程地质和水文地质勘测工作，以便对围岩的稳定性做出评价，并以此为基础正确地选择硐室的掘进方法和支护型式与参数。

8.4.3 大断面硐室施工方法

硐室施工方法的选择，主要取决于硐室断面大小和围岩的稳定性。而围岩的稳定性不仅与硐室围岩的工程地质和水文地质条件等自然因素有关，而且与硐室的断面形状、施工方法以及支护型式等人为因素有关。根据硐室断面大小和围岩的稳定状况，我国煤矿井下硐室施工方法可分为三类：全断面施工法、分层施工法和导硐施工法。

(1) 全断面施工法

全断面施工法是按硐室的设计掘进断面一次将硐室掘出，与巷道施工方法基本相同。有时因硐室高度较高，打顶部炮眼比较困难，全断面可实行多次打眼和爆破，即先在硐室断面的下部打眼爆破，暂不出矸，站在矸石堆上再打硐室断面上部的炮眼，爆破后清除部分矸石，随之进行临时支护，然后清除全部矸石并支护两帮，从而完成一个掘进循环。

全断面施工法一般适用于围岩稳定、断面高度不很大(小于 5 m)的硐室。由于全断面施工的工作空间宽敞，施工机械设备展得开，故具有施工效率高、速度快、成本低等特点。

(2) 分层施工方法

分层施工方法是将硐室沿其高度分为几个分层，采用自上向下或自下向上的顺序进行分层施工，有利于正常的施工操作。根据施工条件，可以采用逐个分层掘进，随之进行临时支护，待各个分层全部掘完之后，再由下而上一次连续整体地完成硐室的永久支护；也可以采用掘砌完一个分层，再掘砌下一个分层；还可以将硐室各分层前后分段同时施工，使硐室断面形成台阶式工作面。上分层超前的称正台阶工作面，下分层超前的称倒台阶工作面。

① 正台阶工作面(下行分层)施工法

按照硐室的高度，整个断面可分为 2～3 个或 3 个以上分层，每分层的高度以 2.0～3.0 m 为宜；也可以按拱基线分为上下两个分层。上分层的超前距离一般为 2～3 m，该施工法示例如图 8-22 所示。

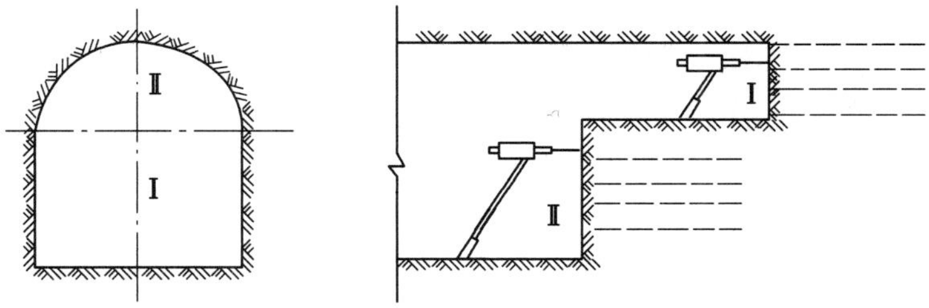

图 8-22　正台阶工作面施工法示例

如果硐室采用砌碹支护，在上分层掘进时应先用锚喷支护进行维护，砌碹工作可落后于下分层掘进面 1.5～3.0 m，下分层也随掘随砌，使墙紧跟迎头。整个拱部的后端与墙成一整体，所以是安全的。

采用这种施工方法应注意的问题是要合理确定上下分层的错距，距离太大，上分层出矸困难；距离太小，上分层钻眼困难。因此，上下分层工作面的距离以便于气腿式凿岩机正常工作为宜。图 8-23 所示为辽宁抚顺矿区龙凤煤矿水泵房正台阶工作面施工法。

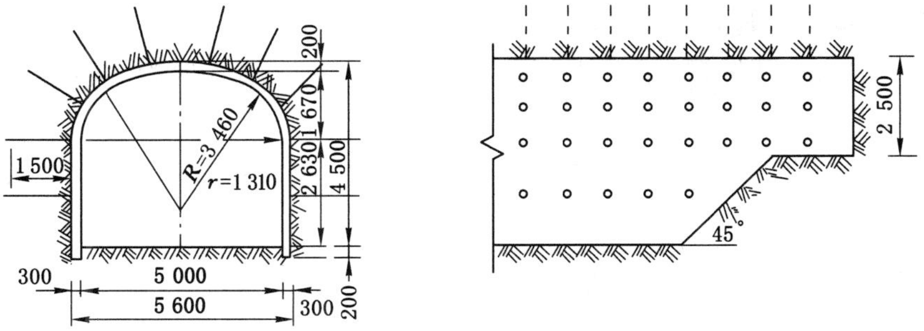

图 8-23　龙凤煤矿水泵房正台阶工作面施工法(单位：mm)

这种施工方法的优点是施工方便，有利于顶板维护，下台阶爆破效率较高。其缺点是使用铲斗装岩机时，上台阶要人工扒矸，劳动强度较大，上下台阶工序配合要求严格，否则易产生相互干扰。

② 倒台阶工作面(上行分层)施工法

如图 8-24 所示，下部工作面超前于上部工作面。施工时先开挖下分层，上分层的凿岩、装药、连线工作可借助临时台架。为了减少搭设台架的麻烦，下分层的掘进矸石先不要排出，以便上分层掘进时代替临时台架进行作业。

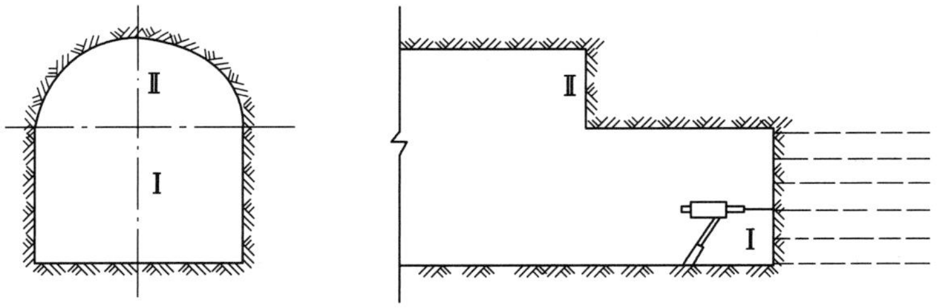

图 8-24　倒台阶工作面施工法

采用锚喷支护时，支护工作可以与上分层的开挖同时进行，随后再进行墙部的锚喷支护；采用混凝土支护时，下分层工作面Ⅰ超前 4～6 m，高度为设计的墙高，随着下分层的掘进先砌墙，Ⅱ分层边挑顶边砌筑拱顶。这种方法的优点是不必人力扒矸，爆破条件好，施工效率高，砌碹时拱和墙接茬质量好。其缺点是挑顶工作较困难，下分层需要架设临时支护，故不宜采用。

分层施工法一般适用于稳定或中等稳定的围岩中掘进断面面积较大的硐室。这种施工方法的空间宽度较大，工人作业方便，因此与导硐施工法相比，具有效率高、速度快、成本低等特点。

(3) 导硐施工法

导硐施工方法曾广泛用于围岩稳定性差、断面积特大的硐室。其施工特点是在硐室的某一部位先用小断面导硐掘进，然后再进行开帮、挑顶或挖底，将导硐逐步扩大至硐室的设计断面。根据导硐所在位置的不同，有中央下导硐施工法、顶部导硐施工法、两侧导硐施工法之分。某特大断面硐室导硐施工法的施工顺序如图 8-25 所示，该硐室断面为马蹄形，掘进断面面积为 147.6 m^2，划分为 7 个较小断面，分 5 次施工完成。该方法是先导硐后扩大，逐步分部施工的，能有效地减少围岩的暴露面积和时间，使硐室的顶、帮易于维护，施工安全得以保障。但该方法存在步骤多、效率低、速度慢、工期长、成本高等缺点。

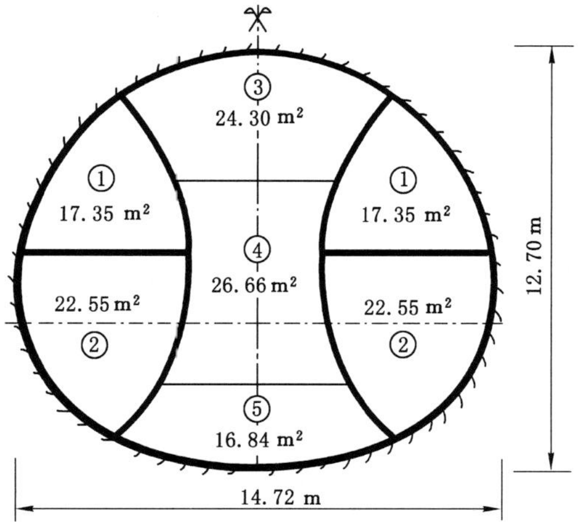

图 8-25　某特大断面硐室导硐施工法的施工顺序

为安全和施工方便起见，在矿井开拓设计中，应尽量避免将硐室布置在不稳定岩层中。若从多方面考虑和比较仍须布置在不稳定岩层中，那就应该采取可靠的技术措施，保证硐室施工安全和施工质量。

8.5　井底煤仓设计与施工

8.5.1　井底煤仓设计

为了保证矿井均衡连续生产，缩短装载时间，提高运输和提升效率，一般应在井底车场内设置井底煤仓和在上山采区下部车场内设置采区煤仓。

（1）煤仓的形式与断面形状

井底煤仓根据围岩稳定性及矿井年生产能力的大小，主要有倾斜煤仓与直立煤仓两种形式。倾斜煤仓适用于围岩较好、开采单一煤种或开采多煤种但不要求分装分运的中小型矿井。直立煤仓适用于围岩较差、可以分装分运的大型矿井。无论直立煤仓或倾斜煤仓，其下部都要收缩成截圆锥形或四角锥形，以便安装闸门。水平煤仓在国外应用较广泛，国内晋城矿区已试验成功。

直立煤仓多为圆形断面，倾斜煤仓为半圆拱形断面。倾斜煤仓的一侧应设人行通道，宽为 1.0 m 左右，内设台阶及扶手以便行人。在煤仓与人行道间墙壁上设检查孔，宽度和高度分别为 500 mm、200 mm。检查孔上设铁门，以检查煤仓磨损程度和处理堵仓事故。直立煤仓底部收缩成圆锥形或双曲面形，设计为锥形断面时应设压气破拱装置，以免堵仓。

（2）煤仓容量的确定

煤仓容量取决于矿井的生产能力、提升能力以及井下的运输能力等诸多因素。《煤炭工业矿井设计规范》规定："井底煤仓的有效容量，对中型矿井一般按提升设备每 0.5～1 h 所提升的煤量计算；对大型矿井一般按提升设备每 1～2 h 所提升的煤量计算。"以往多用的倾斜煤仓容量较小，一般为 40～60 t。近年来随着井型增大，容量大的直立煤仓广泛被采用，容量一般在 300～600 t 之间，最大已达 3 000 t（山西阳泉一矿北头嘴井），大容量煤仓对矿井提升和井下运输煤炭具有调节和贮存作用。但是，也应当看到，煤仓容量过大，势必增加工程量，延长施工工期。其合理容积可按下式计算：

$$Q = (0.15 \sim 0.25)A \tag{8-9}$$

式中　Q——井底煤仓有效容量，t；

A——矿井设计日产量，t；

0.15～0.25——系数，大型矿井取小值，中型矿井取大值。

国外大型矿井的井底煤仓的容量，是按矿井生产煤量与提升煤量的差值确定的，并在采区设活动煤仓。

（3）煤仓支护

煤仓应尽量布置在围岩稳定、易于维护的部位，以达到施工方便、安全，加快施工速度，节约投资的目的。

当煤仓设在中硬岩层内时，倾斜煤仓用 C20 素混凝土支护，厚度取 250～350 mm；直立煤仓可用锚喷支护或 C20 素混凝土支护，素混凝土支护时厚度可取 300～400 mm，锚喷支护应根据直径的大小进行设计。当井底煤仓位于软弱岩层中(或煤层中)时，采用钢筋混凝土支护。煤仓底板应采用耐冲击、耐磨且光滑的材料铺底。直立煤仓的铺底材料可采用铁屑混凝土和石英砂混凝土，强度等级不小于 C20，厚度为 80～150 mm。倾斜煤仓铺底材料多用钢轨，一般用 15～24 kg/m 钢轨正反交替布置或轨头向上布置，其间隙可充填普通混凝土或石英砂混凝土。

8.5.2 井底煤仓施工

井底煤仓的施工，一般采用先自下向上掘凿小反井，而后自上向下刷大设计断面，最后自下向上砌筑仓壁的方法。就反井施工方法而言，有普通反向凿井法、吊罐反向凿井法、深孔爆破法和反井钻机法等几种。过去多采用普通反向凿井法，后来逐渐被吊罐反向凿井法取代，虽然吊罐反向凿井法比普通反向凿井法具有劳动强度低、节省坑木、掘进速度快、效率高、成本低等优点，但作业环境和安全状况仍很差，同时该方法要求反井围岩较稳定及具有垂直精度较高的先导提升钢丝绳孔，所以使用范围受到限制。

20 世纪 60 年代国外开始使用反井钻机进行反井施工，其工艺不断得到完善和发展，后来在工业发达国家使用反井钻机钻凿反井的比例超过 70%，有的达到 90%。20 世纪 70 年代开始，我国自制反井钻机，先后已有多台不同规格型式的反井钻机在煤矿中使用。反井钻机是一种机械化程度高、安全高效的反井施工设备，尤其是用它钻凿煤矿的反井、井下煤仓、溜煤眼、延伸井筒及各种暗立井时可大大提高建设速度，其施工速度为普通反向凿井法的 5～10 倍，施工成本仅为普通反向凿井法的 67%，它还具有减轻工人劳动强度、作业安全、成井质量好等优点。下面介绍用反井钻机施工煤仓的主要工艺。

8.5.2.1 施工方式

利用反井钻机钻凿反井的方式有两种：一种是把钻机安装在反井上部水平，由上而下先钻进一个导向孔(直径 216～311 mm)至反井下部水平，再由下而上扩大至反井的全断面，即一般所谓的上行扩孔法；另一种方式是把钻机安装在待掘反井的下部水平，先由下向上钻一导向孔，然后自上而下扩大到断面，即下行扩孔法。下行扩孔法的岩屑沿钻杆周围下落，因此要求钻凿出直径较大的导向孔，否则岩屑下落时在扩孔器边刀处重复研磨，不仅加剧了刀具的磨损，也影响了扩孔的速度；向上钻导向孔的开孔比较困难，人员又在钻孔下方，工作条件较差。正是存在这些原因，国内外多采用上行扩孔法。如果由于岩石条件和巷道布置所限，不允许在反井上部开凿硐室和无法运输钻机，或由于岩石不稳定，要求紧跟扩孔作业进行支护，则可以考虑采用下行扩孔法。

我国煤矿应用的反井钻机主要有国产的 LM-90、LM-120、LM-200、ZFYD-1200、ZFYD-1500、ZFYD-2500、ATY-1500 等型号，其主要技术特征见表 8-1。其中常用的有 TYZ 型、LM 型和 ATY 型系列的反井钻机，它主要由主机、钻具(钻杆与钻头)、动力车、油箱车、起吊装置等部分组成，钻头分超前孔钻头和扩孔钻头，主机带有轨道平板车，工作时作装卸钻杆用，钻完后，主机倒放在平板车上运送出去。

表 8-1 国产反井钻机技术特征

主要参数	型号						
	LM-90	LM-120	LM-200	ZFYD-1200 低矮经济型	ZFYD-1500 低矮经济型	ZFYD-2500 低矮经济型	ATY-1500
导孔直径/mm	190	244	216	200	250	250	250
扩孔直径/mm	900	1 200	1 400,2 000	1 200	1 500	1 500	1 500,1 800
钻孔深度/m	90	120	200,150	100	100	80～100	120
钻孔倾角/(°)	60～90	60～90	60～90	60～90	60～90	60～90	60～90
出轴转速/(r/min)	0～45	0～36	0～36	0～68	0～68	0～33	0～36
出轴扭矩/(kN·m)	7～15	15～30	35～70	2.67～21.5	22～44	8.4～69	21～42
推力/kN	150	250	350	196	338	350	380
拉力/kN	380	500	850	440	1 154	1 470	900
总功率/kW	45.5	62.5	82.5	50.5	118	160	118.5
质量/t	6	8	10	2.8(4.8)	5.34	7.83	6.2
运输尺寸/mm	1 900×950×1 115	2 290×1 110×1 430	2 950×1 370×1 700	2 160×940×1 295	2 309×1 142×1 659	2 473×1 420×2 070	2 530×1 000×1 775
工作尺寸/mm	2 380×1 275×2 847	2 977×1 422×3 277	3 230×1 770×3 448	1 915×1 020×2 300	2 265×1 245×2 364	2 690×1 590×2 473	2 180×1 250×2 590
生产厂	原煤科总院北京建井研究所、江苏省苏南煤矿机械厂			原煤科总院南京研究所、山东济宁矿山机械厂			原煤科总院南京研究所、济南重型机械厂
适用条件	适用于井下煤仓、暗立斜井、通风孔、泄水孔、管路孔、电缆孔等施工作业						

8.5.2.2 反井钻进

现以 LM-120 型反井钻机为例来说明某矿采用反井钻机施工煤仓的方法。

(1) 准备工作

① 施工之前应在反井的上口位置,按照设计尺寸要求用混凝土浇筑反井钻机基础。该基础必须水平,而且要有足够的强度。井口底板若是煤层或松软破碎岩层,应适当加大基础的面积和厚度;若底板是稳定硬岩,可适当减小基础的面积和厚度。

② 钻进时冷却器的冷却水流量为 7.2 m^3/h,压力为 0.8 MPa;导孔钻进时,用于冷却钻头和排除岩屑的冲洗水流量为 30 m^3/h,压力为 0.7～1.5 MPa。

③ LM-120 型反井钻机因电气线路极为简单,未专门配置电气控制箱。只需要用两台隔爆型磁力启动器和两个隔爆启动按钮,在施工现场将电源分别接入电机即可。

④ 安装钻机。钻机运到现场以后，按照图 8-26 所示的位置排列，然后找正钻机车的位置，拧紧卡轨器后，便可按照如下步骤进行工作：往油箱内注油，连接动力电源及液压管路，启动副泵，升起翻转架将钻机竖立，使其动力水龙头接头体轴心线对正预钻钻孔中心，安装斜拉杆，卸下翻转架与钻机架的连接销，放平翻转架，安装转盘吊与机械手，调平钻机架，固定钻机架（支起上下支承缸），接洗井液胶管和冷却水管，准备试车。

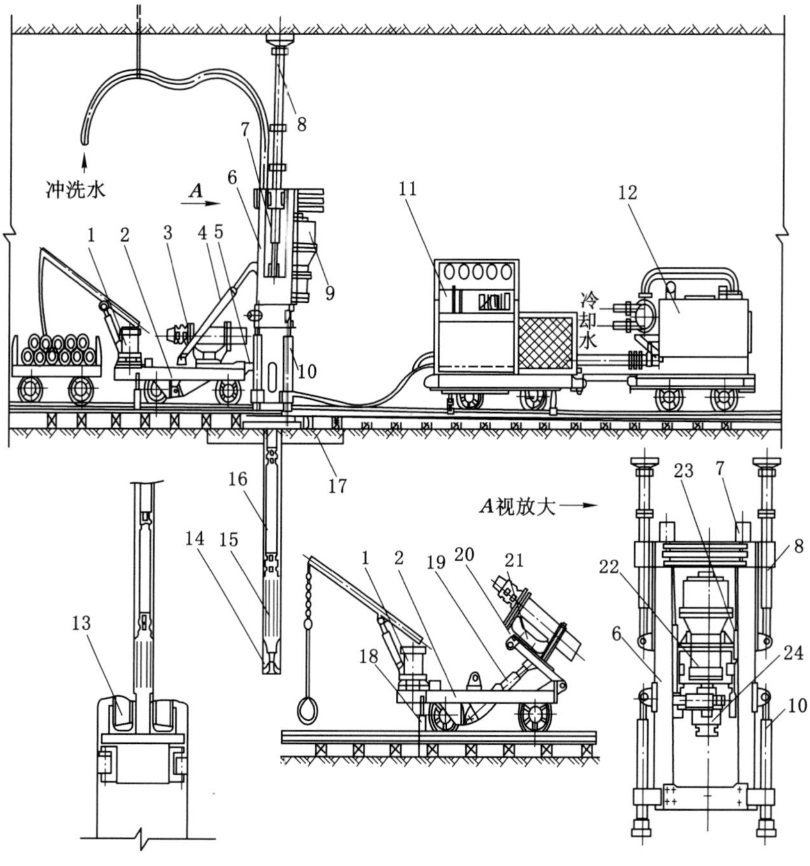

1—转盘吊；2—钻机平车；3—钻杆；4—斜拉杆；5—长销轴；6—钻机架；7—推进液压缸；8—上支承；9—液压马达；10—下支承；11—泵车；12—油箱车；13—扩孔钻头；14—导孔钻头；15—稳定钻杆；16—钻杆；17—混凝土基础；18—卡轨器；19—斜撑液压缸；20—翻转架；21—机械手；22—动力水龙头；23—滑轨；24—接头体。

图 8-26 LM-120 型反井钻机位置和结构示意图

（2）反井施工

① 导孔钻进

钻机安装完毕并经过调试以后，即可进行开孔钻进。开孔钻进将液压马达调成串联状态，把事先与稳定钻杆接好的导孔钻头放入井中心就位，启动马达，慢慢下放动力水龙头，连接导孔钻头，启动水泵向水龙头供水。开始以低钻压向下钻进，开孔钻速控制在 1.0～1.5 m/h 之间。开孔深度达 3 m 以后，增加推进液压缸推力，进行正常钻进。根据岩石的具体情况控制钻压，一般对松软岩层和过渡地层宜采用低钻压，对坚硬岩层宜采用高钻压。在钻透前，应逐渐降低钻压。

在导孔钻进中，采用正循环排渣，将压力小于 1.2 MPa 的洗井液通过中心管和钻杆内孔送至钻头底部，水和岩屑则由钻杆外壁与钻孔壁之间的环形空间返回。装卸钻杆可借助机械手、转盘吊和翻转架。

(2) 扩孔钻进

导孔钻透后，在下部巷道将导孔钻头和与之相接的稳定钻杆一同卸下，再接上直径为 1.2 m 的扩孔钻头。将液压马达变为并联状态，调整主泵油量，使水龙头出轴转速为预定值(一般为 17～22 r/min)。扩孔时将冷却器的冷却水放入井口，水沿导孔井壁及钻杆外壁自然下流，即可达到冷却刀具及消尘防爆的作用。扩孔开孔时应采用低钻压，待刀盘和导向辊全部进入孔内后，方可转入正常钻进。在扩孔钻进时，岩石碎屑自由下落到下部水平巷道，停钻时装车运出。扩孔钻进情况见图 8-27。

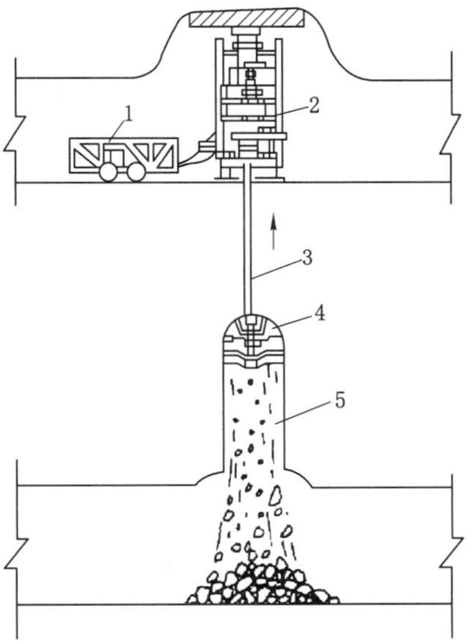

1—动力车；2—反井钻机；3—导向孔；4—扩孔钻头；5—已扩反井。

图 8-27　反井扩孔示意图

扩孔距离上水平还有 3 m 左右时，应当用低钻压(向上拉力)慢速钻进。此时，施工人员应密切注视基础的变化情况，当发现基础有破坏的征兆时，应立即停止钻进，待钻机全部拆除后，可用爆破法或风镐凿开。进行此项工作时，施工人员应佩戴安全绳或保险带。

8.5.2.3　反井刷大

用钻机钻扩完直径 1.2 m 的反井全深后，即可按设计煤仓规格进行刷大。刷大前应做好掘砌施工设备的布置与安装等准备工作，煤仓刷大施工设备布置示意图见图 8-28。

将煤仓上部的卸载硐室作为锁口，在其上面安装封口盘，盘面上设有提升、风筒、风管、水管、下料管、喷浆管及人行梯等孔口。在硐室顶部安装工字钢梁架以设提升天轮，提升利用 JD-25 型绞车、1 m^3 吊桶上下机具和下放材料。人员则沿钢丝绳软梯上下。采用压入式通风，在卸载硐室安设 1 台 5.5 kW 局部通风机，用 ϕ500 mm 胶质风筒经封口盘下到工作面上方。

煤仓反井自上向下进行刷大，工作面可配备 YT-24 型风动凿岩机，选用煤矿硝铵炸药和毫秒延期电雷管，炸药药卷直径为 35 mm，用 MFB-150 型发爆器起爆。由于钻出的反井

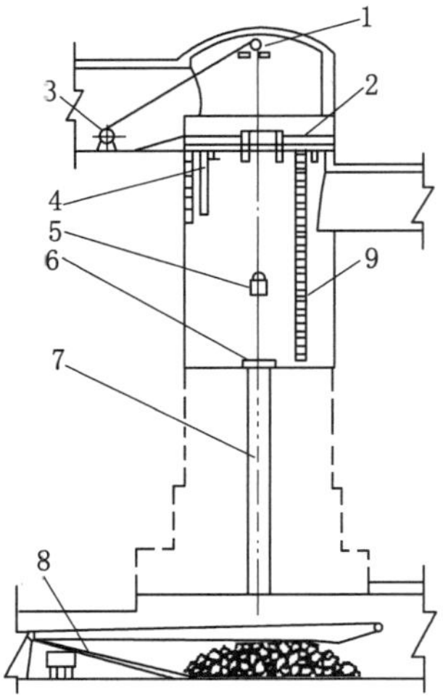

1—封口盘；2—提升天轮；3—提升绞车；4—风筒；5—吊桶；
6—铁篦子孔盖；7—ϕ1.2 m 的反井；8—装载机；9—钢丝绳软梯。
图 8-28 煤仓刷大施工设备布置示意图

为刷大爆破提供了理想的附加自由面，工作面上无须再打掏槽眼。全断面炮眼爆破分两次进行，使爆破面形成台阶漏斗形，以便矸石向反井溜放。当刷大到距反井下口 2 m 时，采用加深炮眼的方法一次打透，然后站在矸石堆上打眼，再将下面的给煤机硐室水平巷道段刷出。

刷大掘进爆破后，矸石大部分沿反井溜放到煤仓下部水平巷道，剩余矸石用人工攉入反井。下部水平巷道设 1 台 0.6 m^3 的耙斗装岩机，将落入巷道的矸石装入 1.5 t 矿车外运。煤仓反井刷大过程中，采用锚喷网做临时支护。

8.5.2.4 *永久仓壁的砌筑*

该煤仓仓壁采用厚 700 mm 的圆筒形钢筋混凝土结构。煤仓下口为倒锥形的给煤漏斗，上口直径 8 m，下口直径 4.22 m，内表面铺砌厚 100 mm 的钢屑混凝土耐磨层。漏斗由两根高 2 m 的钢筋混凝土梁支托。煤仓砌筑总的施工顺序是先浇灌给煤机漏斗，再自下向上砌筑仓壁。混凝土及模板均由煤仓上口的绞车调运。

煤仓砌筑时的支模方法，通常采用绳捆模板或固定模板，支模工作在木质脚手架上进行，施工中由于脚手架不能拆除，模板无法周转使用，木材消耗量大，而且组装拆卸困难，影响砌筑速度。因此，该矿在砌筑煤仓时，改变了上述的支模方法，采用滑模技术，创建了一套应用滑模技术砌筑煤仓仓壁的施工方法。考虑煤仓垂深不大的特点，直接引用立井的液压滑模在经济上不够合理，因而专门研制了一种砌筑仓壁的手动可伸缩模板，沿周围用 24 个 GS-3 型手动起重器作模板提升牵引装置，模板沿直径 13.5 mm 的钢丝绳滑升，使用灵活方便，见图 8-29。这一施工支模方法省工、省料、机械化程度高、质量好、速度快。

8.5.3 施工案例分析

(1) 工程概况

山西晋城矿区赵庄煤矿设计生产能力 600 万 t/a，其井底煤仓设计为圆形断面，净径 8 m，

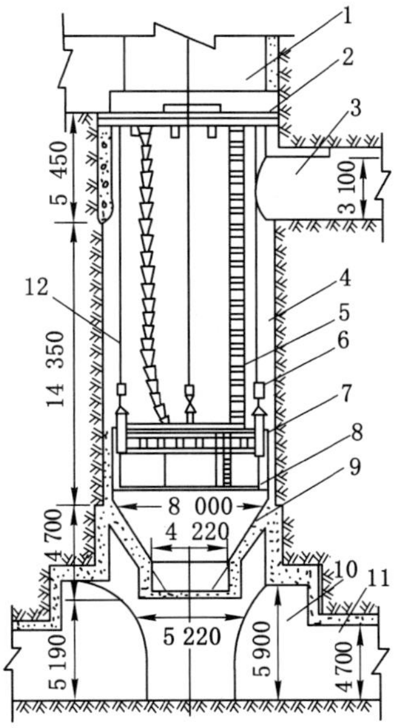

1—带式输送机机头硐室；2—封口盘；3—配煤硐室；4—煤仓；5—软梯；6—手动葫芦；7—滑模；
8—滑模辅助盘；9—给煤漏斗；10—给煤机硐室；11—装载带式输送机硐室；12—钢丝绳。

图 8-29　手动起重器牵引滑模砌壁示意图(单位：mm)

净断面积 50.3 m^2；荒径 9 m，掘进断面积 63.6 m^2。煤仓整个仓体分为三部分，最上部分仓口 1.75 m 段断面由竖直渐变为 60°，净体积 88 m^3，掘进体积 111.3 m^3；仓身长 39.27 m，倾角 60°，净体积 1 975.3 m^3，掘进体积 2 497.6 m^3；煤仓下部漏斗高 5 m，漏斗壁倾角 60°，漏斗由圆形断面最终变为两个矩形断面，净体积 251.5 m^3，掘进体积 318.0 m^3。煤仓漏斗与仓身间有一渐变断面，为不规则圆弧面，连接于仓身与漏斗。

煤仓漏斗口下部预埋钢框架与承载梁，承载梁主梁选用 HK600b 型，次梁选用 HK600b 型及 I40c 型，混凝土浇筑厚度 650 mm。井底煤仓支护方式为混凝土砌碹，壁厚 500 mm，其中仓壁下半部分为铁钢砂混凝土，混凝土强度等级为 C30。该井底煤仓结构图如图 8-30 所示。

(2) 施工方案

根据煤仓的结构特点以及所处岩层的地质条件等因素，确定煤仓的总体施工方案为：先沿煤仓中心线位置施工溜矸孔，再自上而下全断面一次刷大成仓；用锚网喷做临时支护，待完成掘进施工后，再自下而上完成煤仓内壁的整体砌筑。

煤仓溜矸孔采用反井钻机施工；仓体采用光面爆破法自上而下全断面一次刷大方法施工，工作面呈"V"字形半椭圆状向下延伸，即"V"字形半椭圆状掘进(图 8-31)；临时支护采用锚网喷方式，锚杆类型为 ϕ45 mm×1 800 mm 管缝式锚杆，间排距为 800 mm×800 mm，喷射混凝土厚度为 100 mm，喷射混凝土强度等级为 C20；金属网由 ϕ6.5 mm 钢筋点焊而成，网格尺寸 100 mm×100 mm、网幅 1 000 mm×2 000 mm。局部破碎区域可加 ϕ15.24 mm×7 300 mm 绞线锚索，间距 2 400 mm。随掘随支随喷，爆破前空顶距不大于800 mm；煤仓内壁采用段高 1 m 的自制组合模板自下而上呈水平状态分段整体浇筑方法施工(图 8-32)。

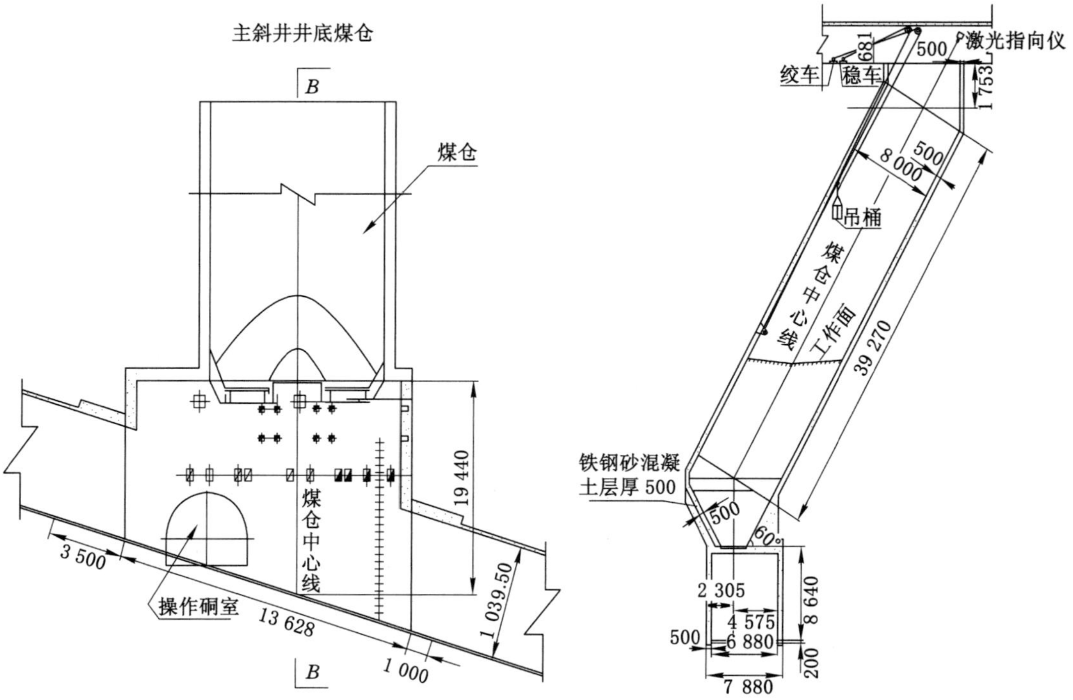

(a) 煤仓结构图　　(b) 煤仓B—B剖面图

图 8-30　赵庄煤矿井底煤仓结构图(单位:mm)

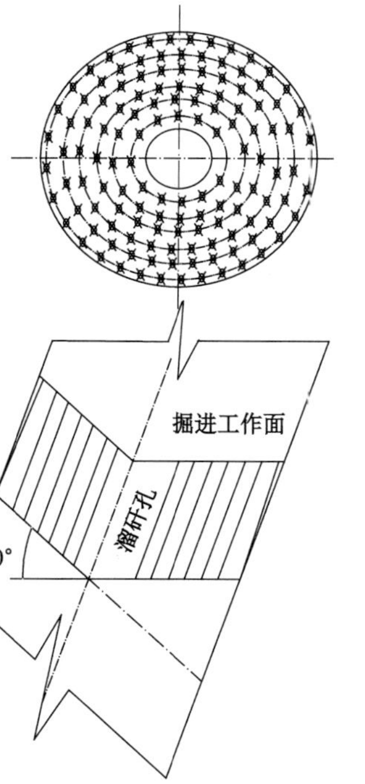

图 8-31　煤仓刷大炮眼布置

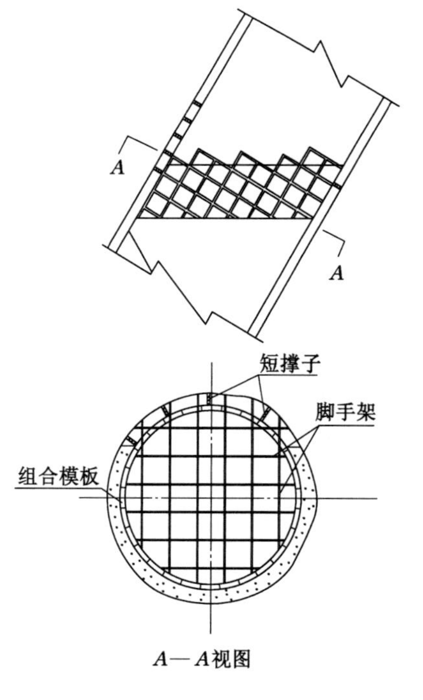

图 8-32　煤仓混凝土仓壁砌筑立模示意图

(3) 实施效果与关键技术

根据编制的施工方案，赵庄煤矿井底煤仓施工历时 95 d，安全、高效、高质量地完成了施工任务。这是我国大直径急倾斜煤仓施工的一个成功范例。

该煤仓施工的关键技术有：

① 反井钻机倾斜钻进施工技术：实现了溜矸孔的快速、准确钻进，为倾斜煤仓的后期施工创造了条件。

② 煤仓体“V”字形半椭圆状全断面一次光面爆破刷大施工技术：光面爆破使仓体围岩的完整性、稳定性得到保持，同时爆破矸石块度比较均匀，既为锚网喷临时支护技术的应用奠定了基础，又预防了大块堵孔，为快速排矸创造了条件；煤仓体“V”字形半椭圆状全断面一次自上而下逐段刷大，使大量矸石和工作面涌水能够在重力作用下自溜排放，既提高了排矸、排水的工作效率，还降低了工人的劳动强度，缩短了人工攉矸时间，加快了施工速度。

③ 煤仓混凝土仓壁椭圆形水平砌筑施工技术：以椭圆形状水平架设仓壁混凝土浇筑模板，将倾斜圆形仓壁混凝土浇筑变为水平椭圆形混凝土浇筑，降低了混凝土浇筑施工难度，椭圆的各个方位的混凝土都容易振捣密实，从而有效地保证了混凝土的施工质量。

④ 钢丝绳导向吊桶材料运输技术：通过在煤仓上口和工作面上方仓体这两个点安设吊桶提升导向钢丝绳，材料运输吊桶能够按照煤仓的倾斜方向上下运行，工作面处导向钢丝绳固定点可随工作面的延伸而移动，移动方便。钢丝绳导向吊桶提升系统占用空间小、提升效率高，保证了倾斜煤仓快速施工过程中材料的运输需求。

⑤ 激光指向测量技术：激光指向定位准确、精度高，激光束不受湿气、烟雾影响，烟雾穿透能力强，是倾斜煤仓施工的指南。

⑥ 全过程质量控制技术：精心编制施工组织设计，依照施工质量验评标准的要求设立各个工序的质量控制点，并严格组织实施，是实现合同约定的质量目标的根本保证。

⑦ 全过程安全控制技术：倾斜煤仓结构复杂，空间落差大，做好安全管理是实现项目质量目标和工期目标的基础和条件。全过程安全控制技术的核心就是依靠强有力的安全管理组织和细致周密的安全细则制定，使每个参与施工的个体都能重视施工过程中每个环节的安全问题，严格照章作业，杜绝违章行为，实现安全施工。

其中，全过程质量控制技术和全过程安全控制技术是煤仓施工得以安全、保质和高效实施的关键，而全过程控制的核心是分工明确、团结协作的项目施工管理组织机构的建立和高效运行。

9 巷道施工部分工法简介

9.1 巷道过断层扩大断面施工工法

本工法主要应用于巷道过断层采用提前扩大巷道断面穿过断层施工的方法，经过巷道变形量测后再进行成巷施工，解决了断层段巷道重复维修及巷道缩小造成的一系列问题。

9.1.1 工艺原理

采用适当扩大巷道断面法穿越断层，配合常用的过断层加固方式的施工方法施工，可以使得巷道在成巷之前有一定卸压释放空间，待巷道锚网索支护完成、巷道应力重分布并重新达到平衡后再进行成巷，从而保证巷道满足后期使用要求。

9.1.2 工艺流程及操作要点

根据陕西麟北煤业园子沟煤矿 101 盘区四条大巷都穿过 DF26 断层时的施工经验，在巷道锚网索加长加密的基础上扩大巷道断面宽度和高度，具体扩大数值以断层断距为参照，断距在 5～10 m 之间的扩大数值为 300～500 mm，断距在 10～20 m 之间的扩大数值为 500～1 000 mm。

扩大断面后根据围岩破碎的地质特点，掘进采用分层、分区施工，局部开挖，及时架设钢棚支护，及时喷浆封闭围岩，最大限度减少开挖断面围岩暴露面积和暴露时间，以减少工作面围岩松动的影响，从而降低巷道围岩压力。

(1) 工艺流程

工艺流程为：探明断层位置→在距离断层 20 m 位置开始扩大断面并用锚网索加长加密支护→巷道初喷(喷厚 50 mm)→观察巷道变形量→巷道应力重分布→巷道不再变形→最终成巷。巷道扩大示意图详见图 9-1。

(2) 操作要点

① 施工方法

采用 EBZ-200 型综掘机掘进，桥式转载机转载，800 mm 带式输送机联合出煤矸。采用短掘短支的方式施工，割一排支护一排。

施工流程为：开机前的准备→掘进机切割、装、运→临时支护→永久支护→下一循环。

② 临时支护方式

掘进后及时用长工具找到迎头顶板悬矸危岩，然后采用 3 根 DWB-25/100 轻型单体液压支柱并配备 1 500 mm×200 mm×70 mm 的木板作为临时支护(图 9-2)，间距为 1 400 mm。

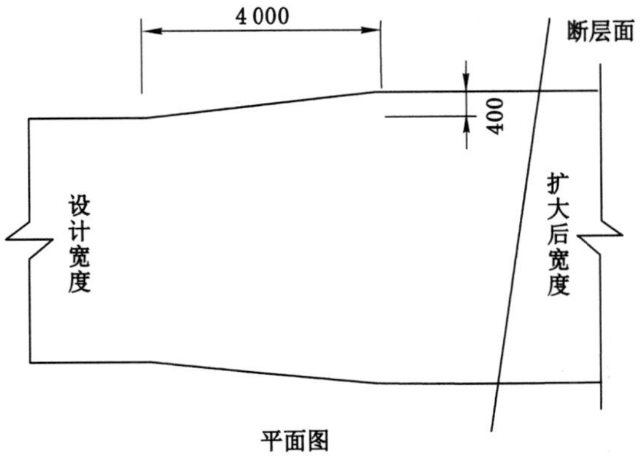

图 9-1 巷道扩大示意图(单位:mm)

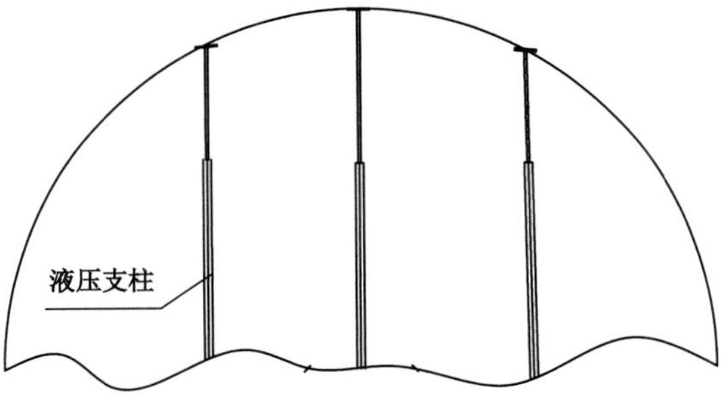

图 9-2 临时支护图

使用单体液压支柱时,由三人操作,首先找到净工作面的顶板活矸危岩,然后两人把单体液压支柱抬到指定地点扶起,底板夯实,第三人垫好木鞋,抬支柱的其中一人仍扶正支柱,另一人拿起柱帽放于支柱顶端,支柱要处在柱帽中间,支柱垂直巷道顶、底板,第三人迅速操作支柱升起,使支柱初撑力达到 50 kN,若柱帽折断必须更换一块。带帽点柱施工结束后,及时在支柱柱头处拴防倒绳。打锚杆眼、安装锚杆时,不得碰松或碰倒支柱。只有在迎头永久支护结束或柱帽周围永久支护结束(因柱帽多余)后,方可逐一拆除多余支柱,并及时对该处进行永久支护。回收临时支护时,应逐根进行,一人扶好支柱,一人托好柱帽,一人扳动把手卸压,另一人位于安全地点观察顶板情况,将支柱卸压后,运至迎头退后 15～25 m 的安全地点靠帮放置。

③ 永久支护方式

过断层段巷道永久支护采用锚网索喷支护,锚杆采用 ϕ22 mm×2 600 mm 左旋无纵筋锚杆,每根锚杆用 2 卷 Z2360 树脂锚固剂锚固,锚杆间排距 700 mm×700 mm;锚索规格:ϕ21.6 mm×7 300 mm,每根锚索配 3 卷 Z2360 树脂锚固剂锚固,排距 700 mm,采用 3-4-3 菱形布置;金属网由 ϕ6.5 mm 的圆钢加工而成,网幅 2 000 mm×1 000 mm,网格尺寸 100 mm×100 mm,网片搭接长度 100 mm,采用 18# 铁丝绑扎,绑扎间距 200 mm;喷射混凝土厚度均为 150 mm,混凝土强度等级为 C20,在淋水区可酌情加大速凝剂掺入量,速凝剂必须在喷浆机上料口均匀加入；巷道铺底厚度 200 mm，混凝土强度等级为 C25，断层段锚网索喷支护参数可根据现场实际情况进行加密支护，缩小锚杆、锚索间排距。

支架采用 29U 型钢加工而成，顶帮用 1 000 mm×100 mm×50 mm 水泥背板背实，背板采用花背，水泥背板上铺设一层金属网，金属网搭接 100 mm、绑扎间距 200 mm；喷射混凝土厚度为 200 mm，喷射混凝土强度等级为 C20。

施工时先搭设脚手架，采用 2 寸钢管，呈“#”字形搭设，每个立柱下面必须设由长×宽×厚为 300 mm×300 mm×70 mm 木板制作的垫板；交叉处钢管之间的连接采用双股 8# 铁丝绑牢，钢管的排距为 1 200 mm，垂直巷道两帮的钢管要顶到墙上，顺巷道方向要打斜撑，斜撑与地面夹角为 45°，并且进入底板下不小于 100 mm，搭设高度以距顶板 2 m 为宜；脚手架搭好后，在最上层钢管上铺设长×宽×厚为 4 000 mm×500 mm×70 mm 的木大板，大板与大板之间用抓钩连接，大板与钢管用 8# 铁丝绑牢；施工前要对顶板进行敲帮问顶，全面检查巷道断面，如果巷道变形、断面变小，一定要扩刷到设计尺寸，然后打锚杆挂网；在处理网兜、锚杆松动、锚盘不贴岩面等问题时，要将网兜剪开放落碎矸后，重新将网兜连接好，将松动的螺母拧紧，使锚盘紧贴岩面；锚杆不起作用的要重新补打，缺网片的地点要补齐网片；巷道达到设计尺寸时，打锚杆固定前探梁，前探梁由 3 根 4 m 长的 10 号工字钢加工制作而成，前探梁固定好以后，即可在前探梁上安放拱形棚梁，接头搭接后，用卡缆固定，将支架找正，安上撑杆或拉杆，并在梁上背好水泥背板，然后铺设金属网，金属网上部有不密实的部分用水泥背板接实，施工中严禁空顶作业；安装棚腿时，可直接栽入先挖好的棚腿腿窝中，按设计搭接长度进行搭接，安上卡子，拧紧螺母，扶正并临时固定；全面检查支架架设质量，适当调整搭接长度，符合质量标准后，用专用扳手逐个拧紧螺母并达到设计规定的扭矩值；棚腿要落到实底，然后再背水泥背板，背板与岩帮空隙须充填密实；架好三至四棚后，可挪动前探梁，每根前探梁使用三个 ϕ22 mm 的螺纹钢挂钩固定在架好的棚梁上，并固定牢固，利用前探梁循环架棚；待 U 型支架压缩后，拱部和墙部喷射成巷。

（3）巷道变形量观测

采用延米布置变形量观测点方法。对初喷过的新支护巷道，每米布置一个观测点，每个观测点记录初始数据 10 个，其中拱部 3 个，左右帮部各 3 个，底板 1 个。对各个观测点数据每周进行记录，并做出观测数据统计表，待各个观测点变形数据连续 3 周未发生变化后，对该段巷道进行成巷施工。

9.1.3 应用实例

① 园子沟煤矿 101 盘区四条大巷都穿过 DF26 断层，井下施工方在该大巷施工过程中，采用提前扩大断面穿过 DF26 断层施工关键技术，效果显著，大幅度提升了巷道施工速度，确保了一次成巷率，工程质量优良，真正解决了断层段巷道重复维修、巷道缩小造成的一系列问题。

② 文家坡煤矿 41 盘区一号辅助运输巷长度为 1 747.308 m，为半煤岩平巷，综掘施工，断面积 23.12 m^2，采用锚网索喷支护，喷厚 120 mm，铺底混凝土厚度 300 mm。施工至 820 m 时穿过断层，采用提前扩大巷道断面穿过断层施工关键技术，经过巷道变形量测后再进行成巷施工，解决了断层段巷道重复维修、巷道缩小造成的一系列问题。工程质量优良，经济效益显著。

③ 越南下龙湾项目部－350 m 辅助运输巷道长度 1 600 m，施工到 400 m 时穿过一断层。采用提前扩大巷道断面穿过断层施工关键技术，经过巷道变形量测后再进行成巷施工，解决了断层段巷道重复维修、巷道缩小造成的一系列问题。工程质量优良，经济效益显著。

9.2　富水软岩巷道快速掘进施工工法

本工法适用于富水软岩地质条件下进行快速掘进施工。

9.2.1　工艺原理

采取治理软岩先治水，探放水先行，小股涌水、淋水防治并重的方法进行治水；采用反底拱施工与工作面掘进平行作业的方法组织施工。

9.2.2　工法特点

① 巷道涌水量高达 30 m^3/h，为降低巷道涌水量，在巷道两侧分别施工探水硐室，采用煤矿许用巷道探水钻机进行探放水作业，将预掘巷道的主要涌水通过钻孔排出。通过放水施工，巷道掘进实际揭露涌水量可降低至 1.5 m^3/h。

② 巷道掘进期间下部煤岩交界面经常出现小股涌水，局部底板出现渗水，在巷道两帮施工深度不小于 1.5 m 的临时水窝，并安排专人清理，以起到聚水和降水的作用，减少水对底板的浸泡。

③ 巷道在掘进过程中局部顶板出现淋水或施工锚索后锚索端部有滴水现象，洒落到巷道底板导致底板泥化、加快底鼓速度。采用制作的简易漏斗对淋水及滴水进行收集，漏斗下部连接两寸排水软管，各两寸软管通过一根三寸软管串联后引入临时水仓，通过风动隔膜泵将水排至主排水管。

④ 由于底板岩石膨胀较快，巷道掘进时预留出底鼓量，通常按超设计高度 300～400 mm 掘进。采用反底拱施工与工作面掘进平行作业的方法，反底拱滞后迎头不得超过 40 m。

⑤ 当富水软岩底板采用反底拱工艺施工时，底板锚杆施工出现钎杆堵塞、钻进困难、钻进速度慢、效率降低等问题，经过技术创新，将侧向注水器改为注风装置使用，使用独立风管供风，加大了进风量，解决了这一难题。

⑥ 富水软岩底板遇水易泥化，且会加快底鼓速度，因此只能采用“打干眼”的方法施工锚杆眼。为减少“打干眼”产生的灰尘对职工的危害，采用干式钻孔捕尘装置对锚杆眼的灰尘进行吸附、收集，现场作业人员必须佩戴防尘口罩，在施工地点回风流方向安设一台轻型除尘风机，50 m 范围内安设一道防尘水幕（反底拱已施工完毕），极大改善了作业场所工作环境。

⑦ 反底拱施工中保证底板弧度是关键技术之一，为此按照设计的弧度加工专用规尺，在底板清砟及打设锚杆时利用规尺确保按照设计弧度施工。

⑧ 反底拱部分为富水软岩，底鼓速度快，地压极大，为了提高锚杆的抗压能力，在抗拔力方面应从严要求，对扭矩按照验收规范 3 倍的要求严格控制；传统使用风煤钻及风动扳手紧固后往往很难达到设计的要求，经过技术攻关，决定使用扭矩力倍增器，该装置的使用，

使扭矩难达标这一难题得以解决。

9.2.3 工艺流程及操作要点

工艺流程：巷道选用 EBZ-150A 型掘进机破、装煤(矸)，DTS80/40/2×55 型带式输送机排矸，施工所用的物料由矿车运输至巷道内车场，然后采用 WC1.8J 型无轨胶轮车运送至反底拱施工位置，再由人工转运至工作面。在工作面安装一部 YEJ-1000 型激光指向仪，用以控制巷道成型及掘进方向，采用正台阶法施工，先截割上部并将高度控制在 2.5～3 m，完成两个循环后下部铲底，每班两循环，每循环进尺 1.8 m，每班掘进 3.6 m，采用“三八”制组织施工，每天进尺 10.8 m。完成截割后首先使用前探梁进行临时支护，然后进行永久支护，支护的同时延长带式输送机。顶部施工锚杆(锚索)时使用 MQT-130 型锚杆钻机，帮部及底板锚杆使用 ZQS-50/1.6S 型风煤钻施工，顶帮锚网索支护紧跟工作面，帮部底角锚杆暂不施工，待反底拱施工时一并打设。掘进机铲底时预留出底鼓量，通常按超设计高度 300～400 mm 施工，拉机尾后及时进行反底拱施工。

反底拱紧跟最后一节机尾，距离工作面不大于 40 m 与工作面掘进平行作业，即工作面前方在截割或支护的同时对反底拱按照既定工序一并施工，基本实现在最短的时间内完成反底拱施工，减少因底鼓造成的卧底量。通常采用早班卧(清)底和打设锚杆，同时备好初喷所需的喷浆料；中班初喷、铺设金属网及钢筋梯、紧固锚杆、准备复喷所需的喷浆料，达到复喷条件；夜班全力以赴进行喷浆，至此达到成巷验收标准。

工作面每隔 100 m 施工一组探水硐室，与巷道呈 45°，采用掘进机截割出矸，硐室支护方式与巷道主体设计相同，开口前要打设锚索梁进行加强支护。完成反底拱施工后硐室底板较巷道底板低 0.5 m，并在硐室内施工长×宽×高为 1.5 m×1.0 m×1.5 m 的临时水窝，四周挂网后喷射混凝土进行封闭，从而满足打钻及疏放水期间排水的需要。施工期间顶板出现淋水时及时进行治理。

(1) 探放水施工(以 114151 轨道顺槽为例，下称轨顺)

钻孔孔径及结构：开孔孔径为 75 mm，再使用 ϕ127 mm 钻头扩孔，安装 ϕ89 mm、长 1.5 m 或 6 m 的孔口管固管后改用 75 mm 孔径钻进至终孔。

疏放水钻孔设计与布置：按照末采段及强富水区加密的原则，从两顺槽开口处向里布置，组间距 100 m，采用双向双层扇形布孔、两顺槽交替布置，如图 9-3 所示。

钻孔必须安设孔口管，在孔口管上安设高压止水闸阀和压力表。每施工一组超前探放水孔或疏放水孔时第一个孔必须安设长 6 m 的孔口管，其余钻孔根据第一个孔出水情况安设孔口管(大于 20 m^3/h 安设长 6 m 的孔口管，不大于 20 m^3/h 安设 1.5 m 孔口管)。固管注浆压力根据迎头岩石情况灵活掌握，以不破坏围岩为原则，但必须保证孔口管周围及巷道迎头附近不漏水。为缩短凝固时间，在水泥浆液内可加入适量水玻璃。

(2) 小股涌水、淋水防治

前已述及，巷道在掘进过程中局部顶板出现淋水或施工锚索后锚索端部有滴水现象，若得不到及时治理，洒落到巷道底板，势必会导致底板泥化并加快底鼓速度。对于淋水及滴水采用制作的简易漏斗进行收集，漏斗下部连接两寸排水软管，各两寸软管通过一根三寸软管串联后引入水窝，可安设风动隔膜泵将水排至主排水管。小股涌水、淋水防治示意图如图 9-4 所示。

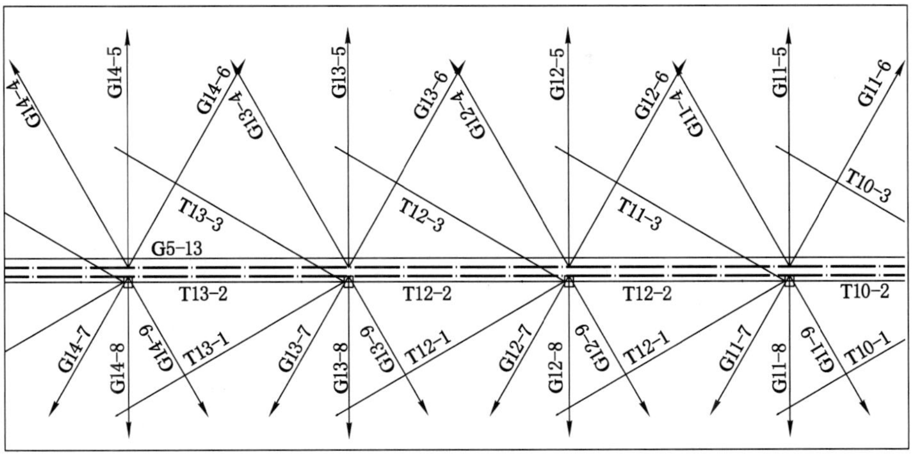

图 9-3 探放水施工钻孔布置

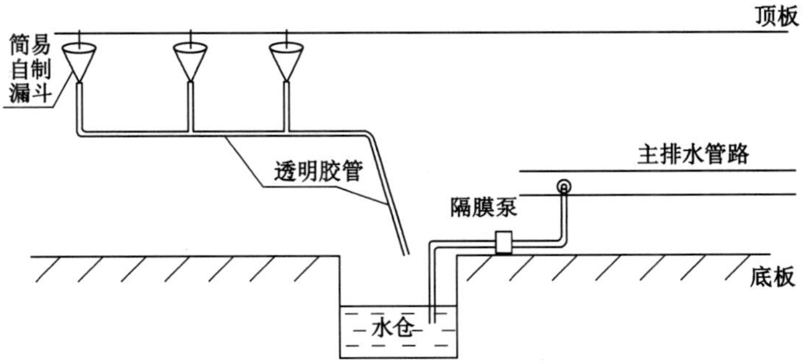

图 9-4 小股涌水、淋水防治示意图

掘进期间巷道下部煤岩交界面出现小股涌水,局部底板出现渗水,对施工的影响尤为突出。对此制定专项应对方案,即发现明显出水点后立即在巷道两帮施工深度不小于 1.5 m 的临时水窝,并安排专人清理,以起到聚水和降水的作用,减少水对底板的浸泡。

(3) 掘进

采用综掘工艺施工,根据设计方位及巷道中线,按照设计断面施工,施工时在掘进机二运后接皮带将煤(矸)运输至采区煤仓。

工艺流程:

截割→转载→运输→支护→延长带式输送机→截割

转载↓准备支护材料;延长带式输送机↓准备支护材料

交接班后,开机截割,掘进煤(矸)经综掘机耙装系统转载到后部输送机。

在截割运输时,及时准备支护材料。

截割完毕后立即挂网、连网,前移前探梁进行临时支护,临时支护牢固后,再进行永久支护,支护时延长可伸缩带式输送机。

截割方法顺序：将综掘机开至迎头，按照先中间后四周的原则，把截割头摆向巷道断面中间开始进刀，沿逆时针方向截割(见图 9-5)，最后截割成设计断面后，立即挂网、连网，及时进行临时支护，在临时支护条件下进行永久支护，永久支护后开始截割下一个循环。

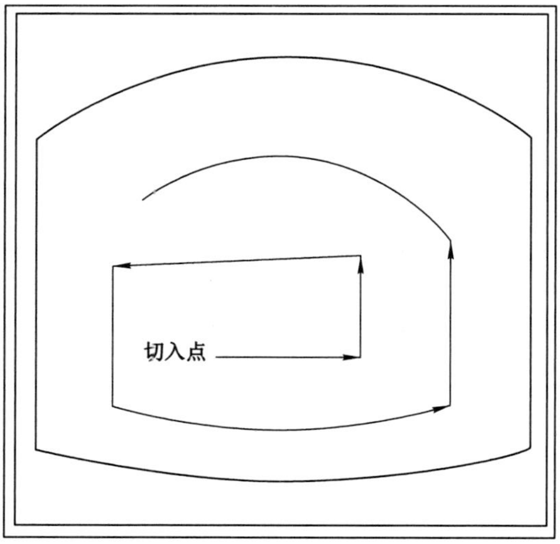

图 9-5　掘进机截割示意图

正常情况下循环进尺 1.8 m，帮网支护滞后迎头的距离不得大于 4 m。遇断层、构造破碎带时，循环进尺不大于 1.2 m。

(4) 锚网施工

截割后及时进行临时支护，打锚杆眼必须在前探梁临时支护的掩护下进行，严禁空顶作业。打顶部锚杆眼使用 MQT-130 型气动锚杆钻机(配 B19 锚杆钎子、ϕ28 mm)，打两帮锚杆眼用风煤钻。锚杆打眼前，首先按照中、腰线严格检查巷道断面规格，不符合作业规程要求时必须先进行处理；打眼前要先敲帮问顶，仔细检查顶帮围岩情况，找掉活矸、危岩，确认安全后，方可开始工作，锚杆眼位置要准确，眼位误差不得超过 100 mm，眼向误差不得大于±15°。锚杆眼深度应与锚杆长度相匹配，打眼时应在钎子上做好标志，严格按锚杆长度打眼。打眼的顺序，应由外向里先顶后帮依次进行。锚杆眼打好后，应将眼内的岩矸、积水清理干净。两帮锚杆眼必须用由外径 ϕ15 mm 的钢管制作的吹眼器借助压风将眼孔内积水及杂物吹干净，然后方可安装锚杆。迎头配备锚杆钻机三台，两台使用一台备用。

(5) 反底拱施工

施工工序：反底拱施工工序为出矸清底、反底拱初喷、打设底部锚杆、锚杆灌浆、铺设金属网及钢筋梯、锚杆紧固、二次喷浆等，具体如下：

① 出矸清底

由于底板岩石膨胀较快，巷道掘进时应预留出底鼓量(按超设计高度 300～400 mm 掘进)。人工配合皮带机清底到设计尺寸后使用特制的规尺进行检查，符合设计尺寸及弧度后进行下一道工序。反底拱示意图如图 9-6 所示。

② 反底拱初喷

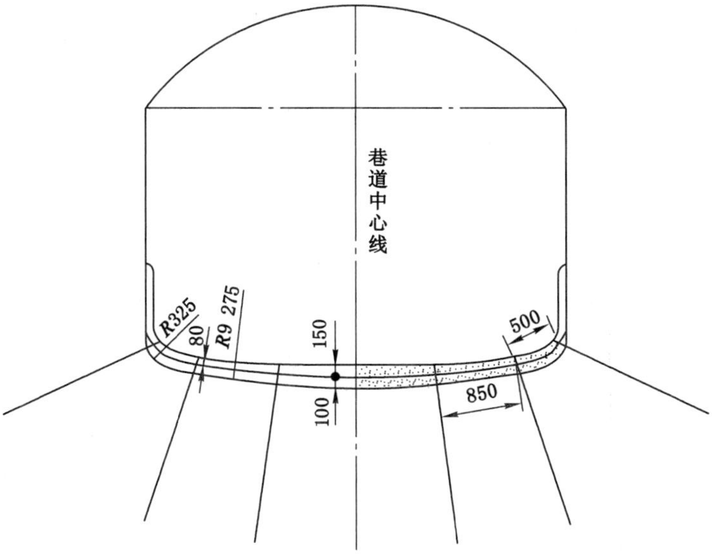

图 9-6　反底拱示意图

利用压风清理净底板上的浮矸后进行底板初喷，初喷厚度为 100 mm，初喷后用防水雨布覆盖。

③ 打设底部锚杆

使用风煤钻配合改装后的侧向供风器配 B19 六棱钎杆打眼，如遇底板出水可使用中空麻花钎杆打眼，至设计深度后用锚固剂进行锚固，预留锚杆外露长度 220～250 mm。然后进行下一道工序。

④ 锚杆灌浆

锚杆眼内按 1∶1 比例灌注水泥浆进行锚杆全长锚固，水泥浆中掺入 8%的速凝剂，待水泥浆凝固后进入下一道工序。

⑤ 铺设金属网及钢筋梯

底板与帮部金属网搭接 100 mm 连接，使用扎丝“Z”字形孔孔连接，底部金属网对接连接。金属网上敷设钢筋梯，将底锚杆与帮锚杆连接成一个整体。

⑥ 锚杆紧固

使用风煤钻配合专用扭矩力倍增器将锚杆紧固到设计扭矩 300 N·m。

⑦ 二次喷浆

锚杆紧固到设计扭矩，自检合格报矿方验收，然后进行复喷成巷。复喷后使用防水雨布覆盖，行人侧使用大板或金属网临时覆盖保护。

反底拱卧底前将该段及前后 10 m 范围内皮带机 H 架用专用钢丝绳吊挂起来，形成临时吊挂式皮带，H 架脚板离开底板 400 mm，方便卧底及后续施工，待完成复喷后将 H 架落地，并进行调平调正，确保皮带机正常运转。将供风、供水、排水管布置在巷道左侧，采用专用挂钩进行吊挂，最下部一路管路高于煤岩交界面 400 mm(因设计喷浆厚度为煤岩交界面上 200 mm)，喷浆完成后要及时对管路、电缆及风筒进行清理，确保现场文明施工整洁。采用煤矿许用防爆无轨胶轮车运输巷道施工所需支护材料，所有材料进行码放，料场距离工作面不大于 100 m，随着巷道的延伸及时进行前移。将掘进机电缆盘放在固定于最后一节机尾的专用台架上，机尾前移后及时挂至帮部的电缆挂钩上。

9.2.4 关键工序控制

① 增加机尾的长度，即将掘进机机尾由 6 节增加到 7 节，减少拉机尾的次数，节约时间；此外将机尾的下端加高，便于洒矸后及时清理，防止矸石卡皮带。

② 及时与矿方设计部门沟通，将原设计的垂直于巷道的探水硐室变更为与巷道呈 45°夹角布置，掘进机可以一次截割成型，减少人工出矸或炮掘施工用时。

③ 因巷道沿煤层布置，虽然总体呈上坡趋势，但起伏不定，致使皮带机洒矸严重，为此将原来的落地皮带更改为悬吊皮带，从而杜绝了洒矸，提高了运矸量，减少了因清理耗费的人工。

④ 锚杆钻孔的打设：巷道底板为富水软岩，采用惯用的方法（打水眼）打设锚杆钻孔会使底板遇水泥化，会给下一道工序施工带来极大的不便，因此只能采用打干眼的方法打设锚杆眼。向下打干眼若不能及时将钻孔内的岩屑吹出，会导致钎杆堵塞、钻进困难、钻进速度慢、效率降低。将侧向注水器改为注风装置使用，使用独立风管供风，加大了进风量，从根本上解决了这一难题。

⑤ 锚杆外露长度的控制：反底拱施工锚杆严格按照验收规范进行控制，外露 10～50 mm。控制锚杆外露长度的首要工作就是严格把关反底拱卧底弧度，为此加工了专门的规尺（图 9-7），方便了工人施工期间找线，控制了反底拱成型质量，为下一道工序的开展奠定了基础。此外借助 CAD 制图软件，按照设计的弧度值，将锚杆的外露数据标注出来，便于工人操作。

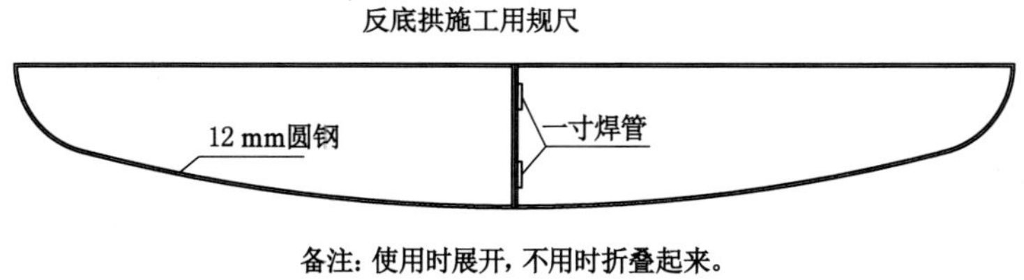

图 9-7 规尺

⑥ 锚杆扭矩的把关：反底拱为富水软岩，底鼓速度快，地压较大，建设单位为了提高锚杆的抗压能力，不仅从抗拔力方面从严要求，更制定了高于国标 3 倍的扭矩要求，锚杆扭矩不小于 300 N·m。风煤钻及风炮紧固后往往很难达到设计的要求，经过多方考量与咨询，决定使用扭矩力倍增器，使扭矩难达标这一问题得到了解决。

9.2.5 材料与设备

用于反底拱施工的材料与设备参数如表 9-1 所示。

表 9-1 用于反底拱施工的材料与设备参数

名称		单位	数量	规格型号
探水设备	ZLJ-350 型钻机	台	2	
	ZLY-537 型钻机	台	2	
	地质钻杆	根	500	ϕ42 mm×8 mm×1 500 mm
	钻头	个	30	ϕ127 mm
	钻头	个	30	ϕ75 mm
防治水	透明塑料胶管	m	300	PVC 软管
	气动隔膜泵	台	10	QBG-100/0.3
反底拱施工	手持式风煤钻	台	5	ZQS-25/1.9
	麻花钻杆	根	20	B22
	混凝土喷射机	台	2	PZ-7 型(备用 1 台)
	风镐	个	4	G10

9.2.6 应用实例

新上海一号煤矿二三期工程井下巷道为富水软岩，施工难度大，为确保施工进度和施工安全，中煤第三建设(集团)有限责任公司二十九工程处采用富水软岩巷道快速掘进技术，坚持治理软岩先治水，探放水先行，小股涌水、淋水防治并重的原则，积极消除富水影响，同时合理控制掘进与后路反底拱平行施工距离，掘进时合理预留底鼓量，施工进度及安全状况达到预期效果，取得了显著的社会效益和经济效益。综合月成巷进尺达 252 m，月成巷进尺最高达 295 m，工程质量合格。

9.3 硬岩巷道智能化钻装锚掘进机施工工法

本工法适用于岩石坚固性系数 $f>6$、坡度 $\theta<16°$、掘进断面积 S 为 20～35 m^2 的炮掘岩巷。

9.3.1 工艺原理

该工法以硬岩巷道智能化钻装锚掘进机组为核心，结合掏槽爆破、装岩运输连续作业等掘进工艺，做到了技术科学合理、工艺先进，提高了硬岩巷道机械化施工水平和掘进速度。

9.3.2 工法特点

(1) 研发集钻孔、出砟与支护等功能于一体的硬岩巷道智能化钻装锚掘进机

本工法采用模块化组合式结构、全液压控制系统、履带式动力系统以及快速精确定位系统，研发集钻孔、出砟、支护等功能于一体的硬岩巷道智能化钻装锚掘进机，实现智能布孔、精准定位、快速成孔、实时监控、远程操作，为硬岩巷道机械化施工提供设备支持。

(2) 研究硬岩巷道智能化钻装锚掘进机施工关键技术与配套工艺

本工法针对硬岩巷道机械化高效掘进技术难题，研究大直径中深孔分段掏槽爆破、周边眼切缝药包控制爆破等关键技术，以及施工后高效运输配套方案，形成定量爆破、一次成巷、快速支护、高效出砟等硬岩巷道掘进系列核心工艺，突破机械化施工多项关键技术，最终为硬岩巷道机械化施工提供理论和技术支持。

(3) 建立高效掘进安全施工工序，形成硬岩巷道智能化钻装锚快速施工工法

基于上述研发的硬岩巷道智能化钻装锚掘进机及施工关键技术与配套工艺，结合现场工程实际，建立高效掘进安全施工工序，形成硬岩巷道智能化钻装锚快速施工工法，充分发挥高效机械化掘进技术优势，解决硬岩巷道安全快速施工难题，推动矿井建设及安全生产技术创新和成果推广。

9.3.3 工艺流程及操作要点

工艺流程：排查隐患→施工准备→打眼→装药、连线、爆破→敲帮问顶→临时支护→出矸→支护巷道顶帮部（两帮各留 2 根锚杆滞后支护）→报验→初喷、复喷（滞后工作面 15 m），复喷前将两帮剩余锚杆补齐并完成后方地坪水沟掘砌。

采用钻爆法全断面掘进，配套一体式岩巷机械化作业装备，打眼、支护及出矸均采用 CMZY4-200/35 型煤矿用岩巷钻装机组，1～5 段毫秒延期电雷管正向装药，串联引爆，煤矿许用三级乳化炸药分次装药分次爆破。施工安排四班作业，三班“滚班”循环作业，打眼爆破班负责打眼完毕后退机组，然后进行爆破作业，用时 6 h；支护一班采用 MQT-130 型锚索机打顶板锚杆、锚索的同时，一体机在后方平行进行出矸作业，用时 7 h；支护二班在矸石出完后，使用一体机同时支护两帮锚杆，用时 8 h；喷浆成巷班，平行作业主要包括掘砌水沟、喷浆成巷、文明施工等。一体机检修人员维修一体机，循环时间总计为 21 h。

(1) 岩巷施工装备及技术工艺现场调研

开展岩巷现场调研，结合已取得的和后续依托工程的现场资料，综合考虑地质条件、围岩力学特性、巷道断面尺寸等因素，为掘进机研发提供性能和技术指标参考；充分获取已有的岩巷掘进系列设备相关参数，掌握设备现场运行中的技术瓶颈，为掘进机整体有效运行提供指导；掌握目前主要掘进施工工艺，明确现场组织管理中的缺陷、不足，为高效施工工序的设计实施提供借鉴和参考。

(2) 硬岩巷道智能化钻装锚掘进机研发

基于现场工程，设计采用模块化组合式结构、全液压控制系统、履带式动力系统以及快速精确定位系统，研发硬岩巷道智能化钻装锚掘进机。

① 针对现场凿岩速度慢、工作效率低等问题，研发具有遥控或自动控制功能的履带式全液压钻车双臂凿岩系统，实现巷道全断面凿岩，为岩巷快速掘进施工奠定基础。

② 针对现场出砟不连续、影响设备推进等问题，研发适用于大断面、爬坡范围广的履带式挖掘装载系统，实现矿砟的机械清理、全面装载、连续转载、自动破碎，保证岩巷掘进的快速推进。

③ 针对现场人工施打锚杆存在的支护滞后等问题，改进与研发掘进机配套锚杆钻机系统，从而实现锚固支护工艺机械化。

(3) 适用于岩巷机械化高效掘进的中深孔爆破关键技术研究

基于爆破后岩体爆炸能量传递、爆炸应力波的衰减以及岩石破碎等特征，分析爆破对

裂纹的抑制/促进作用，结合理论分析与数值计算，研究掏槽爆破、周边眼控制爆破等条件下的装药形式、炸药结构参数设计方法。系统开展不同断面、不同岩性等条件下巷道掘进爆破对比试验，得到不同爆破器材、炮孔参数、掏槽参数与炮眼利用率的响应关系。开展爆破后围岩松动圈测试，研究爆破震动对巷道围岩变形的影响规律，结合动载荷作用下围岩应力分布、支护体力学模型，得到支护体稳定性与爆破效应的动态响应关系，为优化调整爆破参数以及快速支护提供理论和试验依据。

(4) 适用于岩巷机械化配套工艺研究

针对掘进后矿渣、矸石运量小、效率低等问题，基于现场巷道断面、进尺等工程实际，主要研究立井转平巷典型配套方案。

掘进面迎头采用伸缩皮带作为矸石运输系统，控制爆破与设备行进时间关系，实现高效率出矸；设立中转矸石仓，研发储存、转运矸石技术，克服矸石运输对掘进速度的影响；建立列车组运行模式，保证矸石高效率运输，最终形成适用于岩巷机械化快速施工的配套工艺。

(5) 硬岩巷道智能化钻装锚掘进机及关键技术现场试验、评价

基于上述研发的硬岩巷道智能化钻装锚掘进机、中深孔爆破等关键技术以及施工后高效运输配套方案，采用“平行施工、协同作业”高效安全施工工序，最终建立硬岩巷道智能化钻装锚快速施工工法。以典型岩巷掘进项目为依托工程，开展现场巷道快速掘进试验，建立定量评价指标，对试验效果和设备性能进行评价反馈和优化，将研究成果向其他矿井推广应用。

9.3.4 材料与设备

本工法的相关施工设备参数如表 9-2 所示。

表 9-2 相关施工设备参数

名称		单位	数量	规格型号
施工设备	钻装机	台	1	CMZY4-200/35
	锚索机	台	3	MQT-130
	带式输送机	部	2	DSJ-800
	扒碴机	台	1	ZWY-120
	防爆无轨胶轮车	台	1	3 t
	翻料机	台	1	自制
	矿车	辆	20	1.5 t
	电机车	台	1	5 t
	凿岩机	部	4	YT-28
	气动隔膜泵	台	1	QBG-100/0.3
	混凝土喷射机	台	2(备用 1 台)	PZ-7 型
	钻机	台	1	SGZ-Ⅲ(A)

9.3.5 应用实例

2019 年 10 月 5 日—11 月 5 日，2930 队在五阳煤矿 82# 回风大巷累计完成 32 个循环

(探放水作业影响 3 d),累计进尺 92.8 m,单循环平均进尺 2.9 m,单循环平均时间 21 h,其中打眼爆破班 6 h、支护一班 7 h(顶板支护+出矸)、支护二班 8 h(出矸+帮部支护)。

① 降低人工成本:采用传统工艺一个圆班出勤需 50 人,采用一体机机械化作业线施工时,一个圆班出勤需 32 人,每个圆班用人量就可减少 18 人。

② 提高单进水平:采用传统施工工艺时,大断面岩巷单月单头掘进进尺只能达到 60 m,采用钻装锚一体机机械化作业线施工时,单月单头掘进进尺能达到 90 m 以上,单月进尺大幅提高,随操作熟练度增加,月进尺应该能突破 100 m。

③ 提升生产效率,改善工作环境:采用钻装锚一体机机械化作业线极大地提高了生产效率,有效降低了工人的劳动强度,改善了工作环境。

④ 提升安全质量标准化水平:钻装锚一体机节约巷道占用空间,设备运行安全性高,文明施工程度可控。

⑤ 作业安全性更高:采用钻装锚一体机钻眼,司机和指挥人员离岩壁较远,人员较少(一人指挥,两名司机操作),可提高作业安全性。

9.4 煤矿 TBM(盾构机)拆解硐室施工工法

该工法由山西宏厦第一建设有限责任公司(以下简称宏厦一建)编制,主要适用于煤矿井下盾构机拆解硐室的施工,也可使用盾构机配合普通钻爆法掘进施工大断面巷道。

9.4.1 工艺原理

盾构机拆解需要在大断面巷道内进行,在已有巷道内掘进,并对掘进段的巷道进行挑顶和扩帮施工,形成拆解硐室。利用钻爆法对掘进段的巷道进行挑顶和扩帮施工。掘进段的巷道分段施工,分为四段。四段施工中第一段和第三段均为挑顶过渡段,第二段和第四段均为掘进段,第四段施工后对巷道进行扩帮。盾构机在未提前准备拆解硐室时无须施工措施巷,在已有巷道内继续掘进便可施工拆解硐室,从而减少不必要的浪费。

9.4.2 工法特点

当前煤矿煤炭资源开采中,随着开采深度逐渐增加而呈现出来的大埋深、长距离、长建井周期问题,传统的钻爆法和综掘机施工技术将逐渐难以应对。宏厦一建在保安工地建立的盾构机试验基地,使用 QJYC045M 型全断面岩巷掘进机,是根据煤矿实际情况将传统地铁盾构机进行改造、研制的一种掘进设备,盾构机开挖直径 4.53 m,总长 55 m,总质量 400 t,由刀盘、大梁、撑靴、推进系统、后配套系统、液压系统、电控系统、通风除尘系统等构成,是集掘进、支护、出砟、导向、防爆技术于一体的高度机械化、自动化的大型设备。

盾构机所施工的巷道在地面 500 m 以下,无法像地铁一样直接从地面开挖硐室拆除盾构机,如盾构机后退,会损坏巷道原有支护,对盾构机盾体也有损坏。盾构机也无法直接施工大断面的拆解硐室,只有新掘进一条联络巷,绕过盾构机盾体,在刀盘前方施工出 50 m 的拆解硐室,联络巷需加设运输系统,设备拆除后联络巷作废,联络巷的施工和运输系统都是无谓的浪费。

① 通过现场测量盾构机各部件尺寸,结合各部件的拆解顺序和分解方法,计算得出最

合理的拆解硐室断面、长度，根据计算结果设计拆解硐室施工平面图、断面图，并研制盾构机拆解硐室施工工法。

② 煤矿盾构机是高度机械化、自动化的大型设备。煤矿盾构机所施工巷道的断面均为固定直径的圆形，如需要施工拆解硐室，使用盾构机配合普通钻爆法可施工出任意巷道断面，进而满足拆解盾构机的要求。

③ 深入了解盾构机的掘进工序，结合普通钻爆法，研制出合理的施工方法，最终达到施工工期短、施工人数少、对原支护无破坏、对盾构机无损坏的效果，并且无须施工措施巷，只在盾构机施工的巷道内继续掘进，拆解后设备的运输可利用原有巷道的运输系统。

9.4.3　工艺流程及操作要点

(1) 施工工艺流程

施工准备→盾构机掘进→打眼前准备(上部)→打眼→检查瓦斯→装药连线→检查瓦斯→盾构机后退、撤人放警戒→爆破→检查瓦斯及爆破效果→洒水消尘、盾构机前移→维护顶板→临时支护→打顶部锚索、锚杆→检查扭矩、预紧力→回柱。

(2) 操作要点

① 硐室设计参数

拆解硐室设计全长 25.3 m，按方位角 270°施工，巷道坡度为 0°上山。其中 *B*—*B* 断面长度为 16 m，巷道设计高度为 6.0 m，宽度为 4.53 m，施工时将顶板挑高 1.47 m，喷混凝土厚度 0.1 m。*D*—*D* 断面长度为 9.3 m，巷道设计高度为 6.5 m，宽度为 6.0 m，施工时顶板挑高 1.97 m，两帮各刷大 0.735 m，喷混凝土厚度 0.1 m。*A*—*A*、*C*—*C* 断面为挑顶过渡段(图 9-8)，巷道断面设计均为直墙半圆拱。

② 硐室施工工序

拆解硐室施工顺序：挑顶过渡段(*A*—*A*)→挑顶段(*B*—*B*)→挑顶过渡段(*C*—*C*)→挑顶扩帮段(*D*—*D*)。第一段和第三段均为挑顶过渡段；第二段和第四段均为掘进段，第四段施工后对巷道进行扩帮。

A—*A* 段为挑顶过渡段，将巷道顶板逐步挑高，炮眼与水平方向成 45°夹角向顶板打眼，采用放小炮掘进，爆破每循环进尺不超过 0.8 m，通过震动落矸逐步挑够高度，每次巷道挑高不超过 0.3 m。施工时工作人员站立在第一平台处，使用 YT28 型气腿凿岩机对顶护盾上部围岩进行打眼、挑顶。炮眼施工完毕后盾构机整体后退，将盾构机刀盘退至已施工炮眼的外部进行装药，盾构机后退到位后将 6 000 V 高压关闭。施工人员站立在顶护盾前端佩保险带进行装药。对盾构机上易损坏的部位使用旧皮带、木板进行保护。施工人员撤离到警戒线以外进行爆破作业。爆破结束后，施工人员进入工作面，司机检查机械设备，确认机器完好后启动机器向前移动，用盾构机将爆破崩落顶矸石排出，施工人员站在第一平台进行敲帮问顶作业，找掉悬矸、危岩后使用液压点柱进行临时支护。施工人员在临时支护的掩护下进行顶板支护作业，同时施工下一循环的炮眼，以此循环往复直至挑顶高度达到要求。

B—*B* 段施工时盾构机先向前掘进 2 m，在掘出下部后使盾构机退后 2 m，施工人员站在刀盘上施工上部炮眼，爆破时起爆顺序为从下向上。爆破后盾构机将爆破崩落顶矸石出尽，刀盘顶住正前，施工人员站在盾体平台上进行敲帮问顶、临时支护。施工人员在临时支护的掩护下进行顶板支护作业，同时施工下一循环的炮眼，以此循环往复直至施工完 *B*—*B* 断面。

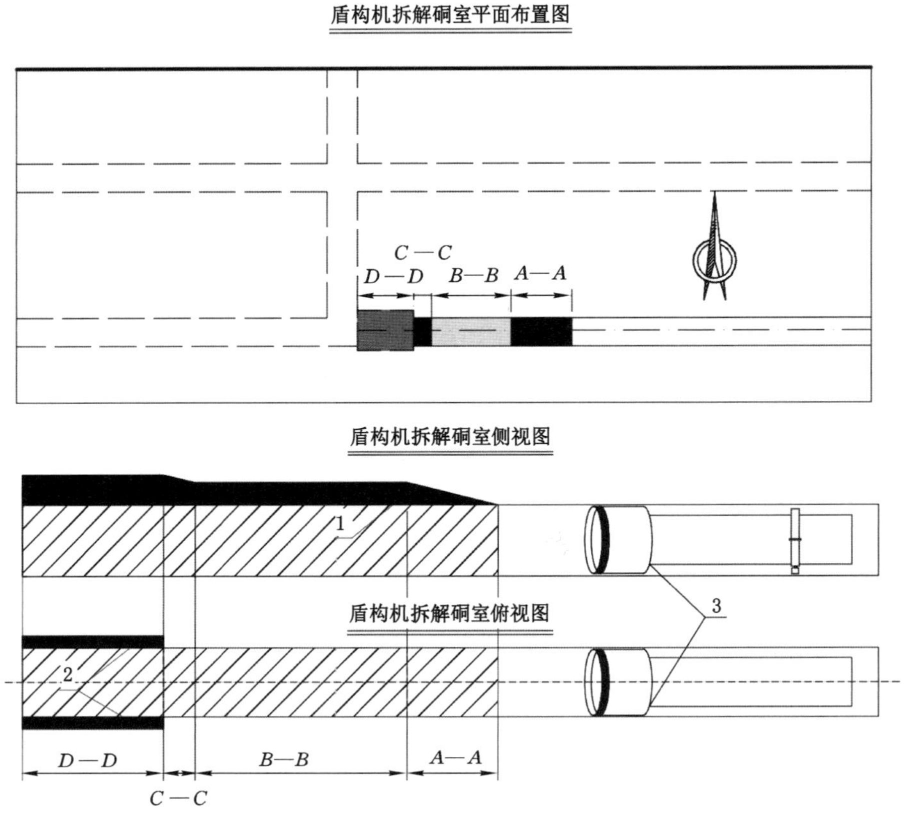

图 9-8　硐室施工顺序示意图

C—C 段与 A—A 段施工方法相同。

D—D 段顶部施工方法与 B—B 段相同，D—D 段施工完毕后，盾构机退后到扩帮段外，施工人员在刀盘前方对巷道两帮进行扩帮。扩帮后，对两帮进行维护，盾构机前进出矸，两侧未出的矸石由人工清理至皮带。

TBM 与普通钻爆法施工期间采用“进二退一”循环施工工艺，即出砟推进 2 m，继续导硐 2 m，然后退 2 m 开始钻爆法扩刷，锚网联合支护完成一个循环。此方法的优点是挑顶钻眼时不需施工掏槽眼，利用 TBM 掘进出下部 2 m 长的空硐顶替掏槽，加快了掘进速度。

9.4.4　支护工艺、工序及要求

(1) 临时支护

爆破后采用单体液压支柱，配合鞋帽进行临时支护。帽采用 ϕ200 mm×1 200 mm 两开木，鞋采用 400 mm×300 mm×200 mm(长×宽×厚)优质方木，液压支柱必须升紧背牢(详见图 9-9)。工作面支设单体液压支柱间距不得大于 1 m，单体液压支柱数量不少于 5 根，根据顶板劈口、围岩情况，可调整临时柱的间距或增加柱的数量，但必须采取先支后回的原则，打注锚杆、锚索必须在临时支护条件下进行。工作面备用柱不少于 5 根。液压支柱型号和规格的意义(DN25-250/80)：D—单体支柱，N—内注式，25—支柱最大高度 2 500 mm，250—工作阻力为 250 kN，80—支柱缸径为 80 mm。

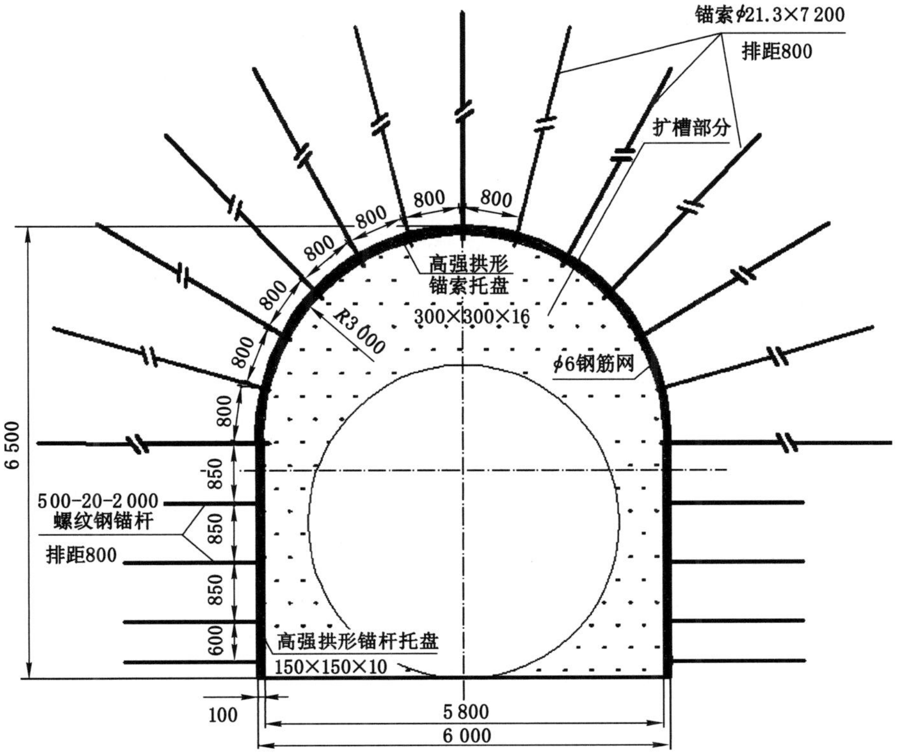

图 9-9 硐室支护结构示意图(单位:mm)

(2) 永久支护

① 支护顺序

支护顺序为:敲帮问顶→挂顶网→支设液压支柱(同时穿鞋带帽)→打注锚杆、锚索→回柱。

② 敲帮问顶

爆破后,爆破工、瓦检员和班组长三人负责对炮后残眼瞎炮进行检查,由当班跟班队长、班长负责检查巷道顶板,确认无任何安全隐患后,指派两名有经验的老工人,在选择好退路的情况下,站在安全地点用 2.5 m 长的铁钎或其他长柄工具由外向里、由上向下处理活矸危岩,一人处理,一人监护,采净活矸、危岩。然后根据围岩的实际情况,从外向里立即打支穿鞋带帽液压支柱进行临时支护。打支不少于设计的单体液压支柱,液压支柱必须穿鞋带帽,鞋帽均采用专用材料,严禁用其他材料代替,在单体液压支柱支设可靠的情况下,方可进行锚索、锚杆、钢筋网的永久支护。

③ 顶网连网

挂顶网时,用液压支柱将网支起;支设临时柱前必须先铺设钢筋网,钢筋网前后对接,左右搭接 100 mm。左右搭接时,每隔 200 mm 连网一道,连网丝用 14# 铁丝,使用专用连网钩扭结不少于 3 匝并拧紧;前后搭接时,金属网的钩必须朝下,并朝着工作面,连网时必须把所有的网钩弯回。

④ 支设液压支柱

支设液压支柱需要三人配合，一人将液压支柱竖直放置在已经摆放好的方木中间(穿鞋)，一人将另一根半开木居中放置在液压柱的头顶(带帽)，并保证帽的平衡，一人用已经准备好的14# 双股铅丝将半开木与液压支柱固定牢靠，然后开始摇动手摇把，直至帽与顶板接触为止，且初撑力不小于90 kN。最后用14# 双股铅丝将液压支柱顶端与钢筋网绑扎。临时支护后8 h内完成永久支护。

⑤ 锚杆安装工艺及要求

顶锚杆安装工艺，在可靠的安全检查和临时支护后进行锚杆安装。先放线并标出眼位，顶锚杆安装需要二人配合，一人操作钻机，一人拆换钎，顺序由上向下。顶锚杆使用锚索钻打注，安装锚杆前应检查锚杆眼孔质量(深度、角度、间排距)及锚杆构件是否符合要求，锚固剂是否硬化、过期、损坏等，将眼内岩粉吹尽，待一切符合要求时开始安装。安装时，用杆体将锚固剂轻轻送入眼底杆尾并用紧固螺母套连接锚杆搅拌机，开钻搅拌锚杆10～15 s(如锚固剂说明书所述时间不同，按说明书执行)，达到规定要求，稍后将套筒卸下，装上托板、可调心球形垫片及摩擦垫片后将螺母拧紧即可。

锚杆支护要求，锚杆锚固力不小于157 kN(34 MPa)，扭矩不小于400 N·m；锚杆外露长度从螺帽起10～40 mm，最大不超过40 mm；锚杆角度不小于75°，遇裂隙时，锚杆应尽量垂直于裂隙布置，帮锚杆垂直于巷帮布置；锚杆间排距误差不超过－100～＋100 mm；超宽、超高部位，每超宽300 mm补打1根单体锚杆，每超高600 mm补打1根帮锚杆；锚杆锚固力检查，每300根必须检查一组，每组不少于9根；锚杆扭矩检查，每300根必须检查一组，每组不少于15根，并有详细记录。

⑥ 锚索安装工艺及要求

顶锚索安装工艺，锚索施工工序为钻眼、锚索组装、锚索安装、张拉、检查锚固质量。

锚索安装需三人配合，一人操作钻机，两人拆换钎。打完孔后，用压水将孔冲洗干净，回钎，放入锚固剂，用钢绞线将锚固剂轻轻顶入眼底，装好连接套，开钻搅拌，且钻机应缓慢上升，并保证锚固到眼底，锚索锚固剂搅拌时间为15～30 s(如锚固剂说明书所述时间不同，按说明书执行)，搅拌完毕停下钻机，停止搅拌后保持钻机推力90～180 s方可撤下钻机，装上托板、可调心球形垫片和锚具，15 min后进行张拉。张拉时，油泵压力表应缓慢上升，若发现突然非人为上升或下降，千斤顶液压缸伸出量超过150 mm时，立即停止张拉，重新张拉，两次超过规定行程仍不达设计预紧力时必须在附近200 mm处重新补打一根。

锚索支护要求，ϕ21.6 mm锚索承载力500 kN以上，锚索预紧力不小于300 kN(51 MPa)；锚索外露长度(自锚具下平面量起)应保留在150～250 mm，锚索外露长度超过250 mm，必须重新补打，锚索必须锚在稳定岩层中且不得小于1 m；锚索孔距误差不超过100 mm，孔深误差不应大于100 mm；锚索钻孔轴线与设计轴线的偏差不应大于10°；锚索每100根必须检查一组，每组不少于5根，并有详细记录。

⑦ 拆除临时支柱

拆除临时支柱需要三人配合，一人将液压支柱抱紧，一人扶住半开木(帽)，一人将捆扎液压支柱和钢筋网的14# 双股铅丝用卡丝钳剪断后扳动手把，支柱在自重作用下降柱。降柱完毕后方可将捆扎液压支柱与帽的铅丝剪断。

9.4.5　材料设备与劳动力组织

本工法不需要特别说明的材料，采用的机具设备见表9-3。

表9-3　机具设备表

序号	名称	规格型号	单位	数量
1	全断面掘进机	TBM	台	1
2	锚索钻机	MQT-130/2.8	部	5
3	湿式喷浆机	JPS5I-L	台	1
4	风钻	YT-29	部	4
5	带式输送机	DJS-110/55	部	1
6	带式输送机	DJS-80/2×40	部	2
7	带式输送机	自制	部	2
8	移变	KBSGZY-630KVA	台	3
9	移变	KBSGZY-2000KVA	台	3
10	馈电开关	KBZ-400/1140/660	台	2
11	综合保护	ZBZ-4.0M	台	2
12	激光定向仪	BJ2-Ⅱ	台	1
13	全站仪	RTS302	台	1
14	局部通风机	FBD№7.1-2×55kW	台	2
15	通风机开关	BPJ-110/660SF	台	2
16	张拉千斤顶	YCD-250	台	2
	张拉泵	KZDB1.25×63	台	2
17	锚杆拉力器	LDZ-200	台	2
18	声显式扭矩扳手	NB200-700	把	2
19	风动扳手	KB42	把	1
20	风量传感器	KGF2	台	1
21	甲烷传感器	GJC4/100(B)	台	4～5
22	声光语音信号	KXH127(原型号KXH-1)	台	16
23	铁锹		把	4
24	镐		把	4

采用的劳动力组织情况见表9-4。

表9-4　劳动力组织情况

编号	人员组成	人员数量/人
1	管理人员	4
2	技术人员	2
3	盾构机操作司机	6

表 9-4(续)

编号	人员组成	人员数量/人
4	打眼工	18
5	支护工	36
6	运料工	14
7	其他人员	24
合计		104

9.5 煤矿井下大断面硐室混凝土砌碹综合机械化作业线施工工法

该工法由义煤集团永兴工程有限责任公司编制。该工法广泛应用于各类矿山平巷、硐室、地面隧道工程衬砌施工。

9.5.1 工艺原理

该综合机械化作业线具有模板及模板支撑系统、液压系统、上料系统、拌料系统、运料系统、搅拌系统和行走系统等。该作业线由全液压钢模台车、搅拌机、混凝土泵、铲斗侧卸式装载机、搅拌机等设备组成。综合机械化作业线示意图如图 9-10 所示。

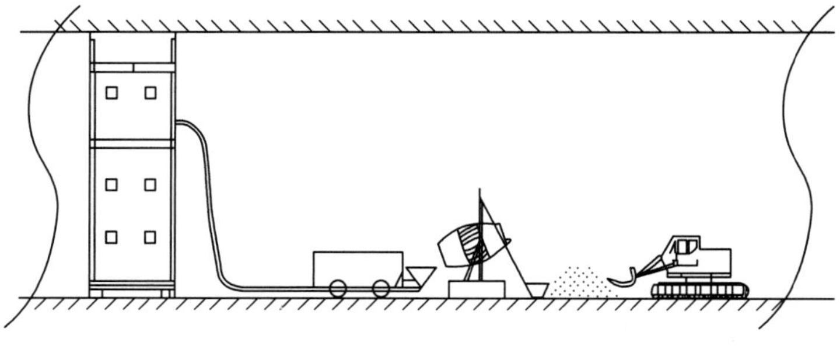

图 9-10 综合机械化作业线示意图

全液压钢模台车每台模车长度为 1.5 m,可组装拆卸。该模车由模板、台车架、模板支撑调整机构(含液压系统)、行走机构、液压控制系统等五大部分组成,确保了全液压钢模台车的稳定性和刚性,同时又具有行走机构,由稳车牵引行走,具有灵活性和机动性。由铲斗侧卸式装载机上料、配料,搅拌机进行上水、自行搅拌、卸料;混凝土由搅拌机倒入混凝土泵上料室,启动后自动上料,将混凝土通过管道运输压入全液压钢模台车,先两帮、后拱顶依次浇筑,完成一次工作循环。

9.5.2 工法特点

随着科技的发展,矿井混凝土砌碹装备的不断改进和施工技术的不断提高,矿井混凝土砌碹工程、地面隧道工程衬砌机械化工艺日趋成熟,传统的砌碹技术将逐渐被淘汰,煤矿井下大断面巷道(硐室)混凝土砌碹综合机械化作业线的研究和使用具有实际意义。矿井中央泵房施工断面一般比较大,施工工序复杂,工期较长,这与我国现代化矿井争速度、创效益、求安全的理念相违背。因此,如何选择配套设备和施工工艺,缩短泵房施工工期,加快施工进度,确保工程施工质量,提高泵房成巷速度,成为今后相当长时间内需要研究的课题。

为提高煤矿井下大断面巷道(硐室)砌碹施工的综合机械化程度,在义马煤业集团孟津煤矿有限责任公司−347 m水平排水泵房施工中,自主研发了煤矿大断面硐室混凝土砌碹综合机械化作业线。该作业线主要由全液压钢模台车、JJ-300型煤矿许用搅拌机、HBMD-15/8-30S型煤矿用混凝土泵、煤矿许用ZCY-45型铲斗侧卸式装载机等大型设备配套组成,主要特点如下:

① 全液压钢模台车由拱模、侧模、钢架、液压系统和行走导向轮五大部分组成,实现了整体支模、脱模、移动,简化了施工工序,使混凝土养护、拆模等一系列工序时间大幅缩短,劳动强度大幅降低。

② 全液压钢模台车底部安装行走导向轮,行走导向轮使台车沿铺设的钢轨行驶到所需衬砌的位置,行走灵活方便。

③ 全液压钢模台车整体结构合理,可操作性强,浇筑混凝土快速便捷,顶模、侧模板面平整光滑,施工的混凝土外观质量较高。

④ 模板支撑调整机构用于操作模板立模、定位、固定、脱模等,并将混凝土质量传递给台车架和地面。一般由液压控制系统通过液压缸的伸缩达到模板的立模定位及收模的效果。模板伸缩到设计位置后,采用液压锁定和机械锁定等措施,保证了支设模板完毕后,衬砌状态不变形、不走样以及强化了模板抗压强度。

⑤ 搅拌机除搅拌料外,安装了自动配料计量系统。能够利用固定比例的混凝土生料、上料斗确定混凝土的配合比,液压缸驱动链轮提升上料,搅拌机顶部安装了可调的自动定量供水系统按照配合比上水,液压马达驱动搅拌机搅拌后,由液压缸推动翻转,将搅拌好的混凝土熟料倒入混凝土输送泵料仓,在不减小搅拌能力的前提下,使其运动件所占空间最小,适于巷道作业。

⑥ 混凝土输送泵是可用于煤矿的防爆型多用途泵,采用液控自动控制系统,无其他电气控制器件,采用先进的S管阀分配系统,可自动补偿间隙,密封性好;具有反泵功能,当发生短暂堵管现象时,能作为清除堵管的一种手段,解决了传统骨料堵管的问题;同时具有退活塞功能,检查和更换活塞方便;搅拌装置设计独特,搅拌死角小,整体结构紧凑,体积小,质量轻,水平放置情况下能进罐笼,方便下井运输,对断面和空间的尺寸要求不高。

⑦ 在搅拌机和输送泵之间配置了混凝土上料装置,减少了混凝土材料的浪费,保证了现场环境卫生,实现了文明施工。

⑧ 浇筑混凝土效率高,一次衬砌长度为3 m,效率是传统工艺的6～7倍,大幅节省人力物力,改善了工作条件,具有良好的经济效益和社会效益。

⑨ 混凝土的质量容易保证,外观光顺平整,综合机械化程度高,人为的影响因素小,混凝土的配合比控制准确,混凝土的搅拌质量高,保证了混凝土的强度、表面光洁度和平整度。

9.5.3　工艺流程及操作要点

(1) 工艺流程

工艺流程如图 9-11 所示。

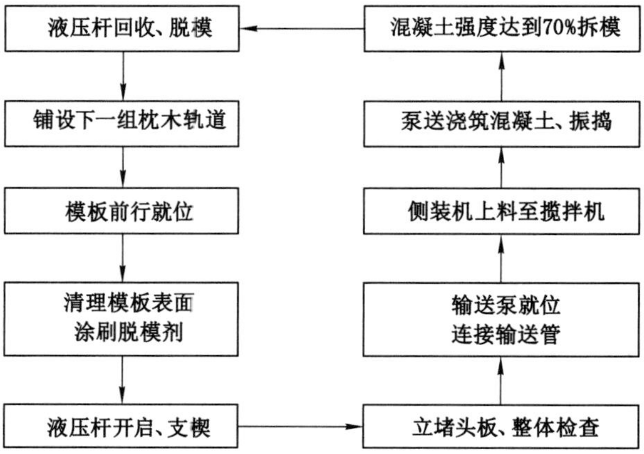

图 9-11　工艺流程

（2）操作要点

① 搅拌机的选择

根据泵房断面特征及砌碹厚度、孟津煤矿副井罐笼运输能力以及施工配合比，选择 JJ-300 型煤矿许用搅拌机。该设备结构紧凑，包括机架、上料机构及搅拌机构，上料机构位于机架的前端，搅拌机构位于机架上。该搅拌机能够利用固定比例的混凝土生料、上料斗确定混凝土的配合比，利用可调的定量供水部件确定混凝土的水灰比，液压缸驱动链轮提升上料，液压马达驱动搅拌机搅拌后，由液压缸推动翻转，将搅拌好的混凝土熟料倒入混凝土输送泵料仓，在不减小搅拌能力的前提下，使其运动件所占空间最小，适于巷道作业。另外，在搅拌机上部自主研发安装了自动配料计量系统，可根据添加的混凝土干料质量，按照配合比进行自动供水。

② 混凝土泵的选择

根据泵房巷道断面大小及特点，以及孟津煤矿采用的副立井提升罐笼，选择使用 HBMD-15/8-30S 型煤矿用混凝土泵。该设备属煤矿防爆型多用途泵，可用于多种可输送的矿用混凝土充填，可用于巷道支护、沿空留巷、快速喷浆、壁后充填、铺设底板等。整机除一台防爆电机外，其余采用液压自动控制系统，无其他电气控制器件，采用先进的 S 管阀分配系统；具有反泵功能；同时具有退活塞功能，检查和更换活塞方便；搅拌装置设计独特，搅拌死角小，水平放置能进罐笼，方便下井运输，对断面和空间的尺寸要求不高。最大输送距离水平 400 m，垂直 100 m，输送量 15 m/h，外形尺寸 2 900 mm×1 050 mm×1 500 mm。

③ 铲斗侧卸式装载机的选择

根据卸料、上料位置的空间大小，以及运距，选择使用 ZCY-45 型煤矿许用铲斗侧卸式装载机。该设备是新一代履带无轨行走的无轨装岩设备，具有插入力大、机动性好、全断面作业、安全性好等特点，可在工作面短距离运送物料。其额定容积 0.45 m^3，铲斗宽度 1.48 m，最大卸载高度 1.55 m，最大牵引力 35 kN。

④ 组装模车

考虑矿井立井井筒空间较小，组装后的设备无法运至工作面。首先把模车拆分运至巷道内，在巷道内进行预组装。组装好的全液压钢模台车如图 9-12 所示。在泵房内铺设轨道

15 m，轨距 3 500 mm（±10 mm），轨道铺设符合一般线路要求。

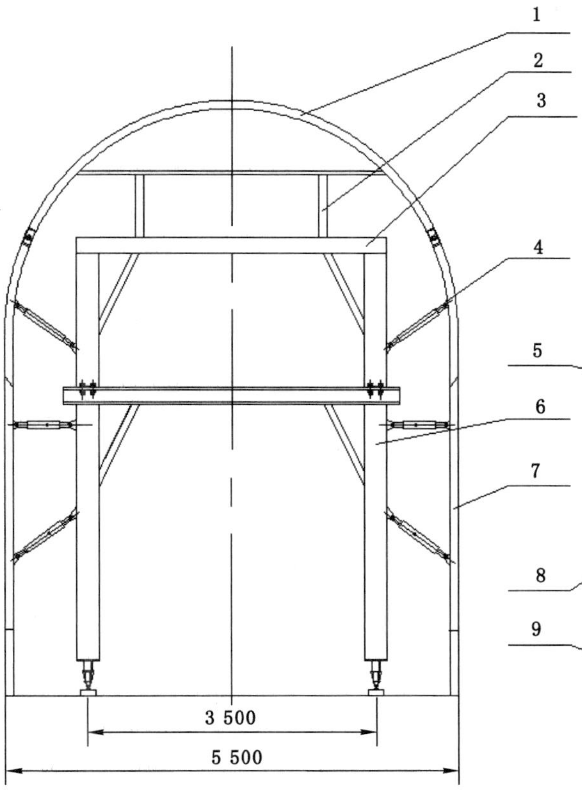

1—顶模；2—顶部千斤顶；3—上侧架；4—侧帮千斤顶；
5—中间架；6—下侧架；7—边模；8—工作窗；9—行走机构。
图 9-12 全液压钢模台车示意图

模板根据施工衬砌面轮廓加工而成，由顶模和侧模组成。顶模和侧模之间采用铰接，相同模板之间采用螺栓连接。侧模上开工作窗口，用于混凝土浇筑和捣固。

台车架用于支撑和固定模板，承受传递衬砌时混凝土的重力。

模板支撑调整机构用于操作模板立模、定位、固定、脱模等，并将混凝土重力传递给台车架和地面。一般由液压控制系统通过液压缸的伸缩达到模板的立模定位及收模的目的，用千斤顶丝杠支撑固定模板。

行走机构使台车沿铺设的钢轨行驶到所需衬砌的位置。

⑤ 立模

钢模台车行走至衬砌位置后便可立模，立模前钢模台车处于脱模状态。立模按以下几步进行：

a. 调整台车至衬砌位置后，钢模台车模板中心线与衬砌中心线对齐，夹紧卡轨器。

b. 操作手动换向阀手柄，使竖向液压缸上升，调整模板使其达到预定高度。

c. 操作手动换向阀手柄，使侧向液压缸撑出，粗调侧模板至预定位置。

d. 来回摇动手动换向阀手柄，调节侧向千斤顶，使钢模台车侧模板达到灌注状态。

e. 装好小模板支撑枕木、堵头板。堵头板充填不严的地方要用编织袋、小木条等材料将两侧堵好，防止出现跑浆、漏浆现象。

⑥ 浇筑混凝土

立模完成之后即可进行混凝土浇筑。钢模板垂直于碹胎安装，随着钢模板的对称铺设而进行混凝土浇筑。从拱基线开始随着钢模板的安装，混凝土对称入模，振捣，直至封口。严格按照 C30 混凝土施工配合比用量具和料筒进行侧装机上料、搅拌机搅拌以及混凝土输送泵浇筑和振捣。先从钢模台车最下排工作窗口进行混凝土浇筑，快要平齐工作窗口时，关闭工作窗，然后从第二排工作窗口进行混凝土浇筑，以此类推，最后通过浇筑口封顶。

⑦ 脱模

浇筑混凝土完成之后，必须等混凝土凝固一定时间才能进行脱模，见图 9-13 收模示意图。脱模按以下步骤进行：① 拆掉堵头板，取出支撑枕木先脱小模板；② 操作手动换向阀手柄，控制侧向千斤顶，使钢模台车侧模板脱离衬砌面。

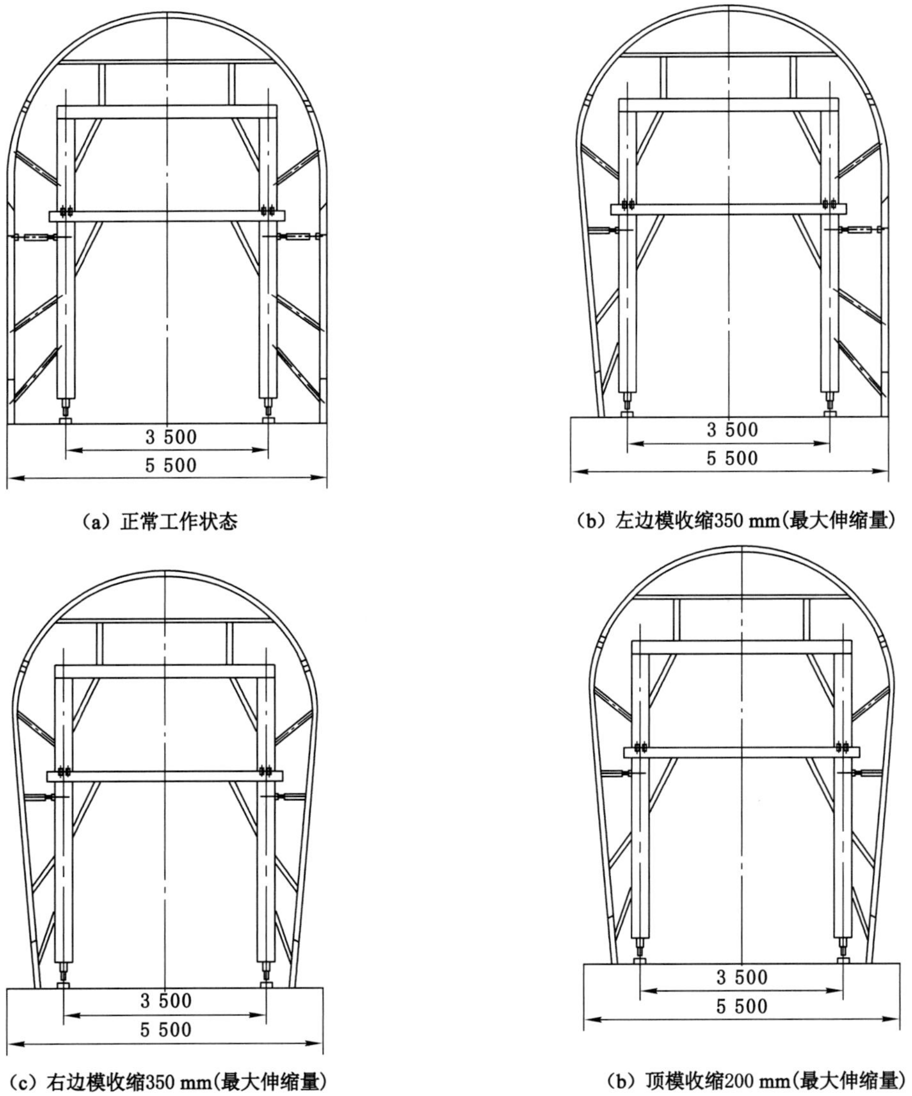

(a) 正常工作状态

(b) 左边模收缩350 mm(最大伸缩量)

(c) 右边模收缩350 mm(最大伸缩量)

(b) 顶模收缩200 mm(最大伸缩量)

图 9-13 全液压钢模台车收模示意图

⑧ 行走

钢模台车脱模之后，松开卡轨器，使用安装在－347 m水平变电所硐室内的稳车牵引台车即可行走到指定位置。

9.5.4 材料与设备

主要材料或设备见表9-5，主要设备见表9-6。

表9-5 主要材料或设备

序号	材料或设备名称	规格型号	单位	数量	备注
1	碎石	20～40	mm		按工程所需
2	普通硅酸盐水泥	PO42.5	t		按工程所需
3	砂	中砂	m^3		按工程所需
4	插入式振动棒		台	2	
5	甲烷检测仪	CJB4B	台	1	
6	甲烷传感器	GJ40	台	1	
7	瓦斯断电仪	DST-1	台	1	

表9-6 主要设备

序号	名称	规格型号	单位	数量	备注
1	全液压钢模台车	1.5 m×5.5 m×7.13 m	套	4	
2	乳化液泵	BRW125/31.5	台	1	
3	液压千斤顶	最大行程500 mm	根	32	
4	搅拌机	JJ-300	台	2	备用1台
5	侧装机	ZCY-45	台	1	
6	输送泵	HBMD-15/8-30S	台	1	
7	输送管	ϕ=125 mm，L=75 m	根	25	3 m/根
8	稳车		台	2	

9.5.5 应用实例

(1) 实例一

孟津煤矿－347 m水平排水系统泵房混凝土砌碹工程，泵房设计长度80 m，断面呈直墙半圆拱形；毛断面积为48 m^2，毛宽6 600 mm，毛高7 830 mm，墙高4 380 mm；净断面积为36 m^2，净宽5 500 mm，净高7 130 mm；“锚网喷＋锚索＋砌碹”联合支护，砌碹厚度450 mm，混凝土强度等级为C30，工期40 d。整个工程采用综合机械化作业线全断面混凝土衬砌施工工艺。其中主要设备为全液压钢模台车、ZCY-45型侧装机、JJ-300型搅拌机、HBMD-15/8-30S型输送泵。按计划完成了混凝土砌碹任务，节约施工成本合计约171.57万元。

(2) 实例二

义煤集团新义矿业有限公司副井井底中央水泵房，泵房设计长度为75 m，断面呈直墙半圆拱形；毛断面积为 48 m^2，毛宽 6 600 mm，毛高 7 830 mm，墙高 4 380 mm；净断面积为 36 m^2，净宽 5 500 mm，净高 7 130 mm；“锚网喷＋锚索＋砌碹”联合支护，砌碹厚度 450 mm，混凝土强度等级为 C30。整个工程采用煤矿井下大断面硐室混凝土砌碹综合机械化作业线施工工艺。按计划完成了施工任务，节约施工成本约 128.18 万元，混凝土外观质量和强度获得各方认可。

（3）实例三

河南大有能源股份有限公司跃进煤矿南风井井底供水泵房，泵房设计长度为 185.7 m，断面呈直墙半圆拱形，掘进断面积为 30.6 m^2，“锚网喷＋砌碹”联合支护，砌碹厚度 400 mm，混凝土强度等级为 C30。整个工程采用煤矿井下大断面硐室混凝土砌碹综合机械化作业线施工工艺。按计划完成了施工任务，节约施工成本约 140.51 万元，施工进度、质量获得四方认可，成功通过竣工验收。

9.6 煤矿大坡度长斜井综掘施工工法

该工法由重庆巨能建设（集团）有限公司和重庆千牛建设工程有限公司编制。该工法适用于坡度不超过 25°煤矿斜井、井筒、大巷等井巷工程施工。当巷道长度超过 500 m、坡度大于 18°时以及因特殊原因不能采用炮掘施工时，更能体现其独特的经济和社会效益。

9.6.1 工艺原理

采用 EBH120 型悬臂式掘进机掘进装岩、后方大倾角带式输送机连续运输、辅以绞车进行物料提升的施工机械化配套，进行巷道长度超过 500 m、坡度大于 18°的煤矿斜井非爆破机械化施工。

综掘机通过行走机构向前推进，刀盘旋转形成的切割力不断破碎岩石，利用综掘机自身的大小臂形成的辅助牵引系统防止综掘机滑移，并利用综掘机前方的喷雾系统及后方自制除尘风机保证巷道作业环境。

综掘机内置刮板输送机将破碎的岩石运至综掘机后方配套的大倾角带式输送机进行排矸运输，为保证运输安全，带式输送机必须配套安设防矸石逆流下滑、防飞矸、防跑偏、防断带等保护装置。

作业线主要设备如下：① 锚杆钻机 4 台；② 掘进机 1 台；③ 带式输送机 2 台；④ 除尘风机 2 台；⑤ 搅拌机 2 台；⑥ 喷浆机 2 台；⑦ 激光指向仪 3 台；⑧ 局部通风机 2 台。

9.6.2 工法特点

（1）适用范围更广

采用新型综掘机进行机械化施工，最大能适应±25°上下山巷道施工，填补了国内±18°以上斜井采用综掘机施工的空白。

（2）安全性高

借助综掘机大小臂抵抗下滑力，防止综掘机侧向滑移，防止事故的发生。

该工法在综掘机后配套采用了多种配套的安全保护装置，保证了大倾角皮带排矸运输的安全，如图 9-14 所示。此外，配套的综合防尘措施能有效预防职业病的发生。

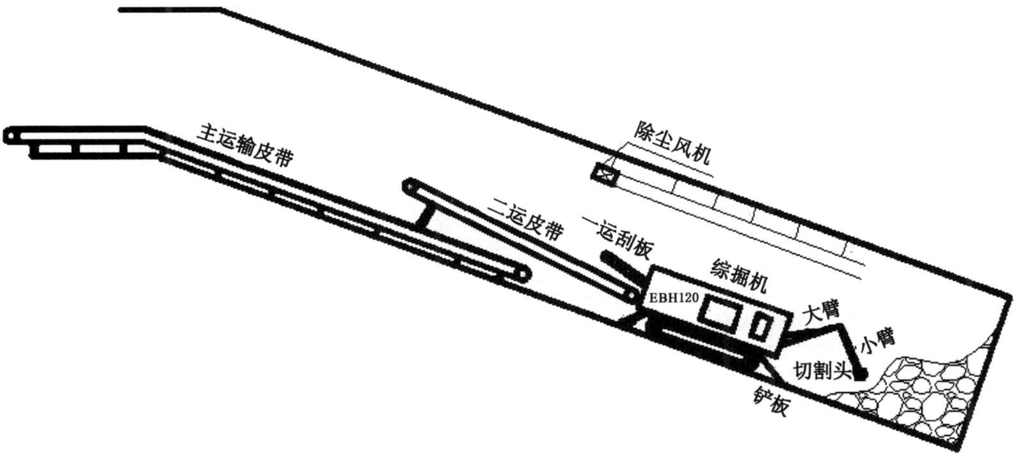

图 9-14 大坡度长斜井施工机械化作业线

(3) 工效高

该综掘机爬坡能力强,在大坡度斜井中行走能力和行走速度更大,破岩能力及破岩速度有显著提高,并能大幅度减少截齿消耗。

同时,该工法采用的后配套能在大倾角长斜井中实现安全连续运输,提高了运输效率,为提高掘进速度提供了运输保障。

(4) 能耗低

该工法所采用的综掘机功率小,与传统悬臂式综掘施工方法相比,施工能耗可降低50%,节能效果十分显著。

9.6.3 工艺流程及操作要点

9.6.3.1 工艺流程

工艺流程图见图 9-15。

9.6.3.2 操作要点

(1) 工作面交接班与安全检查

每班人员到达工作面进行正式作业前,在工作面进行交接班,交接班应检查工作面围岩和支护、通风、瓦斯及掘进机周围等情况。在综掘机切割前及支护过程中,都必须认真执行敲帮问顶制度。敲帮问顶工作要指派有生产经验的人员负责,找顶应采用长把工具(配备两根,一根 1.5 m,另一根 3 m),由外向里、先顶后两帮,找顶要有人监护。浮矸危石清理干净,确认安全后方可进行其他作业。

(2) 金属前探梁临时支护

在综掘机掘进前,采用 3 根不小于 4 m 长的由 ϕ50 mm 钢管制成的金属前探梁作为临时支护,在临时支护的掩护下进行综掘机掘进作业。

金属前探梁在起拱以上布置,顶部 1 根,在顶部两侧 1.6 m 各 1 根,共 3 根。前探梁间距 1 600 mm,允许偏差范围-100~+100 mm,等距布置,前探梁之间采用木板背顶,使用

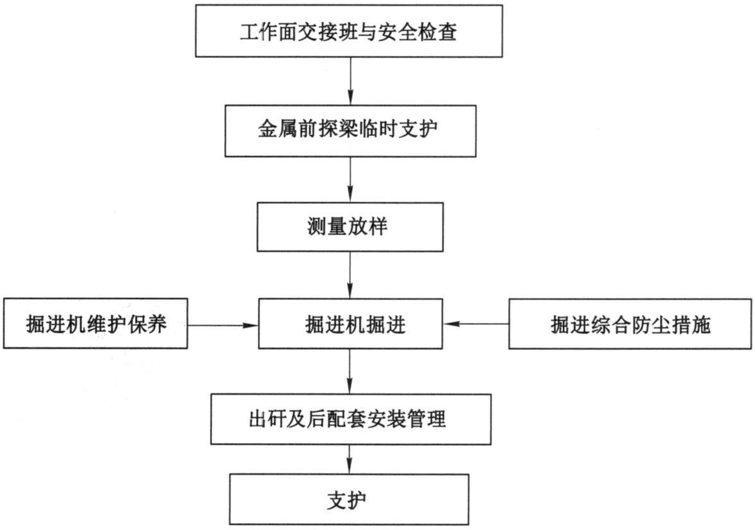

图 9-15　工艺流程图

木楔将背顶的木板楔紧(木板厚度不小于 50 mm,数量满足现场背顶需要),防止矸石掉落。每根前探梁用吊环固定,固定点不少于 3 处。

(3) 测量放样

① 使用三台激光指向仪进行定向定线,一台安装在巷中控制方位及顶板,两帮拱基线处各安装一台控制腰线。

② 施工之前由测量人员校验激光指向仪,确保指向方位及中线与巷道方位、中线一致。

③ 掘进前由测量人员将巷道腰线延伸至工作面,根据巷道中线及腰线将巷道轮廓线用油漆标画出来。

④ 每掘进 30 m 进行一次校验,当遇特殊情况导致激光指向仪有偏差时,应及时进行校验。

(4) 综掘机掘进

本工法采用的是一种与传统综掘机概念不同的机型 EBH120 型悬臂式掘进机(图 9-16),其主要参数见表 9-7。

图 9-16　EBH120 型悬臂式掘进机照片

表 9-7　EBH120 型悬臂式掘进机主要技术参数

序号	项目	单位	技术参数	
			标准臂型	短臂型
1	整机质量	kg	29 000	28 000
2	外形尺寸(长×宽×高)	mm	11 850×1 757×1 495	11 600×1 757×1 495
3	截割功率	kW	120	120
4	可/经济截割硬度	MPa	90/70	90/70
5	最大截割高度	mm	4 542	4 000
6	最大定位截割宽度	mm	5 672	5 080
7	截割头转速(无级变速)	r/min	0～75	0～75
8	卧底量	mm	813	380
9	履带板宽	mm	450	450
10	接地比压	MPa	0.08	0.08
11	行走速度	m/min	9	9
12	爬坡能力	(°)	±25	±25
13	星轮转速	r/min	30	30
14	装载能力	m^3/h	80	80
15	运输机构形式		滚子链刮板输送机	滚子链刮板输送机
16	张紧形式		液压缸张紧	液压缸张紧
17	刮板链速	m/s	0.7	0.7
18	运输能力	m^3/h	90	90
19	液压系统形式		负载敏感+恒功率系统	负载敏感+恒功率系统
20	主液压系统工作压力	MPa	32	32
21	液压系统操纵形式		先导操纵	先导操纵
22	油箱容积	L	180	180
23	油冷却器形式		风冷冷却器	风冷冷却器
24	喷雾系统水压	MPa	≥1.5	≥1.5
25	外来水量	L/min	≥30	≥30
26	电机功率	kW	160	160
27	供电电压	V	660/1140	660/1 140
28	最大不可拆卸质量	kg	3 250	3 250
29	最大不可拆卸尺寸	mm	2 500×960×1 280	2 500×960×1 280

该机型与以重装大功率实现大断面高速掘进的传统综掘机相比，具有小巧轻便、作业范围大、不用采取任何辅助防滑措施等优点，具体如下：

① EBH120 型掘进机为全液压设计，截割部分选用德国原装液压马达，实现截割速度自适应性，在破岩能力与破岩速度上比传统掘进机有显著提高，并大幅减少了截齿消耗，提高了掘进机寿命。

② 在适应巷道倾角上，掘进机最大能适应±25°上下山倾角，比传统掘进机只能适应±18°倾角有特别明显的优势，尤其当遇到软岩或泥岩胶结的围岩时，不容易因迎头水的影响而使设备陷入底板，还可借助截割臂的力量辅助综掘机行走。

③ 该型掘进机可安装机载液压钻机，由综掘机提供动力，完成掘进探放水工作，机载钻机安装拆除十分方便快捷。

④ 在防尘上，可实现干式除尘。

⑤ 该产品是新型产品，在非煤矿山已有成功应用。

(5) 工作面掘进

① 切割前必须先开启除尘风机及喷雾装置方可开始切割，以由上向下、先顶部后下部再周边的原则进行截割。

② 综掘机截割时将截割头调至井筒中上部，先由井筒中上部开口进刀，左右摆动，割出横槽，然后由上向下成S形截割，进刀深度以0.3～0.4 m为宜，截割至与设计接近的断面，最后从井筒的左侧拱基线处进刀截割至设计断面。切割的矸石落入综掘机铲板的收集头上，由收集头上的星轮连续运转将矸石装入综掘机一运、二运转载运输机，然后通过皮带运输到地面。

③ 为了便于"锚网索"支护，分上下段进行掘进。如图9-17所示，当切割高度满足能支护锚网时，将上段顶部修整成设计尺寸，停止掘进，后退综掘机进行上部支护。上段锚网施工完毕后再继续切割下段直至设计断面，截割工作完成后，后退综掘机支护下段。

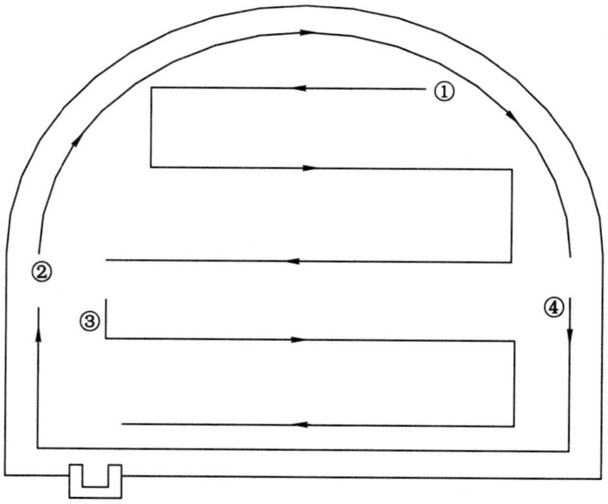

图9-17　截割顺序示意图

(6) 综掘机防滑技术

该综掘机爬坡倾角为±25°，整机质量较轻，具有一定的抗滑能力，其现场作业图如图9-18所示。掘进期间，启用支撑及铲板使其落地受力。后退时，借助综掘机大小臂辅助受力后退，小臂与巷道底板夹角保持在70°左右。在掘进完成后，掘进机铲板、后支撑及切割头紧贴巷道底板且有一定的受力(切割头与巷道底板夹角保持在70°左右)，防止掘进机下滑。

(7) 掘进期的排水系统设置

为了防止各类水源导致工作面积水，造成施工作业环境恶化，避免综掘机在施工过程

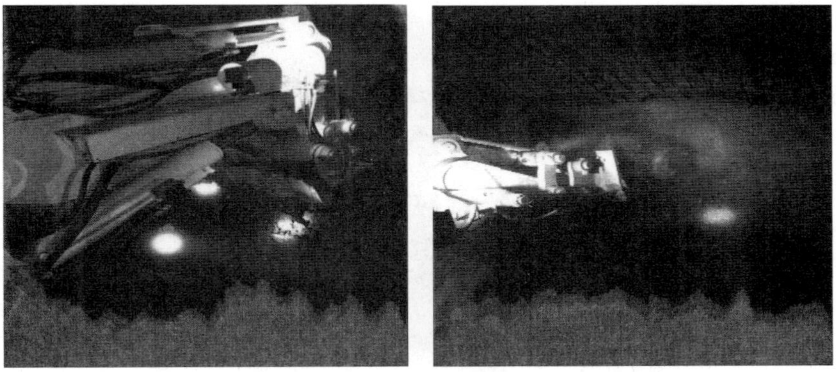

(a) (b)

图 9-18 现场作业图

中下陷，排水工作十分重要，排水系统设置如下：

① 每隔 60 m 施工横向截水沟，将巷道淋水引入水箱。

② 在施工中采用设置分级临时水仓和分级排水的方式。

(8) 掘进综合防尘措施

① 掘进机的截齿必须保持完整、锋利，损坏或磨损必须立即更换。

② 进入掘进机喷雾系统的水必须经过滤器净化。

③ 掘进机作业时加大内外喷雾压力，保证喷雾水成雾化状，内喷雾压力不得小于 1.5 MPa，外喷雾压力不得小于 3 MPa。

④ 在该综掘机上方安装 15 kW 吸尘风机，吸尘风机上安装 4 个吸尘管，且该吸尘风机自带清洗功能，通过后方的排泥管排至二运皮带。在掘进作业时，开启吸尘风机，每班掘进完毕后必须清洗风机，保证风机正常作业。综掘机吸尘风机如图 9-19 所示。除尘风机加工图如图 9-20 所示。

(a) (b)

图 9-19 综掘机吸尘风机

⑤ 在综掘机后方 50 m 处安装自制的除尘风机进行吸尘，及时清洗除尘风机，风机出风口安装金属网，网内安装 4 个风水连动喷雾装置，在防尘网前后 5 m 范围内对巷道底板进行硬化，且在下方开挖截水沟，将水引流至水仓内。

⑥ 每隔 50 m 安装一个三通阀门，并且至少安装两道净化水幕。第一道净化水幕布置在工作面后 30～50 m 处；第二道距工作面 150～200 m，随工作面掘进而延伸。在防尘水幕

图 9-20　除尘风机加工图

前后 5 m 范围内对巷道底板进行硬化，且在下方开挖截水沟，将水引流至水仓内。综合防尘效果图如图 9-21 所示。

图 9-21　综合防尘效果图

(9) 出矸及后配套安装管理

① 综掘后配套方案

综掘后配套方案如表 9-8 所示。

表 9-8　综掘后配套方案表

内容		方案
		大倾角带式输送机＋绞车提升物料机轨合一
1	主要机械	综掘机＋带式输送机排矸
	设备投入	绞车＋矿车下放材料
2	优点	连续运输，保证运输效率
		皮带永临结合，利用永久设备，节省建井工期
		与综掘机配套，能最大限度发挥综掘机连续作业优势

表 9-8(续)

<table>
<tr><td colspan="2" rowspan="2">内容</td><td>方案</td></tr>
<tr><td>大倾角带式输送机＋绞车提升物料机轨合一</td></tr>
<tr><td>3</td><td>缺点</td><td>大倾角皮带安全风险大</td></tr>
<tr><td>4</td><td>装矸效率/(m^3/h)</td><td>375</td></tr>
<tr><td>5</td><td>人工投入</td><td>皮带司机和检修 2 人/班</td></tr>
</table>

② 大倾角带式输送机具体型号

本工法采用 DSJ80/6/2×75 kW 大包角伸缩带式输送机，主要技术特征如表 9-9 所示。

表 9-9　技术特征表

<table>
<tr><td>序号</td><td>项目</td><td>单位</td><td>数值</td><td>序号</td><td colspan="2">项目</td><td>单位</td><td>数值</td></tr>
<tr><td>1</td><td>输送量</td><td>t/h</td><td>600</td><td>12</td><td colspan="2">机头传动部外形尺寸</td><td>mm</td><td>4 755×2 099×1 535</td></tr>
<tr><td>2</td><td>最大输送长度</td><td>m</td><td>700</td><td>13</td><td colspan="2">机尾外形尺寸</td><td>mm</td><td>18 994×1 294×655</td></tr>
<tr><td>3</td><td>皮带速度</td><td>m/s</td><td>2.0</td><td>14</td><td colspan="2">皮带规格型号</td><td>mm</td><td>800</td></tr>
<tr><td>4</td><td>贮藏皮带长度</td><td>m</td><td>100</td><td rowspan="4">15</td><td rowspan="4">张紧绞车</td><td>型号</td><td colspan="2">JH-8</td></tr>
<tr><td>5</td><td>减速机</td><td colspan="2">JS75　i=24.438</td><td>电动机功率</td><td>kW</td><td>7.5</td></tr>
<tr><td>6</td><td>隔爆型交流变频器</td><td colspan="2">BPJ4-110/660</td><td>绳速</td><td>m/s</td><td></td></tr>
<tr><td>7</td><td>电压</td><td>V</td><td>660</td><td>最大牵引力</td><td>N</td><td>80 000</td></tr>
<tr><td>8</td><td>传动滚筒直径</td><td>mm</td><td>630</td><td rowspan="3">16</td><td rowspan="3">主电动机</td><td>型号</td><td colspan="2">YBBP-280S-4</td></tr>
<tr><td>9</td><td>改向滚筒直径</td><td>mm</td><td>320/400</td><td>功率</td><td>kW</td><td>2×75</td></tr>
<tr><td>10</td><td>托辊直径</td><td>mm</td><td>89</td><td>电压</td><td>V</td><td>660/1 140</td></tr>
<tr><td>11</td><td>转载机搭接最大长度</td><td>m</td><td>5</td><td>17</td><td colspan="2">总质量(不含皮带)</td><td>t</td><td>55.5</td></tr>
</table>

③ 大倾角皮带主要安装技术要求

专门设计大包角伸缩带式输送机，减少矸石下滑的可能性；选用强防滑皮带，提高皮带强度与摩擦阻力；加装防矸石逆流下滑装置，控制矸石下滑和防止飞矸；特制皮带防跑偏装置；加装防矸网，防止矸石飞出伤人；选用变频装置，减少带式输送机启动对皮带的冲击；设计并采用适合大倾角的带式输送机保护装置，保证带式输送机安全运转；加装自制的防断带飞出保护装置，防止断带伤人；加强带式输送机日常检查与维护，保证带式输送机完好，确保带式输送机运行安全；采用 KHP157 型矿用带式输送机保护装置。

带式输送机电气保护装置包括机头下煤位保护传感器、皮带打滑保护传感器、跑偏保护传感器、烟雾保护传感器、温度传感器和超温自动洒水装置，并具有中途紧急停车开关。这使得带式输送机具有机头下煤位保护、低速打滑保护、跑偏保护、烟雾保护、断带保护、温度保护等多种保护功能。本保护系统还显示声光监测信号，不同的声光信号表示带式输送机的不同工作状态，显示直观、性能可靠，符合《煤矿安全规程》的要求。带式输送机还配备 DDZ-30/1000 型断带抓捕器，可防止断带事故扩大。此外，增设了防块煤洒落装置。

(10) 支护

在金属前探梁临时支护的掩护下进行“锚网索”支护。顶板锚杆采用锚杆钻机施工，施工时，先施工中顶锚杆孔，然后依次向两边施工；帮部锚杆可根据工作面岩体条件滞后工作面一段距离施工，施工顺序自上而下，由后向前逐排进行。初次喷射混凝土应紧跟工作面施工，复喷射混凝土可在距工作面 30～50 m 后进行。

9.6.4 施工作业循环及劳动组织

采用“三八”工作制，作业方式采用二掘一喷、一次成巷，其循环作业图表见表 9-10，劳动力组织表见表 9-11。

表 9-10 循环作业图表

作业方式：“三八”工作制 循环方式：两掘一喷 循环进度：2.4 m

工序	工作量	工时/min
交接班准备	检查验收	10
安全确认及准备	迎头20 m	15
切割上部岩体	21 m^3	100
敲帮问顶，临时支护	找掉危岩、移前探梁	5
顶部锚网索支护	39根锚杆 68根锚索	155
设备检修	综掘机皮带等	155
切割下部岩体	25.9 m^3	140
施工两帮锚网	12根锚杆	45
收尾	清理机尾	10
拌料	11 m^3	420
喷浆	11 m^3	450
清理回弹料		30

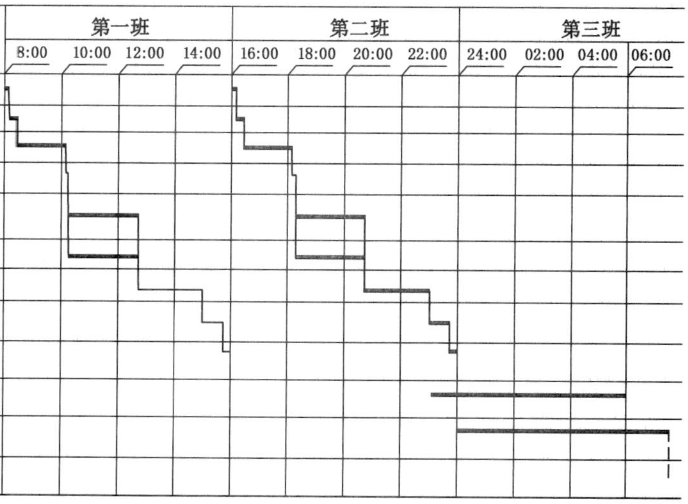

表 9-11 劳动力组织表

工种		每小班出勤	每小班在册	圆班出勤	圆班在册	备注	工种		每小班出勤	每小班在册	圆班出勤	圆班在册	备注
直接工	跟班队长	1	4	3	4		辅助工	验收员	1	2	2	4	
	班长	1	4	3	4			电工	1	3	2	6	
	综掘机司机	1	3	2	3			钳工	1	3	2	6	
	锚网支护工	5	7	10	14			检修工	1	3	2	6	
	喷浆工	5	7	5	7			皮带司机	1	3	3	6	
	小计	13	25	23	32			瓦检工	1	2	3	4	
								安全员	1	2	3	4	
								小计	7	18	17	36	

9.6.5 材料设备

施工材料与设备见表 9-12。

表 9-12 施工材料与设备

序号	作业线	设备名称	型号规格	单位	数量	主要技术特征
1	提升系统	绞车	JK2.5×2	台	1	
			JD2.5/40kW	台	1	
		材料矿车		辆	2	
		矿车	MGC-1.1-6	辆	2	
2	掘进	综掘机	EBH120	台	1	安华机械
3	排矸	带式输送机	DSJ-80/2×75kW	部	1	防滑皮带
		装载机	ZL-50	台	1	
4	支护	混凝土搅拌机	JS350	台	1	
		混凝土喷射机	ZP-7B	台	1	
		锚杆/锚索钻机	MTQ-130	台	3	
		风钻	YT-28	台	2	
		扭矩扳手		个	2	
		锚索张拉器	RTM-1436	台	1	
		锚固力检测计		台	1	
5	辅助系统	风泵	FWTB70-160	台	2	
		多级泵	MD46-50×4	台	1	
		多级泵	MD85-45×9	台	1	
		单级泵	S80-50-315	台	1	
		压风机	40 m^3	台	2	
		信号、通信	DX-1	套	1	
		照明	LED250/127	套	60	
		局部通风机	FBD-No6.3/2×30	台	2	
		激光指向仪	DJE-1	台	3	
		全站仪	RTS632E	台	1	
		隔离式自救器	AZY-45	台	80	
		柴油发电机	康明斯	台	1	备用,由甲方提供
		跑车防护装置	智能	套	1	
		充电设备	KTSB-102	台	3	
		风镐	G10	台	2	
		起道器		台	1	
		低速风表	DFA-3	个	3	

9.6.6 应用实例

(1) 应用实例一

吐鲁番市塔尔朗沟煤矿副斜井全长 1 187.913 m,倾角 22°,巷道净断面积 13.2 m^2,主要采用“锚网喷＋锚索”支护，通过实施煤矿大坡度长斜井综掘施工工法，降低了工人劳动强度，取得了日最高进尺 7.2 m、月最高进尺 149.6 m 的进度指标。

（2）应用实例二

吐鲁番市塔尔朗沟煤矿主斜井全长 1 187.913 m，倾角 22°，巷道净断面积 18.9 m^2，主要采用“锚网＋锚喷”支护，通过实施煤矿大坡度长斜井综掘施工工法，降低了工人劳动强度，取得了日最高进尺 6.5 m、月最高进尺 130 m 的进度指标。

（3）应用实例三

吐鲁番市塔尔朗沟煤矿回风斜井全长 1 187.913 m，倾角 22°，巷道净断面积 16.6 m^2，主要采用“锚网＋锚喷”支护，通过实施煤矿大坡度长斜井综掘施工工法，降低了工人劳动强度，取得了日最高进尺 6.8 m、月最高进尺 143 m 的进度指标。

9.7 硬岩巷道机械化快速施工工法

该工法适用于岩石硬度较大、断面积较大的岩石巷道施工。

9.7.1 工艺原理

（1）采用眼深 3.5 m 中深孔爆破，四部桶形＋楔形混合掏槽法全断面一次爆破。为增加循环进尺，对掏槽方式进行了试验研究，采用四部桶形＋楔形混合掏槽，取得很好的效果。改单楔掏槽为复合掏槽，采用掏槽定位导向器导向，以器具指导施工，减小人为操作误差，提高施工精度，大大提高了单进，炮眼利用率达 95％以上，提高了 15％。

（2）采用“三臂液压凿岩台车＋锚杆钻车＋带破碎锤的液压耙装机＋可伸缩带式输送机＋无轨胶轮车”机械化综合配套施工技术。

用凿岩台车进行打眼施工，实施光面爆破；ZWY-150/55L 防爆型履带式挖斗装载机（带破碎锤）既可装岩又可破碎大块矸石，用可伸缩带式输送机出矸；工作面配备 1 台 CMM25-4 型锚杆钻车（自身携带 4 台锚杆钻架），能够实现 4 台同时工作，同时机身携带临时支护装置，后方配备 2 台混凝土喷射机进行混凝土喷射工作；配备 2 台无轨胶轮车，用于运送材料。

9.7.2 工法特点

该工法采用中深孔爆破，掏槽设计为四部桶形＋楔形混合，解决了硬岩掏槽问题；采用三臂液压凿岩台车、锚杆钻车、带破碎锤的液压耙装机、可伸缩带式输送机、无轨胶轮车等设备配套形成机械化作业线，实现了大断面岩巷快速施工。

9.7.3 工艺流程及操作要点

以温家庄煤矿翟下庄分区＋635 m 水平辅运大巷施工为例。

（1）凿岩

钻爆法施工普遍采用 YT-28 型风动气腿式风钻打眼或双臂凿岩台车，风钻钻眼速度慢，打眼中容易断钎伤人，人工操作强度大，工作面施工中需要投入多台同时施工，使用人工多，且风钻的噪声较大，施工环境差，容易造成安全隐患；双臂凿岩台车使用范围受限，不适用大断面巷道且打眼深度受限。经研究决定采用 DW3-180 型凿岩台车(图 9-22),其技术参数如表 9-13 所示,该设备配备三台钻机,三套钻臂为独立液压系统控制;钻臂可伸缩,工作覆盖面积大;钻臂间有工作服务平台,方便工人快捷高空作业。

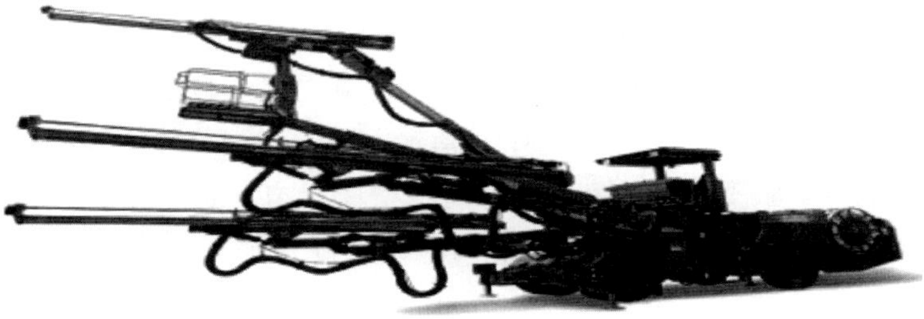

图 9-22　DW3-180 型凿岩台车

表 9-13　DW3-180 型凿岩台车技术参数

部件	项　　目	技术参数		
钻臂	整机外形尺寸(长×宽×高)	16 719 mm×2 926 mm×3 797 mm/4 897 mm		
	适应断面(宽×高)	17.4 m×13.3 m		
	凿孔直径	38～102 mm		
	钻杆长度	4 310 mm	4 920 mm	5 525 mm
	钻孔深度	4 015 mm	4 625 mm	5 214 mm
	钻孔速度	0.8～2 m/min		
	主电机功率	3×75 kW		
	液压油箱容量	650 L		
	总质量	44 000 kg		
	凿岩机型号	HC109(标配)	HC110(选配)	
	最大回/转角度	正 180°、反 180°		
	最大摆臂角度	左 45°、右 45°		
	最大伸缩量	1 800 mm		
	推进器俯仰角	90°/3°		
	推进器补偿量	1 800 mm		

经现场实际测算,风钻单孔人工钻孔速度为 0.3 m/min,双臂凿岩台车速度为 1.2 m/min,三臂凿岩台车速度为 1.4 m/min。按爆破设计要求每循环打 150 个掘进孔(眼深共 497.6 m),人工钻孔全断面可布置 5 台钻机(1.5 m/min),钻孔时间 5.53 h;双臂凿岩台车(2.4 m/min),钻孔时间 3.77 h;三臂凿岩台车(4.2 m/min),钻孔时间 1.97 h,每循环炮眼钻孔相比双臂凿岩台车可节省时间 1.8 h,相比风钻可节省时间 3.56 h。

(2) 爆破参数设计

炸药采用水胶炸药,药卷直径为 32 mm 或 35 mm,长度为 300 mm 或 400 mm。雷管为 1～7 段电雷管,均为毫秒延期电雷管。

钻孔采用三臂凿岩台车,它区别于气腿式凿岩机最显著的特点为其大臂长度(约为 5.3 m)

和钻杆长度(约为 3.7 m,最大成孔深度为 3.5 m)长。当采用的钻头直径为 45 mm 时,对于硬岩石,2 min 可钻一个孔深为 3.3 m 的炮孔。

巷道掘进爆破效果取决于掏槽爆破的效果,掏槽孔的炮孔利用率决定了巷道掘进的炮孔利用率。因此,合理选择掏槽方式及其爆破参数,使岩石完全破碎以形成洁净的槽腔,是决定巷道爆破效果的关键。掏槽方式的选择,主要取决于巷道断面大小、岩石性质、岩层地质条件、凿岩设备和循环进尺要求等。在平巷掘进中常用的掏槽方式,按掏槽孔的方向可分为斜孔掏槽、直孔掏槽和混合掏槽。有学者建立了新的评价标准,对楔形掏槽、直眼掏槽、大直径补偿孔直眼掏槽及分阶掏槽等不同掏槽布置方式进行了比较分析,认为在软岩中,小于 2.5 m 孔深时,楔形掏槽的爆破效率最高;在硬岩中,大于 2.5 m 孔深时,直孔掏槽的爆破效率最高。

工程中以“技术可行,经济合理,安全可靠”为指导。当岩石性质、巷道断面大小及岩层地质条件确定时,掏槽形式主要取决于循环进尺,直孔掏槽的掏槽孔都垂直于工作面,互相平行,炮孔间距小,可留有不装药的空孔,布孔形式多样,且炮孔布置方案可以不随钻孔深度的变化而变化;而斜孔掏槽需要根据不同的钻孔深度调整炮孔的偏斜角度和线装药系数等。因此,直眼掏槽能适应现场条件,更能体现出机械化作业的优势。决定采用四部桶形+楔形混合掏槽法。

周边眼(墙眼和拱眼)满足施工现场技术要求;台车钻孔后底板聚积大量水和砟石,考虑装药难度,钻凿 11 个底眼;辅助眼到同边眼的排距 B_1 要充分考虑光面爆破的要求,结合大量现场施工经验,B_1 可取 370 mm;辅助眼到掏槽眼的排距 B_2 可以取 600～650 mm;参考《爆破手册》及其他类似工程施工经验,机械化台车凿岩中深孔掏槽爆破典型的方式为四部掏槽法,空孔数随岩石及断面状况变化,1 段眼与空孔的距离必须保证在 100 mm 左右,3 段眼与空孔的距离约为 350 mm,5 段眼与空孔的距离约为 550 mm,7 段眼与空孔的距离约为 850 mm。

针对岩石硬度和巷道断面,为保证巷道成型和爆破效率,经多次论证,首次在井下采用眼深 3.5 m 中深孔,掏槽为四部桶形+楔形混合掏槽法全断面爆破、全断面一次装药、一次起爆,详见爆破参数表(表 9-14)和炮眼布置图(图 9-23),预期爆破效果见表 9-15。

表 9-14　爆破参数表

眼号	炮眼类别	眼数/个	最小抵抗线/m	角度/(°)	眼深/m		装药量/kg		连线方式		装药结构	起爆次序
					每眼	小计	每眼	小计				
1	空眼	1		90	3.5	3.5				一次起爆	正向连续装药结构	串联
2～5	掏槽眼	4	0.60	90	3.5	14.0	1.32	5.28	1			
6～13	掏槽眼	8	0.60	85	3.5	28.0	1.32	10.56	1			
14～35	辅助眼	22	0.40	90	3.3	72.6	0.99	21.78	2			
36～58	辅助眼	23	0.40	90	3.3	75.9	0.66	15.18	3			
59～91	辅助眼	33	0.65	90	3.3	108.9	0.66	21.78	3			
92～139	周边眼	48	0.65	91	3.3	158.4	0.66	31.68	4			
140～150	底眼	11	0.42	91	3.3	36.3	0.33	3.63	5			
合计		150				497.6		109.89				

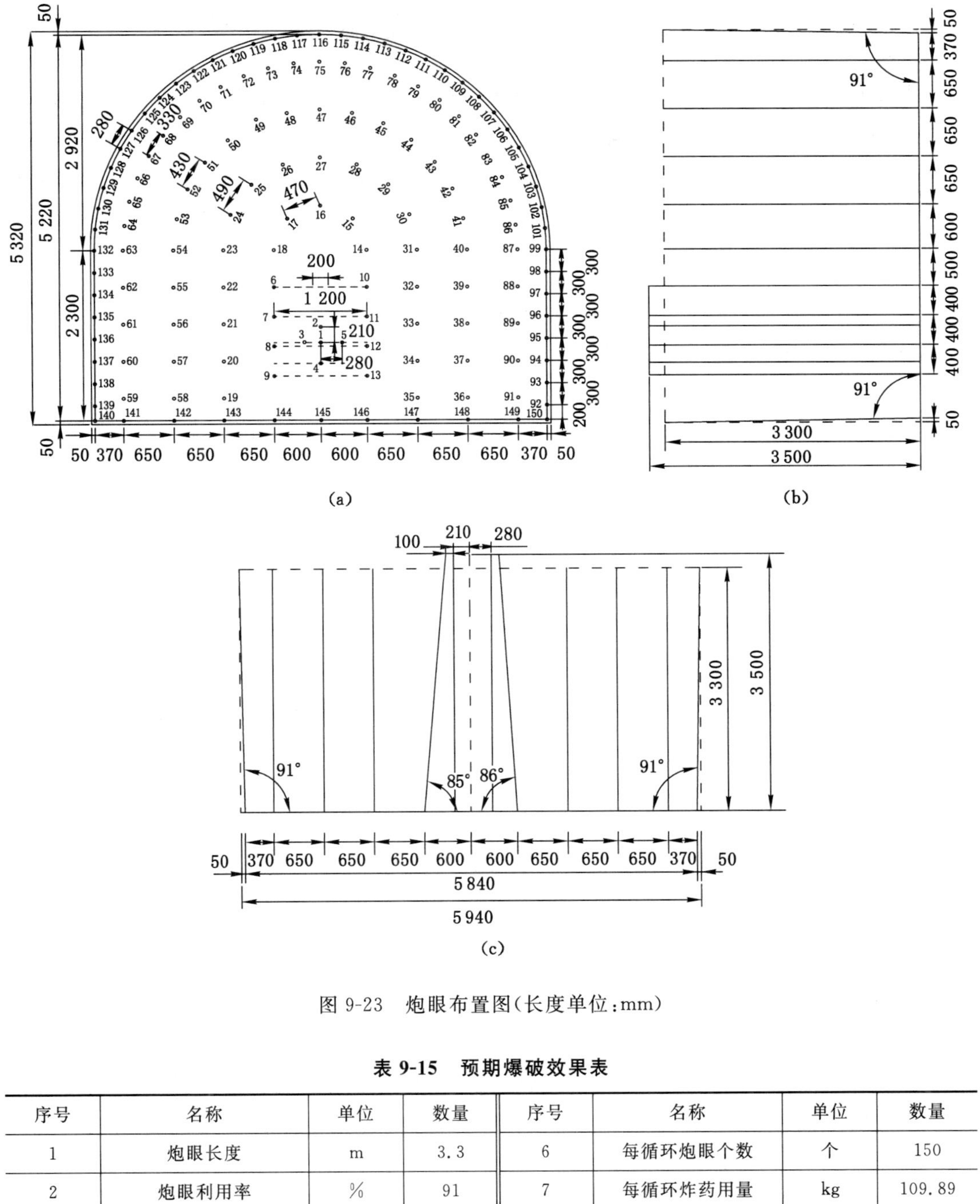

图 9-23 炮眼布置图(长度单位:mm)

表 9-15 预期爆破效果表

序号	名称	单位	数量	序号	名称	单位	数量
1	炮眼长度	m	3.3	6	每循环炮眼个数	个	150
2	炮眼利用率	%	91	7	每循环炸药用量	kg	109.89
3	每循环进尺	m	3.0	8	单位原岩炸药用量	kg/m³	1.37
4	每循环爆破岩石体积	m³	80.46	9	每循环雷管用量	个	150
5	每循环爆破炮眼长度	m	497.6	10	单位原岩雷管用量	个/m³	1.86

(3) 出矸

巷道荒断面积为 26.82 m³,岩石碎胀系数 K 的取值一般为 1.3～1.5,取值与岩石坚固性系数有关，f 越小 K 值越小，f 越大 K 值越大(最大值不超过 1.5)，超挖系数按 1.05 取值，每米出矸量为 $26.82\times1.5\times1.05\approx42.24(m^3)$，每循环进尺 3 m 出矸量为 126.72 m^3。

常规采用 PB-120B 型耙斗装岩机，额定装载能力为 120 m^3/h，按 80%的工作效率，装载能力为 96 m^3/h，每循环出矸时间为 1.32 h。如选用该设备需单独配备破碎锤或钻孔爆破方式，增加了工人劳动强度。经对比后决定采用 ZWY-150/55L 型防爆型履带式挖斗装载机(带破碎锤，又称液压耙装机)，该设备既可装岩又可破碎大块矸石，液压耙装机装载能力为 150 m^3/h，按 80%的工作效率，装载能力为 120 m^3/h，每循环出矸时间为 1.05 h。其主要技术指标见表 9-16。

表 9-16　ZWY-150/55L 型液压耙装机主要技术指标

项目	单位	数值
整机质量	kg	13 200
装载能力	m^3/h	≤150
最大物料通过尺寸(宽×高)	mm	620×740
挖掘高度	mm	3 900
挖掘宽度	mm	5 900
挖掘深度	mm	600
卸载高度	mm	1 760～2 000(可变)
卸载距离	mm	3 300(可变)
行走速度	m/s	0.7
刮板速度	m/min	34
适用巷道坡度	(°)	≤30
电机功率	kW	55
额定工作压力	MPa	28
外形尺寸	mm	9 000×1 830×2 350

为与液压耙装机相配套，选择 DSJ80/40/2×75 型可伸缩带式输送机，该设备输送能力为 400 t/h，带速 2 m/s，1 m^3 矸石按 1.5 t 计算，每循环出矸质量为 $126.72\times1.5=190.08(t)$，$190.08/400=0.48(h)$，即每循环排矸时间为 0.48 h。

运料设备采用无轨胶轮车，可加快运料速度、实现辅助运输无轨化，该系统布置示意图详见图 9-24。

(4) 支护

我国煤矿所使用的锚杆钻机主要分为风动式和液压式两种类型，这些钻机的钻杆上部通常都无支撑保护和导向结构，钻机无法保持稳定，容易造成钻杆在进行钻孔作业时出现摆动、偏载现象，很难定位，特别是钻顶部孔眼时，作业条件更差，工人的井下作业难度加大，不仅增加了工人的劳动强度，还无法满足现代煤矿安全高效生产的要求。上述工艺存在下列缺点：① 井下巷道地质条件复杂，顶板及两侧帮表面不平整、不规则时，工人施工作业难度大，需要多人协作才能完成，既浪费了大量人力资源，也存在安全隐患。② 孔眼定位精度低，受人为影响的因素较大，锚杆孔眼分布不均匀。③ 工作效率低，工人劳动强度大，

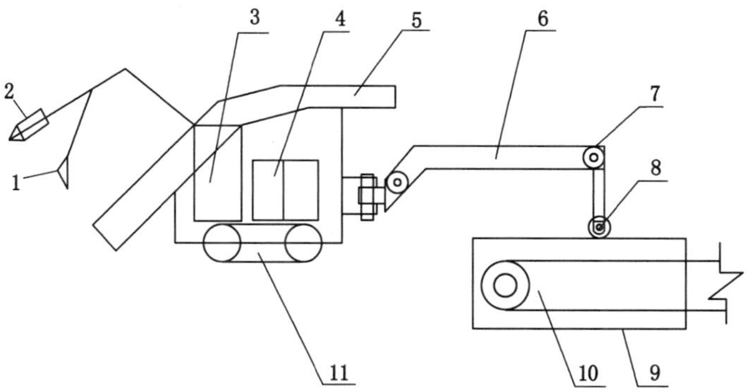

1—挖斗;2—破碎锤;3—操作室;4—液压及电控箱;5—刮板机输送槽;6—二运皮带;
7—电滚筒带式输送机;8—滑轮;9—带式输送机框架;10—可伸缩带式输送机;11—行走履带。

图 9-24　系统布置示意图

机械化程度低。

经对比,决定采用 CMM25-4 型锚杆钻车(图 9-25),钻车自身携带 4 台锚杆钻架,能够实现 4 个钻臂同时工作,同时机身携带临时支护装置,在施工中可以预先对工作面进行临时支护,保证了施工的安全性,同时人员施工的平台上方有顶棚,可以有效保护施工人员,该机器配备了除尘系统,有效降低了施工现场的粉尘浓度。其主要技术参数如表 9-17 所示。

图 9-25　CMM25-4 型锚杆钻车

表 9-17　CMM25-4 型锚杆钻车主要技术参数

外形尺寸(长×宽×高)/mm	6 270×3 400×2 330	钻孔直径/mm	27
质量/t	43	行走速度/(m/min)	0～25
钻机额定转速/(r/min)	手动 490、自动 600	钻臂数量/个	4
钻机进给速度/(r/min)	0.5～20	装机功率/kW	110
电缆储存量/m	175(25 m^2)		

该设备主要技术特点:4 个独立钻臂平行作业,支护效率高;可通过延伸滑轨来增加支护锚杆数量;具有超前支护功能,采用履带行走机构,巷道底板适应性强;具有独立的干式、湿式除尘系统,能及时除去钻孔产生的粉尘;采用液压系统控制锚钻和行走,安全可靠。

采用 PC8U 型喷浆机喷射混凝土，混凝土强度等级为 C20。喷射工作开始前，应首先检查喷浆所需管路是否连接好，然后进行喷射工作；喷射工作结束后，喷层必须连续洒水养护 28 d 以上，7 d 以内每班洒水 1 次，7 d 以后每天洒水 1 次，一次喷射完毕，应立即收集回弹物，并应将当班拌料用净。当班喷射工作结束后，必须卸开喷头，清理水环和喷浆机内外部所有灰浆或材料。

9.7.4 材料设备

该工法设备及工具配备情况见表 9-18。

表 9-18 设备及工具配备情况

序号	设备工具名称	型号规格	单位	数量	备 注
1	局部通风机	FBDNo6.3/2×30	台	2	
2	液压钻车	DW3-180	台	1	
3	液压耙装机	ZWY-150/55L	台	1	
4	锚杆钻车	CMM25-4	台	1	
5	无轨胶轮车	WC1.2J	台	2	
6	可伸缩带式输送机	DSJ80-2×75	米	1 000	
7	水射流风机	AS-SSL	台	1	
8	喷浆机	PC8U	台	1	
9	风镐	G10A	部	4	
10	排水泵	隔膜式风泵	台	2	1 台备用
11	便携式瓦检仪	JCB4	台	2	
12	开关	KBZ-200	台	1	
13	开关	QBZ-80	台	2	
14	开关	QBZ-120N	台	1	
15	信号照明综保	ZBZ-4.0	台	1	
16	安全监测分站		台	1	
17	风电闭锁		台	1	
18	锚索张拉器具	YCD22-290 型预应力张拉千斤顶	台	1	
19	锚杆拉力器	LDZ200	台	1	
20	调度绞车	JD-4	台	1	

9.7.5 应用实例

(1) 实例 1

该工法于 2017 年 3 月—2017 年 10 月在山西平舒煤业有限公司温家庄矿井翟下庄分区+635 m 水平辅运大巷施工中成功应用，较大幅度提高施工速度，单头掘进进尺达到 153 m，巷道设计长度 1 090 m，所需要的工期为 215 d。矿方合同计划月进 90 m，合同工期 360 d，比矿方要求的施工日期提前了 145 d。

(2) 实例 2

该工法于 2017 年 4 月—2017 年 11 月在内蒙古赤峰中色白音诺尔矿业有限公司三期扩建井下工程 400 m 中段水平车场(设计长度 285.4 m)、北区 700 m 中段水平车场(设计长度 329.2 m)和北区 750 m 中段水平车场(设计长度 358.5 m)等巷道施工中成功应用。矿方合同工期为 330 d,实际工期为 195 d,共节省工期 135 d。采用传统施工技术和组织模式施工队应配备 60 人,采用本技术施工队仅配备 36 人。

(3) 实例 3

该工法于 2016 年 8 月—2016 年 11 月在山西潞安环保能源开发股份有限公司古城煤矿南翼进风大巷施工中得到了成功应用。矿方合同工期为 460 d,实际工期为 332 d,共节省工期 128 d。采用传统施工技术和组织模式施工队应配备 60 人,采用本技术施工队仅配备 36 人。

9.8 深埋强冲击倾向厚煤层巷道施工工法

此工法适用于深厚煤层中具有冲击地压的巷道施工工程。

9.8.1 工艺原理

本工法主要针对强冲击地压工作面回风巷深厚煤层中安全快速高效施工,结合现场实际采用一系列先进的设备和技术进行了冲击危险性评价、冲击地压预测预报、卸压、煤体固化,从而消除冲击地压对巷道掘进带来的危害。

9.8.2 工法特点

该工法利用 SOS 微震监测系统、钻屑法和应力在线监测法等多种手段,对矿井冲击地压进行综合动态预测预报;采用大直径钻机钻孔卸压技术、高压注水卸压技术和水泥注浆加固煤体技术,使支护设计提高了抗压能力,实现了冲击地压地层的安全快速施工。

9.8.3 工艺流程及操作要点

9.8.3.1 工艺流程

在冲击地压危险区域掘进过程中必须坚持"先解危后掘进"的原则,按照"监测→预警→解危→效果检查→再治理"的基本程序,及时消除冲击地压危险隐患。

9.8.3.2 操作要点

(1) 冲击危险性预评价

冲击危险性预评价包括两个环节:工作面冲击危险性综合评价和各巷道冲击危险性精细化评价。危险性综合评价从宏观上描述工作面在采(掘)过程中的总体危险程度。危险性精细化评价可确定工作面内每条巷道各区段在采(掘)过程中的危险程度。危险性综合评价结论可用于基于防冲的采区及工作面设计优化,合理分配各工作面间的防治力量。危险性精细化评价结论可实现防治措施和监测装备布置的精细化,合理设计各巷道各区段的防治方案。

在分析已发生的冲击地压灾害的基础上，分析各种采矿地质因素对冲击地压发生的影响，确定各种因素的影响权重，然后将其综合起来，建立冲击地压危险性评价和预测的综合指数法。这是一种基于宏观角度的评价方法，可用于对工作面冲击地压危险性进行评价，以便正确认识冲击地压对矿井生产的威胁。对具有冲击危险性的矿井来说，在进行采区设计、工作面布置、采煤方法的选择等时，都要对该采区、煤层、水平或工作面进行冲击地压危险性评定工作，以便减少或避免冲击地压对矿井安全生产的威胁。冲击地压危险状态可通过分析岩体内的应力、岩体特性、煤层特征等地质因素和开采技术因素来确定。危险性指数分为地质因素评价指数和开采技术因素评价指数，应综合两者来评价区域的冲击危险程度。

$$W_t = \max\{W_{t1}, W_{t2}\} \tag{9-1}$$

式中，W_t 为某采掘工作面的冲击地压危险状态等级评定综合指数，以此可以确定冲击地压危险程度；W_{t1} 为地质因素对冲击地压的影响程度及冲击地压危险状态等级评定的指数，应考虑开采深度等 7 项指标；W_{t2} 为开采技术因素对冲击地压的影响程度及冲击地压危险状态等级评定的指数，应考虑工作面距残采线或停采线的垂直距离等 11 项指标。

$$W_{t1} = \frac{\sum_{i=1}^{n_1} W_i}{\sum_{i=1}^{n_1} W_{i,\max}}, W_{t2} = \frac{\sum_{i=1}^{n_2} W_i}{\sum_{i=1}^{n_2} W_{i,\max}} \tag{9-2}$$

根据得出的冲击地压危险状态等级评定综合指数，可将冲击地压的危险程度分为四个等级（表 9-19），分别为无冲击危险、弱冲击危险、中等冲击危险、强冲击危险。根据冲击危险性分级不同，采取相应的防治对策。地质因素和开采技术因素影响的冲击地压危险指数评价表分别见表 9-20 和表 9-21。

表 9-19　冲击地压危险状态分级表

冲击地压危险等级	冲击地压危险状态	冲击危险综合指数	冲击地压危险防治对策
A	无	≤0.25	所有的采掘作业正常进行
B	弱	＞0.25～0.5	所有的采掘作业正常进行。作业中加强冲击地压危险状态的监测预报
C	中等	＞0.5～0.75	下一步的采矿工作应与该危险状态下的冲击地压危害防治措施同时进行，且通过预测预报确定危险程度不再上升
D	强	＞0.75	应当停止采掘作业，人员撤离危险地点。采取解危措施。采取措施后，通过卸压效果监测检验，冲击危害消除后，方可进行下一步采掘作业

表 9-20　地质因素影响的冲击地压危险指数评价表

序号	影响因素	因素说明	因素分类	评价指数
1	W_1	同一水平煤层冲击地压发生次数 n	$n=0$	0
			$n=1$	1
			$2\leqslant n<3$	2
			$n\geqslant 3$	3

表 9-20(续)

序号	影响因素	因素说明	因素分类	评价指数
2	W_2	开采深度 h	$h \leqslant 400$ m	0
			400 m $< h \leqslant$ 600 m	1
			600 m $< h \leqslant$ 800 m	2
			$h >$ 800 m	3
3	W_3	上覆裂缝带内坚硬厚岩层与煤层的距离 d	$d >$ 100 m	0
			50 m $< d \leqslant$ 100 m	1
			20 m $< d \leqslant$ 50 m	2
			$d \leqslant$ 20 m	3
4	W_4	开采区域内构造应力集中程度 δ	$\delta \leqslant 10\%$	0
			$10\% < \delta \leqslant 20\%$	1
			$20\% < \delta \leqslant 30\%$	2
			$\delta > 30\%$	3
5	W_5	顶板岩层厚度特征参数 L_{st}	$L_{st} \leqslant$ 50 m	0
			50 m $< L_{st} \leqslant$ 70 m	1
			70 m $< L_{st} \leqslant$ 90 m	2
			$L_{st} >$ 90 m	3
6	W_6	煤的单轴抗压强度 R_c	$R_c \leqslant$ 10 MPa	0
			10 MPa $< R_c \leqslant$ 14 MPa	1
			14 MPa $< R_c \leqslant$ 20 MPa	2
			$R_c >$ 20 MPa	3
7	W_7	煤的弹性能量指数 W_{ET}	$W_{ET} < 2$	0
			$2 \leqslant W_{ET} < 3.5$	1
			$3.5 \leqslant W_{ET} < 5$	2
			$W_{ET} \geqslant 5$	3
危险等级评价	$W_{t1} = \dfrac{\sum_{i=1}^{n_1} W_i}{\sum_{i=1}^{n_1} W_{i,\max}}$		$W_{t1} \leqslant 0.25$	无冲击
			$0.25 < W_{t1} \leqslant 0.5$	弱冲击
			$0.5 < W_{t1} \leqslant 0.75$	中等冲击
			$W_{t1} > 0.75$	强冲击

表 9-21　开采技术因素影响的冲击地压危险指数评价表

序号	影响因素	因素说明	因素分类	评估指数
1	W_1	保护层的卸压程度	好	0
			中等	1
			一般	2
			很差	3

表 9-21(续)

序号	影响因素	因素说明	因素分类	评估指数
2	W_2	工作面距上保护层开采遗留的煤柱的水平距离 h_z	$h_z \geqslant 60$ m	0
			30 m$\leqslant h_z <$60 m	1
			0 m$\leqslant h_z <$30 m	2
			$h_z <$0 m(煤柱下方)	3
3	W_3	工作面与邻近采空区的关系	实体煤工作面	0
			一侧采空	1
			两侧采空	2
			三侧及以上采空	3
4	W_4	工作面斜长 L_m	$L_m \geqslant 300$ m	0
			150 m$\leqslant L_m <$300 m	1
			100 m$\leqslant L_m <$150 m	2
			$L_m <$100 m	3
5	W_5	区段煤柱宽度 d	$d \leqslant 3$ m 或 $d \geqslant 50$ m	0
			3 m$< d \leqslant$6 m	1
			6 m$< d \leqslant$10 m	2
			10 m$< d <$50 m	3
6	W_6	留底煤厚度 t_d	$t_d = 0$ m	0
			0 m$< t_d \leqslant$1 m	1
			1 m$< t_d \leqslant$2 m	2
			$t_d >$2 m	3
7	W_7	向采空区掘进的巷道,停掘位置与采空区的距离 L_{jc}	$L_{jc} \geqslant 150$ m	0
			100 m$\leqslant L_{jc} <$150 m	1
			50 m$\leqslant L_{jc} <$100 m	2
			$<$50 m	3
8	W_8	向采空区推进的工作面,停采线与采空区的距离 L_{mc}	$L_{mc} \geqslant 300$ m	0
			200 m$\leqslant L_{mc} <$300 m	1
			100 m$\leqslant L_{mc} <$200 m	2
			$L_{mc} <$100 m	3
9	W_9	向落差大于 3 m 的断层推进的工作面或巷道,工作面或迎头与断层的距离 L_d	$L_d \geqslant 100$ m	0
			50 m$\leqslant L_d <$100 m	1
			20 m$\leqslant L_d <$50 m	2
			$L_d <$20 m	3
10	W_{10}	向煤层倾角剧烈变化的向斜或背斜推进的工作面或巷道,工作面或迎头与之的距离 L_z	$L_z \geqslant 50$ m	0
			20 m$\leqslant L_z <$50 m	1
			10 m$\leqslant L_z <$20 m	2
			$L_z <$10 m	3

表 9-21(续)

序号	影响因素	因素说明	因素分类	评估指数
11	W_{11}	向煤层侵蚀、合层或厚度变化部分推进的工作面或巷道，煤层变化部分与之的距离 L_b	$L_b \geqslant 50$ m	0
			20 m$\leqslant L_b < 50$ m	1
			10 m$\leqslant L_b < 20$ m	2
			$L_b < 10$ m	3
危险等级评估	$W_{t2} = \dfrac{\sum_{i=1}^{n_2} W_i}{\sum_{i=1}^{n_2} W_{i,\max}}$		$W_{t2} \leqslant 0.25$	无冲击
			$0.25 < W_{t2} \leqslant 0.5$	弱冲击
			$0.5 < W_{t2} \leqslant 0.75$	中等冲击
			$W_{t2} > 0.75$	强冲击

(2) 冲击地压危险区监测预警

安设了一套 SOS 微震监测系统，可对矿井矿震信号进行远距离监测。井下共布置 11 个检波探头(图 9-26)，通过探头的正常工作，能够随时监测整个工作面的来压情况，及时探明冲击倾向。

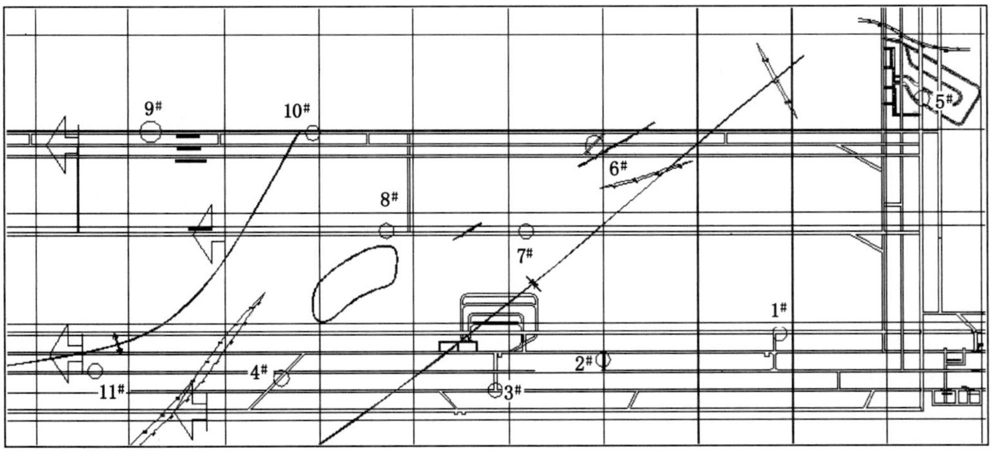

图 9-26 微震检波探头布置图

(3) 冲击地压危险性前兆信息及预警判据

冲击地压危险性前兆信息分为微震能量、危险指数及显现情况等三大类，共计 6 种前兆信息。孟村矿井冲击地压危险性前兆信息如表 9-22 所示。

表 9-22 孟村矿井冲击地压危险性前兆信息

判据类型	冲击地压危险性前兆信息
Ⅰ微震能量	① 48 h 内连续出现 2 次及以上 6×10^4 J 微震事件
	② 发生 1 次 5×10^5 J 微震事件

表 9-22(续)

判据类型	冲击地压危险性前兆信息
Ⅱ危险指数	③ 当日冲击危险指数处于绿线以下,且较前两日,该危险指数单日最大增量超过 0.45
	④ 当日冲击危险指数处于绿线以上、黄线以下,且较前两日,该危险指数单日最大增量超过 0.15
	⑤ 当日冲击危险指数处于黄线以上
Ⅲ显现情况	⑥ 现场已发生冲击显现

注:根据煤炭科学技术研究院有限公司制定的微震法预警指标,暂取绿线 0.6、黄线 1.2、红线 1.6,该指标应结合实际情况不断优化。

微震监测预警结果显示,401101 工作面回风巷为强冲击危险等级,根据危险性前兆信息表,该工作面满足 3 种前兆信息,特制定以下针对性防冲方案,进行解危处理。

(4) 防冲方案

① 暂停掘进,撤出作业人员。在掘进迎头 50 m 范围内,采用钻孔卸压、高压注水卸压和水泥浆液加固煤体的解危措施。

② 解危措施实施完毕后,利用钻屑法检测。若检测结果达标,则恢复掘进;若检测结果未达标,冲击地压研究与防治工作室要结合现场情况制定相应防治措施。解危措施实施完毕后,再次利用钻屑法检测,直至检测结果达标为止。

对 401101 工作面回风巷进行冲击危险性精细化评价,得出该巷道在掘进过程中冲击危险程度高,经一系列检测确定具有强冲击地压危险,必须采取解危措施方可正常施工。

(5) 冲击地压危险区域解危措施

经研究确定防冲方案,即采用大钻孔卸压、高压注水卸压和水泥浆液加固煤体等解危措施。

采用 ZDY-3500L 型钻机施工卸压孔,严格按设计参数施工,施工完后做好钻孔竣工参数记录。

① 迎头超前大孔径钻孔卸压联合高压注水卸压

a. 卸压孔设计参数

掘进迎头卸压孔设计参数如表 9-23 所示。

表 9-23　掘进迎头卸压孔设计参数

施工次序	施工位置	钻孔数量	钻孔长度/m	钻孔倾角/(°)	孔径/mm	孔间距
第一轮	迎头	3	80	同施工坡度	113	1# 孔:腰线上 0.4 m,沿巷道中线布孔; 2#、3# 孔:腰线下 0.8 m,距巷道中线均为 1.0 m
第二轮	迎头	3	80	同施工坡度	113	1# 孔:腰线下 0.8 m,沿巷道中线布孔; 2#、3# 孔:腰线上 0.4m,距巷道中线均为 1.0 m

b. 施工方式

掘进迎头布置 3 个钻孔，呈三花眼布置，钻孔长度不小于 80 m，超前距小于 10 m 时再施工下一轮卸压钻孔，即始终保证掘进迎头前方卸压范围不小于 10 m，采取两轮布置方式交替施工卸压孔卸压。钻孔实施完后，采用 7BZ-8.0/20 型煤层注水泵对钻孔进行高压注水。

c. 单孔注水量

$$Q = 2BLMY(W_1 - W_2)K$$

式中　Q——一个钻孔注水量，m^3；

B——孔间距，m；

L——钻孔长度，m；

M——工作面煤层厚度，m，根据巷道实际情况取 3.75 m；

Y——煤质量密度，t/m^3，4 号煤层为 1.25 t/m^3；

W_1——注水后要求达到的水分，取 4%；

W_2——煤层原有水分，取 2.55%；

K——考虑围岩吸收水分时水的漏失和注水不均匀系数，取 1.5。

经计算，单孔注水量为 20 m^3。

d. 注水压力

由于采用静压注水，且 401101 工作面回风巷具有强冲击地压危险性，因此以高压注水为宜，将注水压力设计为 18～20 MPa，一般采用调节钻孔的注水量来控制注水压力，注水时从低压逐渐升压，直至注水压力稳定为止。注水卸压方案钻孔布置图如图 9-27 所示。

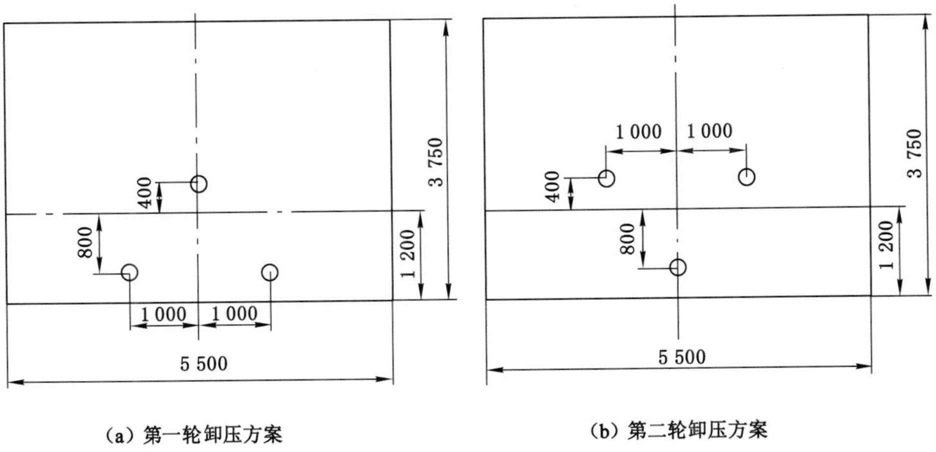

图 9-27　注水卸压方案钻孔布置图(单位：mm)

e. 封孔

封孔是注水环节中的一个重要步骤，封孔质量的好坏直接关系着注水的成败。根据巷道边缘破碎带宽度，设计封孔长度为 3 m，封孔深度应保证注水时不从孔口及附近煤壁透水、渗水、泄水。

采用 FKJW95/0.6 型煤层注水用封孔器自动封孔，封孔器长度为 1 000 mm，外径为 95 mm，适用钻孔直径为 96～115 mm。将封孔器送入钻孔，接上注水管再推入钻孔设计位置，利用注水压力使封孔器膨胀封住钻孔。

② 帮部大孔径钻孔卸压联合水泥浆液固化煤体

a. 卸压孔设计参数

两帮卸压孔设计参数如表 9-24 所示。两帮大孔径卸压钻孔布置剖面示意图如图 9-28 所示。

表 9-24 两帮卸压孔设计参数

施工位置	钻孔长度/m	钻孔倾角/(°)	孔径/mm	孔间距	封孔长度/m
两帮	14	垂直巷帮，仰角 0°	113	第一排孔：巷道腰线以上 0.2 m 为布孔水平，水平间距 2.8 m。第二排孔：巷道腰线以下 0.5 m 为布孔水平，水平间距 2.8 m；两排孔之间呈三花眼布置，两排孔水平间距 1.4 m	3

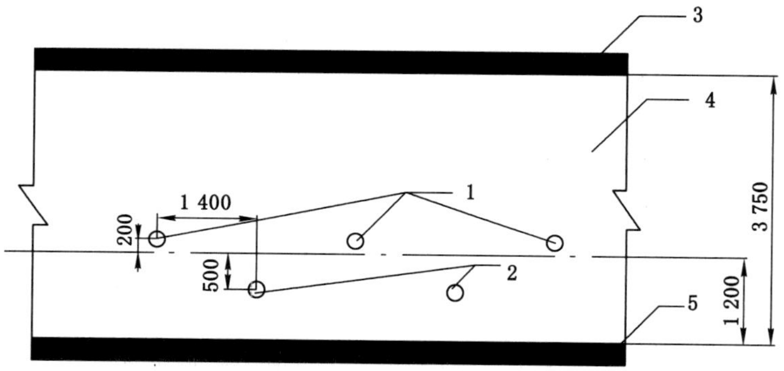

1—第一排卸压孔；2—第二排卸压孔；3—巷道顶板(煤层)；4—巷道(煤层)；5—巷道底板。

图 9-28 两帮大孔径卸压钻孔布置剖面示意图

② 施工方式

在巷道两帮施工大直径钻孔卸压，垂直于巷帮呈三花眼布置，钻孔直径 113 mm，孔间距 1.4 m，钻孔长度 14 m。两帮卸压孔滞后迎头不得超过 50 m。下排卸压孔兼作注浆孔，采用 KPB-90EX 型注浆泵注入水泥浆，孔口管长度 4 m、直径 108 mm，注浆压力 2～3 MPa，注浆材料水泥采用 PO 42.5 普通硅酸盐水泥；上排卸压孔封孔时使用黄泥，封孔长度 3 m。

(3) 底板大直径钻孔卸压联合水泥浆液固化煤体

① 卸压孔设计参数

底板大直径卸压孔设计参数如表 9-25 所示，其钻孔布置平面图如图 9-29 所示。

表 9-25 底板大直径卸压孔设计参数

施工位置	钻孔长度/m	钻孔倾角/(°)	孔径/mm	孔间距/m	封孔长度/m
回风巷底板	10	−60°	113	1.4	3

② 施工方式

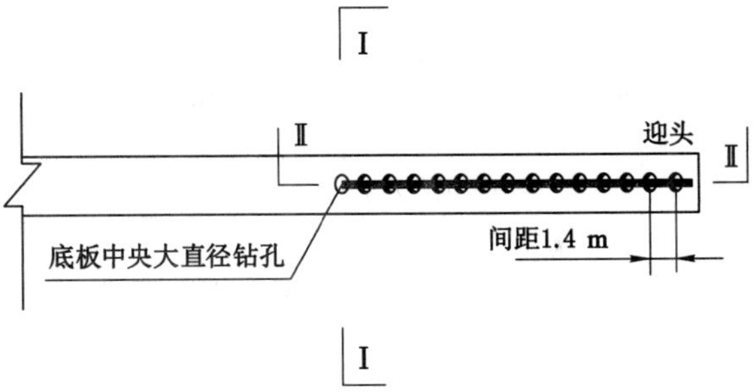

图 9-29 钻孔布置平面图

在底板施工大直径钻孔卸压，倾角－60°，孔径 113 mm，间距 1.4 m。根据底煤实际情况，钻孔施工至距煤层底板 1 m 位置，卸压孔滞后工作面迎头不得超过 50 m。部分卸压孔兼作注浆孔（隔排钻孔兼作注浆孔），孔口管长度 3.5 m、直径 108 mm，注浆压力 2～3 MPa，水灰比 1∶1，注浆材料水泥采用 PO 42.5 普通硅酸盐水泥；剩余卸压孔封孔时使用黄泥，封孔长度 3 m。

（4）局部强化解危方案

根据孟村矿井冲击地压监测预警及防治技术体系，两种情况下的微震监测预警结果显示需要进行局部强化解危。底板大直径钻孔卸压示意图如图 9-30 所示。

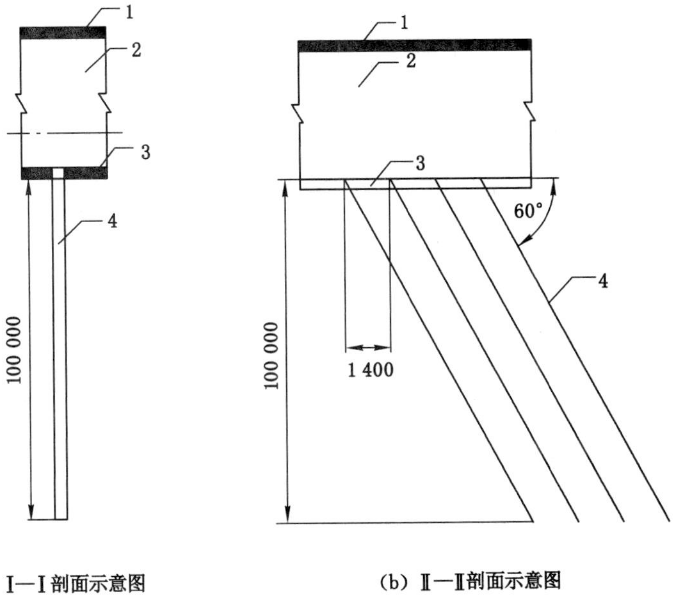

1—巷道顶板（煤层）；2—巷道（煤层）；3—巷道底板（煤层）；4—钻孔。

图 9-30 底板大直径钻孔卸压示意图（长度单位：mm）

微震监测预警结果为中等冲击危险等级，经钻屑法检验具有冲击危险。

① 掘进迎头强化解危方案

a. 卸压孔设计参数

卸压孔设计参数如表 9-26 所示。

表 9-26　卸压孔设计参数

施工位置	数量/个	长度/m	倾角/(°)	孔径/mm	布置方式
迎头	5	80	与巷道坡度一致	113	“上二下三”

b. 施工方式

掘进迎头钻孔采用“上二下三”型布置方式，下部孔距离巷道腰线 0.2 m，上部孔距离巷道腰线 0.8 m。掘进工作面距卸压孔终孔位置 15 m 时，施工下一轮迎头卸压孔，始终保持掘进前方不小于 15 m 处于有效卸压范围，如图 9-31 所示。

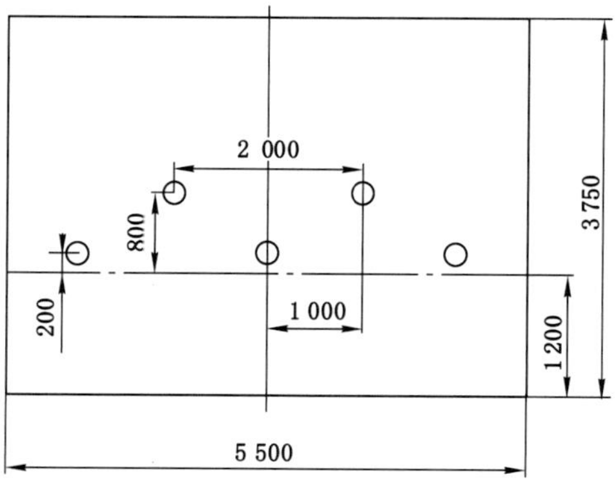

图 9-31　掘进迎头卸压钻孔布置(单位：mm)

② 帮部强化解危方案

a. 强化范围

微震监测预警范围，即迎头后方 50 m 范围内的两帮。

b. 强化方式

将卸压孔补齐至迎头，其他参数不变。

③ 底板强化解危方案

a. 强化范围

微震监测预警范围，即迎头后方 50 m 范围内的底板。

b. 强化方式

将卸压孔补齐至迎头，其他参数不变。

④ 解危措施实施完毕后，利用钻屑法检测

若检测结果达标，则恢复掘进。

若检测结果未达标，需要在掘进迎头 50 m 范围内，将巷道两帮及底板卸压孔按间距 0.7 m 补齐。解危措施实施完毕后，再次利用钻屑法检测，直至检测结果达标为止。

9.8.4　施工方法

采用三班掘进作业方式，一掘一支(循环进尺 0.7 m)，采用 EBZ200 型掘进机进行截割装载，配套二运转载和带式输送机送至煤研仓。

(1) 机掘掘进工艺流程

该流程为：准备工作→瓦斯检查→割煤(出煤)→敲帮问顶→支护→验收→下一循环。

（2）支护形式及参数的确定

① 锚杆及锚固剂：锚杆采用Ⅱ级左旋螺纹钢锚杆，规格为 ϕ22 mm×3 200 mm，矩形布置，间排距 700 mm×700 mm。锚杆托板为 150 mm×150 mm×10 mm 的 Q235 钢托板，锚杆尾端布置 FZJ-R1/2 型单泡锚杆让压环（让压量为 22～25 mm）。

每根锚杆均使用配套标准螺母紧固，锚杆每眼 1 卷 MSZ2360 和 1 卷 MSK2360 型树脂锚固剂锚固。锚杆锚固力不小于 50 kN，螺母扭矩不小于 100 N·m，力学性能与锚杆一致，墙底部两根锚杆向下各倾斜 20°。

② 锚索：锚索规格为 ϕ25.5 mm×14 000 mm，由钢绞线制成，托盘为三层 Q235 钢板组合托板，三层托板由尺寸分别为 300 mm×300 mm×10 mm、200 mm×200 mm×10 mm、100 mm×100 mm×10 mm 的钢板加工而成，锚索托盘按大、中、小钢板依次安装；每个锚索尾部均安设 FZJ-R1/2 型三泡锚索让压环（让压量为 62～65 mm）。

锚索为"五五"布置，间排距 1.2 m×1.4 m；每眼 2 卷 K2360 及 4 卷 Z2360 型树脂锚固剂锚固；锚索锚固力不小于 200 kN。

③ 菱形网：菱形网采用 ϕ8 mm 铁丝制作，网幅 10 m×1 m，网片搭接长度 100 mm，绑扎间距 200 mm，采用 10# 铁丝绑扎。

④ 金属网：采用 ϕ6 mm 钢筋制作，网幅 1 500 mm×800 mm，网格尺寸为 100 mm×100 mm，网片搭接长度 100 mm，绑扎间距 200 mm。

⑤ 钢带：采用 BHW-280-3.0-5100 mm 的 W 型钢带，用于巷道顶板配合锚杆金属网使用。

⑥ 桁架：由 ϕ14 mm 圆钢加工成规格为 1 500 mm×100 mm 的桁架，用于巷道帮部，配合锚杆及铁丝网使用。桁架施工要求：成排成行、紧贴网片、连接处两个桁架压紧。

支护平面示意图如图 9-32 所示。

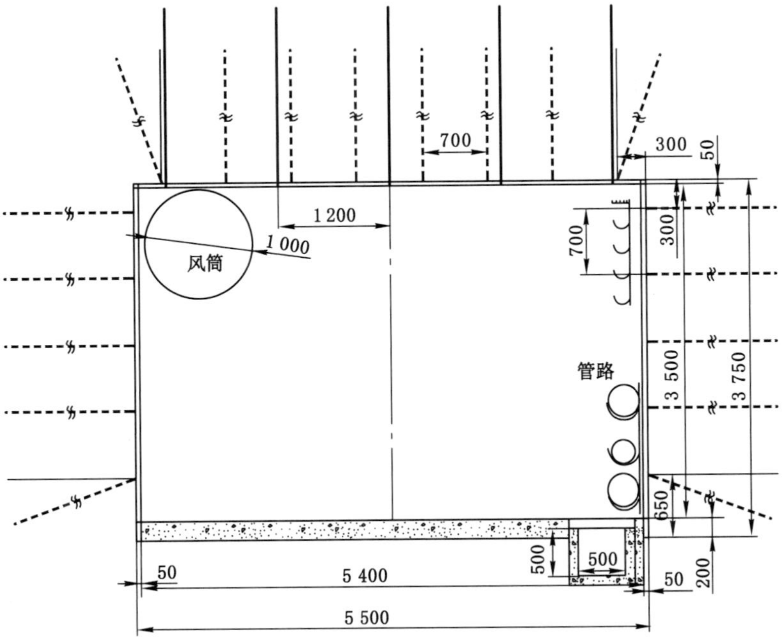

图 9-32　支护平面示意图（单位：mm）

9.8.5 材料设备

设备材料配备表如表 9-27 所示。

表 9-27 设备材料配备表

序号	名称	型 号	单位	数量
1	带式运输机	DSJ80-2×75	台	2
2	钻机	ZDY-3500L	台	2
3	钻杆	ϕ75 mm×1 500 mm	根	150
4	钻头	ϕ113 mm	个	30
5	注水泵	7BZ-8.0/20	台	2
6	封孔器	FKJW95/0.6	个	50
7	风钻	YT-28	台	6
8	锚杆机	MQT-130	台	2
9	风泵	隔膜式	台	2
10	风镐	G10A	台	4
11	风机	FBDN08.0/2×45 kW	台	2
12	开关	QJZ-200	台	2
13		QJZ_80	台	2
14		QLZ-120	台	1
15	信号照明综保	ZBZ-4	台	1
16	锚索张拉器具	MQ22-280/40 型预应力张拉千斤顶	台	1
17	锚杆拉力器	LDZ-400	台	1
18	掘进机	EBZ-200	台	2
19	矿用防爆胶轮车	WC1.2J	台	3
20	锚杆	ϕ22 mm×3 200 mm	套	根据实际消耗确定
21	金属网	ϕ6 mm×1 500 mm×800 mm	片	
22	锚索	ϕ25.5 mm×14 000 mm	套	
23	菱形网	ϕ8 mm×10 000 mm×1 000 mm	片	
24	桁架	ϕ14 mm×1 500 mm×100 mm	根	
25	W 型钢带	BHW-280-3.0-5100 mm	根	
26	单泡让压环	FZJ-R1/2	个	
27	三泡让压环	FZJ-R1/2	个	
28	水泥	PO42.5 普通硅酸盐水泥	t	

9.8.6 应用实例

该工法于 2016 年 2 月—2017 年 12 月成功应用于陕西彬长矿业有限公司孟村矿井二期工程 401101 工作面回风巷，取得了良好效果。孟村矿井 4 号煤平均厚度 3.75 m，且为强冲击倾向性煤层，实施该工法前 401101 工作面回风巷已掘进 350 m，由于冲击地压影响，片帮冒顶严重，巷修率达到 40%，平均月进尺 150 m；采用该工法后，月平均进尺达到 210 m，巷修率为 10%，巷道总工期提前 4 个月完工，节省工期 121 d。

参考文献

[1] 崔云龙. 简明建井工程手册(上、下册)[M]. 北京:煤炭工业出版社,2003.

[2] 东兆星,刘刚. 井巷工程[M]. 3 版. 徐州:中国矿业大学出版社,2013.

[3] 董方庭,姚玉煌,黄初,等. 井巷设计与施工[M]. 徐州:中国矿业大学出版社,1994.

[4] 高尔新,杨仁树. 爆破工程[M]. 徐州:中国矿业大学出版社,1999.

[5] 刘志强,贺永年,李慧民. 矿业工程管理与务实[M]. 北京:中国建筑工业出版社,2021.

[6] 路耀华,崔增祁. 中国煤矿建井技术[M]. 徐州:中国矿业大学出版社,1995.

[7] 沈季良,崔云龙,王介峰. 建井工程手册:第 4 卷[M]. 北京:煤炭工业出版社,1986.

[8] 王建平,靖洪文,刘志强. 矿山建设工程[M]. 徐州:中国矿业大学出版社,2007.

[9] 冶金部建筑研究总院. 锚杆喷射混凝土支护技术规范:GB 50086—2015[M]. 北京:中国计划出版社,2015.

[10] 张荣立,何国纬,李铎. 采矿工程设计手册[M]. 北京:煤炭工业出版社,2003.

[11] 张胜利. 煤炭建设工法汇编(2009—2010)[M]. 北京:煤炭工业出版社,2014.

[12] 中国煤炭工业协会. 煤矿巷道锚杆支护技术规范:GB/T 35056—2018[M]. 北京:煤炭工业出版社,2018.

[13] 中国煤炭建设协会. 煤矿井底车场硐室设计规范:GB50416—2007[M]. 北京:中国计划出版社,2018.

[14] 中国煤炭建设协会. 煤矿巷道断面和交岔点设计规范:GB 50419—2007[M]. 北京:中国计划出版社,2018.

[15] 中华人民共和国应急管理部,国家矿山安全监察局. 煤矿安全规程[M]. 北京:应急管理出版社,2022.

[16] 中煤第五建设有限公司. 煤矿井巷工程质量验收规范(2022 年版):GB 50213—2010[M]. 北京:中国计划出版社,2022.